工科物理化学

主　编　聂　明　原金海
副主编　张举成　李　庆

科学出版社
北　京

内 容 简 介

本书紧扣物理化学学科的基础性和交叉性两大特点，本着“由浅入深”和“深度适当”的原则，介绍物理化学在环境、材料、能源、生命科学等领域的应用和新成就，力求体现知识、能力、素质的统一。本书既注意全面系统地阐述物理化学的基本概念和基本规律，又注重结合高新技术的发展，介绍物理化学在环境、材料、能源、生命科学等领域的应用和新成就，力求整体简明扼要、通俗易懂。全书共9章，内容包含气体的 pVT 性质、热力学第一定律、热力学第二定律、化学动力学、多组分系统热力学、化学平衡、相平衡、电化学及胶体与界面现象。每章后有本章小结及习题。

本书可作为高等学校材料类、化学化工类、环境类、能源类、制药类及生物类等专业物理化学课程的教学用书，也可供科研和工程技术人员参考。

图书在版编目（CIP）数据

工科物理化学/聂明，原金海主编. —北京：科学出版社，2017.6

ISBN 978-7-03-053341-8

Ⅰ. ①工… Ⅱ. ①聂… ②原… Ⅲ. ①物理化学 Ⅳ. ①G64

中国版本图书馆 CIP 数据核字（2017）第 129705 号

责任编辑：陈雅娴 高 微 / 责任校对：王 瑞
责任印制：吴兆东 / 封面设计：迷底书装

科学出版社出版
北京东黄城根北街 16 号
邮政编码：100717
http://www.sciencep.com
北京建宏印刷有限公司 印刷
科学出版社发行 各地新华书店经销
*
2017 年 6 月第 一 版 开本：787×1092 1/16
2018 年 5 月第二次印刷 印张：19
字数：486 000

定价：49.00 元

（如有印装质量问题，我社负责调换）

前　言

全书重点阐述物理化学的基本概念和基本理论，为便于读者巩固所学到的知识，提高解题能力，同时为了便于自学，书中编入了较多的例题和习题。全书采用以国际单位制（SI）为基础的《中华人民共和国法定计量单位》和国家标准 GB 3100～3102—1993 所规定的符号。

本书的设计特色鲜明，每章末尾有“本章小结”，便于学习者把握每章的知识要点。大部分章节最后都有相关知识点的应用介绍，帮助学习者真正将理论和实际紧密结合起来，更加牢固地掌握相关内容。本书编者长期从事物理化学、普通化学、纳米科技导论、环境工程导论以及新能源材料与技术等课程的教学，为本书的编写及顺利出版奠定了坚实的基础。

本书编写分工为：西南大学聂明副教授编写第 1 章、第 7～9 章，负责本书编写过程中的协调和各项工作的具体落实，并对整个书稿进行修改润色；重庆科技学院原金海副教授编写第 2 章、第 3 章、第 6 章；红河学院张举成教授编写第 4 章、第 5 章；西南大学李庆教授编写绪论部分。

本书的出版得到了科学出版社和西南大学的大力支持，编者深表谢意。衷心感谢本书所引用的参考文献和相关资料的作者同仁，是他们的劳动和成果为本书增添了色彩。感谢研究生田显辉、刘晓卫、蒋春燕、雷丹帮助完成收集整理资料、文稿打印及部分图表绘制工作。

受编者学术水平和工作经验所限，书中难免有不妥之处，敬请专家同行和读者批评指正。

编　者

2017 年 4 月

目　　录

绪　　论

物理化学是在物理和化学两大学科基础上发展起来的。它以丰富的化学现象和体系为对象，大量采纳物理学的理论成就与实验技术，探索、归纳和研究化学的基本规律和理论，构成化学科学的理论基础。物理化学是以物理的原理和实验技术为基础，研究化学体系的性质和行为，发现并建立化学体系中特殊规律的学科。物理化学的水平在相当大程度上反映了化学发展的深度。

随着科学的迅速发展和各门学科之间的相互渗透，物理化学与物理学、无机化学、有机化学之间存在着越来越多的互相重叠的新领域，从而不断地派生出许多新的分支学科，物理化学还与许多非化学的学科有着密切的联系。

0.1　物理化学的建立与发展

物理化学形成于 19 世纪中叶，当时随着生产的发展，化学已经积累了不少事实亟需归纳、总结和提高，要求它由经验科学上升为具有理论体系的科学。那时，蒸汽机的广泛使用，促使人们对热功转换问题进行了深刻的研究，建立了经典热力学第一定律和第二定律，并开始把物理学的规律用于化学，如 1840 年赫斯的热化学定律、1869 年的门捷列夫元素周期律以及 19 世纪前期的道尔顿原子论和阿伏伽德罗分子论等。这些理论的建立都为物理化学的形成和发展奠定了基础。

此后，在此基础上，1876 年吉布斯提出了用于多相平衡体系的相律关系，奠定了多相体系的热力学理论基础，丰富了热力学理论在冶金、地质和化工方面的应用。1884 年，范特霍夫创立了稀溶液理论并在研究化学平衡方面作出了贡献。1886 年，阿伦尼乌斯提出了电离学说，揭示了电解质水溶液的本质，并在化学动力学方面也作出了重要贡献。1906 年，能斯特发现了热定理，进而建立了热力学第三定律，同时还奠定了电化学理论基础。所有这些理论都促使物理化学学科不断地发展和完善。若要确定物理化学的创建年代，以 1887 年最为合适。因为在这一年出版了经典的标准教科书并创办了专业期刊《物理化学杂志》。所谓经典的标准教科书是指奥斯特瓦尔德撰写的《化学总论教科书》（*Lehrbuch der allgemeinem Chemie*），上卷是关于化学量的理论，下卷是关于亲和力的理论。这是一部系统地概括过去的有关成果，指出物理化学的研究方法和范围，以及将来的发展方向的标准著作。

进入 20 世纪以来，在工业生产和化学的科学研究中，物理化学的基本原理得到了广泛的应用，特别是新兴的石油炼制和石油化工工业，更是充分地利用了化学热力学、化学动力学、催化和表面化学等的成果。而工业技术的发展和其他学科的发展，特别是物理学的进展和各种测试手段的大量涌现，极大地影响着物理化学的发展。这期间物理化学的分支学科中的热化学、化学热力学、电化学、溶液理论、胶体理论、化学动力学、催化作用及其理论等都得到了迅速的发展。

近几十年来，各类自然科学发展十分迅速而深入。化学与相邻学科间的关系发生了根本性变化。物理学为人们提供了一些基本原理、方法和强有力的测试手段，大大扩展了化学的实验领域。化学理论在计算机科学的帮助下迅速发展。分子生物学的进展向化学提出了许多挑战性的问题，要求化学从分子水平上加以解释。诸如此类的新问题使得近代物理化学表现为下列发展趋势和特点：①从宏观到微观。量子力学的发展使化学反应能够真正深入分子、原子的微观层次。合成化学、结构化学和量子化学结合得更加密切。②从体相到表相。测试手段的进步使人们有可能了解 5～10 个分子或原子的表面层的状态，促进表面化学和催化化学的发展。③从静态到动态。激光技术和分子束技术的出现可以定量地研究具有指定量子态的反应粒子到指定量子态的产物粒子所发生的能量传递和跃迁等基元过程速率的动态信息。④从定性到定量。计算机的出现使人们能用更精确的定量关系来描述物质的运动规律。⑤从单一学科到边缘学科。学科的相互渗透和交叉使物理化学学科的研究领域不断扩大。⑥从平衡态的研究到非平衡态的研究。由于在生物学、气象学、天体物理学等事物的发生和发展都是不可逆过程，将热力学方法推广到不可逆过程将有广阔的发展前景。目前非平衡态热力学已成为当前理论化学发展的前沿之一。

我国物理化学的发展历史以 1949 年为界，大致可以分为两个阶段。20 世纪 30～40 年代，尽管当时物质条件薄弱，但老一辈物理化学家不仅在化学热力学、电化学、胶体和表面化学、分子光谱学、X 射线结晶学、量子化学等方面做出了相当的成绩，而且培养了许多物理化学方面的人才。1949 年以后，开始在各个高等学校设置物理化学教研室进行人才培养，还在中国科学院各有关研究所建立了物理化学研究室，经过几年的努力，在结构化学、量子化学、催化化学、电化学、分子反应动力学等方面取得了可喜的成绩。

物理化学是由化学热力学、化学动力学、量子力学、统计力学等理论体系缔结而成的化学分支学科，是化学学科的理论基础，它是连接基础学科和应用学科的桥梁。在很多学校，物理化学是化学、化工专业学生的必修课，也是材料、环境、生物、食品、制药等相关专业学生的理论基础课。由此可见，在学科交叉、综合已成为科技发展主流的今天，在地方高校建设好物理化学课程具有重要的意义。它综合了基础化学、高等数学、普通物理等课程的基础知识，又为化工原理、化学反应工程等后续课程打下基础，对理工科大学生综合素质能力的提高具有很强的促进作用。在振兴经济、增强国力、科技腾飞及人才培养等方面，物理化学课程占有极为重要的地位。

0.2 物理化学的目的和内容

物理化学也称理论化学，是化学的重要分支之一。它是从物理现象和化学现象的联系入手，应用物理学的原理和方法，研究化学变化的普遍规律的一门学科。物理化学课程起着承前启后的重要作用，相对于其他化学课程而言，其涉及的知识比较抽象，公式繁多，理论性强，要求学生具有一定的数理基础，并且物理化学在处理具体问题时通常需要将诸多公式在具体条件下灵活运用。

物理化学的研究内容大致可以概括为以下三个方面。

（1）化学体系的宏观平衡性质：以热力学的三个基本定律为理论基础，研究宏观化学体系在气态、液态、固态、溶解态以及高分散状态的平衡物理化学性质及其规律性。在这一情况下，时间不是一个变量。属于这方面的物理化学分支学科有化学热力学、溶液、胶体和表面化学。这部分主要研究的是化学反应的方向、限度和能量转换。例如，合成氨反应

$$3H_2+N_2 \xlongequal{} 2NH_3$$

为了获得 NH_3，首先要知道上述反应在什么条件下正向进行，这就是化学反应的方向问题。若在一定条件下上述反应向合成氨的方向进行，那么最终能得到多少 NH_3，如何才能最大限度地提高原料的转化率，这是化学反应的限度问题。化学反应过程中的能量转换是化学反应的重要研究课题，多数化学反应要放出或吸收热量。电池中的化学反应将化学能转变成电能。化学热力学除了研究化学反应以外也研究与反应相伴发生的许多物理过程（如混合、蒸发、冷凝等）。此外，热力学还研究物质各种宏观性质的相互关系，如热容与温度的关系等。

（2）化学体系的微观结构和性质：以量子力学为理论基础，研究原子和分子的结构，物体的体相中原子和分子的空间结构、表面相的结构，以及结构与物性的规律性。物质的宏观性质是由微观结构决定的，物质结构就是由内部结构来讨论物质性质和化学反应，因此是在更高层次上研究化学反应的规律和本质。属于这方面的物理化学分支学科有结构化学和量子化学。这部分主要研究的是物质性质与微观结构的关系。

（3）化学体系的动态性质研究：由于化学或物理因素的扰动而引起体系中发生的化学变化过程的速率和变化机理。研究各种因素对反应速率的影响，从而人为地控制化学反应使其按照人们所需要的速率进行。此外，还研究宏观化学反应具体经历哪些微观步骤才完成由反应物到产物的转变，这称为反应的机理。在这一情况下，时间是重要的变量。属于这方面的物理化学分支学科有化学动力学、催化化学、光化学和电化学。这部分主要研究的是化学反应的速率和机理。

上述三方面的问题往往是相互联系的，物理化学主要研究这三方面的问题。另外，有些问题虽然并不属于上述三个方面，但由于与化学反应有关，所以也属于物理化学的研究范畴。例如，流体的黏度、扩散、电导等传递性质也是物理化学中物理动力学的内容。

0.3　物理化学的研究方法

物理化学的理论基础是热力学、动力学、统计力学和量子力学，这些都是物理学的分支，因此物理化学的研究方法可分为热力学方法、统计力学方法和量子力学方法。热力学方法也称宏观方法，就是对以众多质点构成的研究对象进行宏观描述，从而发现各种宏观性质（如温度、压力、密度、热容等）的联系；统计力学方法是研究微观运动对于宏观性质的决定作用；量子力学方法则是以微观粒子（分子、原子、电子等）为对象，以能量量子化和波粒二象性为基础来研究各种光谱和分子结构。

物理化学的实验方法主要是物理方法，通过测量化学反应过程中某些物理量（温度、体积、电导、热量、时间、透光率等）的变化来研究化学反应的规律。实验的重要性在于通过实验可以人为地控制一些因素和条件，把自然过程有意识地予以简化，从复杂的现象中找出规律性的东西。根据实验可以归纳出若干经验定律，然后再对这些定律进一步做出解释或说明。当实验中发现的事实（包括现象和结果）用以往的理论不能解释时，就需要根据新的事实，提出新的理论。而新的理论又必须经过新的实验的考验，整个过程就是一个创新的过程，任何理论在形成之后，都必须继续经过实践的考验和求证，才能不断地充实发展。

归纳法和演绎法是数学的两大推理方法，归纳是从个别到一般，由事实到概括，而演绎则是指从一般推到个别的思维过程。其中演绎法在物理化学中具有重要作用，物理化学中许多具有普遍意义的结论都是通过演绎法而得到的。一般来说，对自然科学的研究方法有：实验方法、归纳法和演绎法、模型化方法、理想化方法、假设的方法、数学的统计处理方法等。虽然化学研究的对象与其他科学不尽相同，但这些方法在物理化学领域中依然是通用的。

综上所述，物理化学是以物理学和数学为基础来研究化学反应的，所以它是一门集物理学、数学和化学于一身，用物理学和数学的方法研究化学问题的学科。

0.4 物理化学的学习方法

物理化学是一门逻辑性强、概念多、公式多的学科，而且其中有些概念较为抽象，许多公式具有苛刻的适用条件和灵活多样的表示形式，再加上处理具体问题时常需要一些特殊的方法，从而常使得初学者感到困难。为此，我们对学习方法提出如下建议：

（1）扩大知识面，打好专业基础。了解化学变化过程中的一些基本规律，加深对无机化学（普通化学）、有机化学、分析化学的理解，做到知识面宽、基础好。在基础的物理化学课程中，重点在于掌握热力学处理问题的方法和化学动力学的基本知识，了解动力学的一些新进展。

（2）学习过程中要抓住每章的重点。在学习时要明确了解这一章的主要内容是什么，要解决什么问题，采用什么方法解决，根据什么实验、定律和理论，得出什么结果，有什么用处，公式的使用条件是什么等。这些问题在开始学习时，可能还不能窥其全貌，但在各章学完之后，则应对上述问题有明确的了解。

（3）物理化学中的公式相对于其他基础课来说较多。不要只注意繁杂的推证过程，要注意结论的使用条件（因为这些条件往往是推导过程中所引入的）及其物理意义。除了重要的公式外，对一般公式及其推导过程理解即可，不要求强记。对于每个基本概念和定义要反复思考，抓住实质，只有这样才能为准确、灵活地运用概念和定义奠定基础。对于基本公式，要掌握其来龙去脉，它们是在什么前提下如何处理之后才得到的，一定要在理解的基础上记忆。所谓理解即不仅要知道公式中的每个符号代表什么物理量，而且要牢记公式的适用条件。对于任意一个公式，如果不分场合使用，一般将得出错误的结果，因此，掌握公式的适用条件和记住公式本身是同等重要的。

（4）课前自学。听课要记笔记，对重要内容要用自己的语言简明扼要记录下来。经验证明，记笔记可以使注意力更加集中，手脑并用，使思维处于活跃状态。

（5）注意章节之间的联系，把新学到的概念、公式与已经掌握的知识联系起来。在每次听课之前，应复习前次课程的内容。只有通过前后联系、反复思考，才能逐步达到较为熟悉或融会贯通的境界，掌握和运用物理化学处理具体问题的基本方法。要学好物理化学，只理解和掌握概念及公式是不够的。看到题目就想直接套用公式，这种方法只适用于较简单的情况，在稍复杂的问题面前就会束手无策。只有自如地运用分析和处理问题的正确方法，才能真正提高解决问题的能力。这里所说的方法是指分析问题的方法、解题方法和推理方法等。

（6）重视习题。习题是培养独立思考问题和解决问题能力必不可少的环节之一。通过解题可以检查对课程内容的理解程度或加深对课程内容的理解。高质量地解答一定数量的习题是学好物理化学的重要环节。在理解基本概念的基础上解答习题，反过来会进一步深化对概念的理解，分析和处理问题的能力是在解题过程中得到训练和提高的。解习题一定要精，特别对于一些较为灵活和一题多解的题，不仅要分析所得结果的合理性，还要比较各种解法的利弊，从而提高自己的能力。盲目追求解题数量，对于学习物理化学是无益的。

在物理化学中任何有价值的理论，其提出和建立都具有生产实践和科学实验的基础，并能对实践起指导作用。科学的发展总是反复不断地经历“知识的积累”和“飞跃”两个阶段，量变引起质变。同样，对于一个人的成长来说，有了积累才能为今后的飞跃创造条件。

第 1 章　气体的 *pVT* 性质

物质的聚集状态通常有三种，即气体、液体和固体。气体与液体均可流动，统称流体；液体和固体统称凝聚态。三种状态中，固体虽然结构较复杂，但粒子排布的规律性较强，对其研究已有了较大的进展；液体的结构最复杂，人们对其认识还很不充分；气体则最为简单，最容易用分子模型进行研究，故对它的研究最多，也最为透彻。除这三种状态外，人们还发现了一种新的导电流体，其中包括带正（负）电荷的离子、电子以及少量未经解离的分子、原子等，整体呈电中性，故称为等离子体。它与气、固、液三种状态在性质上有着本质的不同，是物质的另一种聚集状态，被称为物质的第四态。

无论物质处于哪一种聚集状态，都有许多宏观性质，如压力 p、体积 V、温度 T、密度 ρ、热力学能 U 等。根据气体的压力、温度与体积间相互联系的宏观规律，即状态方程，处于一定状态的物质，各种宏观性质都会有确定的值和确定的关系。状态方程的建立常作为研究物质其他性质的基础。

液体和固体两种凝聚态，其体积随压力和温度的变化均较小，即等温压缩率 k_T 和体膨胀系数 α_V 都较小，故在通常的物理化学计算中常忽略其体积随压力和温度的变化。与凝聚态相比，气体具有较大的等温压缩率 k_T 和体膨胀系数 α_V，在改变压力和温度时，体积变化较大。因此，一般的物理化学中只讨论气体的状态方程。根据讨论的 p、T 范围及使用精度的要求，通常把气体分为理想气体和真实气体分别讨论。

1.1　理想气体状态方程

1.1.1　气体的经验定律及理想气体状态方程

从 17 世纪中期，人们开始研究低压下（p<1MPa）气体的 p、V、T 关系，发现了三条对各种气体均适用的经验定律。

1. 波义耳（Boyle）定律

在物质的量和温度恒定的条件下，气体的体积与压力成反比，即

$$pV=\text{常数}\ (n,\ T\ \text{一定})$$

2. 盖-吕萨克（Gay-Lussac）定律

在物质的量和压力恒定的条件下，气体的体积与热力学温度成正比，即

$$V/T=\text{常数}\ (n,\ p\ \text{一定})$$

3. 阿伏伽德罗（Avogadro）定律

在相同的温度、压力下，1mol 任何气体占有相同体积，即

$$V/n=\text{常数}\ (T,\ p\ \text{一定})$$

综合上述气体的经验定律，整理可得到如下关于表示气体的状态量之间关系的状态方程：

$$pV=nRT \tag{1-1}$$

式（1-1）称为理想气体状态方程。式中，p 的单位为 Pa；V 的单位为 m^3；n 的单位为 mol；T 的单位为 K；R 称为摩尔气体常量，经过实验测定，其值为

$$R=8.314\text{Pa}\cdot\text{m}^3\cdot\text{mol}^{-1}\cdot\text{K}^{-1}$$

因 $1\text{Pa}\cdot\text{m}^3=1\text{J}$，故

$$R=8.314\text{J}\cdot\text{mol}^{-1}\cdot\text{K}^{-1}$$

因为摩尔体积 $V_m=V/n$，气体的物质的量 n 又可表示为气体的质量 m 与它的摩尔质量 M 之比：$n=m/M$，所以理想气体状态方程又常采用以下两种形式：

$$pV_m=RT \tag{1-2}$$

$$pV=(m/M)RT \tag{1-3}$$

而密度 $\rho=m/V$，故通过式（1-1）、式（1-2）、式（1-3）可进行气体 p、V、T、n、m、M、ρ 之间的有关计算。

1.1.2　理想气体模型

1. 分子间力

无论以何种状态存在的物质，其内部的分子之间都存在着相互作用。相互作用包括分子之间的相互吸引与相互排斥。按照伦纳德-琼斯（Lennard-Jones）的理论，两个分子间的排斥作用与距离 r 的 12 次方成反比，而吸引作用与距离 r 的 6 次方成反比。以 E 代表两分子间总的相互作用势能，则可表示如下

$$E=E_{\text{吸引}}+E_{\text{排斥}}=-\frac{A}{r^6}+\frac{B}{r^{12}} \tag{1-4}$$

式中，A、B 分别为吸引和排斥常数，其值与物质的分子结构有关。将式（1-4）以图的形式表示，即为伦纳德-琼斯势能曲线，如图 1-1 所示。由图可知，当两个分子相距较远时，它们之间几乎没有相互作用。随着 r 的减小，分子间开始表现为吸引作用，当 $r=r_0$ 时，吸引作用达到最大。当两个分子进一步靠近时，则排斥作用很快上升为主导作用。

气体分子之间的距离较大，故分子间的相互作用较小；液体和固体的存在，证明分子间有吸引作用；而液体、固体的难于压缩，又证明了分子间在近距离时表现的排斥作用。

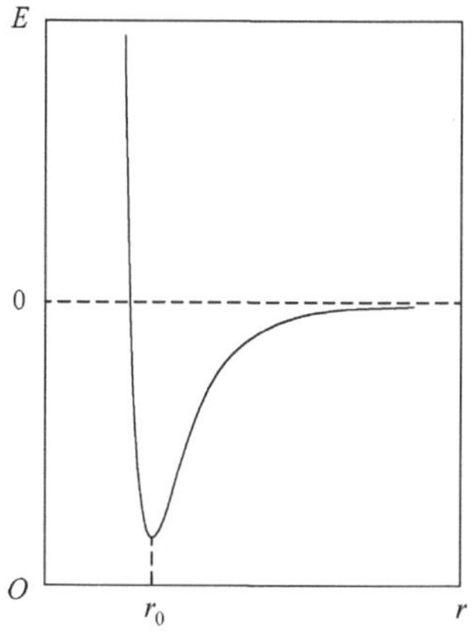

图 1-1　伦纳德-琼斯势能曲线

2. 理想气体模型

理想气体状态方程是由研究低压下气体的行为导出的，但各气体在适用理想气体状态方程时多少有些偏差，压力越低，偏差越小，在极低压力下理想气体状态方程可较准确地描述气体的行为。于是从极低压力下气体的行为出发，抽象提出理想气体的概念。理想气体在微观上具有以下两个特征：

（1）分子之间无相互作用力。

（2）分子本身不占有体积。

理想气体可以看作是真实气体在压力趋于零时的极限情况。严格来说，只有符合理想气体模型的气体才能在任何温度和压力下均服从理想气体状态方程，因此把在任何温度、压力下均服从理想气体状态方程的气体称为理想气体。然而，实际上绝对的理想气体是不存在的，它只是一种假想的气体。但是把较低压力下的气体作为理想气体处理，把理想气体状态方程用作低压气体近似服从的、最简单的 pVT 关系，却具有重要的实际意义。理想气体实际上是一个科学的抽象概念，客观上并不存在，但在通常的温度和压力下，将许多实际气体作为理想气体来处理，所得结果虽有一定误差，但还能满足一般常压下化工生产的精确度。至于在多大压力范围可以使用 $pV=nRT$ 来计算各种真实气体的 pVT 关系，尚无明确的界限。因为这不仅与气体的种类和性质有关，还取决于对计算结果所要求的精度。通常，在低于几兆帕的压力下，理想气体状态方程往往能满足一般的工程计算需要。此外，易液化的气体如水蒸气、氨气、二氧化碳等适用的压力范围要窄些，而难液化的气体如氦气、氢气、氮气、氧气等所适用的压力范围相对较宽。

1.1.3 摩尔气体常量

理想气体状态方程中的摩尔气体常量 R 的准确数值是通过实验测定出来的。因真实气体只有在压力趋于零时才严格服从理想气体状态方程，所以原则上应测量一定量的气体在压力趋于零时的 p、V、T 数据，代入理想气体状态方程，算出 R 的数值。

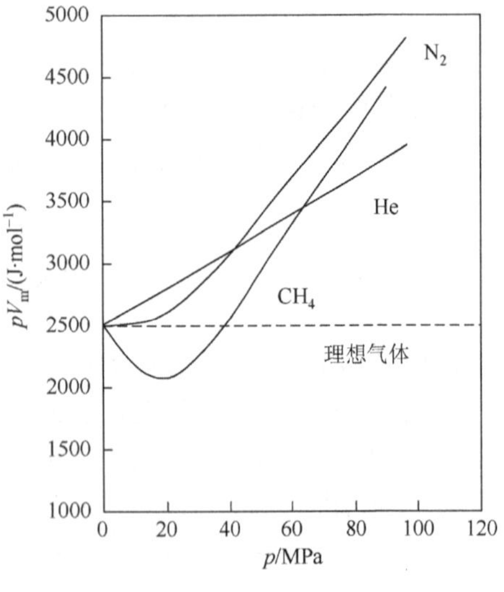

图 1-2 300K 下 N_2、He、CH_4 的 pV_m-p 等温线

在压力趋于零时，数据不易测准，因此 R 值的确定实际是采用外推法来进行的。其表达式为

$$R = \lim_{p\to 0}(pV)_T / nT$$

图 1-2 表示了一些气体在 300K 下的 pV_m-p 图。按照波义耳定律，理想气体 pV_m 应不随 p 而变化，如图中虚线所示，而真实气体在不同 p 下却有着不同的 pV_m 值。尽管不同的真实气体 pV_m-p 等温线的形状不同，但在 $p\to 0$ 时，pV_m 趋于一共同值：2494.35J·mol^{-1}，由此计算 R 得

$$R = \lim_{p\to 0}(pV)_T/nT = 2494.35\text{J·mol}^{-1} \div 300\text{K}$$

$$= 8.314\text{J·mol}^{-1}\text{·K}^{-1}$$

在其他温度条件下进行类似的测定，所得 R 值完全相同。这一事实表明：在压力趋于零的极限条件下，各种气体的 pVT 行为均服从 $pV_m=RT$ 的定量关系，R 是一个对各种气体都适用的常量。

1.2 理想气体混合物

将几种不同的纯理想气体混合在一起，即形成了理想气体混合物。由于理想气体的分子之间没有相互作用，分子本身又没有体积，故理想气体的 pVT 性质与气体的种类无关。

1.2.1 混合物组成的表示法

相对于纯成分来说，混合物比纯物质多了组成变量。组成有多种表示法，这里先介绍其

中的 3 种。

1. 组分 B 的摩尔分数 x_B（或 y_B）

物质 B 的摩尔分数 x_B（或 y_B）定义为组分 B 的物质的量与混合物的总物质的量之比，用公式表示为

$$x_B \overset{\text{def}}{=} \frac{n_B}{\sum_A n_A} \tag{1-5}$$

式中，$\sum_A n_A$ 表示混合物中所有组分的物质的量总和；x_B（或 y_B）为量纲为一的量，也称摩尔分数，显然有 $\sum_B x_B = 1$。

在气-液两相平衡系统中，通常将液态混合物组成的摩尔分数用 x_B 表示，气态混合物组成的摩尔分数用 y_B 表示，以便区分。

2. 组分 B 的质量分数 w_B

物质 B 的质量分数 w_B 定义为组分 B 的质量与混合物的总质量之比，用公式表示为

$$w_B \overset{\text{def}}{=} \frac{m_B}{\sum_A m_A} \tag{1-6}$$

式中，w_B 为量纲为一的量，显然有 $\sum_B w_B = 1$。

3. 组分 B 的体积分数 φ_B

物质 B 的体积分数 φ_B 定义为在一定温度、压力下，混合前的纯组分 B 的体积与相同温度、压力下混合物的总体积之比，用公式表示为

$$\varphi_B \overset{\text{def}}{=} \frac{x_B V_{m,B}^*}{\sum_A x_A V_{m,A}^*} \tag{1-7}$$

式中，$V_{m,B}^*$ 表示在与混合物相同温度、压力下，纯组分 B 的摩尔体积；φ_B 为量纲为一的量，亦有 $\sum_B \varphi_B = 1$。

1.2.2 理想气体混合物的状态方程

由于理想气体是分子间没有相互作用力、分子本身没有体积的气体，理想气体的 p、V、T 性质与气体的化学性质无关，将一种气体分子部分置换成另一种气体分子，形成理想气体混合物，将不影响气体的 p、V、T 关系，因此理想气体混合物的状态方程为

$$pV = nRT = \left(\sum_B n_B\right)RT \tag{1-8}$$

或

$$pV = \frac{m}{M_{mix}}RT \tag{1-9}$$

式中，n_B 为混合物中组分 B 的物质的量；m 为混合物的总质量；M_{mix} 为混合物的摩尔质量。注意式中的 p、V 为混合物的总压力和总体积。

混合物的摩尔质量等于混合物中各物质的摩尔质量与其摩尔分数的乘积之和，用公式表示为

$$M_{\text{mix}} \overset{\text{def}}{=} \sum_{\text{B}} y_{\text{B}} M_{\text{B}} \tag{1-10}$$

式中，M_{B} 为混合物中组分 B 的摩尔质量；y_{B} 为混合物中组分 B 的摩尔分数。

1.2.3 道尔顿分压定律

1810 年左右，英国化学家道尔顿（Dalton）发现：在理想气体混合物中，某一组分 B 的分压 p_{B} 等于该组分在与混合物相同温度、相同体积条件下单独存在（纯组分）时所具有的压力，这就是道尔顿分压定律。其数学表达式为

$$p_{\text{B}} = \frac{n_{\text{B}}RT}{V} \tag{1-11}$$

式中，p_{B} 为组分 B 的分压；n_{B} 为组分 B 的物质的量。注意 T、V 为混合物的温度和体积。

结合式（1-5）和式（1-8），可得

$$p_{\text{B}} = \frac{n_{\text{B}}RT}{V} = \frac{n_{\text{B}}}{n} \times \frac{nRT}{V}$$

$$p_{\text{B}} = y_{\text{B}} \cdot p \tag{1-12}$$

式中，p_{B} 为组分 B 的分压；p 为混合物的总压；n_{B} 为组分 B 的物质的量；n 为混合物总的物质的量；y_{B} 为组分 B 的摩尔分数。又因为 $\sum_{\text{B}} y_{\text{B}} = 1$，所以各组分的分压力之和等于混合物的总压力

$$p = p_1 + p_2 + \cdots + p_k = \sum_{\text{B}} p_{\text{B}} \tag{1-13}$$

道尔顿分压定律是理想气体的必然规律，是体现理想气体行为的必然结果。利用理想气体的状态方程，即可得

$$\frac{p_{\text{B}}}{p} = \frac{n_{\text{B}}RT/V}{\left(\sum_{\text{A}} n_{\text{A}}\right)RT/V} = \frac{n_{\text{B}}}{n} = y_{\text{B}} \tag{1-14}$$

因此，道尔顿分压定律一定要在与混合物相同温度、相同体积条件下才能使用。原则上讲，它只适用于理想气体混合物，但对于低压下的真实气体混合物也可近似使用，高压下不再适用。

1.2.4 阿马加分体积定律

对理想气体混合物，除有道尔顿分压定律外，还有与之相应的阿马加（Amagat）分体积定律。该定律表述为：在一定的温度和压力下，理想气体混合物的总体积 V 等于各组分 B 在相同温度、压力下单独存在时所占有的分体积 V_{B}^* 之和。其数学表达式为

$$V = \sum_{\text{B}} V_{\text{B}}^* \quad \text{或} \quad \frac{V_{\text{B}}^*}{V} = \frac{n_{\text{B}}}{n} = y_{\text{B}} \tag{1-15}$$

式中，V_{B}^* 为纯组分 B 在与混合物相同温度、压力下的体积；V 为混合物的总体积；n_{B} 为组分 B 的物质的量；n 为混合物总的物质的量；y_{B} 为组分 B 的摩尔分数。

阿马加分体积定律也是理想气体的必然规律，是体现理想气体行为的必然结果。利用理

想气体的状态方程，即可证明

$$\frac{V_B^*}{V}=\frac{n_B RT/p}{\left(\sum_B n_B\right)RT/p}=\frac{n_B}{n}=y_B \tag{1-16}$$

阿马加分体积定律一定要在与混合物相同温度、相同压力条件下才能使用。阿马加分体积定律是 19 世纪阿马加在研究低压混合气体时发现的，原则上它只适用于理想气体混合物，但对于低压下的真实气体混合物也可近似使用。在高压下，混合前后气体的体积一般要发生变化，阿马加分体积定律不再适用，需要使用偏摩尔体积进行加和计算。

1.3　真实气体的液化及临界参数

理想气体的分子之间无相互作用力，分子本身不占有体积，故不能液化且可以无限压缩。真实气体则不然，当温度降低、压力升高时，气体分子动能减小，分子间距离缩短，分子间的作用力增强。温度足够低时，在适当压力下，气体将转变为液体，称为气体液化。下面借助于真实气体的等温线，来讨论真实气体的液化过程。

在图 1-3 中，等温线大致分为以下三种情况。

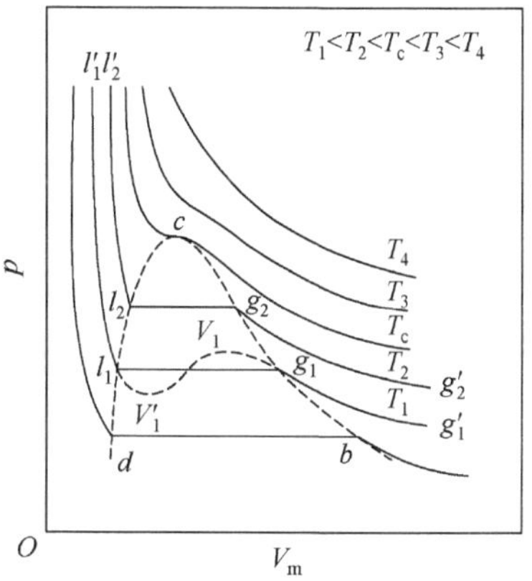

图 1-3　真实气体 p-V_m 等温线示意图

1. $T>T_c$ 的情况

此时的等温线是一条光滑的曲线。气体的摩尔体积随压力的增大而单调地减少，气体不能液化。等温线与理想气体等温线相似，温度越高，相似程度越大。

温度和压力略高于临界点的状态称为超临界状态，这时物质的气态和液态混为一体，无法区分，气体与液体的摩尔体积相同，它既不能算是液体也不能算是气体，所以称为超临界流体。这种流体具有液体的密度，有很强的溶解能力，而黏度又与气体相似，有很强的扩散能力，因此超临界流体在萃取等方面具有广泛的用途。例如，CO_2 的临界温度是 304.13K，临界压力是 7.375MPa，比较容易达到，而且低毒、无味，价格便宜又容易与被萃取物分离，已广泛用于提取天然植物油中的有效药用或保健用的成分及油脂等。

2. $T<T_c$ 的情况

此时曲线可分为三段。以 T_1 下的等温线为例，气体从始态 g_1' 开始压缩到终态 g_1，线段 $g_1'g_1$ 表示气体完全为气态，随着压力的增大，体积逐渐减小，这与理想气体相似。压力增大到 g_1，气体开始液化，随着液化的进行，气体体积沿水平线 g_1l_1 减小，但压力保持不变。这是因为液化时更多的分子从气态转入液态。在气体体积减小的同时，气体分子数目也相应地减少，而气体密度则是不变的。当状态达到 l_1，气态全部液化。继续加压，液体体积沿 l_1l_1' 变化，l_1l_1' 线几乎与横轴垂直，也就是说随着压力的增大，体积变化很小，这表明液体是不易压缩的。在这条等温线上，$g_1'g_1$ 段上只有气态，l_1l_1' 段上只有液态，而 g_1l_1 段上气态和液态并存，同时压力是恒定不变的，与气体的体积变化无关。这个恒定的压力称为此温度时的饱和蒸气压。不同温度下饱和蒸气点的连线 bc 称为饱和蒸气曲线，饱和液体点的连线 dc 称为饱和液体曲线，两曲线的交点 c 即为临界点，并且曲线 dcb 为一条光滑的曲线。

饱和蒸气压是描述物质气-液平衡关系的一种物理量。温度 T 时，如果物质的气体和液体达到平衡，就是指液体的蒸发速度与气体的凝结速度相等，那么所研究物系的状态就不会随时间而变化。此时的气-液平衡状态可称为饱和态，液体即饱和液体，气体即饱和蒸气，饱和蒸气的压力即饱和蒸气压，用符号 p_s 表示。从分子运动的观点来看，液体中各分子的动能并不相同，有些分子动能较大，因而能克服液体分子间的相互吸引力而从表面逸出，这就是蒸发或气化。显然，蒸发速度随着温度的升高而加大。与蒸发过程相反，液面外的气体分子在运动中碰撞液体表面时，会因分子间吸引力的作用而液化，这就是凝结。很显然，凝结速度随着蒸气压力的增大而增大。由此可知，既然温度一定时液体蒸发速度一定，平衡时凝结速度又与它相同，所以在指定温度下气-液平衡时就对应着一个确定的气体压力，即饱和蒸气压 p_s。可以看出，液体的饱和蒸气压可认为是表示液体蒸发能力的一个物理量。

3. $T = T_c$ 的情况

当温度 $T = T_c$ 时，等温线的水平段缩成一点 c，即饱和蒸气点与饱和液体点合为一点。在这一点上，气体和液体的差别消失，不存在气-液分界面，气体和液体已不能区分，这时的状态称为临界状态，c 点称为临界点，此时的温度 T_c 称为临界温度，压力 p_c 称为临界压力。在临界温度和临界压力下，1mol 气体所占有的体积称为临界体积，记作 V_c。T_c、p_c 和 V_c 统称临界参数。临界参数是由物质的性质决定的。

综上所述，若将各温度下饱和蒸气的状态点和饱和液体的状态点分别连成一条曲线，则两条曲线应相交于临界点 c，如图 1-3 所示，曲线 dcb 称为饱和曲线。这样，p-V_m 图上就可以划分为三个区域：饱和曲线 dcb 之内的区域为气、液两相共存区，饱和液体线到 c 点后再向左连接 $T = T_c$ 等温线的左侧为液相区，其余为气相区。

1.4 真实气体状态方程

为了描述真实气体的 p、V、T 关系，曾提出过上百种状态方程，在压力较高时，将理想气体状态方程用于真实气体将产生偏差。下面主要介绍范德华方程。真实气体的状态方程的共同特点是它们均是在理想气体状态方程的基础上经过修正得出的，在压力趋于零时，均可还原为理想气体状态方程。

描述真实气体的状态方程一般可分为两类：一类是纯经验公式；另一类则是有一定物理模型基础的半经验方程。范德华方程是最有代表性的半经验半理论方程。

1873 年，荷兰科学家范德华（van der Waals）从理想气体与真实气体的差别出发，考察了实际气体分子间有相互作用和分子本身有体积这两个本质问题对 p、V、T 行为的影响，修正了理想气体状态方程，建立了范德华方程。根据理想气体的微观模型，在一定温度下，$pV_m=RT$ 的含义可表达为

分子间无相互作用力时表现的压力×1mol 理想气体的摩尔体积=RT

由于气体分子引力作用，当分子位于系统内部时，周围分子对它的作用力相互对称，可以相互抵消，合力为零。而对于靠近容器壁的分子来说，就会受到一个不对称的拉力作用，使其撞向器壁的动量减小，进而导致系统的压力减小。设气体分子引力作用引起内聚

压力 p_i，根据势能的规律，内聚压力 p_i 既与被牵引分子的密度成正比，也与牵引分子的密度成正比，即 p_i 正比于$(1/V_m)^2$。由于分子间作用力的作用，真实气体施加于器壁的压力相对于理想气体减少了 p_i，所以要补偿其由于分子相互作用而减少的压力项 $a(1/V_m)^2$，即为 $p+a(1/V_m)^2$。

同时，由于真实分子本身占有体积，设 b 为 1mol 气体中分子本身大小及排斥所引起的使分子自由运动空间减小的体积，即当 $p\to\infty$，$V_m\to b$，所以 1mol 真实气体分子的摩尔体积 V_m 相对于理想气体增加了 b，由于要除去其因为分子体积效用而增加的体积项 b，即为 V_m-b。将修正后的压力、摩尔体积代入理想气体状态方程的对应项，即得著名的范德华方程：

$$\left(p+\frac{a}{V_m^2}\right)(V_m-b)=RT \tag{1-17}$$

将 V_m 用等式 $V_m=\frac{V}{n}$ 替换，可得气体物质的量为 n 的范德华方程

$$\left(p+\frac{n^2a}{V^2}\right)(V-nb)=nRT \tag{1-18}$$

式中，a、b 称为范德华常数，其值与各气体性质有关，均为正值，与气体的温度条件无关。一般情况下，分子间作用力越大，a 值越大，其量纲为 $Pa\cdot m^6\cdot mol^{-2}$；气体本身体积越大，$b$ 值也越大，一般是硬球气体分子本身体积的 4 倍，其量纲为 $m^3\cdot mol^{-1}$。各种真实气体的 a、b 值可以由实验测定 p、V_m 和 T 的数据拟合得出，也可以通过气体的临界参数计算求取。

当压力 $p\to 0$ 时，$V_m\to\infty$，此时范德华方程可化简还原为理想气体状态方程。

范德华气体在临界温度 T_c 下的等温线 p-V_m 在临界点处的一阶、二阶导数均为零，可以进一步推导范德华常数与临界参数的关系。将范德华方程改写成 T_c 下的 p-V_m 的函数关系：

$$p=\frac{RT_c}{V_m-b}-\frac{a}{V_m^2} \tag{1-19}$$

对式（1-19）进行一阶、二阶求导，并令其导数为零，则有

$$\left(\frac{\partial p}{\partial V_m}\right)_{T_c}=\frac{-RT_c}{(V_m-b)^2}+\frac{2a}{V_m^3}=0$$

$$\left(\frac{\partial^2 p}{\partial V_m^2}\right)_{T_c}=\frac{2RT_c}{(V_m-b)^3}-\frac{6a}{V_m^4}=0$$

联立求解，解得 V_m 值，即临界摩尔体积 $V_{m,c}=3b$，再将其代入上式及范德华方程中，可得

$$V_{m,c}=3b,\quad T_c=\frac{8a}{27Rb},\quad p_c=\frac{a}{27b^2} \tag{1-20}$$

公式 $p=\frac{RT_c}{V_m-b}-\frac{a}{V_m^2}$ 表明范德华常数 a、b 与气体的临界参数 T_c、p_c、$V_{m,c}$ 之间的关系。由于 $V_{m,c}$ 较难测准，故一般可由 T_c、p_c 求算范德华常数 a、b：

$$a=\frac{27R^2T_c^2}{64p_c},\quad b=\frac{RT_c}{8p_c} \tag{1-21}$$

范德华方程是一种简化了的真实气体的数学模型，是处理真实气体的经典方程。人们通常把任何温度、压力条件下均服从范德华方程的气体称为范德华气体。实践表明，许多真实气体在几兆帕的中压范围内，其 p、V、T 性质能较好地服从范德华方程。但从现代理论来看，范德华对内压力反比于 V_m^2 以及 b 的导出等观点都不尽完善，也未考虑温度对 a、b 的影响。精确测定表明，a、b 除了与气体种类有关外，还与气体的温度有关，甚至不同的拟合方法也会得出不同的数值。

本 章 小 结

气体的 p、V、T 行为是最基本的性质，这些性质既可以直接测定，又有相互依存的关系，而且可以进一步推算出其他的性质变化。通过本章的学习，掌握理想气体状态方程和混合气体的性质，了解实际气体的状态方程以及液化和临界性质。

（1）理想气体状态方程：$pV=nRT$，R 称为摩尔气体常量，经过实验测定其值为 $R=8.314\text{J}\cdot\text{mol}^{-1}\cdot\text{K}^{-1}$。

（2）分子间力：以 E 代表两分子间总的相互作用势能，则可表示如下

$$E = E_{吸引} + E_{排斥} = -\frac{A}{r^6} + \frac{B}{r^{12}}$$

（3）理想气体在微观上具有以下两个特征：

①分子之间无相互作用力；

②分子本身不占有体积。

（4）理想气体混合物的状态方程：

$$pV = nRT = \left(\sum_{\text{B}} n_{\text{B}}\right)RT$$

或

$$pV = \frac{m}{M_{\text{mix}}}RT$$

（5）道尔顿分压定律：在理想气体混合物中，某一组分 B 的分压 p_{B} 等于该组分在与混合物相同温度、相同体积条件下单独存在（纯组分）时所具有的压力，即

$$p_{\text{B}} = \frac{n_{\text{B}}RT}{V}$$

（6）阿马加分体积定律：在一定的温度和压力下，理想气体混合物的总体积 V 等于各组分 B 在相同温度、压力下单独存在时所占有的分体积 V_{B}^* 之和，即

$$V = \sum_{\text{B}} V_{\text{B}}^*$$

（7）饱和蒸气压：液体与其蒸气达到两相平衡时，液体即饱和液体，气体即饱和蒸气，饱和蒸气的压力即为该温度下的饱和蒸气压。

（8）范德华方程：

$$\left(p + \frac{a}{V_{\text{m}}^2}\right)(V_{\text{m}} - b) = RT$$

习　题

1. 物质的体膨胀系数 α_V 与等温压缩率 k_T 的定义如下

$$\alpha_V = \frac{1}{V}\left(\frac{\partial V}{\partial T}\right)_p, \quad k_T = -\frac{1}{V}\left(\frac{\partial V}{\partial p}\right)_T$$

试推出理想气体的 α_V 、 k_T 与压力、温度的关系。

2. 已知混合气体中各组分的摩尔分数分别为：氯乙烯 0.72、氯化氢 0.10、乙烯 0.18。在保持压力 101.325kPa 不变的条件下，用水洗去氯化氢，求剩余干气体（不考虑其中的水蒸气）中各组分的分压力。

3. 在 2.6dm^3 真空容器中，装入 5.25g Cl_2 和 4.82g SO_2。190℃时 Cl_2 和 SO_2 部分反应为 SO_2Cl_2，假如容器压力变为 201.325kPa，求平衡时各气体的分压力。

4. 有 4dm^3 的湿空气，压力为 101.325kPa，其中水蒸气的分压力为 12.33kPa。求水蒸气、N_2 和 O_2 的分体积以及 N_2 和 O_2 在湿空气中的分压力（设空气中 N_2 和 O_2 的体积分数分别为 0.79 和 0.21）。

5. 在恒压下将 20℃、100kPa 的干燥空气 10dm^3，呈气泡通入 20℃的 CCl_4 液体中，气泡逸出时可完全达到饱和，今测得 CCl_4 液体减少了 8.698g。求 CCl_4 的饱和蒸气压（干燥空气可视为理想气体）。

6. 氯乙烯、氯化氢及乙烯构成的混合气体中，各组分的摩尔分数分别为 0.89、0.09 及 0.02。在恒定压力 101.325kPa 条件下，用水吸收掉其中的氯化氢，所得混合气体中增加了分压力为 20mmHg 的水蒸气。试求洗涤后的混合气体中氯乙烯和乙烯的分压力。

7. 25℃时饱和了水蒸气的乙炔气体（该混合气体中水蒸气分压力为同温度下水的饱和蒸气压）总压力为 138.7kPa，于恒定总压下冷却到 10℃，使部分水蒸气凝结为水。试求每摩尔该乙炔气体在该冷却过程中凝结出水的物质的量。已知 25℃及 10℃时水的饱和蒸气压分别为 3.17kPa 及 1.23kPa。

8. 一密闭刚性容器中充满了空气，并有少量的水。当容器于 300K 条件下达到平衡时，器内压力为 101.325kPa。若把该容器移至 373.15K 的沸水中，试求容器中到达新的平衡时的压力。设容器中始终有水存在，且可忽略水的体积变化。300K 时水的饱和蒸气压为 3567Pa。

9. 两个容积均为 V 的玻璃球泡之间用细管连接，泡内密封着标准状态下的空气。若将其中的一个球加热到 100℃，另一个球则维持 0℃，忽略连接细管中气体体积，试求该容器内空气的压力。

10. 如图 1-4 所示，一带隔板的容器内，两侧分别有同温同压的氢气与氮气，二者均可视为理想气体。

（1）保持容器内温度恒定时抽去隔板，且隔板本身的体积可忽略不计，试求两种气体混合后的压力。

（2）隔板抽取前后，H_2 及 N_2 的摩尔体积是否相同？

（3）隔板抽取后，混合气体中 H_2 及 N_2 的分压力之比以及它们的分体积各为多少？

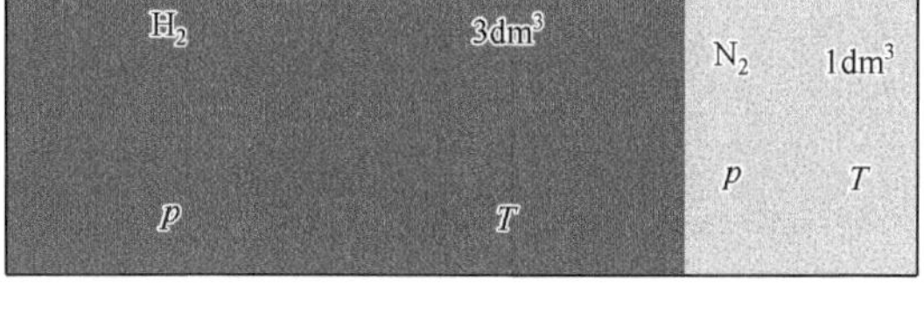

图 1-4　习题 9 附图

11. 室温下一高压釜内有常压的空气，为进行实验时确保安全，采用同样温度的纯氮进行置换，步骤如下：向釜内通氮气直到 4 倍于空气的压力，然后将釜内混合气体排出直至恢复常压，重复三次。求釜内最后排气至恢复常压时其中气体含氧的摩尔分数。

12. 气柜内有 121.6kPa、27℃的氯乙烯（C_2H_3Cl）气体 $300m^3$，若以每小时 90kg 的流量输往使用车间，储存的气体能用多少小时？

13. 0℃、101.325kPa 的条件常称为气体的标准状况。试求甲烷在标准状况下的密度。

14. 一抽成真空的球形容器，质量为 25.0000g。充以 4℃水之后，总质量为 125.0000g。若改充以 25℃、13.33kPa 的某碳氢化合物气体，则总质量为 25.0163g。试估算该气体的摩尔质量。

第 2 章　热力学第一定律

2.1　基本概念及术语

2.1.1　系统与环境

1. 系统

在科学研究时必须先确定研究对象，把要研究的对象与其余物质分开，这种分离可以是实际的，也可以是想象的。这种被划定的研究对象称为系统（system），亦称为物系。

2. 环境

与系统密切相关、有相互作用或影响所能及的部分称为环境（surrounding）。

根据系统与环境之间的关系，把系统分为以下三类，如图 2-1 所示。

（1）敞开系统（open system，又称开放系统）：系统与环境之间既有物质交换，又有能量交换。

（2）封闭系统（closed system）：系统与环境之间无物质交换，但有能量交换。

（3）孤立系统（isolated system，又称隔离系统）：系统与环境之间既无物质交换，又无能量交换。有时把封闭系统和系统所能影响的环境一起作为孤立系统来考虑。

孤立系统一般以ΔU=0 来表示。

(a) 敞开系统　　(b) 封闭系统　　(c) 孤立系统

图 2-1　三种系统示意图

2.1.2　热力学平衡态

当系统的诸性质不随时间而改变，则系统就处于热力学平衡态，它包括下列几个平衡。

（1）热平衡（thermal equilibrium）：系统各部分温度相等。

（2）力学平衡（mechanical equilibrium）：系统各部的压力都相等，边界不再移动。如有刚壁存在，虽双方压力不等，但也能保持力学平衡。

（3）相平衡（phase equilibrium）：多相共存时，各相的组成和数量不随时间而改变。

（4）化学平衡（chemical equilibrium）：反应系统中各物质的数量不再随时间而改变。

2.1.3　系统的性质

热力学中用宏观可测性质来描述系统的热力学状态，故这些性质又称热力学变量，可分为以下两类。

（1）广度性质（extensive properties）：是指系统中会和系统大小或系统中物质多少成比例

改变的物理性质，又称容量性质，它的数值与系统的物质的量成正比，如体积、质量、熵等。两个个别独立、不相关的系统，其广度性质有加和性。

（2）强度性质（intensive properties）：与广度性质相对应，是指与物质数量无关的性质，如温度、压力、密度等。其数值与体系的数量无关，此种性质不具有加和性，其数值取决于体系自身的特性。

两个广度量的比也是强度量，如摩尔体积。

强度性质与广度性质最好的区别方法是：把一个系统分成几部分，具有加和性的为广度性质；如果各部分都相同的则为强度性质。

一般来讲，温度、压力、组成（摩尔分数、质量分数、物质的量浓度、质量摩尔浓度）、各种摩尔量如摩尔热容均为强度性质。除此以外的热力学性质均为广度性质。

2.1.4　系统的状态和状态函数

当系统处于热力学平衡态时，系统的状态便可以用系统的一系列性质来描述，即系统的一切宏观性质（包括物理性质和化学性质）的综合称为状态。系统处于一定状态时，系统的这些性质便具有确定的数值，如温度、压力、黏度、表面张力、密度等，即一个确定的系统具有一定的状态。这些性质中只要有一个发生改变，则系统的状态也就改变了。由于系统的这些性质间并不是相互独立的，而是彼此关联的，因此，实际上只需要确定其中几个性质的数值，其余的性质也就相应地确定了，因而系统的状态也就确定了。由于强度性质与物质的数量无关，是系统本身所具有的特性，一般用可测量的强度性质来描述系统的状态，这些强度性质称为热力学状态的基本参变量，如温度、压力、摩尔体积等。

系统的性质取决于系统所处的状态，而与其所经历的途径无关，即系统的状态发生变化时，其一系列性质也随之变化，各性质的改变值只取决于系统变化前、后所处的状态（称为始态、终态），与变化时系统所经历的途径无关。在热力学中，把具有这种特性的物理量称为状态函数（state function）。状态函数依赖于基本参变量。

状态函数的特性可描述为：异途同归，值变相等；周而复始，数值还原。

2.1.5　状态方程和状态函数的全微分性质

根据大量的实验并由热力学理论可以证明，对于纯物质的均相封闭系统，其基本参变量 p、V_m、T 间存在着确定的定量关系，称为状态方程（state equation）。只要指定其中任意两个参变量就可确定系统的状态，如

$$T=f(p, V_\mathrm{m}),\ p=f(T, V_\mathrm{m}),\ V_\mathrm{m}=f(p, T)$$

理想气体的状态方程可表示为

$$pV_\mathrm{m}=RT \tag{2-1}$$

1. 状态函数的全微分性质

状态函数在数学上具有全微分的性质：

$$\mathrm{d}V_\mathrm{m}=\left(\frac{\partial V_\mathrm{m}}{\partial T}\right)_p \mathrm{d}T+\left(\frac{\partial V_\mathrm{m}}{\partial p}\right)_T \mathrm{d}p \tag{2-2}$$

第一项表示当系统的 p 值不变、T 值改变 $\mathrm{d}T$ 时所引起的系统体积 V 值的改变；第二项则表示 T 值不变而 p 值改变时所引起的系统体积 V 的改变。

2. 状态函数的二阶偏导数性质

状态函数的二阶偏导数与求导的先后次序无关，即

$$\left\{\frac{\partial}{\partial p}\left(\frac{\partial Z}{\partial T}\right)_p\right\}_T=\left\{\frac{\partial}{\partial T}\left(\frac{\partial Z}{\partial p}\right)_T\right\}_p \tag{2-3}$$

其中 Z 为系统的任何一个状态函数。

例如，理想气体的摩尔体积：

$$V_{\mathrm{m}}=f(T,p)=\frac{RT}{p}$$

$$\mathrm{d}V_{\mathrm{m}}=\left(\frac{\partial V_{\mathrm{m}}}{\partial T}\right)_p\mathrm{d}T+\left(\frac{\partial V_{\mathrm{m}}}{\partial p}\right)_T\mathrm{d}p \tag{2-4}$$

$$\left(\frac{\partial V_{\mathrm{m}}}{\partial T}\right)_p=\frac{R}{p},\quad \left\{\frac{\partial}{\partial p}\left(\frac{\partial V_{\mathrm{m}}}{\partial T}\right)_p\right\}_T=-\frac{R}{p^2}$$

$$\left(\frac{\partial V_{\mathrm{m}}}{\partial p}\right)_T=-\frac{RT}{p^2},\quad \left\{\frac{\partial}{\partial T}\left(\frac{\partial V_{\mathrm{m}}}{\partial p}\right)_p\right\}_T=-\frac{R}{p^2}$$

$$\left\{\frac{\partial}{\partial p}\left(\frac{\partial V_{\mathrm{m}}}{\partial T}\right)_p\right\}_T=\left\{\frac{\partial}{\partial T}\left(\frac{\partial V_{\mathrm{m}}}{\partial p}\right)_p\right\}_T=-\frac{R}{p^2} \tag{2-5}$$

也就是说，V_{m} 是状态函数，它的改变值与变化的途径无关。知道了某一物理量 Z 是状态函数，则可以用全微分关系找到它和其他状态函数间的关系。

2.1.6 过程与途径

系统状态发生的任何变化称为过程（process）。例如，气体的压缩和膨胀、冰的熔融、水的升温、化学反应等都是不同的过程。系统的状态发生变化时，从同一始态到同一终态可以有不同的方式，这种不同的方式就称为不同的途径（path）。例如，一定量的理想气体从指定的始态变到终态，可以设计不同的途径：

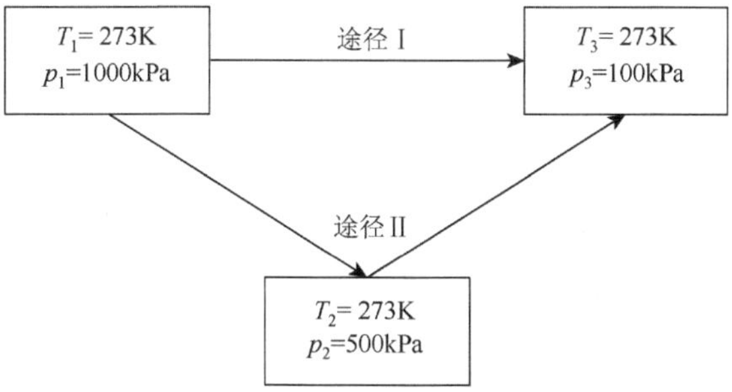

系统的变化过程分为 p、V、T 变化过程，相变化过程，化学变化过程等。

根据过程发生时的条件，通常可将过程分为以下几种。

（1）等温过程（isothermal process）。在变化过程中，系统的始态温度与终态温度相同，并等于环境温度。一般以下标 T 表示等温过程。

（2）等压过程（isobaric process）。在变化过程中，系统的始态压力与终态压力相同，并等于环境压力。一般以下标 p 表示等压过程。

（3）等容过程（isochoric process）。在变化过程中，系统的体积始终保持不变。一般以下

标 V 表示等容过程。

（4）绝热过程（adiabatic process）。系统与环境间不存在热量传递的过程称为绝热过程。若过程进行极迅速，如某些化学反应进行时来不及和环境进行热交换，也可视为绝热过程。一般以下标 Q=0 表示绝热过程。

（5）循环过程（cyclic process）。如果系统由某一状态出发，经过一系列的变化又回到原来的状态，这样的过程称为循环过程。在这个过程中，所有状态函数的变化量等于零。一般以 $\oint$ 表示循环过程。

（6）相变过程。系统中物质从一个相转移到另一个相的过程，如液体的蒸发（evaporation）、固体的升华（sublimation）、固体的熔化（melting）、固体晶形的转变等。分为可逆相变过程和不可逆相变过程：①可逆相变：在无限接近相平衡条件下进行的相变过程；②不可逆相变：不是在相平衡的条件下进行的相变过程。

在相变化过程中，有关液体或固体的饱和蒸气压的概念是非常重要的。

设在一密闭容器中装有一种液体及其蒸气，如图 2-2 所示。液体分子和蒸气分子都在不停运动。温度越高，液体中具有较高能量的分子越多，单位时间内由液相跑到气相的分子越多；另外，在气相中运动的分子碰到液面时，有可能受到液面分子的吸引进入液相；蒸气单位体积质量越大（蒸气的压力越大），则单位时间内由气相进入液相的分子越多。单位时间内气化的分子数超过液化的分子数时，宏观上观察到的是蒸气的压力逐渐增大。单位时间内当液→气及气→液的分子数目相等时，测量出的蒸气的压力不再随时间而变化，这种不随时间而变化的状态即是平衡状态。相之间的平衡称为相平衡。达到平衡状态只是宏观上看不出来变化，实际上微观变化并未停止，只不过两种相反的变化速率相等，称为动态平衡。

在一定温度下，当液（或固）体与其蒸气达成液（或固）-气两相平衡时，气相的压力称为液（或固）体在该温度下的饱和蒸气压（saturated vapor pressure），简称蒸气压（vapor pressure）。

液体的蒸气压等于外压时的温度称为液体的沸点（boiling point）；101.325kPa 下的沸点称为正常沸点（normal boiling point），100kPa 下的沸点称为标准沸点（standard boiling point）。例如，水的正常沸点为 100℃，标准沸点为 99.67℃。

（7）自由膨胀过程。如图 2-3 所示，左球内充有气体，右球内呈真空，活塞打开后，气体向右球膨胀，称为自由膨胀过程（free expansion process，或称向真空膨胀过程）。

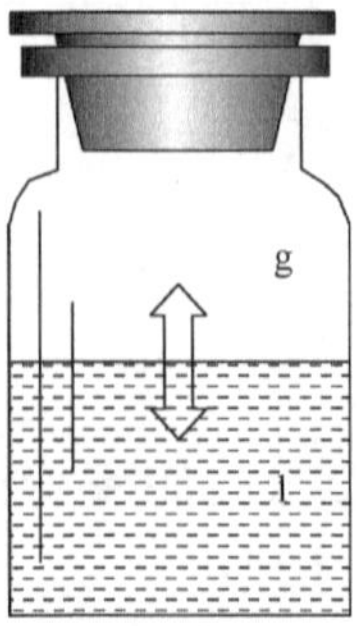

图 2-2　气-液平衡

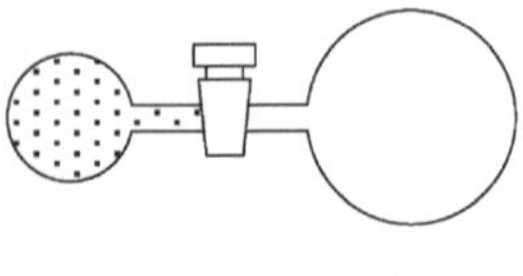

图 2-3　气体向真空膨胀

（8）多方过程。理想气体经历不同的过程会有不同的过程方程。例如：①等温过程 pV=常数；②等容过程 pT^{-1}=常数；③等压过程 VT^{-1}=常数；④绝热过程 pV^{γ}=常数，γ 是等压热容与等容热容之比。上述四个过程可以统一用“pV^n=常数”表示，其中 $\gamma \geqslant n \geqslant 1$。凡是满足 pV^n=

常数并且$\gamma > n > 1$，即系统所经历的过程既不是绝热的，也不是等温的，而是介于两者之间的过程，称为多方过程。

根据热力学第一定律，在绝热过程中，系统对外所做的功等于热力学能的减少量。根据热力学第二定律，在可逆的绝热过程中，系统的熵不变。用良好绝热材料隔绝的系统中进行的过程，或由于过程进行得太快，来不及与外界有显著热量交换的过程，都可近似地看作绝热过程。例如，内燃机、蒸汽机汽缸中工作物质的膨胀过程，压汽机汽缸中的压缩过程，汽轮机喷管中的膨胀过程，以及气象学中空气团的升降过程，还有声波在空气中的传播过程等，都可当作绝热过程处理（参见后续章节）。

2.1.7　热和功

当封闭系统的状态发生变化时，可以有两种不同的方式与环境交换能量，一种为热，另一种为功。

（1）热（heat）。系统与环境间存在着温度差而使系统与环境间传递的能量称为热。因此，热是一种传递中的能量，它总是与过程相联系的，热不是系统的性质，也就不是系统的状态函数。我们不能说系统含有多少热，而只能说系统在某一过程中放出或吸收多少热。

热力学的“热”与物体冷热的“热”具有不同的含义，后者是描述物体温度的高低，物体的温度反映物体内部质点无序运动的强弱。系统与环境间的热交换，正是由于系统与环境中的质点无序运动的平均强度不同而引起的一种能量传递的形式。

热力学中的热通常以符号 Q 表示，因为能量的传递具有方向性，热力学以 Q 值的正或负来表示热的传递方向。习惯上规定系统吸热（能量由环境传到系统），Q 值为正；系统放热，Q 值为负。过去热的计量单位为卡（calorie），本书采用国际单位制（SI），以焦耳为能量的计量单位（1cal=4.184J）。

（2）功（work）。当系统发生过程时，在系统与环境间除热以外其他各种形式的传递的能量都称为功。

功的形式=强度性质×广度性质的改变量

与热一样，功是与过程相联系的量。所以，功也不是系统的状态函数。

根据力学的定义，机械功是系统所受到的力乘以整个系统在力的方向上发生的位移。在热力学过程中，经常出现的是体积膨胀或压缩时的体积功、液体表面积增减的表面功以及物质电解或电池放电、充电时的电功等。与机械功相似，这些功的大小是两项因素的乘积：一项为广义力，它是做功的强度因素；另一项为广义位移，它是由于系统受到广义力而产生容量因素的改变。表 2-1 列举了各种功的公式。

表 2-1　各种功的公式

功的种类	强度因素（x）	容量因素的改变（y）	功ΔW=xdy
体积功	压力 p/Pa	体积的变化 dV/m^3	$-p$dV（J）
表面功	表面张力 γ /（N·m^{-1}）	面积的改变 dA/m^2	γdA（J）
电功	电压 V/V	通过的电量 dQ/C	VdQ（J）
机械功	力 F/（kg/m^2）	力方向的位移 dL/m	FdL（J）

在热力学中，功通常以符号 W 表示，并规定系统对环境做功，W 值为负；环境对系统做功，W 值为正。

对于发生化学反应的系统，常遇到的是体积功。以下的内容中，除特别标明外，均将体积功以外的其他形式的功称为非体积功，以 W_f表示。非体积功有时也称其他功、非膨胀功。

体积功的定义为

$$\delta W_e = -p_e dV \tag{2-6}$$

式中，p_e 指的是外压；dV 是体积的微小变化。如做功的过程中外压恒定，则过程的体积功为

$$W_e = -p_e \Delta V \tag{2-7}$$

热和功都是能量的传递形式，只有当过程发生时，系统与环境之间才可能交换能量，过程所取途径不同，交换的条件也不同。以后将可以看到，热和功不仅与过程的始、终态有关，而且与完成过程所取途径有关。因此，它们不是状态函数，而是与过程有关的物理量。

为了方便起见，常把环境理想化，当作由一巨大的“功源”和一巨大的“热源”所组成。它们分别担负与封闭系统间进行“功”或“热”等形式的能量交换的任务。当从这么大的“功源”或“热源”中取出少许能量使之以功或热的形式传递给封闭系统时，它们本身的状态不会发生变化，反之亦然。例如，在大海中倾入一桶沸水，其温度可认为基本不变。做出这种假设，可使讨论问题更为方便。因此，可以认为环境由功源及热源组成，而“封闭系统＋功源＋热源=孤立系统”。

现在，进一步考虑以这两种形式之一，都可以达到使系统（烧杯中的水）温度由 T_1 升高至 T_2 的目的：①直接加热；②以重物下坠带动螺旋桨进行搅拌；③以电流通过电阻线圈使水加热，如图 2-4 所示。

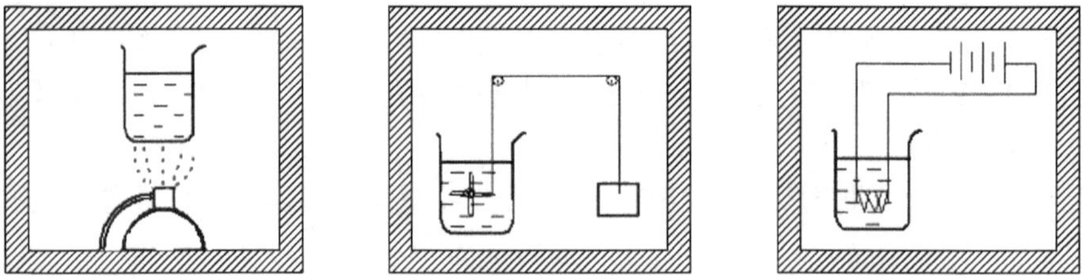

(a) 直接加热　　(b) 机械功加热　　(c) 电功加热

图 2-4　使系统的温度升高的三种不同方式

从图 2-4 可以看出，终态的温度将高于始态，说明系统的能量增加了，而以热或功的传递形式都可以达到同一目的。可见，热、功和系统能量间存在一定的关系。

【例 2-1】已知一定量的气体为 298.15K、2.00m^3，反抗外压 1.00×10^{5}Pa，等温膨胀至最终体积为 10.00m^3。计算系统所做的功。如果从始态出发先反抗外压 2.50×10^{5}Pa 等温膨胀至一中间状态，再反抗 1.00×10^{5}Pa 的外压膨胀至 298.15K、10.00m^3 的终态，则系统所做的功又为多少？

分析　（1）根据题意，系统为一定量的气体，从始态 298.15K、2.00m^3 到 298.15K、10.00m^3，该过程为反抗恒外压的等温膨胀过程，所以 $W = -p_{外}(V_2 - V_1)$ 。

（2）该过程可以分成两步恒外压过程，分别计算，然后加和，即 $W = -\sum p_{外}\Delta V = W_1 + W_2$ 。

初 298.15K，2.00m^3，p_1→中 298.15K，V_2，p_2=2.50×10^{5}Pa→终 298.15K，10.00m^3，p_3=1.00×10^{5}Pa

因为是等温过程，所以 $p_2V_2 = p_3V_3$ ，则 $V_2 = \dfrac{p_3V_3}{p_2}$ 。

解　（1）$W = -p_{外}(V_2 - V_1) = -1.00\times10^5\times(10.00-2.00) = -8.00\times10^5(\text{J})$

（2）$V_2 = \dfrac{p_3V_3}{p_2} = \dfrac{1.00\times10^5\,\text{Pa}\times10.00\text{m}^3}{2.50\times10^5\,\text{Pa}} = 4\text{m}^3$

$$
\begin{aligned}
W &= -\sum p_{外}\Delta V = W_1 + W_2 \\
&= p_2(V_2 - V_1) + p_3(V_3 - V_2) \\
&= -2.50\times10^5\times(4.00-2.00) - 1.00\times10^5\times(10.00-4.00) \\
&= -11.00\times10^5(\text{J})
\end{aligned}
$$

【例 2-2】 在 $p^{\ominus}$、298.15K 下，1mol $C_2H_5OH(l)$完全燃烧时所做的功是多少？设系统中的气体符合理想气体模型，设液体的体积可以忽略不计。

$$C_2H_5OH(l)+3O_2(g) \longrightarrow 2CO_2(g)+3H_2O(l)$$

解　始态为 1mol $C_2H_5OH(l)$与 3mol $O_2(g)$，终态为 2mol $CO_2(g)$与 3mol $H_2O(l)$，该过程为等温等压过程下的化学反应过程。

$$
\begin{aligned}
W &= -p_{外}(V_2 - V_1) = -p\left(\frac{2RT}{p} - \frac{3RT}{p}\right) = RT \\
&= 8.314\text{J}\cdot\text{mol}^{-1}\cdot\text{K}^{-1}\times 298.15\text{K} \\
&= 2479\text{J}\cdot\text{mol}^{-1}
\end{aligned}
$$

2.2　热力学基本概念及热力学第一定律

2.2.1　热功当量

焦耳（Joule）和迈耶（Mayer）自 1840 年起，用各种实验求证热和功的转换关系，历经 20 多年发现，得到的结果是一致的，即 1cal=4.1840J。这就是著名的热功当量，为能量守恒原理提供了科学的实验证明。

2.2.2　能量守恒定律

到 1850 年，科学界公认能量守恒定律是自然界的普遍规律之一。能量守恒与转化定律可表述为：自然界的一切物质都具有能量，能量有各种不同形式，能够从一种形式转化为另一种形式，但在转化过程中能量的总值不变。

2.2.3　热力学能

热力学能（thermodynamic energy）以前称为内能（internal energy），是指系统内部能量的总和，包括分子运动的平动能、分子内的转动能、振动能、电子能、核能以及各种粒子之间的相互作用的势能等。热力学能是状态函数，用符号 U 表示，它的绝对值无法测定，只能求出它的变化值。

2.2.4　热力学第一定律的概念

热力学第一定律（the first law of thermodynamics）是能量守恒与转化定律在热现象领域内所具有的特殊形式，说明热力学能、热和功之间可以相互转化，但总的能量不变。

17～19 世纪，由于资本主义生产的发展，有许多人幻想制造一种机器，它不需要外界供给能量，却能不断地对外做功，这种机器称为第一类永动机（first kind of perpetual motion machine）。千百次失败的实践使人们认识到这种凭空创造能量的第一类永动机是不能制成的。但直到能量守恒与转化定律建立后，才对制造永动机的幻想作了科学的最后判决，因而热力学第一定律的一种叙述形式是“不能制造出第一类永动机”。

这一定律告诉我们：在任何过程中能量不能制造，也不能消灭，能量只能从一种形式转变为另一种形式，而不同形式的能量互相转化时永远是数量相等的。这一定律直接证明了物质运动既不能创造，也不能消灭，而运动形式的转化是物质本身所具有的属性。恩格斯对能量守恒和转化定律曾给予很高的评价，并且将它和细胞学说及进化论相提并论，称它们是揭示自然界辩证发展过程的自然科学的三大发现。

2.2.5 热力学第一定律的数学表达式

假设系统发生某个变化，根据能量守恒定律，在此过程中系统从环境吸收热量 Q，对环境做了 W 的功，则系统热力学能的变化为

$$\Delta U=Q+W \tag{2-8}$$

$$W=W_e+W_f$$

式中，W_e 为体积功；W_f 为除体积功以外的其他功；W 为总功。

对于微小变化

$$dU=\Delta Q+\Delta W \tag{2-9}$$

热力学能是状态函数，数学上具有全微分性质，微小变化可用 dU 表示；Q 和 W 不是状态函数，微小变化用Δ表示，以示区别。

热力学第一定律的直接结论就是热力学能是系统的状态函数。

因为热力学能是系统温度和体积的函数，数学上具有全微分性质。对于单组分均相封闭系统，若选定 T、V 为独立交量，则其全微分性质可表示如下

$$dU=\left(\frac{\partial U}{\partial T}\right)_V dT+\left(\frac{\partial U}{\partial V}\right)_T dV \tag{2-10}$$

$$\left\{\frac{\partial}{\partial V}\left(\frac{\partial U}{\partial T}\right)_V\right\}_T=\left\{\frac{\partial}{\partial T}\left(\frac{\partial U}{\partial T}\right)_T\right\}_V \tag{2-11}$$

这就是说，系统的状态一定，热力学能便具有确定的值。系统状态发生改变时，其热力学能的改变值仅取决于系统的始、终态，而与变化的途径无关。可用如下反证法证明热力学能是系统的状态函数。

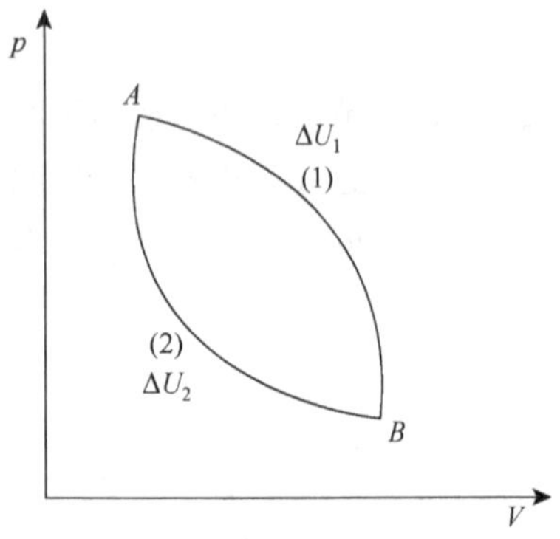

图 2-5 热力学能的变化与途径无关

图 2-5 中，A、B 表示系统的两个状态，假设从状态 A 沿途径（1）到状态 B 的热力学能的变化值 ΔU_1 大于它从状态 A 沿途径（2）到状态 B 的热力学能的变化值 ΔU_2，即 $\Delta U_1>\Delta U_2$。若从状态 A 沿途径（1）到状态 B，然后再从 B 态沿途径（2）回到 A 态，系统恢复到原来状态并完成了一个循环过程，而这个循环过程的结果却是获得了 $\Delta U_1+(-\Delta U_2)>0$ 的能量。这就意味着经过一个循环系统回到原始状态，并创造了能量。利用这种循环不是可以制成一部永动机吗？显然这是违背热力学第一定律的。因此，$\Delta U_1>\Delta U_2$ 的假定是荒谬的，同样 $\Delta U_1<\Delta U_2$ 的假定也是不能成立的。正确的结论只能是：系统从状态 A 不论经过什么途径到达状态 B，其热力学能的改变值是完全相同的，即 ΔU 只取决于系统的始、终态，而与变化的途径无关。所以热力学能是系统的状态函数。对于孤立系统 $Q=0$ 和 $W=0$，所以 $\Delta U=0$，即孤立系统的热力学能是不变的。

【例 2-3】 在 298.15K、$p^{\ominus}$下，反应 $Zn + CuSO_4(1mol \cdot dm^{-3}) = Cu + ZnSO_4(1mol \cdot dm^{-3})$ 有两种途径。

（1）Zn 与 $CuSO_4$ 溶液直接反应，由实验测得按计量式反应完全时放热 239kJ。

（2）设计成电池，完成同量的反应放热 25.6kJ，做电功 213.4kJ，求热力学能的变化。

解　（1）反应前后体积没有变化，又没有做其他功，故 $W_1=0$。

$$\Delta U=Q_1+W_1=-239kJ$$

（2）$Q_2=25.6kJ$，$W_2=-213.4kJ$

$$\Delta U=-25.6kJ+(-213.4kJ)=-239kJ$$

2.3　恒容反应热、恒压反应热及焓

2.3.1　恒容反应热和恒压反应热

化学反应过程中，体系的热力学能改变量ΔU与反应物的热力学能 $U_{反应物}$和产物的热力学能 $U_{产物}$应有如下关系：

$$\Delta U=U_{产物}-U_{反应物}$$

结合热力学第一定律的数学表达式$\Delta U=Q-W$，则有

$$U_{产物}-U_{反应物}=Q-W \tag{2-12}$$

式（2-12）就是热力学第一定律在化学反应中的具体体现。式中的反应热 Q，因化学反应的具体方式不同，有着不同的物理意义，下面分别加以讨论。

1. 恒容反应热

在恒容过程中完成的化学反应称为恒容反应，其热效应称为恒容反应热，通常用 Q_V表示。由式（2-12）可得

$$\Delta U=Q_V-W \tag{2-13}$$

式中的功 $W=p\Delta V$，恒容反应过程中$\Delta V=0$，故 $W=0$。式（2-13）变成

$$\Delta U=Q_V \tag{2-14}$$

从式（2-13）可以看出，在恒容反应过程中，体系吸收的热量全部用来改变体系的热力学能。

当$\Delta U>0$ 时，则 $Q_V>0$，该反应是吸热反应；当$\Delta U<0$ 时，则 $Q_V<0$，该反应是放热反应。

有一种称为弹式量热计的装置（图 2-6），用来测量一些有机物燃烧反应的恒容反应热，把有机物置于充满高压氧气的钢弹中，用电火花引燃，反应是在恒容的钢弹中进行的。产生的热量使水及整个装置温度升高，温度升高值可由精密的温度计测出，搅拌器可使测得的温度值更加可靠。

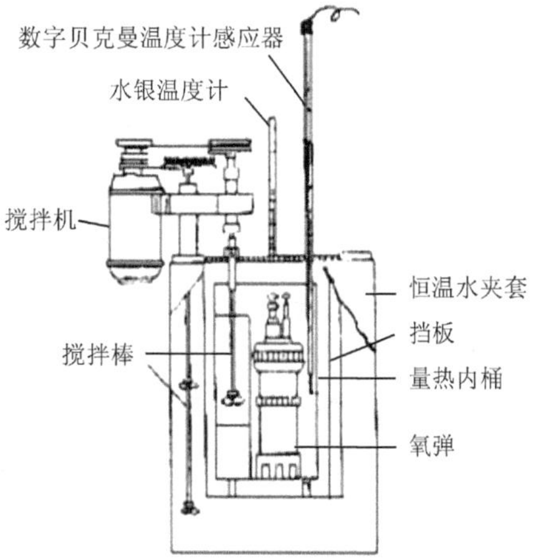

图 2-6　弹式量热计

知道了水的质量，即可知道水的热容，即水升高 1K 时吸收的热量，整个装置升高 1K 时所吸收的热量称为装置的热容，它的值可用实验的方法测知。于是恒容反应热 Q_V 可测得

$$Q_V=\Delta T(C_1+C_2) \tag{2-15}$$

式中，ΔT 为温升值；C_1 和 C_2 分别为水的热容和装置的热容。

2. 恒压反应热

在恒压过程中完成的化学反应称为恒压反应，其热效应称为恒压反应热，通常用 Q_p 表示。由式（2-12）可得

$$\Delta U=Q_p-W \tag{2-16}$$

由于 $W=p\Delta V$，式（2-16）可变成

$$Q_p=\Delta U+p\Delta V \tag{2-17}$$

恒压过程$\Delta p=0$，$p_2=p_1=p$，式（2-17）可变成

$$\begin{aligned}Q_p&=U_2-U_1+p_2V_2-p_1V_1\\&=(U_2+p_2V_2)-(U_1+p_1V_1)\end{aligned} \tag{2-18}$$

因为 U、p、V 都是体系的状态函数，故 $U+pV$ 必然是体系的状态函数，这个状态函数用 H 表示，称为热焓，简称焓。它是具有加和性质的物理量

$$H=U+pV \tag{2-19}$$

故式（2-18）可写作

$$Q_p=\Delta H \tag{2-20}$$

在恒压反应过程中，体系吸收的热量全部用来改变体系的热焓。

从焓 H 的定义式 $H=U+pV$ 可以推出，理想气体的热力学能 U 只是温度的函数，故理想气体的焓 H 也只是温度的函数，温度不变，$\Delta H=0$。

2.3.2　焓

对于只有体积功而无其他功的变化过程，热力学第一定律便可表示为

$$\Delta U=Q+W_e$$

如果过程为等压过程，因等压过程中的体积功 $W_e=p(V_2-V_1)$，则

$$\Delta U=Q_p-p(V_2-V_1)$$

$$Q_p=(U_2-U_1)+p(V_2-V_1)=(U_2+pV_2)-(U_1+pV_1)$$

$$H=U+pV$$

即对于无其他功的等压过程中

$$\Delta H=\Delta U+\Delta(pV)=Q_p$$

说明：

（1）焓是状态函数，定义式中焓完全由状态函数组成。

（2）焓不是能量，虽然具有能量的单位，但不遵守能量守恒定律。

（3）虽然无法测量和计算系统热力学能和焓的绝对值，但在一定条件下可以从系统和环境之间传递的热量来计算系统热力学能与焓的变化值。

由式（2-20）可知，系统在无其他功的等压过程中吸收的热量，全部用于增加系统的焓。同理，系统在无其他功的等容过程中吸收的热量，全部用于增加系统的热力学能，即

$$\Delta U=Q_V \tag{2-21}$$

由公式$\Delta H=\Delta U+\Delta(pV)=Q_p$ 可得

$$\Delta H=\Delta U+\Delta(pV)$$

$$Q_p - Q_V = \Delta(pV) \tag{2-22}$$

对于理想气体，则

$$Q_p - Q_V = \Delta nRT \tag{2-23}$$

式中，Δn 为反应前后理想气体的物质的量的改变量。

2.4　摩 尔 热 容

在不发生相变或化学变化的情况下，使一定量的物质的温度提高 1K 所需的热量称为该物质的热容 C（heat capacity）：

$$C = \frac{\delta Q}{\mathrm{d}T} \tag{2-24}$$

系统在微小的温度变化过程中所需吸收的热为$\Delta Q=C\mathrm{d}T$，系统由温度 T_1 升高到 T_2 的过程中所需吸收的热为

$$Q = \int_{T_1}^{T_2} C\mathrm{d}T \tag{2-25}$$

某一个变温过程中的平均热容为

$$\bar{C} = \frac{Q}{T_2 - T_1} \tag{2-26}$$

热容的单位是 $\mathrm{J \cdot K^{-1}}$。热容的数值与物质的质量成正比。物质若为 1kg，其热容称为比热容，单位是 $\mathrm{J \cdot K^{-1} \cdot kg^{-1}}$。若物质的量为 1mol，其热容称为摩尔热容 C_m，单位为 $\mathrm{J \cdot K^{-1} \cdot mol^{-1}}$。对于纯物质，其摩尔热容可表示为 $C_\mathrm{m}^*(\mathrm{B})$。

不同的过程中，系统的热容具有不同的数值。无其他功、无相变化及无化学变化的等压过程的热容称为等压热容 C_p，对于 1mol 物质则称为摩尔等压热容 $C_{p,\mathrm{m}}$，无其他功，无相变化及无化学变化的等容过程中的热容称为等容热容 C_V，对 1mol 物质则称为摩尔等容热容 $C_{V,\mathrm{m}}$。

可根据热容的定义式，计算某个变温过程中的焓变或热力学能的变化：

$$C_p = \frac{\delta Q_p}{\mathrm{d}T} = \left(\frac{\partial H}{\partial T}\right)_p, \quad \Delta H = Q_p = \int_{T_1}^{T_2} C_p \mathrm{d}T \tag{2-27}$$

$$C_V = \frac{\delta Q_V}{\mathrm{d}T} = \left(\frac{\partial U}{\partial T}\right)_V, \quad \Delta U = Q_V = \int_{T_1}^{T_2} C_V \mathrm{d}T \tag{2-28}$$

物质的热容值是随物质、物态和温度的变化而变化的。根据实验常将气体的摩尔热容写成如下的经验方程式：

$$C_{p,\mathrm{m}} = a + bT + cT^2 + \cdots \quad 或 \quad C_{p,\mathrm{m}} = a + bT + c'T^{-2} + \cdots \tag{2-29}$$

式中，a、b、c 和 c' 是经验常数。在物理化学手册及本书附录中有各种物质的 a、b、c 或 c' 的数据。查用数据时要注意公式适用的温度范围。经验常数 c 与 c' 适用于不同的公式，不可混淆。

【例 2-4】试计算 101.325kPa 压力下 2mol 氢气温度自 273.15K 升高至 373.15K 时所吸收的热量。已知 $C_{p,\mathrm{m}}(\mathrm{H_2, g})=27.28+3.26\times10^{-3}T+0.5\times10^{5}T^{-2}$。

解

$$Q_p = \int_{T_1}^{T_2} nC_{p,\mathrm{m}}(\mathrm{H_2,g})\mathrm{d}T$$

$$= 2\times\int_{273.15\mathrm{K}}^{373.15\mathrm{K}}(27.28+3.26\times10^{-3}T+0.5\times10^{5}T^{-2})\mathrm{d}T$$

$$= 2\times\left[27.28(T)_{273.15\mathrm{K}}^{373.15\mathrm{K}}+\frac{1}{2}\times3.26\times10^{-3}(T^2)_{273.15\mathrm{K}}^{373.15\mathrm{K}}-0.5\times10^{5}\left(\frac{1}{T}\right)_{273.15\mathrm{K}}^{373.15\mathrm{K}}\right]$$

$$= 2\times\left[27.28\times(373.15-273.15)+\frac{1}{2}\times3.26\times10^{-3}\times(373.15^2-273.15^2)-0.5\times10^{5}\times\left(\frac{1}{373.15}-\frac{1}{273.15}\right)\right]$$

$$= 5764(\mathrm{J})$$

2.5 相 变 焓

2.5.1 相变及相变焓

相：系统中物理性质和化学性质完全相同的均匀部分；相间有界面隔开，原则上可用机械的方法使其分开。

相变：物质不同相态之间的转变，如蒸发、升华、熔化和晶形转变等，如图 2-7 所示。

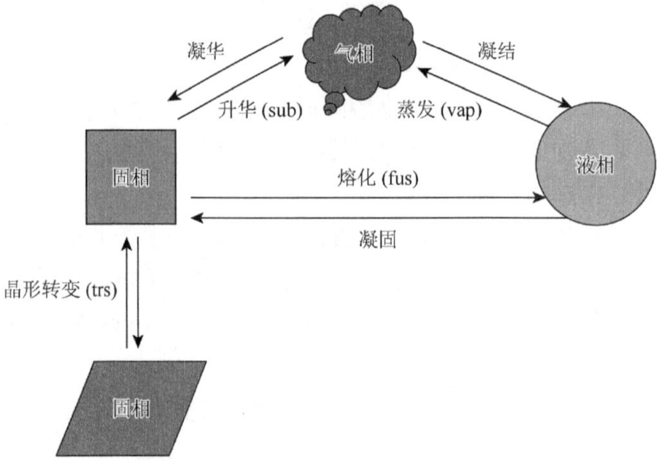

图 2-7 相变过程

相变焓也称相变热（heat of phase transition）或称潜热（latent heat），指物质在相变化过程中吸收或释放的热量，主要有：①蒸发热，由液相变为气相时的相变热；②熔化热，由固相变为液相时的相变热；③升华热，由固相直接变为气相时的相变热。在化工中，蒸发热最常用。

测定相变热的方法有如下几种：

（1）直接量热。例如，在等压（压力等于饱和蒸气压）下测定一定量液体蒸发所需的能量，算出蒸发热。

（2）先测量不同温度下的饱和蒸气压，然后用克劳修斯-克拉佩龙方程计算蒸发热。许多物质的相变热数据刊在有关手册中，也可用经验式计算。其中蒸发热数据已较完备，经验式的精度也较高。

若质量为 m、物质的量为 n 的物质 B 在恒定的压力温度下由 α 相转变为 β 相，转变前 B(α)

的焓为 $H(\alpha)$，转变后 $B(\beta)$的焓为 $H(\beta)$，即

$$\begin{array}{ccc} B(\alpha) & \longrightarrow & B(\beta) \\ H(\alpha) & & H(\beta) \end{array}$$

过程的焓变写作 $\Delta_\alpha^\beta H$ ，$\Delta_\alpha^\beta H = H(\beta) - H(\alpha)$ 。摩尔相变焓 $\Delta_\alpha^\beta H_m = \Delta_\alpha^\beta H / n$ ，比相变焓 $\Delta_\alpha^\beta h = \Delta_\alpha^\beta H / m$ ，故相变焓与摩尔相变焓、比相变焓的关系为

$$\Delta_\alpha^\beta H = n\Delta_\alpha^\beta H_m$$

$$\Delta_\alpha^\beta H = m\Delta_\alpha^\beta h$$

物理化学中主要用摩尔相变焓，化工中主要用比相变焓。摩尔相变焓是基础热数据。

对于熔化、蒸发、升华及晶形转变这四种过程，以符号 fus、vap、sub 及 trs 来表示。摩尔熔化焓为 $\Delta_{fus}H_m$ ，摩尔蒸发焓为 $\Delta_{vap}H_m$ ，摩尔升华焓为 $\Delta_{sub}H_m$ ；而摩尔凝固焓 $\Delta_l^s H_m = -\Delta_s^l H_m = -\Delta_{fus}H_m$ ，摩尔凝结焓 $\Delta_g^l H_m = -\Delta_l^g H_m = -\Delta_{vap}H_m$ ，摩尔凝华焓 $\Delta_g^s H_m = -\Delta_s^g H_m = -\Delta_{sub}H_m$ ；不同晶形之间的摩尔转变焓为 $\Delta_{trs}H_m$ ，但要注明晶形转变的方向，如某固体物质从 α 型转变为 β 型，则摩尔转变焓为 $\Delta_{trs}H_m(\alpha \to \beta)$ 。

物质的熔点和转变点受压力的影响很小，故一般不注明压力。对于蒸发过程，外压对液体的沸点影响很大，故除了极少数物质给出了不同温度下的摩尔蒸发焓以外，一般只给出正常沸点（在 101.325kPa 下的沸点）下的摩尔蒸发焓，这些数据是在相平衡温度和平衡压力下的值，因而是可逆相变焓，在量值上也就是可逆热。

对于熔化和晶形转变过程，若过程恒温恒压，有

$$Q_p = \Delta H ,\quad W = -p\Delta V \approx 0 ,\quad \Delta U \approx \Delta H$$

若过程恒温但压力有所变化，有

$$W \approx 0 ,\quad Q \approx \Delta U ,\quad \Delta U \approx \Delta H$$

即可认为恒温下凝聚态间相互转化的相变热在量值上等于热力学能变，也等于相变焓。对于蒸发和升华过程，因气体的摩尔体积远大于液体和固体的摩尔体积，在恒温恒压过程中系统要对环境做体积功，若忽略凝聚相的体积，气体体积按理想气体计算，有

$$Q_p = \Delta H$$

$$W = -p\Delta V \approx -pV(g) \approx -nRT \tag{2-30}$$

$$\Delta U = \Delta H - \Delta(pV) \approx \Delta H - pV(g) \approx \Delta H - nRT \tag{2-31}$$

或

$$\Delta U = Q + W \approx \Delta H - nRT \tag{2-32}$$

式中，n 为终态气体物质的量。蒸发、升华过程若非恒压，则 $Q \neq \Delta H$ ，这点应当注意。

2.5.2 相变焓与温度的关系

通常文献给出纯物质在熔点下的熔化焓和在正常沸点下的蒸发焓数据，但有时需要其他温度下的相变焓数据，这可以通过某已知温度下的相变焓及相变前后两种相的热容随温度变化的函数关系进行计算。

以物质 B 从 α 相变至 β 相的摩尔相变焓 $\Delta_\alpha^\beta H_m$ 为例。已知一定压力 p 下，T_1 时的 $\Delta_\alpha^\beta H_m(T_1)$ ，求 T_2 时的 $\Delta_\alpha^\beta H_m(T_2)$ 。两相的摩尔等压热容分别为 $C_{p,m}(\alpha)$ 和 $C_{p,m}(\beta)$ 。设途径如下：

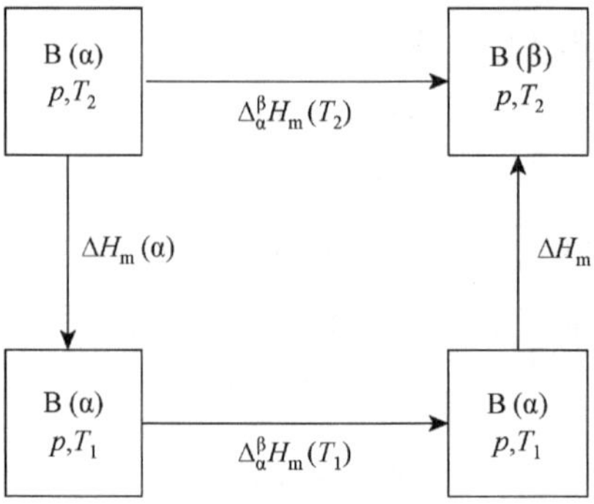

由以上途径可知：

$$\Delta_\alpha^\beta H_m(T_2)=\Delta H_m(\alpha)+\Delta_\alpha^\beta H_m(T_1)+\Delta H_m(\beta)$$

而

$$\Delta H_m(\alpha)=\int_{T_2}^{T_1}C_{p,m}(\alpha)\mathrm{d}T$$

$$\Delta H_m(\beta)=\int_{T_1}^{T_2}C_{p,m}(\beta)\mathrm{d}T$$

令

$$\Delta C_{p,m}=C_{p,m}(\beta)-C_{p,m}(\alpha)$$

因

$$\begin{aligned}\Delta H_m(\alpha)+\Delta H_m(\beta)&=\int_{T_2}^{T_1}C_{p,m}(\alpha)\mathrm{d}T+\int_{T_1}^{T_2}C_{p,m}(\beta)\mathrm{d}T\\&=-\int_{T_1}^{T_2}C_{p,m}(\alpha)\mathrm{d}T+\int_{T_1}^{T_2}C_{p,m}(\beta)\mathrm{d}T\\&=\int_{T_1}^{T_2}[C_{p,m}(\beta)-C_{p,m}(\alpha)]\mathrm{d}T\\&=\int_{T_1}^{T_2}\Delta C_{p,m}\mathrm{d}T\end{aligned}$$

故

$$\Delta_\alpha^\beta H_m(T_2)=\Delta_\alpha^\beta H_m(T_1)+\int_{T_1}^{T_2}\Delta C_{p,m}\mathrm{d}T \tag{2-33}$$

这就是由一个温度下的摩尔相变焓求另一个温度下摩尔相变焓的公式。

例如，在大气压力下由 0℃时水凝固成冰的摩尔凝固焓求–10℃时过冷水凝固成冰的摩尔凝固焓，或在 101.325kPa 下由 100℃时水蒸气凝结成水的摩尔凝结焓求 80℃时过饱和水蒸气凝结成水的摩尔凝结焓。这类过程在不同温度下相变时的压力均是相同的。

然而还会遇到两个温度 T_2、T_1 下，相变压力不等即 $p_2 \neq p_1$ 的情形，这主要指的是液体蒸发成蒸气的过程。因不同压力下液体的沸点不同，故若由某一相平衡温度压力下的摩尔蒸发焓求另一相平衡温度压力下的摩尔蒸发焓时，两不同温度下的相平衡压力即不相同。尽管如此，式（2-33）还是适用的。这是因为压力的改变对凝聚态物质摩尔焓的影响很小，常压下对气体摩尔焓的影响通常也可以忽略。

2.6　溶解焓、混合焓与稀释焓

2.6.1　溶解焓

在一定温度压力下，纯溶质 B 溶解在纯溶剂 A 中形成一定组成的溶液，过程的焓变称为 B 的溶解焓，以符号 $\Delta_{sol}H$ 表示。

在标准压力 $p^\ominus$=100kPa 下 B 的溶解焓与其物质的量 n 之比，称为 B 的标准摩尔溶解焓，

用 $\Delta_{sol}H_m^\ominus$，即 $\Delta_{sol}H^\ominus/n$。因此

$$\Delta_{sol}H^\ominus = n\Delta_{sol}H_m^\ominus$$

一定温度下溶质的标准摩尔溶解焓除了与溶剂的种类有关外，还是溶液组成的函数。压力对溶解焓的影响是很小的。

通常文献上给出的是在常压下 25℃或其他温度时溶质溶于水中形成不同组成水溶液时的摩尔溶解焓。

应用状态函数法可以由溶质生成不同组成溶液时的摩尔溶解焓，求算在某一定组成的溶液中再加入溶质生成另一定组成溶液时的焓变。

【例 2-5】 在 25℃常压下向含有 1mol LiCl 的 50mol H_2O 溶液中加入 1.5mol 纯 LiCl(s)形成另一组成的溶液，计算过程的热效应。

解 溶剂为 H_2O，溶质为 LiCl。原溶液中 1mol LiCl，50mol H_2O，r_1=1/50。此溶液表示成 LiCl(aq，r_1=1/50)，aq 代表水溶液，溶质物质的量 n_1=1mol。加入 1.5mol LiCl(s)后形成的新溶液中溶质的总物质的量为 2.5mol，溶剂仍为 50mol，可知这时 r_2=1/20，即得到的终态溶液为 LiCl(aq，r_2=1/20)，溶质物质的量 n_2=2.5mol。由表 2-2 得知两溶液的摩尔溶解焓 $\Delta_{sol}H_m$ (r_1=1/50)= $-35.564\text{kJ}\cdot\text{mol}^{-1}$，$\Delta_{sol}H_m$ (r_2=1/20)= $-34.581\text{kJ}\cdot\text{mol}^{-1}$。

表 2-2　25℃时 Li(s)在水中的 $\Delta_{sol}H_m$

$1/r$	2.79	3.13	3.57	4.00	4.76	5.88	7.69
$\Delta_{sol}H_m/(\text{kJ}\cdot\text{mol}^{-1})$	−19.347	−21.221	−23.083	−25.083	−27.393	−29.560	−31.485
$1/r$	12.5	20.0	50.0	100	200	400	∞
$\Delta_{sol}H_m/(\text{kJ}\cdot\text{mol}^{-1})$	−33.535	−34.581	−35.564	−35.941	−36.233	−36.43	−36.89

假设途径如下：

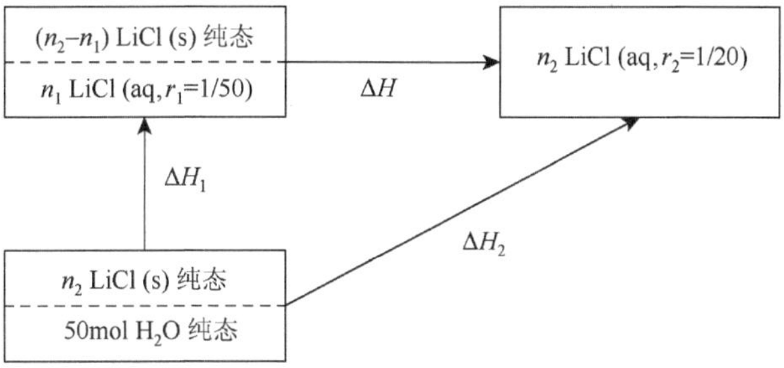

因为

$$\Delta H_1 + \Delta H = \Delta H_2$$

$$\Delta H_1 = n_1\Delta_{sol}H_m(r_1 = 1/50)$$

$$\Delta H_2 = n_2\Delta_{sol}H_m(r_2 = 1/20)$$

故

$$Q_p = \Delta H = \Delta H_2 - \Delta H_1$$

$$= 2.5\text{mol}\times(-34.581)\text{kJ}\cdot\text{mol}^{-1} - 1\text{mol}\times(-35.564)\text{kJ}\cdot\text{mol}^{-1}$$

$$= -50.889\text{kJ}$$

2.6.2　混合焓

在一定温度压力下，两种（或两种以上）相同聚集状态的纯物质相互混合生成一定组成的均相混合物，该过程的焓变称为该两种物质的混合焓，用 $\Delta_{mix}H$ 表示。在标准压力 $p^\ominus$=100kPa

下混合焓与混合物的总物质的量之比即为标准摩尔混合焓，用 $\Delta_{mix}H_m^\ominus$ 表示。它的数值与混合物的组成有关。压力对摩尔混合焓的影响一般不大。

理想气体的摩尔混合焓为零。低压下真实气体的摩尔混合焓近似为零。

液态物质的摩尔混合焓与液体的性质有关。实验及理论推导均表明理想液态混合物的摩尔混合焓为零。

非理想液态混合物的摩尔混合焓不为零，要通过实验测定。

2.6.3　稀释焓

在一定温度、压力下向一定量组成为 r_1 的溶质为 B、溶剂为 A 的溶液中加入纯溶剂，使其稀释至组成为 r_2 的溶液，该过程的焓变称为 B 溶液自 r_1 至 r_2 的稀释焓，用 $\Delta_{dil}H$ 表示。

在标准压力 $p^\ominus$=100kPa 下，稀释焓与溶质的物质的量之比称为标准摩尔稀释焓，用 $\Delta_{dil}H_m^\ominus$ 表示。摩尔稀释焓与稀释前后溶液的组成有关。通常压力对摩尔稀释焓的影响很小。

由一定温度下不同组成溶液的摩尔溶解焓即可求得摩尔稀释焓。

【例 2-6】 在 25℃常压下向含有 2mol LiCl 的 40mol H_2O 溶液中加入 60mol 的纯水（H_2O，l）达到平衡态，应用表 2-2 的数据计算过程的热。

解　原溶液中含有 2mol LiCl，40mol H_2O，r_1=1/20。此溶液表示成 LiCl(aq，r_1=1/20)，溶质物质的量 n=2mol。加入纯溶剂 60mol H_2O(l)后，终态溶液中含 2mol LiCl，100mol H_2O，r_2=1/50，终态溶液表示成 LiCl(aq，r_2=1/50)，溶质物质的量仍为 n。

由表 2-2 得知两溶液的摩尔溶解焓：$\Delta_{sol}H_m\,(r_1=1/20)=-34.581\text{kJ}\cdot\text{mol}^{-1}$，$\Delta_{sol}H_m\,(r_2=1/50)=-35.564\text{kJ}\cdot\text{mol}^{-1}$。

假设途径如下：

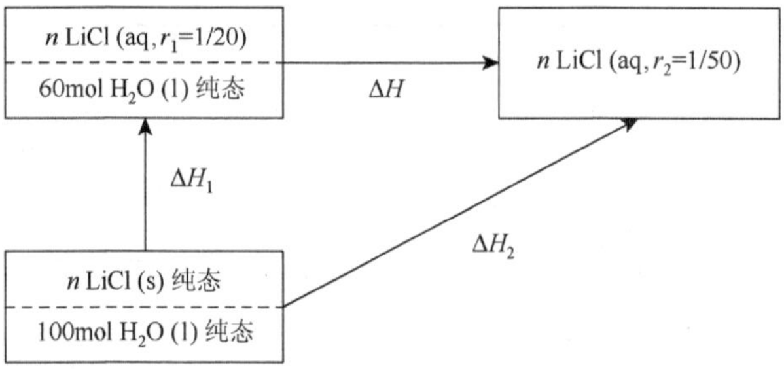

因为

$$\Delta H_1 + \Delta H = \Delta H_2$$

$$\Delta H_1 = n\Delta_{sol}H_m(r_1 = 1/20)$$

$$\Delta H_2 = n\Delta_{sol}H_m(r_2 = 1/50)$$

故

$$\begin{aligned}Q_p &= \Delta H = \Delta H_2 - \Delta H_1\\ &= 2\text{mol}\times[(-35.564)\text{kJ}\cdot\text{mol}^{-1} - (-34.581)\text{kJ}\cdot\text{mol}^{-1}]\\ &= -1.966\text{kJ}\end{aligned}$$

2.7　化学反应焓

化学变化常伴有吸热或放热现象，对于这些现象进行精确测定，并作较详尽的讨论，已成为物理化学上的一个分支，称为热化学。在热力学第一定律确定之后，热化学中的一些规律和公式成为热力学第一定律的必然推论。因此，热化学实质上可以看作热力学第一定律在化学变化过程中的具体应用。

2.7.1　反应进度和热化学方程式

1. 反应进度

化学反应的热效应显然与系统中已发生反应的物质的量有关。为了确切地描述化学反应过程中系统热力学量的变化，引入一个状态参变量——反应进度。反应进度是用来描述某一化学反应进行程度的物理量，单位为 mol，用符号 ξ 表示。

将任一化学反应方程式

$$aA+bB = yY+zZ$$

写作

$$0=-aA-bB+yY+zZ$$

表示成

$$0=\sum \nu_B B$$

式中，ν_B 表示参与反应的任一物质 B 的化学计量数。对于反应物，ν_B 取“−”号，$\nu_A=-a$，$\nu_B=-b$；对于产物，ν_B 取“+”号，$\nu_Y=y$，$\nu_Z=z$。

对于此反应，可用 ξ 表示其进行的程度，将其定义为

$$d\xi=\frac{dn_B}{\nu_B}$$

式中，n_B 为反应式中任一物质 B 的物质的量，对于确定的化学反应，参与反应的所有物质的 ξ 均相同。

化学反应中反应物（消耗）的量或生成物（增加）的量可根据反应方程式的计量系数与生成物量的变化进行相互换算。例如，在下列反应中

$$N_2+3H_2 \longrightarrow 2NH_3$$

若 N_2 消耗 1mol，H_2 即消耗 3mol，生成物 NH_3 则增加 2mol。因此，用不同的反应物或生成物物质的量的变化来表示化学反应进行程度的数值各异，在使用上带来不便。

人们将反应系统中任何一种反应物或生成物在反应过程中物质的量的变化Δn_B 与该物质的计量系数 ν_B 的商定义为该反应的反应进度

$$\xi=\frac{\Delta n_B}{\nu_B} \qquad (2\text{-}34)$$

为了使反应进度 ξ 的值统一为正值，规定化学计量系数反应物为负值，生成物为正值。根据这一定义，反应进度只与化学反应方程式的写法有关，而与选择系统中何种物质来表达无关。

例如，对于反应 $N_2(g)+3H_2(g) = 2NH_3(g)$，$H_2$ 的化学计量数是−3，若 H_2 初始时刻为 5mol，反应一段时间后 H_2 为 2mol，则 H_2 的反应进度为 1mol，NH_3 的反应进度为 1mol，若将方程式写成 $2N_2(g)+6H_2(g) = 4NH_3(g)$，则 H_2 的反应进度为 0.5mol。

2. 热化学方程式

热化学方程式表示化学反应中的物质变化和焓变（或能量变化、热量变化）。例如热化学方程式：

$$H_2(g)+Cl_2(g) = 2HCl(g) \qquad \Delta H=-183kJ\cdot mol^{-1}$$

ΔH 代表在标准态时，1mol $H_2(g)$和 1mol $Cl_2(g)$完全反应生成 2mol HCl(g)，反应放热 183kJ。

这是一个假想的过程，实际反应中反应物的投料量比所需量要多，只是过量反应物的状态没有发生变化，因此不会影响反应的反应热。标准态时化学反应的摩尔焓变称为标准摩尔焓，用符号 $\Delta_r H_m^\ominus$ 表示。

书写和应用热化学方程式时必须注意以下几点：

（1）反应热与温度和压强等测定条件有关，所以书写时指明反应时的温度和压强（25℃、101kPa 时，可以不注明）。

（2）各物质化学式右侧用圆括弧（）表明物质的聚集状态，可以用 g、l、s 分别代表气态、液态、固态。固体有不同晶态时，还需将晶态注明，如 S（斜方）、S（单斜）、C（石墨）、C（金刚石）等。溶液中的反应物质则须注明其浓度，以 aq 代表水溶液，（aq，∞）代表无限稀释水溶液。

（3）热化学方程式中化学计量数只表示该物质的物质的量，不表示物质分子个数或原子个数，因此，它可以是整数，也可以是分数。

（4）ΔH 只能写在化学方程式的右边，若为放热反应，则 ΔH 为“−”；若为吸热反应，则 ΔH 为“+”。其单位一般为 $kJ \cdot mol^{-1}$。同一化学反应，若化学计量数不同时，ΔH 的值不同。若化学计量数相同，当反应物、生成物状态不同时，ΔH 的值也不同。

（5）热化学方程式是表示反应已完成的数量。由于 ΔH 与反应完成物质的量有关，方程式中化学式前面的化学计量数必须与 ΔH 相对应，当反应逆向进行时，其反应热与正反应的反应热数值相等，符号相反。

（6）不标“↑”或“↓”。

（7）热化学方程式一般不需要写反应条件，如△（加热），因为聚集状态已标出。

（8）有机热化学方程式用“══”，不用“⟶”。

2.7.2 赫斯定律

1840 年，根据大量的实验事实，赫斯（Hess）提出了一个定律：反应的热效应只与始态和终态有关，与变化的途径无关。保持反应条件（如温度、压力等）不变的情况下，不管反应是一步完成的，还是分几步完成的，其热效应相同。

对于进行得太慢的或反应程度不易控制而无法直接测定反应热的化学反应，可以利用赫斯定律，用容易测定的反应热来计算不易测定的反应热。因为 H、U、S、G 都是状态函数，只要化学反应始态、终态确定，则 $\Delta_r H_m$（$Q_{p,m}$）、$\Delta_r U_m$（$Q_{V,m}$）、$\Delta_r S_m$、$\Delta_r G_m$ 也就是定值，至于通过什么途径完成这一反应，则完全无关。因此，在热力学第一定律建立之后，赫斯定律就成为其必然结果了。

例如，碳完全燃烧生成 CO_2 的反应，可以通过两条不同途径实现。

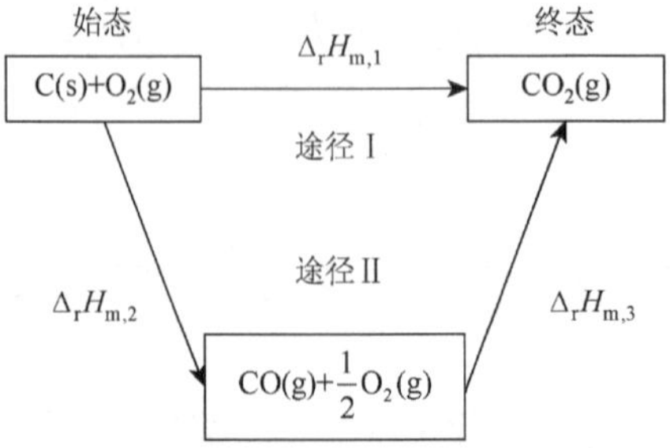

途径 I：一步完成，摩尔反应焓为 $\Delta_r H_{m,1}$。

途径Ⅱ：两步完成，两个步骤的摩尔反应焓分别为 $\Delta_r H_{m,2}$ 和 $\Delta_r H_{m,3}$ 。根据赫斯定律：

$$\Delta_r H_{m,1} = \Delta_r H_{m,2} + \Delta_r H_{m,3}$$

赫斯定律说明，利用热化学方程式的线性组合，可由若干已知反应的摩尔反应焓，求另一反应的摩尔反应焓。

【例 2-7】 在温度为 298.15K，压力为 101.325kPa 下，乙炔、乙烷、氢气和氧气反应的热化学方程式为

$$2C_2H_2(g)+5O_2(g) = 4CO_2(g)+2H_2O(l) \qquad \Delta_r H^{\ominus}_{m,1} = -2598 kJ\cdot mol^{-1} \qquad (1)$$

$$2C_2H_6(g)+7O_2(g) = 4CO_2(g)+6H_2O(l) \qquad \Delta_r H^{\ominus}_{m,2} = -3118 kJ\cdot mol^{-1} \qquad (2)$$

$$H_2(g)+1/2O_2(g) = H_2O(l) \qquad \Delta_r H^{\ominus}_{m,3} = -285.8 kJ\cdot mol^{-1} \qquad (3)$$

根据以上热化学方程式，计算下列反应的标准摩尔焓变 $\Delta_r H^{\ominus}_{m,4}$ 。

$$C_2H_2(g)+2H_2(g) = C_2H_6(g) \qquad (4)$$

解　由式（4）$=\frac{1}{2}$[式（1）–式（2）]+2×式（3）可得

$$\Delta_r H^{\ominus}_{m,4} = \frac{1}{2}[\Delta_r H^{\ominus}_{m,1} - \Delta_r H^{\ominus}_{m,2}] + 2\Delta_r H^{\ominus}_{m,3}$$

所以 $\Delta_r H^{\ominus}_{m,4} = -311.6 kJ\cdot mol^{-1}$。

应用赫斯定律必须注意：①同种物质的温度、聚集状态和分压都相同时，才可以合并或相消；②热化学方程式乘（或除）某一系数，则热效应也应同时乘（或除）同一系数。

2.8　标准摩尔反应焓的计算

2.8.1　热力学标准态

一些热力学量，如热力学能 U、焓 H、吉布斯自由能 G 等的绝对值是不能测量的，能测量的仅是当 T、p 和组成等发生变化时这些热力学量的变化值ΔU、ΔH、ΔG，因此，需要为物质的状态定义一个基线，以便使同一种物质在不同的化学反应中能够有一个公共的参考状态，这便是热力学规定的物质的标准状态，简称标准态。按照 GB 3102.8—1993 中规定，标准状态时的压力为标准压力 $p^{\ominus}$=100kPa（是一精确值），右上角标“⊖”表示标准态。

气体的标准态：不管是纯气体 B 或气体混合物中的任一组分 B，都是温度 T、压力 $p^{\ominus}$下并表现出理想气体特性的气体纯物质 B 的（假想）状态。液体（或固体）的标准态：不管是纯液体（或固体）B 还是液体（或固体）混合物中的组分 B，都是温度 T、压力 $p^{\ominus}$下液体（或固体）纯物质 B 的状态。物质的热力学标准态的温度 T 是任意的，未作具体规定，不过许多物质的热力学标准态的热数据是在 T=298.15K 求得的。溶液中溶质 B 的标准态是：标准压力 $p^{\ominus}$下，质量摩尔浓度为 $b^{\ominus}$（$1.0 mol\cdot kg^{-1}$），并表现出无限稀溶液中溶质的状态（通常采用近似 $c^{\ominus}=1.0 mol\cdot dm^{-3}$）。

由状态函数的特点可知，反应焓 $\Delta_r H$ 是指在一定温度、压力下，化学反应过程中生成的产物的焓与反应掉的反应物的焓之差。对于化学反应：

$$aA+bB = yY+zZ$$

其中，a，b，y，$z>0$，为化学方程式系数；$\nu_A=-a$，$\nu_B=-b$，$\nu_Y=y$，$\nu_Z=z$ 为反应物产物的化学计量数。

$$0=\nu_A A+\nu_B B+\nu_Y Y+\nu_Z Z$$

若反应进度 ξ=1mol，则反应焓 $\Delta_r H$ 等于摩尔反应焓，应当有

$$\Delta_r H_m = \nu_Y H_m(Y) + \nu_Z H_m(Z) + \nu_A H_m(A) + \nu_B H_m(B)$$

即
$$\Delta_r H_m = \sum_i \nu_i H_m(i)$$

在反应温度一定及标准压力 $p^{\ominus}$=100kPa 下，有

$$\Delta_r H_m^{\ominus} = \sum_i \nu_i H_m^{\ominus}(i) \tag{2-35}$$

对于纯态物质，式中的 $H_m^{\ominus}(i)$ 表示反应式中任一物质 i 的标准摩尔焓。

一个化学反应的热效应的正确表示方法如下：

（1）写出该反应的计量方程式。

（2）标明各物质的相态，如存在不同结晶，应标明晶形。

（3）以ΔH_m 表示反应的摩尔恒压热效应，并应标明反应时的温度，例如，ΔH_m（500K）表示该反应在 500K 进行时的热效应。由于压力对反应热效应的影响不大，故在一般情况不标明压力。如果反应是由标准状态的反应物生成标准状态的产物，则在ΔH_m 的右上角加"$\ominus$"，即 $\Delta H_m^{\ominus}$。

（4）在化学反应计量方程式后写下ΔH_m及其数值与单位。例如

$$C(石墨)+O_2(g) \longrightarrow CO_2(g) \quad \Delta H_m^{\ominus}=-393.6kJ\cdot mol^{-1}$$

表示系统中各物质均处于标准状态下，反应进度发生了 1mol 的变化（1mol C 与 1mol O_2 生成 1mol CO_2）时系统焓值的改变，相应的热效应为−393.6kJ。

$$2C(石墨)+2O_2(g) \longrightarrow 2CO_2(g) \quad \Delta H_m^{\ominus}=-787.2kJ\cdot mol^{-1}$$

表示在标准状态，1mol 2C 与 1mol $2O_2$ 生成 1mol $2CO_2$，即 ξ=1mol 时的热效应为−787.2kJ。

2.8.2 由物质的标准摩尔生成焓计算化学反应的 $\Delta_r H_m^{\ominus}$

由于物质热力学能的绝对值不知道，焓的绝对值也不知道，所以无法根据式（2-35）直接计算反应的 $\Delta_r H_m^{\ominus}$。因此规定：标准态时由指定单质生成单位物质的量的纯物质 B 时反应的焓变称为标准摩尔生成焓，即一定温度及标准压力 $p^{\ominus}$=100kPa 下，由最稳定单质生成化学计量系数 $\nu_B=1$ 的物质B的标准摩尔反应焓，称为物质B在该温度下的标准摩尔生成焓，记作 $\Delta_f H_m^{\ominus}$（物质，相态，温度），单位为 $J\cdot mol^{-1}$ 或 $kJ\cdot mol^{-1}$。298.15K 时的数据可以从手册及教材的附录中查到。

指定单质通常指标准压力和该温度下最稳定的单质，如 C 为石墨(s)，Hg 为 Hg(l)等，但 P 为白磷(s)，即 P(s，白)。显然，标准态指定单质的标准生成焓为 0。生成焓的负值越大，表明该物质键能越大，对热越稳定。

例如在 298.15K 时

$$C(石墨)+O_2(g) = CO_2(g) \qquad \Delta_f H_m^{\ominus}=-394kJ\cdot mol^{-1}$$

（1）"f"表示生成反应，"m"表示物质的量为 1mol，其单位为 $kJ\cdot mol^{-1}$（或 $J\cdot mol^{-1}$）。

（2）没有规定温度，298.15K 时可省略。一般 298.15K 时的数据有表可查。

（3）生成焓仅是个相对值，稳定单质的标准生成焓等于零。

有的相同物质，如 C（石墨）和 C（金刚石）两者的标准生成焓是不同，前者为零，后者为 1.9$kJ\cdot mol^{-1}$；同一物质的不同聚集态，如水与水蒸气的标准生成焓也是不同的，在使用时务必注意。

例如，NaCl(s)、$CaCO_3$(s)、NO(g)和 CH_3OH(l)标准生成焓 $\Delta_f H_m^{\ominus}$ 应分别是下述反应的标准焓变：

（100kPa，298.15K）

$$Na(s)+1/2Cl_2(g) \longrightarrow NaCl(s) \qquad \Delta_f H_m^\ominus=-411.12kJ\cdot mol^{-1}$$

$$Ca(s)+C(石墨)+3/2O_2(g) \longrightarrow CaCO_3(s) \qquad \Delta_f H_m^\ominus=-1206.92kJ\cdot mol^{-1}$$

$$1/2N_2(g)+1/2O_2(g) \longrightarrow NO(g) \qquad \Delta_f H_m^\ominus=90.25kJ\cdot mol^{-1}$$

$$C(石墨)+2H_2(g)+1/2O_2(g) \longrightarrow CH_3OH(l) \qquad \Delta_f H_m^\ominus=-239.04kJ\cdot mol^{-1}$$

在标准态下，298.15K 时，1mol 化合物发生化学反应时的焓变，称为该化合物的标准反应焓（或标准反应热），用 $\Delta_r H_m^\ominus$ 表示，“r”表示反应，“m”表示物质的量为 1mol，其单位为 $kJ\cdot mol^{-1}$（或 $J\cdot mol^{-1}$）。

标准反应焓的大小与化学反应式的书写有关（可由赫斯定律推出），例如

$$Na(s)+1/2Cl_2(g) \longrightarrow NaCl(s) \quad \Delta_r H_m^\ominus=-411.12kJ\cdot mol^{-1}$$

$$2Na(s)+Cl_2(g) \longrightarrow 2NaCl(s) \quad \Delta_r H_m^\ominus=-822.24kJ\cdot mol^{-1}$$

在反应温度一定及标准压力 $p^\ominus$=100kPa 下，根据化合物的标准摩尔生成焓计算反应的热效应如下

$$\Delta_r H_m^\ominus = \sum_B (P_B \Delta_f H_m^\ominus) - \sum_B (R_B \Delta_f H_m^\ominus)$$

$$= \sum_B \nu_B \Delta_f H_m^\ominus(B)$$

式中，P_B、R_B 和 ν_B 分为表示产物计算系数、反应物计算系数和产物、反应物的化学计量数。

上式表明，在标准态时，化学反应的标准反应焓 $\Delta_r H_m^\ominus$ 等于反应中各生成物标准生成焓的总和减去各反应物标准生成焓的总和。利用该式可直接计算标准反应焓，也可在标准反应焓已知时，计算某些化合物（特别是有机化合物）的标准生成焓。

根据物质的 $\Delta_f H_m^\ominus$ 数据，可计算出化学反应的标准摩尔反应焓 $\Delta_r H_m^\ominus$。例如，按照定义，25℃时，下述反应

$$C(石墨)+O_2(g) == CO_2(g) \quad \Delta_r H_m^\ominus = \Delta_f H_m^\ominus(CO_2,g)$$

$$C(石墨)+\frac{1}{2}O_2(g) == CO(g) \quad \Delta_r H_m^\ominus = \Delta_f H_m^\ominus(CO,g)$$

$$2Al(s)+Fe_2O_3(s) == Al_2O_3(s)+2Fe(s)$$

$$\Delta_r H_m^\ominus(298.15K) = \Delta_f H_m^\ominus(Al_2O_3, 298.15K) - \Delta_f H_m^\ominus(Fe_2O_3, 298.15K)$$

$$C_2H_2(g)+\frac{5}{2}O_2(g) == 2CO_2(g)+H_2O(l)$$

$$\Delta_r H_m^\ominus(298.15K) = \sum_B \nu_B \Delta_f H_m^\ominus(B, 298.15K)$$

$$= 2\Delta_f H_m^\ominus(CO_2,g) + \Delta_f H_m^\ominus(H_2O,l) - \Delta_f H_m^\ominus(C_2H_2,g)$$

例如对于反应：

$$C_2H_5OH(l)+3O_2(g) \longrightarrow 2CO_2(g)+3H_2O(l)$$

根据化合物的标准摩尔生成焓计算其反应热效应的公式可表示如下

$$\Delta_r H_m^\ominus = \sum_B \nu_B \Delta_f H_m^\ominus(B)$$

$$\Delta_r H_m^\ominus = \left[3\Delta_f H_m^\ominus(H_2O,l) + 2\Delta_f H_m^\ominus(CO_2,g)\right] - \left[\Delta_f H_m^\ominus(C_2H_5OH,l) + 3\Delta_f H_m^\ominus(O_2,g)\right]$$

$$\Delta_r H_m^\ominus = 3\Delta_f H_m^\ominus(H_2O,l) + 2\Delta_f H_m^\ominus(CO_2,g) - \Delta_f H_m^\ominus(C_2H_5OH,l)$$

查表得到 $\Delta_f H_m^\ominus(B)$，代入上式进行计算：

$$\Delta_r H_m^\ominus = 3\times(-285.83\text{kJ}\cdot\text{mol}^{-1}) + 2\times(-393.51\text{kJ}\cdot\text{mol}^{-1}) - (-277.67\text{kJ}\cdot\text{mol}^{-1})$$
$$= -1366.84\text{kJ}\cdot\text{mol}^{-1}$$

在反应温度一定及标准压力 $p^\ominus$=100kPa 下，有

$$\Delta_r H_m^\ominus(T) = \sum_B \nu_B \Delta_f H_m^\ominus(B,T) \tag{2-36}$$

2.8.3 由物质的标准摩尔燃烧焓计算化学反应的 $\Delta_r H_m^\ominus$

一定温度及标准压力条件下，化学计量数 $\nu_B = -1$ 的物质 B 与氧气进行完全燃烧反应，生成规定的燃烧产物时的标准摩尔反应焓，称为物质 B 在该温度 T 下的标准摩尔燃烧焓（heat of combustion），符号为 $\Delta_c H_m^\ominus$，单位为 $\text{J}\cdot\text{mol}^{-1}$ 或 $\text{kJ}\cdot\text{mol}^{-1}$。

在室温下对物质 B 的燃烧产物规定为：物质 B 中的 C、H、N 的燃烧产物分别为 CO_2(g)、H_2O(l) 和 N_2(g)。例如，甲烷（CH_4）的标准摩尔燃烧焓就是反应 $CH_4(g)+2O_2(g) = CO_2(g)+2H_2O(l)$ 的标准摩尔反应焓。S 的燃烧产物为 SO_2(g)，但应注意有些文献也有不同规定。一些有机物 25℃时的 $\Delta_c H_m^\ominus$ 数据可查附表。对于规定的燃烧产物，其标准摩尔燃烧焓值为零。

有了燃烧焓的数据，便可以用下式方便地计算化学反应的热效应：

$$\Delta_r H_m^\ominus = \sum_B (R_B \Delta_c H_m^\ominus) - \sum_B (P_B \Delta_c H_m^\ominus)$$

即

$$\Delta_r H_m^\ominus = -\sum_B \nu_B \Delta_c H_m^\ominus(B) \tag{2-37}$$

式中，P_B、R_B 和 ν_B 分别表示产物计算系数、反应物计算系数和产物、反应物的化学计量系数。上式表明，在标准态时，化学反应的标准反应焓 $\Delta_r H_m^\ominus$ 等于反应中各反应物标准燃烧焓的总和减去各产物标准燃烧焓的总和。利用该式可直接计算标准反应焓，也可在标准反应焓已知时，计算某些化合物（特别是有机化合物）的标准燃烧焓。

例如对于反应：

$$C_2H_5OH(l)+3O_2(g) \longrightarrow 2CO_2(g)+3H_2O(l)$$

根据化合物的标准摩尔燃烧焓计算其反应热效应的公式可表示如下

$$\Delta_r H_m^\ominus = \left[\Delta_c H_m^\ominus(C_2H_5OH,l) + 3\Delta_c H_m^\ominus(O_2,g)\right] - \left[3\Delta_c H_m^\ominus(H_2O,l) + 2\Delta_c H_m^\ominus(CO_2,g)\right]$$

表 2-3 中列出了一些有机物 25℃时的 $\Delta_c H_m^\ominus$ 数据。对于规定的燃烧产物，其标准摩尔燃烧焓值为零，如 $\Delta_c H_m^\ominus(CO_2,g) = 0$。

表 2-3　25℃时一些有机物的标准摩尔燃烧焓

物质	$\Delta_c H_m^\ominus$ /(kJ·mol^{-1})	物质	$\Delta_c H_m^\ominus$ /(kJ·mol^{-1})
甲烷 CH_4（g）	–890.36	甲醇 CH_3OH（l）	–726.6
乙烷 C_2H_6（g）	–1559.9	乙醇 C_2H_5OH（l）	–1366.9
乙烯 C_2H_4（g）	–1411.0	乙酸 CH_3COOH（l）	–871.7
乙炔 C_2H_2（g）	–1299.6	萘 $C_{10}H_8$（s）	–5138.7

利用物质的 $\Delta_c H_m^\ominus$ 数据，计算反应的标准摩尔反应焓。

【例 2-8】已知乙酸（CH_3COOH）、甲醇（CH_3OH）和乙酸甲酯（CH_3COOCH_3）的标准摩尔燃烧焓分别为–871.7kJ·mol^{-1}、–726.6kJ·mol^{-1} 和–1595kJ·mol^{-1}。求 25℃下，酯化反应

$$CH_3COOH(l) + CH_3OH(l) = CH_3COOCH_3(l) + H_2O(l)$$

的标准摩尔反应焓。

解　根据 $\Delta_c H_m^\ominus$ 的定义可得

$$CH_3COOH(l)+2O_2(g) = 2CO_2(g)+2H_2O(l) \quad (1)$$

$$\Delta_r H_{m,1}^\ominus = \Delta_c H_m^\ominus(CH_3CO_OH,l) = -871.7kJ\cdot mol^{-1}$$

$$CH_3OH(l)+\frac{3}{2}O_2(g) = CO_2(g)+2H_2O(l) \quad (2)$$

$$\Delta_r H_{m,2}^\ominus = \Delta_c H_m^\ominus(CH_3OH,l) = -726.6kJ\cdot mol^{-1}$$

$$CH_3COOCH_3(l)+\frac{7}{2}O_2(g) = 3CO_2(g)+3H_2O(l) \quad (3)$$

$$\Delta_r H_{m,3}^\ominus = \Delta_c H_m^\ominus(CH_3CO_OCH_3,l) = -1595kJ\cdot mol^{-1}$$

则反应式

$$CH_3COOH(l)+CH_3OH(l) = CH_3COOCH_3(l)+H_2O(l) \quad (4)$$

的标准摩尔反应焓为

式（4）=式（1）+式（2）−式（3）

由赫斯定律：
$$\Delta_r H_{m,4}^\ominus = \Delta_r H_{m,1}^\ominus + \Delta_r H_{m,2}^\ominus - \Delta_r H_{m,3}^\ominus$$

所以有

$$\Delta_r H_{m,4}^\ominus = \Delta_c H_m^\ominus(CH_3CO_OH,l) + \Delta_c H_m^\ominus(CH_3OH,l) - \Delta_c H_m^\ominus(CH_3CO_OCH_3,l)$$

即
$$\Delta_r H_{m,4}^\ominus = (-871.7-726.6+1595)kJ\cdot mol^{-1} = -3.3kJ\cdot mol^{-1}$$

上式表明，化学反应的标准摩尔反应焓等于反应物的标准摩尔燃烧焓总和减去产物的标准摩尔燃烧焓总和。

【例 2-9】　已知 $\Delta_c H_m^\ominus[(COOH)_2,s] = -246.0kJ\cdot mol^{-1}$，$\Delta_c H_m^\ominus(CH_3OH,l) = -726.5kJ\cdot mol^{-1}$，$\Delta_c H_m^\ominus[(COOCH_3)_2,s] = -1678kJ\cdot mol^{-1}$。求以下反应在 298.15K 及 101.325kPa 时的酯化反应热。

$$(COOH)_2(s)+2CH_3OH(l) = (COOCH_3)_2(s)+2H_2O(l)$$

解　根据燃烧热计算燃烧焓的公式，该反应的燃烧焓可计算如下

$$\begin{aligned}\Delta_r H_m^\ominus &= \{\Delta_c H_m^\ominus[(COOH)_2,s]+2\Delta_c H_m^\ominus(CH_3OH,l)\} - \{\Delta_c H_m^\ominus[(COOCH_3)_2,s]+2\Delta_c H_m^\ominus(H_2O,l)\}\\ &= \{[(-246.0)+2\times(-726.5)]-[(-1678)+2\times 0]\}kJ\cdot mol^{-1}\\ &= -21.0kJ\cdot mol^{-1}\end{aligned}$$

【例 2-10】已知在 298.15K 时，$\Delta_c H_m^\ominus(C_2H_5OH,l) = -1366.8kJ\cdot mol^{-1}$，$\Delta_f H_m^\ominus(CO_2,g) = -393.5kJ\cdot mol^{-1}$，$\Delta_f H_m^\ominus(H_2O,l) = -285.8kJ\cdot mol^{-1}$，求 $\Delta_f H_m^\ominus(C_2H_5OH,l)$。

解　根据以上信息可以写出如下反应式：

$$C_2H_5OH(l)+3O_2(g) \longrightarrow 2CO_2(g)+3H_2O(l)$$

该反应的反应焓即为 C_2H_5OH（l）的燃烧焓，即

$$\begin{aligned}\Delta_r H_m^\ominus &= \Delta_c H_m^\ominus(C_2H_5OH,l)\\ &= \left[3\Delta_f H_m^\ominus(H_2O,l)+2\Delta_f H_m^\ominus(CO_2,g)\right] - \left[\Delta_f H_m^\ominus(C_2H_5OH,l)+3\Delta_f H_m^\ominus(O_2,g)\right]\end{aligned}$$

所以

$$\begin{aligned}\Delta_f H_m^\ominus(C_2H_5OH,l) &= [3\Delta_f H_m^\ominus(H_2O,l)+2\Delta_f H_m^\ominus(CO_2,g)] - [\Delta_c H_m^\ominus(C_2H_5OH,l)+3\Delta_f H_m^\ominus(O_2,g)]\\ &= \{[3\times(-285.8)+2\times(-393.5)]-[(-1366.8)+3\times 0]\}kJ\cdot mol^{-1}\\ &= -277.6kJ\cdot mol^{-1}\end{aligned}$$

2.8.4 由物质的标准摩尔溶解焓计算化学反应的 $\Delta_r H_m^\ominus$

物质溶解过程通常伴随着热效应，如硫酸、氢氧化钠等物质溶解于水中，发生放热现象，而硝酸铵溶于水中，则发生吸热现象。这是由于形成溶液时，粒子间相互作用力与纯物质不同，发生能量变化，并以热的形式与环境进行交换。物质溶解过程吸收或放出热的多少，与温度、压力等条件有关，如不注明，通常是指 25℃及标准压力 $p^\ominus$=100kPa。恒压溶解过程的热效应等于该溶解过程的焓变。

在一定温度、压力下，纯溶质 B 溶解在纯溶剂 A 中形成一定组成的溶液，该溶解过程的焓变称为 B 的积分溶解焓。在标准压力 $p^\ominus$=100kPa 下，B 的积分溶解焓与 B 物质的量 n 之比称为 B 的标准摩尔积分溶解焓，以符号 $\Delta_{int} H_m^\ominus$ 表示，单位为 $J \cdot mol^{-1}$ 或 $kJ \cdot mol^{-1}$。由于溶解过程中溶质浓度不断改变，因而积分溶解焓也称为变浓溶解焓。

在一定温度、压力下，纯溶质 B 溶解在 B 浓度一定的无限大量溶液过程中的焓变，称为溶质 B 在此浓度下的微分溶解焓。在标准压力 $p^\ominus$=100kPa 下，B 在此浓度下的微分溶解焓与加入的 B 物质的量 n 之比，称为 B 在此浓度下的标准摩尔微分溶解焓，以符号 $\Delta_{diff} H_m^\ominus$ 表示，单位为 $J \cdot mol^{-1}$ 或 $kJ \cdot mol^{-1}$。无限大量溶液是为了使加入一定量溶质 B 时，溶液浓度维持不变，所以微分溶解焓也称定浓溶解焓。表 2-4 列出一些溶质在 1600℃、溶质的质量分数为 1%的大量铁液中的标准摩尔微分溶解焓。

表 2-4 1600℃时一些溶质浓度为 1%（质量分数）时在铁液中的标准摩尔微分溶解焓

溶解过程	$\Delta_{diff} H_m^\ominus/(kJ \cdot mol^{-1})$	溶解过程	$\Delta_{diff} H_m^\ominus/(kJ \cdot mol^{-1})$
Al(l) ══ [Al]	–43.00	Si(l) ══ [Si]	–119.20
C(石墨) ══ [C]	21.34	V(s) ══ [V]	–15.48
Cr(s) ══ [Cr]	20.92	Ti(s) ══ [Ti]	–54.81
Mn(l) ══ [Mn]	0	$\frac{1}{2}O_2$ ══ [O]	–117.1

表 2-4 中方括号代表溶解状态，如[Al]表示溶于铁液中的铝。冶金过程中常遇到溶液组元参加的化学反应，如金属熔体内部的化学反应及熔体与炉渣及炉气之间的化学反应等。计算这类反应焓变时，需要标准摩尔溶解焓的数据。

【例 2-11】 已知 1873K 时，反应（1）$2Al(l)+\frac{3}{2}O_2(g) = Al_2O_3(s)$ 的 $\Delta_r H_{m,1}^\ominus(1873K) = -1681kJ \cdot mol^{-1}$。求钢中脱氧反应 $2[Al]+3[O] = Al_2O_3(s)$ 的标准摩尔反应焓 $\Delta_r H_m^\ominus(1873K)$。

解 由表 2-4 查得

$$Al(l) = [Al] \quad \Delta_{diff} H_{m,2}^\ominus(1873K) = -43.00kJ \cdot mol^{-1} \tag{2}$$

$$\frac{1}{2}O_2(g) = [O] \quad \Delta_{diff} H_{m,3}^\ominus(1873K) = -117.1kJ \cdot mol^{-1} \tag{3}$$

钢中脱氧反应即等于［(1)–2×(2)–3×(3)］，所以钢中脱氧反应的标准摩尔反应焓为

$$\begin{aligned}\Delta_r H_m^\ominus(1873K) &= \Delta_r H_{m,1}^\ominus(1873K) - 2\times \Delta_{diff} H_{m,2}^\ominus(1873K) - 3\times \Delta_{diff} H_{m,3}^\ominus(1873K)\\ &= -1243.52kJ \cdot mol^{-1}\end{aligned}$$

2.8.5　由键焓估算反应焓

化学反应实际上都是原子或原子团的重新排列组合，反映的全过程就是旧键的拆散和新键的形成过程，由于拆旧键和建新键都有能量变化，因此从本质上说这就是出现反应热效应的原因。如果知道每种化合物分子中各原子之间的化学键能，根据反应过程中间的变化情况，就能算出反应热，这是从物质结构角度所解决反应热的根本途径，但遗憾的是，到目前为止，有关各种键能数据很不完善，而且不很准确，现在只能利用一些已知键能数据来估算反应热。

键解离焓也称键的分解解离能，是指拆散气态化合物中某一个具体键生成气态原子所需要的能量。不同的分子或原子团中，同一种键的键解离焓是不相同的。某种键的键解离焓的平均值称为键焓。

由键焓估算反应热效应：美国化学家鲍林假定一个化合物分子的总键焓是其中各个单键键焓之和，这些键焓值由键的类型决定，由键焓可估算化合物的生成热。

由此可见，键焓是分解能的平均值，它是针对由气态化合物分解成气态原子或自由基而言。分解能的数值要看这个键是从哪个分子中拆散的，键焓则把不同分子（或自由基）中同一种键的键焓视为相等，实际则未必一样，因为两个原子间相互作用的大小与周围原子的存在有关。虽然键焓没有严格的热力学意义，但当缺少精确的热化学数据时，可以用它来估算反应焓变。对于同核双原子分子，如 H_2 键焓与分解能是相同的。

利用表 2-5 中数据可以用键焓估算化学反应的焓变。估算的基本依据是：反应焓变是拆旧键时吸收的能量与形成新键时放出的能量之差，可表示为

$$\Delta_r H_m^{\ominus} = \sum \varepsilon_{反应物} - \sum \varepsilon_{产物} \tag{2-38}$$

表 2-5　298.15K 时某些共价键的键焓值

键型	$\varepsilon/(kJ \cdot mol^{-1})$	键型	$\varepsilon/(kJ \cdot mol^{-1})$	键型	$\varepsilon/(kJ \cdot mol^{-1})$
H—H	435.89	Ge—Ge	188	O—H	462.8
Li—Li	105*	As—As	145	F—H	565
C—C	345.6	As≡As	381*	Na—H	197*
C═C	610.0	Se—Se	209	Si—H	318
C≡C	835.1	Se═Se	272*	P—H	322
N—N	163	Br—Br	192.8	S—H	347
N≡N	944.7	Rb—Rb	45.2	Cl—H	431.4
O—O	146	Sn—Sn	163*	K—H	180
O═O	498.3	Sb—Sb	121	Cu—H	276*
F—F	155	Sb≡Sb	289*	As—H	247
Na—Na	71*	Te═Te	322*	Se—H	276
Si—Si	222	I—I	150.9	Br—H	365.7
P—P	201	Cs—Cs	43.5*	Rb—H	163*
S—S	226	Li—H	243*	Ag—H	243*
Cl—Cl	243.1	C—H	413	Te—H	238
K—K	494*	N—H	391	I—H	299

续表

键型	ε/(kJ·mol^{-1})	键型	ε/(kJ·mol^{-1})	键型	ε/(kJ·mol^{-1})
Cs—H	176*	K—Cl	423*	Cs—Cl	423*
Li—H	481	Cu—Cl	368*	C—N	305
C—Cl	339	As—Cl	293	C≡N	889.5
N—Cl	192	Se—Cl	243	C—O	357.7
O—Cl	218	Br—Cl	218*	C＝O	744.8
F—Cl	253*	Rb—Cl	427*	C—	272
Na—Cl	410*	Ag—Cl	301*	C＝S	536
Si—Cl	381	Sn—Cl	318	P≡N	577*
P—Cl	326	Sb—Cl	310	S＝O	498
S—Cl	255	I—Cl	209*		

资源来源：邓景发，范康年. 1993. 物理化学. 北京：高等教育出版社.

【例 2-12】乙醇脱水制乙烯的反应为 $CH_3CH_2OH(l) \longrightarrow CH_2{=}CH_2(g)+H_2O(g)$，请根据表 2-5 的数据估算该反应的标准摩尔反应焓。

解　（1）确定各分子中键的类型和数目

反应物	产物	反应物	产物
5C—H	4C—H	C—O	2O—H
C—C	C＝C	O—H	

（2）确定拆散了哪些旧键，形成了哪些新键，并将没有破坏的键从左右两边消去。

$$\text{C—H+C—C+C—O} \longrightarrow \text{C═C+O—H}$$

（3）从表 2-5 中查出键焓数值，单位 kJ·mol^{-1}：

C—H	C—C	C—O	C＝C	O—H
413	345.6	357.7	610.0	462.8

（4）应用式（2-38）

$$\Delta_r H_m^{\ominus} = \sum \varepsilon_{\text{反应物}} - \sum \varepsilon_{\text{产物}}$$

$$=[(413+345.6+357.7)-(610.0+462.8)]\ \text{kJ}\cdot\text{mol}^{-1}$$

$$=43.5\ \text{kJ}\cdot\text{mol}^{-1}$$

根据 $\Delta_f H_m^{\ominus}$ 算得该反应的焓变为 45.77kJ·mol^{-1}，因此，用键焓法估计此反应焓变的误差为 5%。从此例看出，反应焓变来源于在拆旧键和形成新键过程中所发生的能量（键焓）变化。

2.8.6　标准摩尔反应焓与温度的关系——基尔霍夫定律

反应热可以从化合物的标准摩尔生成热（焓）或标准摩尔燃烧热（焓）的数据计算出来。

一般物理化学数据手册上所记录的都是某一个温度（一般为 298.15K）时的数据，若化学反应温度变化不大，通常可以近似认为 $\Delta_r H_m^\ominus$ 基本不受温度的影响。然而化学反应可以在各种温度下进行，特别是反应过程温度变化较大时，温度对 $\Delta_r H_m^\ominus$ 的影响就必须考虑了，所以必须找出反应热（焓）与温度的关系，才能计算出其他温度下的反应热（焓）。

同一化学反应在不同温度下进行，标准摩尔反应焓是不同的。例如，碳不完全燃烧生成 CO(g)的反应，在 298.15K 时，$\Delta_r H_m^\ominus(298.15\text{K}) = -110.50\text{kJ}\cdot\text{mol}^{-1}$；1800K 时，$\Delta_r H_m^\ominus(1800\text{K}) = -117.10\text{kJ}\cdot\text{mol}^{-1}$。可利用标准摩尔生成焓或标准摩尔燃烧焓的数据计算标准摩尔反应焓，但通常只有 298.15K 的数据，因此算得的是 298.15K 时的 $\Delta_r H_m^\ominus$。实际遇到的化学反应往往在其他温度下进行，因此这里讨论标准摩尔反应焓随温度变化的函数关系。

$\Delta_r H_m^\ominus$ 是温度的函数，这种函数的具体形式可采用闭合环路法推导。例如，已知下列反应的 $\Delta_r H_m^\ominus(298.15\text{K})$，欲求温度 T 下的 $\Delta_r H_m^\ominus(T)$。设标准态下在 298.15～TK 范围的各物质不发生相变，反应的始态、终态之间可以用框图所示连接而形成闭合环路：

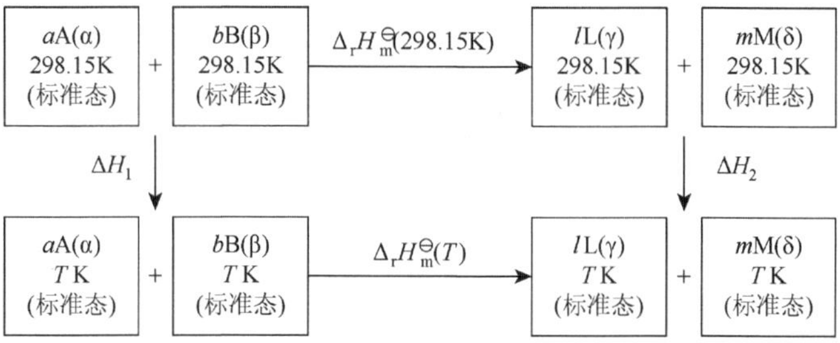

根据状态函数的特点，则

$$\Delta H_1 + \Delta_r H_m^\ominus(T) = \Delta_r H_m^\ominus(298.15\text{K}) + \Delta H_2$$

其中

$$\Delta H_1 = \int_{298.15\text{K}}^{T} [aC_{p,m}(\text{A},\alpha) + bC_{p,m}(\text{B},\beta)]\text{d}T$$

$$\Delta H_2 = \int_{298.15\text{K}}^{T} [lC_{p,m}(\text{L},\gamma) + mC_{p,m}(\text{M},\delta)]\text{d}T$$

所以

$$\Delta_r H_m^\ominus(T) = \Delta_r H_m^\ominus(298.15\text{K}) + \int_{298.15\text{K}}^{T} \Delta_r C_{p,m}\text{d}T \tag{2-39a}$$

或

$$\Delta_r C_{p,m} = \sum \nu_B C_{p,m}(\text{B},\beta) \tag{2-39b}$$

若对式（2-39a）取微分形式，得

$$\frac{\text{d}\Delta_r H_m^\ominus(T)}{\text{d}T} = \Delta_r C_{p,m} \tag{2-40}$$

式（2-39a）及式（2-40）分别描述 $\Delta_r H_m^\ominus(T)$ 随温度变化的积分形式与微分形式，常称为基尔霍夫（Kirchhoff）定律。式中用到的 $\Delta_r C_{p,m}$ 可根据反应系统中各物质的 $C_{p,m}(\text{B})=f(T)$ 求得，也可在某些近似计算中用各物质的平均摩尔等压热容进行计算，该式只适用于在 298.15～TK

的温度范围内各物质不发生相变化的情况。至于在温度间隔中某些物质发生相变化，可视具体情况设计出相应闭合环路图，进行具体计算。

【例 2-13】 计算下列反应在 1000K 时的标准摩尔反应热（焓）：

$$2MgO(s) + Si(s) \rightleftharpoons SiO_2(\alpha, s) + 2Mg(g)$$

已知金属镁在 298.15K 的升华热 $\Delta_{sub}H_m^\ominus(298.15K) = 151.3kJ \cdot mol^{-1}$ 。

解　本题中生成物 Mg 为气态，在 298.15～1000K 的范围中，Mg 发生了相变化而不能直接套用基尔霍夫定律，须运用具体的闭合环路图分析、计算。所查数据列于表 2-6 中：

表 2-6　例 2-13 数据

物质	$\Delta_f H_m^\ominus(298.15K)/(kJ \cdot mol^{-1})$	$C_{p,m}/(J \cdot mol^{-1} \cdot K^{-1})$
Mg（g）	—	20.57
Mg（s）	0	$22.3+10.64\times10^{-3}(T/K)-0.42\times10^{5}(T/K)^{-2}$
SiO_2（α，s）	−859.3	$46.94\times34.31\times10^{-3}(T/K)-11.3\times10^{5}(T/K)^{-2}$
Si（s）	0	$24.02+2.58\times10^{-3}(T/K)-4.23\times10^{5}(T/K)^{-2}$
MgO（s）	−601.24	$42.59+7.28\times10^{-3}(T/K)-6.19\times10^{5}(T/K)^{-2}$

反应的闭合环路图如下：

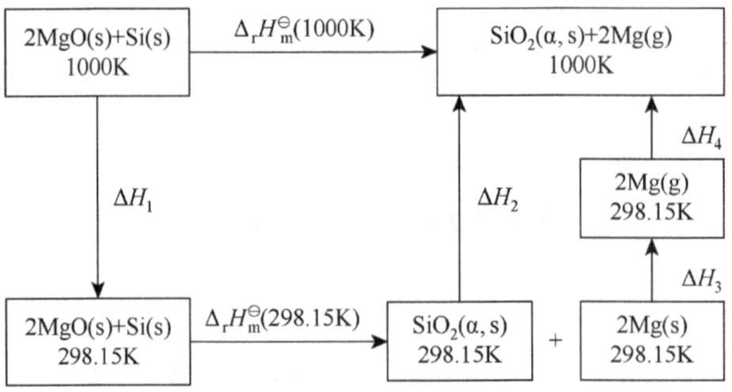

则

$$\Delta_r H_m^\ominus(1000K) = \Delta H_1 + \Delta_r H_m^\ominus(298.15K) + \Delta H_2 + \Delta H_3 + \Delta H_4$$

由 $\Delta_r H_m^\ominus(T) = \sum_B \nu_B \Delta_f H_m^\ominus(B,T)$，得

$$\Delta_r H_m^\ominus(298.15K) = \sum_B \nu_B \Delta_f H_m^\ominus(B, \beta, 298.15K)$$

$$= 1\times\Delta_f H_m^\ominus(SiO_2, s, 298.15K) + 2\times\Delta_f H_m^\ominus(Mg, s, 298.15K)$$

$$-2\times\Delta_f H_m^\ominus(MgO, s, 298.15K) - 1\times\Delta_f H_m^\ominus(Si, s, 298.15K)$$

$$= [1\times(-859.3) + 2\times0 - 2\times(-601.24) - 1\times0]\ kJ\cdot mol^{-1}$$

$$= 343.18kJ\cdot mol^{-1}$$

$$\Delta H_1 + \Delta H_2 + \Delta H_4 = \int_{298.15K}^{1000K}[C_{p,m}(SiO_2, s) + 2C_{p,m}(Mg, g) - 2C_{p,m}(MgO, s) - C_{p,m}(Si, s)]dT$$

代入数据，得

$$\Delta H_1 + \Delta H_2 + \Delta H_4 = -5750J\cdot mol^{-1} = -5.75kJ\cdot mol^{-1}$$

根据相变热的定义得

$$Mg(s) \xrightarrow{\Delta_{sub}H_m^\ominus(298.15K)} Mg(g)$$

故升华过程 $2Mg(s) \xrightarrow{\Delta_{sub}H_m^\ominus(298.15K)} 2Mg(g)$ 的相变焓为

$$\Delta H_3 = 2 \times \Delta_{sub} H_m^{\ominus}(298.15K) = 2 \times 151.3kJ \cdot mol^{-1} = 302.6kJ \cdot mol^{-1}$$

所以

$$\begin{aligned}\Delta_r H_m^{\ominus}(1000K) &= \Delta_r H_m^{\ominus}(298.15K) + \Delta H_1 + \Delta H_2 + \Delta H_4 + \Delta H_3 \\ &= 343.18kJ \cdot mol^{-1} + (-5.75)kJ \cdot mol^{-1} + 302.6kJ \cdot mol^{-1} \\ &= 640.03\ kJ \cdot mol^{-1}\end{aligned}$$

从该题目的计算结果可以看出，对于有温度变化、有相变的化学反应过程的焓变，单纯的有温度变化引起的焓变相对比较小，在粗略计算或计算精度要求不高时，忽略温度变化对焓变的影响是可行的。

应该强调一点，在运用基尔霍夫定律计算过程的反应热时，应注意到当从某一温度变化到另一温度是否有物质的聚集状态（或晶形）发生改变，如果聚集状态有改变，则还需考虑到两点：①需考虑相变热；②热容会有突变。

【例 2-14】 试求反应 $H_2(g) + \frac{1}{2}O_2(g) === H_2O(g)$ 在 673.15K 的标准摩尔反应热。

解 用示意图表示如下：

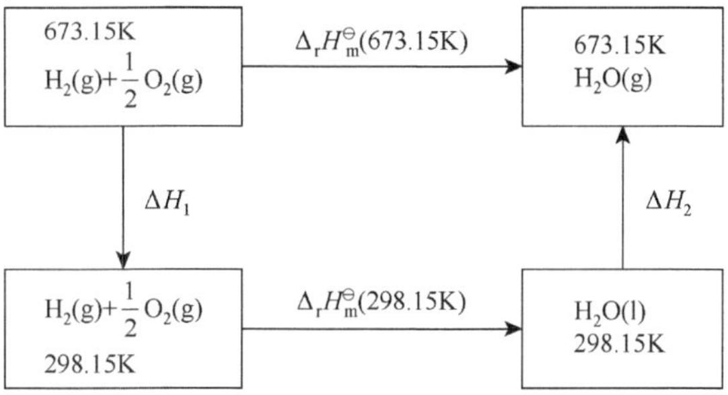

显然

$$\Delta_r H_m^{\ominus}(673.15K) = \Delta H_1 + \Delta_r H_m^{\ominus}(298.15K) + \Delta H_2$$

ΔH_1 可由 $H_2(g)$和 $O_2(g)$的热容 $C_{p,m}$ 查表求得，$\Delta_r H_m^{\ominus}(298.15K)$ 即水的标准摩尔生成热，而计算 ΔH_2 时要注意发生了聚集状态的变化，即

$$H_2O(l,298.15K) \xrightarrow{\Delta H_{①}} H_2O(l,373.15K) \xrightarrow{\Delta_{vap} H_m^{\ominus}} H_2O(g,373.15K) \xrightarrow{\Delta H_{②}} H_2O(g,673.15K)$$

因此

$$\begin{aligned}\Delta H_2 &= \Delta H_{①} + \Delta_{vap} H_m^{\ominus} + \Delta H_{②} \\ &= \int_{298.15K}^{373.15K} C_{p,m}(H_2O,l)dT + \Delta_{vap} H_m^{\ominus} + \int_{373.15K}^{673.15K} C_{p,m}(H_2O,g)dT\end{aligned}$$

即

$$\begin{aligned}\Delta_r H_m^{\ominus}(673.15K) = &\int_{673.15K}^{298.15K} [C_{p,m}(H_2,g) + \frac{1}{2}C_{p,m}(O_2,g)]dT + \Delta_r H_m^{\ominus}(298.15K) \\ &+ \int_{298.15K}^{373.15K} C_{p,m}(H_2O,l)dT + \Delta_{vap} H_m^{\ominus} + \int_{373.15K}^{673.15K} C_{p,m}(H_2O,g)dT \qquad (1)\end{aligned}$$

查附表得

$$C_{p,m}(O_2,g) = [34.60 + 1.09 \times 10^{-3}(T/K) - 7.85 \times 10^{5}(T/K)^{-2}]J \cdot mol^{-1} \cdot K^{-1} \qquad (2)$$

$$C_{p,m}(H_2,g) = [37.70 + 3.39 \times 10^{-3}(T/K)]J \cdot mol^{-1} \cdot K^{-1} \qquad (3)$$

$$C_{p,m}(H_2O,l) = [48.46 + 30.00 \times 10^{-3}(T/K)]J \cdot mol^{-1} \cdot K^{-1} \qquad (4)$$

$$C_{p,m}(H_2O,g) = [30 + 10.70 \times 10^{-3}(T/K) + 0.33 \times 10^{5}(T/K)^{-2}]J \cdot mol^{-1} \cdot K^{-1} \qquad (5)$$

又

$$\Delta_{\mathrm{vap}}H_{\mathrm{m}}^{\ominus}=40.6\mathrm{kJ}\cdot\mathrm{mol}^{-1}$$

$$\Delta_{\mathrm{r}}H_{\mathrm{m}}^{\ominus}(298.15\mathrm{K})=\Delta_{\mathrm{f}}H_{\mathrm{m}}^{\ominus}(\mathrm{H_2O,l},298.15\mathrm{K})=-258.8\mathrm{kJ}\cdot\mathrm{mol}^{-1}$$

将上述数据代入式（1），计算得

$$\Delta_{\mathrm{r}}H_{\mathrm{m}}^{\ominus}(673.15\mathrm{K})=-247.2\mathrm{kJ}\cdot\mathrm{mol}^{-1}$$

通常化学反应热的计算都是假定反应物与生成物的温度相同，即反应过程中所放出或吸收的热量能及时传递使温度保持不变的情况。如果一个放热的化学反应是在绝热条件下进行，如在绝热的反应器中进行，或者因反应进行得很快，所放出的热量不能及时传出，都可视为绝热过程，此时系统因发生放热反应而温度升高。可以通过热化学的计算求得系统所能达到的最高温度，称为最高反应温度。而燃烧反应所能达到的最高温度则称为最高火焰温度。

理论上计算最高反应温度的方法很多。现举例说明如下。

【例 2-15】 100kPa、298.15K 时，把甲烷与理论量的空气（O_2∶N_2=1∶4）混合后，在恒压条件下燃烧，求系统能达到的最高火焰温度。

解　甲烷燃烧的反应为

$$\mathrm{CH_4(g)+2O_2(g)\xrightarrow{298.15K}CO_2(g)+2H_2O(g)}$$

由此看出：1mol CH_4 燃烧时，需 2mol O_2，亦即需求 10mol 空气（其中包括 8mol N_2）。按题意假设最高火焰温度为 *T*，并用图表示燃烧过程如下：

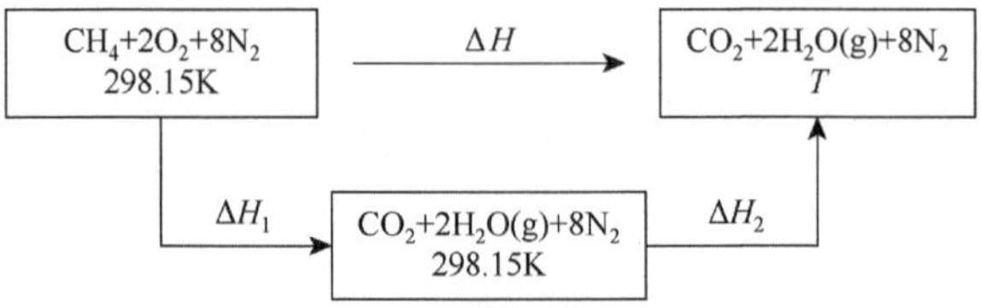

根据赫斯定律

$$\Delta H=\Delta H_1+\Delta H_2$$

由于是恒压绝热过程，即 $\Delta H=Q_p=0$，因此有 $\Delta H_1+\Delta H_2=0$，ΔH_1 为 1mol CH_4 完全燃烧时的焓变，其值可根据标准摩尔生成热或燃烧热计算得到，现给出结果为

$$\mathrm{CH_4(g)+2O_2(g)\xrightarrow{298.15K}CO_2(g)+2H_2O(g)}\quad \Delta H_1=-802.33\mathrm{kJ}\cdot\mathrm{mol}^{-1}$$

ΔH_2 是使系统温度升高的热量，可根据有关物质的热容数据求得，即

$$\Delta H_2=\int_{298.15\mathrm{K}}^{T}[1\times C_{p,\mathrm{m}}(\mathrm{CO_2,g})+2\times C_{p,\mathrm{m}}(\mathrm{H_2O,g})+8\times C_{p,\mathrm{m}}(\mathrm{N_2,g})]\mathrm{d}T$$

$$=\int_{298.15\mathrm{K}}^{T}[440.04+0.0425(T/\mathrm{K})+8.5\times10^{-6}(T/\mathrm{K})^2C_{p,\mathrm{m}}(\mathrm{N_2,g})]\mathrm{d}T$$

积分整理得

$$\Delta H_2=[-133027+440.04(T/\mathrm{K})+0.02125(T/\mathrm{K})^2+2.8333\times10^{-6}(T/\mathrm{K})^3]\mathrm{J}\cdot\mathrm{mol}^{-1}$$

因为 $\Delta H_1+\Delta H_2=0$，所以有

$$-802.38\times1000-133027+440.04T+0.02125T^2+2.8333\times10^{-6}T^3=0$$

整理简化得

$$440.04T+0.02125T^2+2.8333\times10^{-6}T^3=935407$$

采用迭代法解得 *T*≈1909K。

【例 2-16】求 1800K 时反应 $C(石墨)+\frac{1}{2}O_2(g)=\!=\!=CO$ 的 $\Delta_r H_m^\ominus(1800K)$。

解　（1）求 $\Delta_r H_m^\ominus(298K)$。

该反应是由稳定单质生成 1mol CO（g）的反应，反应的 $\Delta_r H_m^\ominus(298K)=\Delta_f H_m^\ominus(CO,g)$。

查表得　$\Delta_f H_m^\ominus(CO,g)=-110.50kJ\cdot mol^{-1}$

所以　$\Delta_r H_m^\ominus(298K)=-110.50kJ\cdot mol^{-1}$

（2）求 $\Delta_r C_{p,m}^\ominus$ 与 T 的关系式。

查表得

$$C_{p,m}^\ominus(CO,g)=[28.41+4.10\times10^{-3}T/K-0.46\times10^5(T/K)^{-2}]J\cdot mol^{-1}\cdot K^{-1}$$

$$C_{p,m}^\ominus(C,石墨)=[17.16+4.27\times10^{-3}T/K-8.79\times10^5(T/K)^{-2}]J\cdot mol^{-1}\cdot K^{-1}$$

$$C_{p,m}^\ominus(O_2,g)=[29.96+4.184\times10^{-3}T/K-1.67\times10^5(T/K)^{-2}]J\cdot mol^{-1}\cdot K^{-1}$$

$$\Delta_r C_{p,m}^\ominus=C_{p,m}^\ominus(CO,g)-[C_{p,m}^\ominus(C,石墨)+\frac{1}{2}C_{p,m}^\ominus(O_2,g)]$$

所以

$$\Delta_r C_{p,m}^\ominus=[-3.73-2.26\times10^{-3}T/K+9.17\times10^5(T/K)^{-2}]J\cdot mol^{-1}\cdot K^{-1}$$

（3）求 $\Delta_r H_m^\ominus(1800K)$。

将 $\Delta_r H_m^\ominus(298K)$ 及 $\Delta_r C_{p,m}^\ominus$ 代入式（2-39a），可得

$$\begin{aligned}\Delta_r H_m^\ominus(1800K)&=\Delta_r H_m^\ominus(298K)+\int_{298K}^{1800K}\Delta_r C_{p,m}^\ominus dT\\&=-110500+\int_{298K}^{1800K}[-3.73-2.26\times10^{-3}T/K+9.17\times10^5(T/K)^{-2}]dT\\&=-117100J\cdot mol^{-1}=-117.1kJ\cdot mol^{-1}\end{aligned}$$

应用基尔霍夫公式时，必须注意：

（1）计算 $\Delta_r H_m^\ominus(T)$ 和 $C_{p,m}^\ominus$ 时单位要统一（J 和 kJ 应换算一致）。

（2）在计算的温度范围内，如反应物或产物有聚集状态的变化，要考虑其相变潜热。同时由于聚集状态的变化会引起热容突变，要分段积分。例如，当其中只有一种物质有聚集状态改变时，基尔霍夫公式变为

$$\Delta_r H_m^\ominus(T_2)=\Delta_r H_m^\ominus(T_1)+\Delta_{相变}H_m+\int_{T_1}^{T_{相变}}\Delta_r C_{p,m,I}^\ominus dT+\int_{T_{相变}}^{T_2}\Delta_r C_{p,m,II}^\ominus dT \quad (2\text{-}41)$$

式中，$T_{相变}$ 为相变温度；I 为相变前的过程；II 为相变后的过程；$\Delta_{相变}H_m$ 为摩尔相变焓。若产物发生相变，则 $\Delta_{相变}H_m$ 取“+”号；若反应物发生相变，则 $\Delta_{相变}H_m$ 取“−”号。

2.9　离子的标准摩尔生成焓

化合物的生成热是固、液、气态纯物质的生成热，所以由这些生成热计算而得的热效应是固、液、气态反应的热效应，不适用于溶液中的离子反应，如果知道每种离子的生成热，同样也可计算这一类反应热。对于有离子参加的反应，需要知道离子的生成焓才能计算反应的热效应。离子反应焓（热）是指从稳定单质生成溶入大量水的 1mol 离子时的热效应。由于溶液中正负离子同时存在，总是电中性的，因而无法测出单种离子的生成焓。例如，1mol HCl（g）溶于大量水中，在水溶液中形成 H^+和 Cl^-得到的反应热是正负两种离子生成热之和。如果选定一种离子，对其离子生成热给予一定值，从而获得其他各种离子在无限稀释时的相对生成热，利用相对值仍然可以解决离子参加的反应热问题，先规定标准是：规定氢离子的离子生

成热等于 0，则其他离子的生成焓就可求得。例如，由下面反应在 298.15K 时的标准摩尔焓变 $\Delta_r H_m^\ominus$ 可求得 OH^-的标准摩尔生成焓：

$$H^+(aq,\infty)+OH^-(aq,\infty)\longrightarrow H_2O(l)$$

$$\begin{aligned}\Delta_f H_m^\ominus[OH^-(aq,\infty)] &= \Delta_f H_m^\ominus[H_2O(l)]-\Delta_f H_m^\ominus[H^+(aq,\infty)]-\Delta_r H_m^\ominus \\ &=[(-285.85)-0-(-55.9)]\,kJ\cdot mol^{-1} \\ &=-229.95kJ\cdot mol^{-1}\end{aligned}$$

298.15K 水溶液中某些离子的标准摩尔生成焓可查阅相关手册。

2.10 可逆过程与不可逆过程

2.10.1 可逆过程

从同一始态变化到相同的终态，由于途径不同，体系所做的功也不同。

例如，一个假想的无摩擦、无重量的活塞气缸，其中放置 n mol 的理想气体 B，在活塞上放置相当于 $p_{外}=3p^\ominus$ 的三个砝码。当达到平衡时，气体的压力 $p=3p^\ominus$（3atm）。现将气缸放置于一恒温箱内，使气体进行等温过程。若气体最初的体积为 $1dm^3$，现使其经过不同的途径而变为 $3dm^3$ 的体积，所经历的四种膨胀过程见图 2-8。

$$始态(3p^\ominus, 1dm^3)\longrightarrow 终态(p^\ominus, 3dm^3)$$

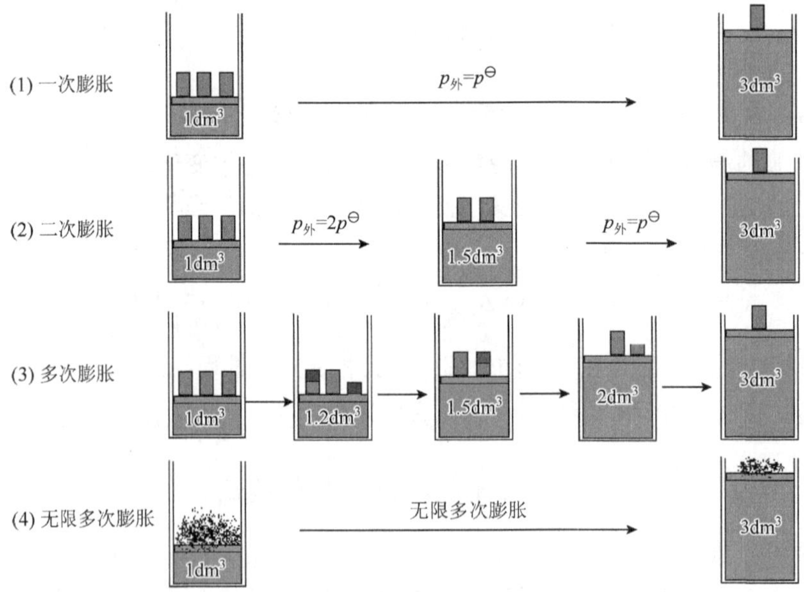

图 2-8 不同膨胀过程

四种膨胀过程，系统对环境所做的功依次为（图 2-9）：

（1）一次膨胀：把两个砝码同时移去，$p_{外}=p^\ominus$，气体压力大于外压膨胀。一次膨胀到 $p=p^\ominus$ 的终态（$p^\ominus$, $3dm^3$）

$$W_1=-p_{外}(V_2-V_1)=-p^\ominus(3-1)=-2p^\ominus=-202.7J$$

（2）二次膨胀：先拿去一个砝码，$p_{外}=2p^{\ominus}$，气体反抗 $2p$ 的外压膨胀到中间态，再移去一个砝码，反抗 $p^{\ominus}$ 的外压膨胀到终态。

$$V'=(3\text{dm}^3\times 1)/2=1.5\text{dm}^3$$

$$W=-2\,p^{\ominus}(1.5-1.0)-p^{\ominus}(3.0-1.5)=-2.5p^{\ominus}=-253.5\text{J}$$

（3）多次膨胀（四次膨胀）：把两个大砝码换成四个小砝码，每次拿去一个小砝码，气体膨胀到平衡态，经四次膨胀达到终态。

$$W=-2.5\,p^{\ominus}(1.2-1.0)-2\,p^{\ominus}(1.5-1.2)-1.5\,p^{\ominus}(2.0-1.5)-p^{\ominus}(3.0-2.0)=-2.85p^{\ominus}=-288.8\text{J}$$

（4）无限多次膨胀：上面的三个砝码换成一堆细砂。每粒细砂质量为无穷小量。每次取走一粒细砂，外压减少一个无穷小量 $\mathrm{d}p$，由于体系的压力 p 比 $p_{外}$ 大一个无穷小量而膨胀做功。

$$\Delta W=-p_{外}\,\mathrm{d}V=-(p-\mathrm{d}p)\mathrm{d}V=-p\mathrm{d}V+\mathrm{d}p\mathrm{d}V\approx -p\mathrm{d}V$$

积分得

$$W=-\int_{V_1}^{V_2}p\mathrm{d}V=-\int_{V_1}^{V_2}\frac{nRT}{V}\mathrm{d}V=-nRT\ln\frac{V_2}{V_1}=-3.296p^{\ominus}=-334.0\text{J}$$

通过上述四种途径的计算可知，气体变化，虽然始终态相同，但途径不同，做功大小不同。$|W_1|<|W_2|<|W_3|<|W_4|$，其中第四种途径气体经过无限多次膨胀，体系向环境做功最多，这个功称为最大功。

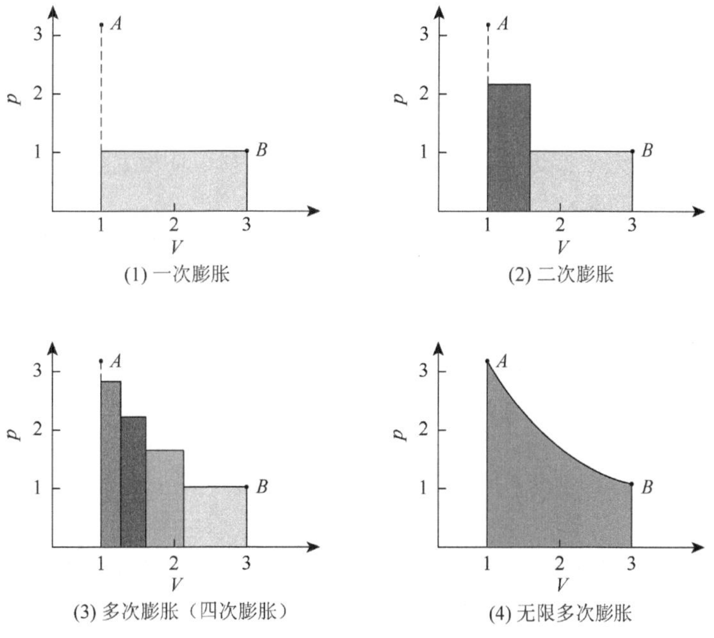

图 2-9　不同膨胀过程对外做功

如果把上述第四种途径进行倒转，在终态（$p^{\ominus}$，3dm^3）时，每次增加一粒细砂，则外压 $p_{外}=p_{气}+dp$，外压比气体压力大，气体受到压缩，环境向体系做功。

$$\delta W' = -p_{外}\mathrm{d}V = -(p_{气} + \mathrm{d}p)\mathrm{d}V = -p_{气}\mathrm{d}V - \mathrm{d}p\mathrm{d}V \approx -p_{气}\mathrm{d}V$$

$$W = -\int_{V_2}^{V_1} p_{气}\mathrm{d}V = -\int_{V_2}^{V_1} \frac{nRT}{V}\mathrm{d}V = -nRT\ln\frac{V_1}{V_2} = -p_1V_1\ln\frac{V_1}{V_2} = -p^{\ominus} \times 3 \times \ln\frac{1}{3} = 334.0\mathrm{J}$$

用无限长的时间，把细砂一粒粒地放在活塞上，经过一系列无限接近平衡的步骤，体系恢复到始态。

由上述可见，气体经过无限多次的膨胀，从始态变化到终态，又经过无限多次的压缩，从终态回到始态。体系恢复到始态的同时，环境也将在正向过程中从体系得到的功多不少地交还给体系，环境也恢复到原始状态而未留下任何痕迹。上述过程之所以会有这样的特征，是因为体系与环境在逆向途径中，所经历的每一个状态都是正向途径的逆向重演。

过程的进行需要推动力，若过程的推动力无限小，系统内部及系统和环境间无限接近于平衡态，过程进行得无限缓慢，当系统沿原途径逆向回到初始态时，环境也恢复到原态。在热力学中，将这种由一系列无限接近平衡的状态组成，中间每一步都可以向相反方向进行而不在环境中留下任何其他痕迹的过程称为可逆过程（reversible process）。上面的第四种等温膨胀途径便是等温膨胀过程，其逆过程是等温可逆压缩过程。

若过程推动力不是无限小，系统与环境间不是处于平衡态，则过程为不可逆过程。对于不可逆过程，无论采取何种措施，使系统恢复原状时，均不可使环境恢复原状。

可逆过程又称准静态过程，是一种科学的抽象，实际过程均为不可逆过程。它之所以重要是因为在科学研究中它往往给人们一种启示。例如，在某一个过程，人们总是希望系统做更多的功，可逆过程告诉人们，这个功不能无限地增大，可逆过程的功便是希望的极限，而且过程越接近于可逆，人们获得的功就越多。另外，热力学中经常需要计算过程的某些状态函数变，而许多状态函数变只有在可逆过程中才能求得。

一般经典热力学过程始、终态为平衡态，但中间过程不一定为平衡态。

可逆过程的特征：不但始、终态为平衡态，而且中间过程均为平衡态。可逆过程的特点：

（1）可逆过程是以无限小的变化进行，状态变化的推动力与阻力相差无限小，进行的速度无限慢，是由一系列无限接近平衡的状态组成，即体系与环境之间在任何时刻都是无限接近平衡的状态——“似动非动”、“准静态”。

（2）将可逆过程倒转，使其向反方向进行，则体系与环境都沿着途径反方向进行，而各自恢复。体系与环境均不留下任何痕迹，也就是过程不产生任何耗散效应，无功的损失。

（3）在等温可逆膨胀过程中系统对环境做最大功，在等温可逆压缩过程中环境对系统做最小功。正逆两个过程所做的功数值相等，符号相反。

理想气体的等温可逆膨胀，其体积功为

$$W = \int_{V_1}^{V_2} -p\mathrm{d}V = -\int_{V_1}^{V_2} \frac{nRT}{V}\mathrm{d}V = -nRT\ln\frac{V_2}{V_1} = nRT\ln\frac{p_1}{p_2} \tag{2-42}$$

绝热过程，Q=0，dU=ΔW。气体膨胀向环境做功，其热力学能降低，温度下降。相反，气体压缩，环境向体系做功，热力学能增加，温度上升。那么体积功计算如下

$$W = \int_{V_1}^{V_2} -p\mathrm{d}V \tag{2-43}$$

这里 $p = f(T,V)$ ，由于绝热过程中，气体的温度 T 是随 V 变化而变化的，因此，不能用等温过程的公式计算绝热可逆过程 p 与 V 的变化关系式，而应采用绝热可逆方程式。

（1）绝热可逆过程方程式。

对于理想气体，无体积功的绝热可逆过程：

$$\delta Q = \mathrm{d}U - \delta W = \mathrm{d}U + p\mathrm{d}V$$

因为 $\delta Q = 0$，所以 $\mathrm{d}U = -p\mathrm{d}V$。

又因理想气体 $\mathrm{d}U = C_V\mathrm{d}T$，所以

$$C_V\mathrm{d}T = -p\mathrm{d}V \tag{2-44}$$

由定义 $H=U+pV$，得

$$\mathrm{d}H = \mathrm{d}U + p\mathrm{d}V + V\mathrm{d}p = \delta Q + V\mathrm{d}p$$

又 $\mathrm{d}H = C_p\mathrm{d}T$,所以式（2-44）与式（2-45）相除得

$$C_p\mathrm{d}T = V\mathrm{d}p \tag{2-45}$$

$$\frac{C_p}{C_V} = -\frac{V\mathrm{d}p}{p\mathrm{d}V}$$

令

$$\frac{C_p}{C_V} = \frac{C_{p,\mathrm{m}}}{C_{V,\mathrm{m}}} = \gamma \tag{2-46}$$

所以

$$-\frac{V\mathrm{d}p}{p\mathrm{d}V} = \gamma, \quad \frac{-\mathrm{d}p}{p} = \gamma\frac{\mathrm{d}V}{V} \tag{2-47}$$

由不定积分 $\gamma\ln V = -\ln p + \ln K$ 得

$$\ln V^\gamma + \ln p = \ln K \qquad \ln pV^\gamma = \ln K$$

所以

$$pV^\gamma = K(\text{常数}) \quad \text{或} \quad p_1V_1^\gamma = p_2V_2^\gamma \tag{2-48}$$

另外

$$pV^\gamma = pV\cdot V^{\gamma-1} = nRT\cdot V^{\gamma-1} = K \tag{2-49}$$

那么

$$TV^{\gamma-1} = K/nR = K' \text{（常数）}$$

所以

$$TV^{\gamma-1} = K' \quad \text{或} \quad T_1V_1^{\gamma-1} = T_2V_2^{\gamma-1} \tag{2-50}$$

再变形，$V = \dfrac{nRT}{p}$ 代入 $TV^{\gamma-1} = K'$，得

$$T\left(\frac{nRT}{p}\right)^{\gamma-1} = K', \quad T^\gamma p^{1-\gamma} = \frac{K'}{(nR)^{\gamma-1}} = K''(\text{常数}) \tag{2-51}$$

所以

$$T^\gamma p^{1-\gamma} = K'' \quad \text{或} \quad T_1^\gamma p_1^{1-\gamma} = T_2^\gamma p_2^{1-\gamma} \tag{2-52}$$

式（2-48）、式（2-50）、式（2-52）称为理想气体绝热可逆过程方程式。其适用范围：理想气体，非体积功为零，绝热可逆过程，缺一不可。

γ 称为热容商，又称绝热指数，是指等压热容（C_p）和等容热容（C_V）的比值，也称为热容比（heat capacity ratio）或绝热膨胀系数（isentropic expansion factor），常用符号 γ 或 K 表

示。后者常在化学工程领域中使用，在机械工程领域中，会使用字母 K 表示绝热指数。

理想气体的绝热指数（γ）和分子的自由度有以下的关系：

$$\gamma=\frac{f+2}{f}$$

单原子气体的自由度是 3，因此绝热指数为

$$\gamma=\frac{5}{3}\approx 1.67$$

对于双原子气体，在室温下的自由度为 5（平移自由度 3，旋转自由度 2，室温下不考虑振动自由度），因此绝热指数为

$$\gamma=\frac{7}{5}=1.4$$

空气主要由双原子气体组成，包括约 78%的氮气（N_2）及约 21%的氧气（O_2），室温下的干燥空气可视为理想气体，因此其绝热指数为

$$\gamma=\frac{5+2}{5}=\frac{7}{5}=1.4$$

以上数据和实际测量得到的数据 1.403 相当接近。

（2）理想气体绝热可逆过程体积功的计算。

$$W=\int_{V_1}^{V_2}-p\mathrm{d}V=-\int_{V_1}^{V_2}\frac{K}{V^{\gamma}}\mathrm{d}V=-\int_{V_1}^{V_2}KV^{-\gamma}\mathrm{d}V=\left.\frac{-K}{(1-\gamma)V^{\gamma-1}}\right|_{V_1}^{V_2}=\frac{K}{\gamma-1}\left(\frac{1}{V_2^{\gamma-1}}-\frac{1}{V_1^{\gamma-1}}\right) \tag{2-53}$$

由于 $K=p_1V_1^{\gamma}$，式（2-53）也可表示为

$$W=\frac{p_1V_1^{\gamma}}{\gamma-1}\left(\frac{1}{V_2^{\gamma-1}}-\frac{1}{V_1^{\gamma-1}}\right) \tag{2-54}$$

另一种计算体积功的方法是先用绝热方程式求出终态温度 T_2，那么

$$\Delta U=C_V(T_2-T_1)=nC_{V,\mathrm{m}}(T_2-T_1) \tag{2-55}$$

$$W=\Delta U=nC_{V,\mathrm{m}}\Delta T \tag{2-56}$$

（3）理想气体绝热可逆过程焓变的计算。

$$\begin{aligned}\Delta H&=\Delta U+(p_2V_2-p_1V_1)\\&=C_V(T_2-T_1)+nR(T_2-T_1)\\&=(C_V+nR)\times(T_2-T_1)\\&=C_p(T_2-T_1)\\&=nC_{p,\mathrm{m}}\Delta T\end{aligned}$$

即理想气体绝热可逆过程的焓变为

$$\Delta H=nC_{p,\mathrm{m}}\Delta T \tag{2-57}$$

（4）等温可逆过程和绝热可逆过程比较。

理想气体等温可逆过程 pV=常数，微分得

$$p\mathrm{d}V+V\mathrm{d}p=0 \tag{2-58}$$

理想气体绝热可逆过程 $pV^{\gamma-1}=$常数，微分得

$$p\cdot\gamma\cdot V^{\gamma-1}\mathrm{d}V+V^{\gamma}\mathrm{d}p=0$$

$$p\cdot\gamma\cdot\mathrm{d}V+V\mathrm{d}p=0 \tag{2-59}$$

设一定量的理想气体由同一始态 A，分别经过等温可逆过程与绝热可逆过程膨胀到相同体积的终态，在 p-V 图上画出等温线和绝热线（图 2-10）。由于是可逆过程，p-V 图以实线表示，实线上任一点均是热力学平衡点，符合 $pV=nRT$ 方程。比较等温线、绝热线在 A 点的斜率：

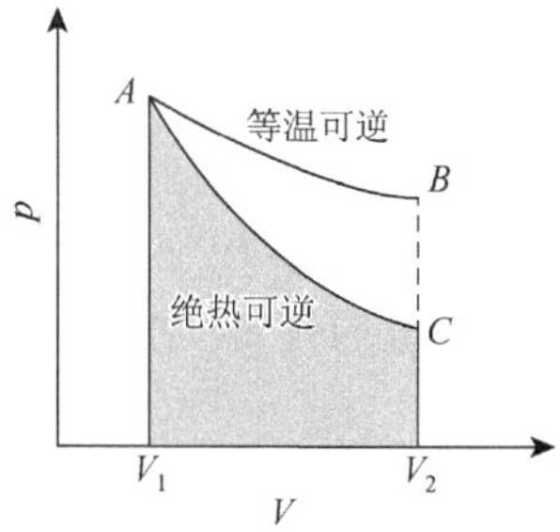

图 2-10　等温可逆过程和绝热可逆过程

由式（2-58），A 点 $\left(\dfrac{\mathrm{d}p}{\mathrm{d}V}\right)_T=-\dfrac{p_1}{V_1}$

由式（2-59），A 点 $\left(\dfrac{\mathrm{d}p}{\mathrm{d}V}\right)_{Q=0}=-\gamma\dfrac{p_1}{V_1}$

比较等温可逆过程和绝热可逆过程，具体分析如下：

两条线在 A 点的斜率均为负值，说明气体的压力随体积增加而下降。

因为 $\gamma>1\left(\gamma=\dfrac{C_{p,\mathrm{m}}}{C_{V,\mathrm{m}}}\right)$，所以 $\left|\left(\dfrac{\mathrm{d}p}{\mathrm{d}V}\right)_{Q=0}\right|>\left|\left(\dfrac{\mathrm{d}p}{\mathrm{d}V}\right)_T\right|$，在绝热可逆过程中，压力随体积的增加而下降得更快，因为除了体积增大使压力下降外，还因为气体绝热过程中向外做功，消耗气体的热力学能，气体温度降低又使压力下降。这两个方面共同作用使气体绝热可逆过程的压力下降变化率大于等温过程。

从同一始态出发，经等温可逆膨胀与绝热可逆膨胀到相同体积（或相同压力）气体所做功大小不同。等温可逆膨胀做的功多。

绝热线与等温线不能有第二重合点。如果重合，则违反了热力学第二定律。

2.10.2　不可逆过程

1. 不可逆过程分析

对于上述几条途径的逆过程，对气体进行压缩使体系恢复始态，不同压缩过程对外做功如图 2-11 所示。

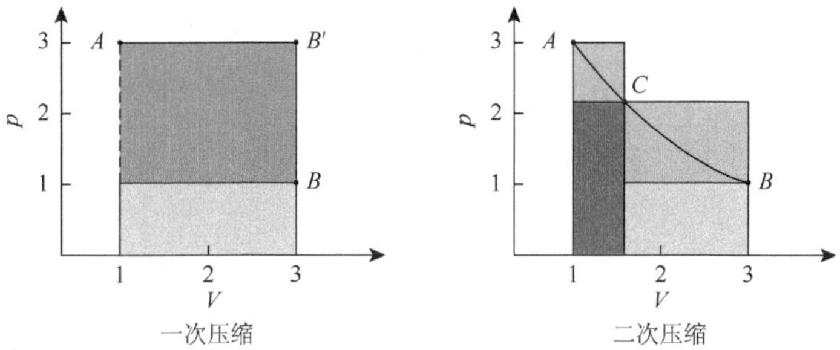

图 2-11　不同压缩过程对外做功

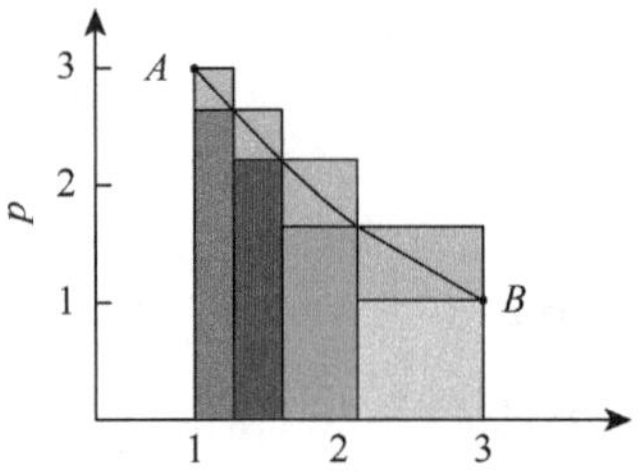

多次压缩（四次膨胀）

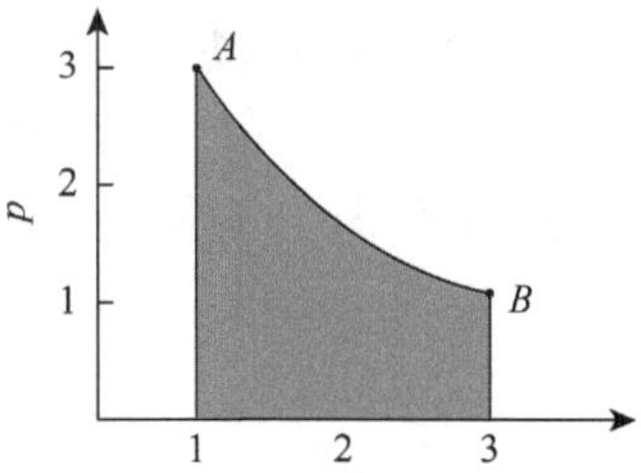

可逆压缩

图 2-11 （续）

（1）一次压缩：以外压（$3p^{\ominus}$）即再加上两个砝码，气体被压缩到（$1dm^3$，$3p^{\ominus}$）。环境做功：

$$W_1' = -p_{外}\Delta V = -3p^{\ominus} \times (1-3) = 607.95J$$

（2）二次压缩：先以 $2p^{\ominus}$ 的外压（放上两个砝码）压缩到达中间态（$2p^{\ominus}$，V'=1.5dm^3），再用 $3p$ 的外压（放上三个砝码）压缩到原始状态（$3p^{\ominus}$，$1dm^3$）。

$$W_2' = -2p^{\ominus} \times (1.5-3) - 3p^{\ominus} \times (1-1.5) = 4.5p^{\ominus} = 456.0J$$

（3）多次压缩（四次压缩）：

$$W_3' = -1.5p^{\ominus} \times (2-3) - 2p^{\ominus} \times (1.5-2.0) - 2.5p^{\ominus} \times (1.2-1.5) - 3p^{\ominus}(1.0-1.2) = 3.85p^{\ominus} = 300.1J$$

（4）可逆压缩：

$$W_4' = -\int_{V_2}^{V_1} \frac{RT}{V} dV = 3.296p = 334.0J$$

因此，$W_4' < W_3' < W_2' < W_1'$。

2. 不可逆程度大小分析

一次压缩环境对体系做功最多。可逆压缩环境对体系做功最少。下面分析不可逆程度大小。

（1）一次膨胀，再一次压缩，使体系恢复原状，环境有什么变化？

$$W_1 = -2p^{\ominus} = -202.7J, W_2 = 6p^{\ominus} = 607.95J$$

$$W = W_1 + W_2 = 4p^{\ominus} = 405.3J$$

循环一次，环境对体系做功 405.3J。根据能量守恒，体系ΔU=0，Q=－W=－405.3J。环境从体系中得到热 405.3J，即环境做功，换回了热。

（2）对于二次膨胀与二次压缩使体系恢复原状。

$$W_2 = -2.5p^{\ominus} = -253.5J, W_2' = 4.5p^{\ominus} = 456.0J$$

$$W = W_2 + W_2' = 2p^{\ominus} = 202.7J, Q = -W = 202.7J$$

体系恢复后，环境做 202.7J 的功，换回了 202.7J 的热。

（3）对于四次膨胀、四次压缩，体系恢复原状。

$$W = W_3 + W_3' = -2.85p^{\ominus} + 3.85p^{\ominus} = p^{\ominus} = 101.3J$$

体系恢复后，环境都是失去功，而换回了热。也就是环境没有恢复原状，留下了功变成热的痕迹，这个痕迹是无法消除的，因此这样的过程称为不可逆过程。也就是说，过程发生后，体系与环境不能同时恢复原状，这样的过程是不可逆过程，并且环境做的功越多，不可逆程度越大。

（4）对于可逆膨胀、可逆压缩，体系恢复原状。

$$W = W_4 + W_4' = -3.296p + 3.296p = 0$$

体系恢复后，环境中没有留下功变成热的痕迹，环境也恢复了，因此这是可逆过程。

3. 绝热不可逆过程

理想气体经绝热不可逆膨胀向外做功，热力学能降低，温度下降。气体被绝热不可逆压缩，热力学能增加，温度上升。

绝热不可逆过程一般是恒外压的，气体反抗某一恒外压膨胀，膨胀到气体压力与外压相等。

$$Q = 0 \qquad \Delta U = W$$

因为

$$W = -p_{外}(V_2 - V_1)$$

所以

$$\Delta U = C_V(T_2 - T_1) = nC_{V,\mathrm{m}}(T_2 - T_1)$$

$$W = -p_{外}(V_2 - V_1) = -p_2\left(\frac{nRT_2}{p_2} - \frac{nRT_1}{p_1}\right)$$

即

$$W = -nR\left(T_2 - \frac{p_2}{p_1}T_1\right) \tag{2-60}$$

所以有

$$C_{V,\mathrm{m}}(T_2 - T_1) = -R\left(T_2 - \frac{p_2}{p_1}T_1\right)$$

一般已知 T_1 与 p_1、p_2，则可以求出 T_2，从而计算出ΔU、W。

注意：绝热不可逆过程不能用绝热可逆过程的公式来计算。

【例 2-17】设有单原子分子理想气体在 0℃和 p_1=10 $p^\ominus$ 下的体积为 1000dm^3，分别用下列不同过程膨胀到最后压力为 p_2= $p^\ominus$：（1）等温可逆膨胀；（2）绝热可逆膨胀；（3）绝热不可逆膨胀（外压 $p^\ominus$）。试求以上三种过程系统对环境所做的功。

解　初始状态记为 A：T_1=273.15K，p_1=10 $p^\ominus$ 下 V_1=1000dm^3。

（1）等温可逆膨胀，终态记为 B。

$$V_2 = \frac{p_1V_1}{p_2} = \frac{1000 \times 10}{1} = 10000\mathrm{dm}^3$$

$$n = \frac{p_1V_1}{RT} = \frac{1000 \times 10}{0.08206 \times 273} = 446\mathrm{mol}$$

$$W = -nRT\ln\frac{V_2}{V_1} = -2.303nRT\lg\frac{V_2}{V_1} = -2.303 \times 446 \times 8.314 \times 273 \times \lg 10 = -2333.5\mathrm{kJ}$$

（2）绝热可逆膨胀，终态记为 C。

用过程方程式，$\gamma = \dfrac{C_{p,\mathrm{m}}}{C_{V,\mathrm{m}}} = \dfrac{5/2}{3/2} = \dfrac{5}{3}$

$$p_1V_1^{\gamma} = p_2V_2^{\gamma}$$

$$V_2 = \left(\frac{p_1V_1^{\gamma}}{p_2}\right)^{\frac{1}{\gamma}} = V_1\left(\frac{p_1}{p_2}\right)^{\frac{1}{\gamma}} = 10^{\frac{3}{5}} \times 1000 = 3981(\text{dm}^3)$$

$$p_2V_2 = nRT_2$$

$$T_2 = \frac{p_2V_2}{nR} = \frac{1\times 3981}{446\times 0.08206} = 108.8(\text{K})$$

$$W = \Delta U = C_V(T_2 - T_1) = nC_{V,\text{m}}(T_2 - T_1) = 446\times\frac{3}{2}\times 8.314\times(108.8-273) = -914(\text{kJ})$$

（3）绝热不可逆膨胀，终态记为 D。

$$Q = 0,\quad \Delta U = W$$

$$\Delta U = C_V(T_2 - T_1) = n\times\frac{3}{2}R(T_2 - T_1)$$

$$W = -p_{外}(V_2 - V_1) = -p_2\left(\frac{nRT_2}{p_2} - \frac{nRT_1}{p_1}\right) = -nR\left(T_2 - \frac{p_2}{p_1}T_1\right)$$

$$\frac{3}{2}nR(T_2 - T_1) = -nR\left(T_2 - \frac{p_2}{p_1}T_1\right)$$

$$1.5(T_2 - T_1) = -\left(T_2 - \frac{1}{10}T_1\right)$$

所以

$$1.5T_2 - 1.5T_1 = -T_2 + 0.1T_1$$

$$2.5T_2 = 1.6T_1$$

$$T_2 = \frac{1.6\times 273}{2.5} = 174.7\text{K}$$

因此

$$V_2 = \frac{nRT_2}{p_2} = \frac{446\times 0.08206\times 174.7}{1} = 6394(\text{dm}^3)$$

$$W = nC_{V,\text{m}}(T_2 - T_1) = -446\times\frac{3}{2}\times 8.314\times(273-174.7) = -546.8(\text{kJ})$$

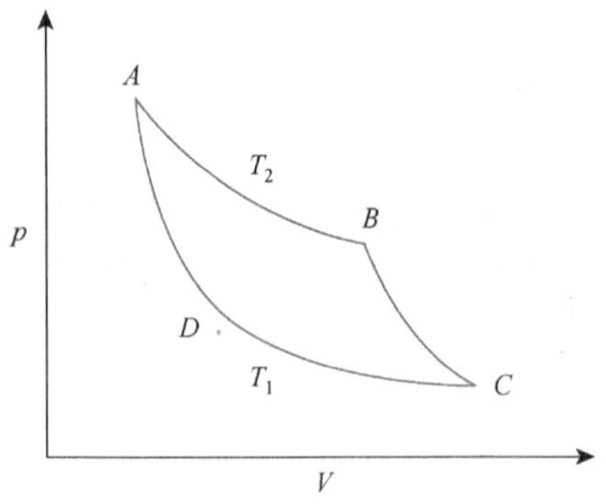

图 2-12　单原子分子理想气体 p-V 图

把例 2-17 几种结果画在 p-V 图上，如图 2-12 所示。理想气体从同一始态出发，经过三种过程，终态不同。终态体积不同，温度不同，三种过程做的功不同。

在一些其他物理化学教材中介绍“准静态”过程。准静态过程是由一系列无限接近平衡的状态所组成的热力学过程。准静态过程中，可能有能量耗散存在，有摩擦、电阻等。而没有能量耗散的准静态过程就是可逆过程，这是严格的分析，但一般把准静态过程与可逆过程当成一种过程。

对于可逆过程中的体积功计算：$W = -\int_{V_1}^{V_2} p_{外}\mathrm{d}V = -\int_{V_1}^{V_2} p\mathrm{d}V$，可以用体系的压力 p 代替 $p_{外}$。

可逆过程是一种理想化的理论抽象。同理想气体模型一样，可逆过程也是一种理想化的极限过程，是一种科学的抽象。自然界中进行的实际过程只能无限接近它，但不可能完全达到。也就是说，自然界中进行的一切实际过程都是不可逆过程。但是，在热力学中，可逆过程是一个极其重要的概念，不仅是因为可逆过程与热力学平衡态密切相关，而且因为一些重要的状态函数变化只有通过可逆过程才能求得。例如，热力学第二定律中的熵函数计算，没有可逆过程就寸步难行。

热力学中的可逆过程，体系做功最大，其他任何过程做的功都不会超过它，只能接近它，这样给出了一个功的上限，给实际过程提供了一个目标，可逆过程最经济。

理想气体在无摩擦下准静态膨胀、压缩：物质在正常的相变温度、压力下发生相变；原电池的放电、充电等。

引入可逆过程的重要意义：只有在可逆过程中，体系无限接近热力学平衡态。体系在变化中，H、p、V、T 等状态函数才具有确定的单值函数，才可以计算。如不可逆压缩时，活塞附近气体密度大，压力大。

可逆过程是热力学中最基本、最重要的概念之一。可以毫不夸张地说：不懂得可逆过程，就不懂得热力学。

本 章 小 结

本章首先介绍了热力学的基本概念，系统与环境、状态与状态函数、过程与途径以及系统与环境间进行能量交换的基本形式——热和功，然后阐述了“热力学能是系统的状态函数”这一结论及热力学第一定律的数学表达式，并进一步提出了状态函数——焓。

通过典型例题说明：

（1）怎样对系统进行具体分析，由它的始态、终态及所经历的途径计算过程的热与功，并运用热力学第一定律数学表达式计算系统热力学能的变化。

（2）如何根据热力学能及焓的状态函数性质，通过设计其他的过程以取得一定始态、终态的系统的ΔU与ΔH。

本章介绍了一个重要概念——可逆过程，必须准确理解这一概念。最后引入反应进度，讨论了恒压热效应和恒容热效应之间的关系，以及热化学方程式的写法，利用热力学第一定律对赫斯定律和热效应的计算方法进行了分析和总结，讨论了热效应与温度的关系——基尔霍夫定律，对非恒温反应的热效应也作了介绍。

1. 热力学第一定律的数学表示式

$$\Delta U = Q + W$$

或

$$\mathrm{d}U = \delta Q + \delta W = \delta Q - p_{环境}\mathrm{d}V + \delta W$$

规定系统吸热为正，放热为负。系统得功为正，对环境做功为负。式中 $p_{环境}$ 为环境的压力，W 为非体积功。上式适用于封闭体系的一切过程。

2. 焓的定义式

$$H = U + pV$$

3. 焓变

（1）

$$\Delta H = \Delta U + \Delta(pV)$$

式中，$\Delta(pV)$ 为 pV 乘积的增量，只有在恒压下 $\Delta(pV) = p(V_2 - V_1)$ 在数值上等于体积功。

（2）

$$\Delta H = \int_{T_1}^{T_2} nC_{p,\mathrm{m}}\mathrm{d}T$$

此式适用于理想气体单纯 pVT 变化的一切过程，或真实气体的恒压变温过程，或纯的液体、固体物质压力变化不大的变温过程。

4. 热力学能变

$$\Delta U = \int_{T_1}^{T_2} nC_{V,\mathrm{m}}\mathrm{d}T$$

此式适用于理想气体单纯 pVT 变化的一切过程。

5. 恒容反应热和恒压反应热

$$Q_V = \Delta U \quad (\mathrm{d}V = 0, W' = 0)$$
$$Q_p = \Delta H \quad (\mathrm{d}p = 0, W' = 0)$$

6. 热容的定义式

（1）等压热容和等容热容

$$C_p = \delta Q_p / \mathrm{d}T = (\partial H / \partial T)_p$$
$$C_V = \delta Q_V / \mathrm{d}T = (\partial U / \partial T)_V$$

（2）摩尔等压热容和摩尔等容热容

$$C_{p,\mathrm{m}} = C_p / n = (\partial H_\mathrm{m} / \partial T)_p$$
$$C_{V,\mathrm{m}} = C_V / n = (\partial U_\mathrm{m} / \partial T)_V$$

上式分别适用于无相变变化、无化学变化、非体积功为零的等压和等容过程。

（3）质量等压热容（比等压热容）

$$c_p = C_p / m = C_{p,\mathrm{m}} / M$$

式中，m 和 M 分别为物质的质量和摩尔质量。

（4）$C_{p,\mathrm{m}} - C_{V,\mathrm{m}} = R$

此式只适用于理想气体。

（5）摩尔等压热容与温度的关系

$$C_{p,\mathrm{m}} = a + bT + cT^2 + dT^3$$

式中，a、b、c 及 d 对指定气体皆为常数。

（6）平均摩尔等压热容

$$\bar{C}_{p,\mathrm{m}} = \int_{T_1}^{T_2} C_{p,\mathrm{m}}\mathrm{d}T / (T_2 - T_1)$$

7. 摩尔蒸发焓与温度的关系

$$\Delta_{\mathrm{vap}}H_\mathrm{m}(T_2) = \Delta_{\mathrm{vap}}H_\mathrm{m}(T_1) + \int_{T_1}^{T_2} \Delta_{\mathrm{vap}}C_{p,\mathrm{m}}\mathrm{d}T$$

或

$$(\partial \Delta_{\mathrm{vap}}H_\mathrm{m} / \partial T)_p = \Delta_{\mathrm{vap}}C_{p,\mathrm{m}}$$

式中，$\Delta_{\mathrm{vap}}C_{p,\mathrm{m}} = C_{p,\mathrm{m}}(\mathrm{g}) - C_{p,\mathrm{m}}(\mathrm{l})$，上式适用于恒压蒸发过程。

8. 体积功

（1）定义式

$$\delta W_\mathrm{e} = -p_\mathrm{e}\mathrm{d}V$$

或

$$W = -\sum p_\mathrm{e}\mathrm{d}V$$

（2）
$$W - p(V_1 - V_2) = -nR(T_2 - T_1)$$
适用于理想气体恒压过程。

（3）
$$W = -p_e(V_1 - V_2)$$
适用于恒外压过程。

（4）$W = -\int_{V_1}^{V_2} p\mathrm{d}V = -nRT\ln(V_2/V_1) = nRT\ln(p_2/p_1)$

适用于理想气体恒温可逆过程。

（5）
$$W = \Delta U = nC_{V,\mathrm{m}}(T_2 - T_1)$$
适用于 $C_{V,\mathrm{m}}$ 为常数的理想气体绝热过程。

9. 理想气体可逆绝热过程方程

$$(T_2/T_1)^{C_{V,\mathrm{m}}}(V_2/V_1)^R = 1$$

$$(T_2/T_1)^{C_{p,\mathrm{m}}}(p_2/p_1)^{-R} = 1$$

$$(p_2/p_1)(V_2/V_1)^{\gamma} = 1$$

式中，$\gamma = C_{p,\mathrm{m}}/C_{V,\mathrm{m}}$ 称为热容比，适用于 $C_{V,\mathrm{m}}$ 为常数，理想气体可逆绝热过程 p、V、T 的计算。

10. 反应进度

$$\xi = \Delta n_{\mathrm{B}}/\nu_{\mathrm{B}}$$

用于反应开始时的反应进度为零的情况，$\Delta n_{\mathrm{B}}=n_{\mathrm{B}}-n_{\mathrm{B},0}$，$n_{\mathrm{B},0}$ 为反应前 B 的物质的量。ν_{B} 为 B 的反应计量系数，其量纲为一。ξ 的量纲为 mol。

11. 标准摩尔反应焓

$$\Delta_{\mathrm{r}}H_{\mathrm{m}}^{\ominus} = \sum \nu_{\mathrm{B}}\Delta_{\mathrm{f}}H_{\mathrm{m}}^{\ominus}(\mathrm{B},\beta) = -\sum \nu_{\mathrm{B}}\Delta_{\mathrm{c}}H_{\mathrm{m}}^{\ominus}(\mathrm{B},\beta)$$

式中，$\Delta_{\mathrm{f}}H_{\mathrm{m}}^{\ominus}(\mathrm{B},\beta)$ 及 $\Delta_{\mathrm{c}}H_{\mathrm{m}}^{\ominus}(\mathrm{B},\beta)$ 分别为相态为 β 的物质 B 的标准摩尔生成焓和标准摩尔燃烧焓。上式适用于 ξ=1mol、在标准状态下的反应。

12. $\Delta_{\mathrm{r}}H_{\mathrm{m}}^{\ominus}$ 与温度的关系——基尔霍夫公式

$$\Delta_{\mathrm{r}}H_{\mathrm{m}}^{\ominus}(T_2) = \Delta_{\mathrm{r}}H_{\mathrm{m}}^{\ominus}(T_1) + \int_{T_1}^{T_2}\Delta_{\mathrm{r}}C_{p,\mathrm{m}}\mathrm{d}T$$

式中，$\Delta_{\mathrm{r}}C_{p,\mathrm{m}} = \sum \nu_{\mathrm{B}}C_{p,\mathrm{m}}(\mathrm{B})$，适用于恒压反应。

习　　题

1. 已知 H_2(g)的 $C_{p,\mathrm{m}}$=(29.07−0.836×$10^{-3}T$+2.01×$10^{-6}T^2$) J·mol^{-1}·K^{-1}，现将 1mol H_2(g)从 300K 升至 1000K，试求：

（1）恒压升温吸收的热及 H_2 的 ΔH。

（2）恒容升温吸收的热及 H_2 的 ΔU。

2. 在 0℃和 506.6kPa 条件下，2dm^3 的双原子理想气体体系经以下两个过程恒温膨胀至压力为 101.325kPa，求 Q、W、ΔU、ΔH。

（1）可逆膨胀。

（2）对抗恒外压 101.325kPa 膨胀。

3.（1）在 0℃和 506.6kPa 下，1mol 水全部蒸发为水蒸气，求此过程的 Q、W、ΔU、ΔH。已知水的汽化热为 40.7kJ·mol^{-1}。

（2）若在 373K、101.325kPa 下的水向真空蒸发，变成同温同压的水蒸气，上述各量又如何？（假设水蒸气可视为理想气体）

4. 1mol 单原子理想气体，始态压力为 202.65kPa，体积为 11.2dm^3，经过 pT 为常数的可逆压缩过程至终态压力为 405.3kPa，求：

（1）终态的体积与温度。

（2）体系的 W、ΔU 及 ΔH（$C_{p,m}$=3.5R）。

（3）该过程体系所做的功。

5. 某理想气体的 $C_{V,m}$=20.92J·mol^{-1}·K^{-1}，现将 1mol 的该理想气体于 27℃、101.325kPa 时受某恒外压恒温压缩至平衡态，再将此平衡态恒容升温至 97℃，此时压力为 1013.25kPa。求整个过程的 Q、W、ΔU 及 ΔH。

6. 1mol 单原子分子理想气体，在 273.2K、1.0×10^{5}Pa 时发生一变化过程，体积增大一倍，Q=1674J，ΔH=2092J。

（1）计算终态的温度、压力和此过程的 W、ΔU。

（2）若该气体经恒温和恒容两步可逆过程到达上述终态，试计算 Q、W、ΔU、ΔH。

7. 1mol 双原子理想气体在 0℃和 101.325kPa 时经绝热可逆膨胀至 50.65kPa，求该过程的 W 和 ΔU。

8. 某理想气体的 $C_{p,m}$=28.8J·mol^{-1}·K^{-1}，起始状态为 p_1=303.99kPa，V_1=1.3dm^3，T_1=298.15K。经一可逆绝热膨胀至 2.86dm^3。

（1）终态的温度与压力。

（2）该过程的 ΔH 及 ΔU。

9. 今有 10dm^3 O_2 从 2.0×10^{5}Pa 经绝热可逆膨胀到 30dm^3，试计算此过程的 Q、W、ΔH 及 ΔU。（假设 O_2 可视为理想气体）

10. 证明 $\left(\dfrac{\partial U}{\partial T}\right)_p = C_p - p\left(\dfrac{\partial V}{\partial T}\right)_p$。

11. 证明 $C_p - C_V = -\left(\dfrac{\partial p}{\partial T}\right)_V \left[\left(\dfrac{\partial H}{\partial p}\right)_T - V\right]$。

12. 25℃的 0.5g 正庚烷在恒容条件下完全燃烧使热容为 8175.5J·K^{-1} 的量热计温度上升了 2.94℃，求正庚烷在 25℃燃烧的 ΔH。

13. 试求下列反应在 298.15K、101.325KPa 时的恒压热效应。

（1）$2H_2S(g)+SO_2(g) = 2H_2O(g)+3S$(斜方)　Q_V=−223.5kJ

（2）$2C$(石墨)$+O_2(g) = 2CO(g)$　Q_V=−231.3kJ

（3）$H_2(g)+Cl_2(g) = 2HCl(g)$　Q_V=−184kJ

14. 某反应体系，起始时含 10mol H_2 和 20mol O_2，在反应进行到 t 时刻，生成了 4mol H_2O。计算下述反应方程式的反应进度：

$$H_2 + \frac{1}{2}O_2 = H_2O$$

$$2H_2 + O_2 = 2H_2O$$

$$\frac{1}{2}H_2 + \frac{1}{4}O_2 = \frac{1}{2}H_2O$$

15. 已知下列反应在 298.15K 时的热效应。

（1）$Na(s)+1/2Cl_2(g) = NaCl(s)$　　$\Delta_r H_m$=−411kJ

2）$H_2(g)+S(s)+2O_2(g) \longrightarrow H_2SO_4(l)$　　$\Delta_r H_m=-811.3kJ$

（3）$2Na(s)+S(s)+2O_2(g) \longrightarrow Na_2SO_4(s)$　　$\Delta_r H_m=-1383kJ$

（4）$1/2H_2(g)+1/2Cl_2(g) \longrightarrow HCl(g)$　　$\Delta_r H_m=-92kJ$

求反应 $2NaCl(s)+H_2SO_4(l) \longrightarrow Na_2SO_4(s)+2HCl(g)$在 298.15K 时的 $\Delta_r H_m$ 和 $\Delta_r U_m$。

16. 已知下述反应 298.15K 时的热效应

（1）$2C_6H_5COOH(l)+15O_2(g) \longrightarrow 14CO_2(g)+6H_2O(l)$　　$\Delta_r H_m=-3230kJ$

（2）$C(s)+O_2(g) \longrightarrow CO_2(g)$　　$\Delta_r H_m=-394kJ$

（3）$H_2(g)+1/2O_2(g) \longrightarrow H_2O(l)$　　$\Delta_r H_m=-286kJ$

求 $C_6H_5COOH(l)$的标准生成热。

17. 已知下列反应 298.15K 时的热效应：

（1）C(金刚石)$+O_2(g) \longrightarrow CO_2(g)$　　$\Delta_r H_m=-395.4kJ$

（2）C(石墨)$+O_2(g) \longrightarrow CO_2(g)$　　$\Delta_r H_m=-393.5kJ$

求 C(石墨) ══ C（金刚石）在 298.15K 时的 $\Delta_r H_m$ 。

18. 试分别由生成焓和燃烧焓计算下列反应在 101.325kPa 和 298.15K 时的 $\Delta_r H_m$ 和 $\Delta_r U_m$。

$$3C_2H_2(g) \longrightarrow C_6H_6(l)$$

19. KCl(s)298.15K 时的溶解过程：

$$KCl(s) \longrightarrow K^+(aq, \infty)+Cl^-(aq, \infty) \quad \Delta_r H_m=17.18\ kJ\cdot mol^{-1}$$

已知 $Cl(aq, \infty)$和 KCl(s)的摩尔生成焓分别为 $-167.44kJ\cdot mol^{-1}$ 和 $-435.87kJ\cdot mol^{-1}$，求 $K^+(aq, \infty)$的摩尔生成焓。

20. 在 298.15K 时 $H_2O(l)$的标准摩尔生成焓为 $-285.8kJ\cdot mol^{-1}$，已知在 25～100℃温度范围内 $H_2(g)$、$O_2(g)$及 $H_2O(l)$的 $C_{p,m}$ 分别为 $28.83J\cdot mol^{-1}\cdot K^{-1}$、$29.16J\cdot mol^{-1}\cdot K^{-1}$ 及 $75.31J\cdot mol^{-1}\cdot K^{-1}$ 。求 100℃时 $H_2O(l)$的标准摩尔生成焓。

21. 反应 $N_2(g)+3H_2(g) \longrightarrow 2NH_3(g)$在 298.15K 时的 $\Delta_r H_m^\ominus=-92.88kJ\cdot mol^{-1}$，求此反应在 398K 时的 $\Delta_r H_m^\ominus$。已知：

$$C_{p,m}(N_2, g)=(26.98+5.912\times10^{-3}T-3.376\times10^{-7}T^2)\ J\cdot mol^{-1}\cdot K^{-1}$$

$$C_{p,m}(H_2, g)=(29.07-0.837\times10^{-3}T+20.12\times10^{-7}T^2)\ J\cdot mol^{-1}\cdot K^{-1}$$

$$C_{p,m}(NH_3, g)=(25.89+33.00\times10^{-3}T-30.46\times10^{-7}T^2)\ J\cdot mol^{-1}\cdot K^{-1}$$

22. 已知下述反应的热效应：

$$H_2(g)+I_2(s) \longrightarrow 2HI(g) \qquad \Delta_r H_m^\ominus(291K)=49.455kJ\cdot mol^{-1}$$

且 $I_2(s)$的熔点为 386.7K，熔化热为 $16.736kJ\cdot mol^{-1}$。$I_2(l)$的沸点为 457.5K，蒸发热为 $42.677kJ\cdot mol^{-1}$。$I_2(s)$和 $I_2(l)$的 $C_{p,m}$ 分别为 $55.64J\cdot mol^{-1}\cdot K^{-1}$ 及 $62.76J\cdot mol^{-1}\cdot K^{-1}$，$H_2(g)$、$I_2(s)$及 HI(g)的 $C_{p,m}$ 均为 $7/2R$，求该反应在 473K 时的 $\Delta_r H_m^\ominus$。

第 3 章　热力学第二定律

自然界发生的一切过程都必须遵循热力学第一定律，保持能量守恒。但在不违背热力学第一定律的前提下，过程是否发生，若能发生，又会进行到什么程度，热力学第一定律却不能回答。本章从系统能量变化的角度讨论化学反应的方向性。

3.1　热力学第二定律的概念

这一定律的历史可追溯至卡诺对于热机效率的研究，及其于 1824 年提出的卡诺定理。热力学第二定律有许多种表述，其中最具代表性的是克劳修斯表述（1850 年）和开尔文表述（1851 年），这些表述都可被证明是等价的。定律的数学表述主要借助克劳修斯所引入的熵的概念，具体表述为克劳修斯定理。

克劳修斯表述是以热量传递的不可逆性（热量总是自发地从高温热源流向低温热源）作为出发点。虽然可以借助制冷机使热量从低温热源流向高温热源，但此过程是借助外界对制冷机做功实现的，即此过程除了有热量的传递，还有功转化为热的其他影响。1850 年，克劳修斯将这一规律总结为："不可能把热量从低温物体传递到高温物体而不产生其他影响。"

开尔文表述是以第二类永动机不可能实现这一规律作为出发点。开尔文表述为："不可能从单一热源吸收热使之全部对外做功而不产生其他变化。"

第二类永动机是指可以将从单一热源吸热全部转化为功，但大量事实证明这个过程是不可能实现的。功能够自发地、无条件地全部转化为热，但热转化为功是有条件的，而且转化效率有所限制。也就是说功自发转化为热这一过程只能单向进行而不可逆。

1851 年开尔文把这一普遍规律总结为："不可能从单一热源吸收能量，使之完全变为有用功而不产生其他影响。"

上述两种表述可以论证是等价的，如果开尔文表述不真，那么克劳修斯表述不真。假设存在违反开尔文表述的热机 A，可以从低温热源 T_2 吸收热量 Q 并将其全部转化为有用功 W。假设存在热机 B，可以把功 W 完全转化为热量 Q 并传递给高温热源 T_1（这在现实中可实现）。此时若 A、B 联合工作，则可以看到 Q 从低温热源 T_2 流向高温热源 T_1，而并未产生任何其他影响，即克劳修斯表述不真。

如果克劳修斯表述不真，那么开尔文表述不真。假设存在违反克劳修斯表述的制冷机 A，可以在不利用外界对其做的功的情况下，使热量 Q_1 由低温热源 T_2 流向高温热源 T_1。假设存在热机 B，可以从高温热源 T_1 吸收热量 Q_2 并将其中 Q_2-Q_1 的热量转化为有用功 W，同时将热量 Q_1 传递给低温热源 T_2（这在现实中可实现）。此时若 A、B 联合工作，则可以看到 A 与 B 联合组成的热机从高温热源 T_1 吸收热量 Q_2-Q_1 并将其完全转化为有用功 W，而并未产生任何其他影响，即开尔文表述不真。

3.2　卡诺循环与卡诺定理

1. 卡诺定理

卡诺定理是卡诺于 1824 年在《谈谈火的动力和能发动这种动力的机器》中发表的有

关热机效率的定理。值得注意的是，定理在热力学第二定律提出 20 余年前已然提出，从历史角度来说其为热力学第二定律的理论来源。但是卡诺本人给出的证明是在热质说的错误前提下进行的证明，而对于其相对严密（以热动说为前提，而非热质说）的证明需要热力学第二定律。

卡诺定理表述为：①在相同的高温热源和低温热源间工作的一切可逆热机的效率都相等；②在相同的高温热源和低温热源间工作的一切热机中，不可逆热机的效率不可能大于可逆热机的效率。

2. 卡诺循环

卡诺循环可以想象为工作于两个恒温热源之间的准静态过程，其高温热源的温度为 T_1，低温热源的温度为 T_2。这一概念是 1824 年卡诺在对热机的最大可能效率问题作理论研究时提出的。卡诺假设工作物质只与两个恒温热源交换热量，没有散热、漏气、摩擦等损耗。为使过程是准静态过程，工作物质从高温热源吸热应是无温度差的等温膨胀过程，同样，向低温热源放热应是等温压缩过程。因限制只与两热源交换热量，脱离热源后只能是绝热过程。作卡诺循环的热机称为卡诺热机。

卡诺循环包括四个步骤：等温膨胀，在这个过程中系统从高温热源中吸收热量，对外做功；绝热膨胀，在这个过程中系统对环境做功，温度降低；等温压缩，在这个过程中系统向环境中放出热量，体积压缩；绝热压缩，系统恢复原来状态，在等温压缩和绝热压缩过程中系统对环境做负功。即理想气体从状态 a（p_1，V_1，T_1）等温膨胀到状态 b（p_2，V_2，T_2），再从状态 b 绝热膨胀到状态 c（p_3，V_3，T_3），此后，从状态 c 等温放热到状态 d（p_4，V_4，T_4），最后从状态 d 绝热压缩回到状态 a。这种由两个等温过程和两个绝热过程所构成的循环称为卡诺循环，如图 3-1 所示。

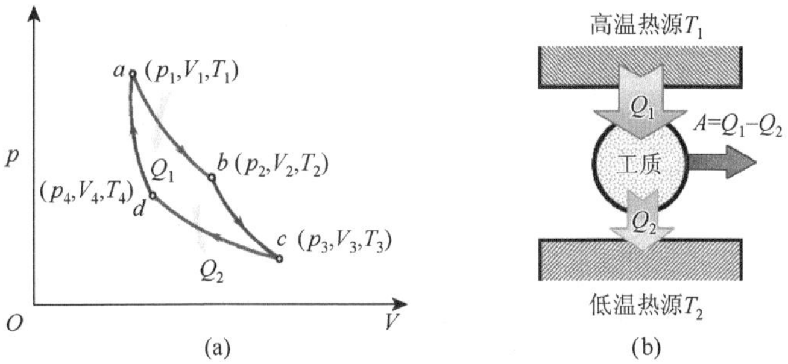

图 3-1　卡诺循环示意图

以 1mol 理想气体经一个卡诺循环，计算该过程所做的功：

ab 为等温膨胀，吸热量为 $Q_1 = RT_1 \ln\dfrac{V_2}{V_1}$

cd 为等温压缩，吸热量为 $Q_2 = RT_2 \ln\dfrac{V_3}{V_4}$

bc 为绝热膨胀过程，Q=0，$T_1V_2^{\gamma-1} = T_2V_3^{\gamma-1}$

da 为绝热压缩过程，Q=0，$T_1V_1^{\gamma-1} = T_2V_4^{\gamma-1}$

又因为 $\dfrac{V_2}{V_1} = \dfrac{V_3}{V_4}$，所以有 $\dfrac{Q_1}{Q_2} = \dfrac{T_1}{T_2}$。

热机效率的定义：

$$\eta = \frac{A}{Q_1} = \frac{Q_1 - Q_2}{Q_1} = 1 - \frac{Q_2}{Q_1} = 1 - \frac{T_2}{T_1} \tag{3-1}$$

由式（3-1）可以看出，卡诺循环的效率只与两个热源的热力学温度有关，如果高温热源的温度 T_1 越高，低温热源的温度 T_2 越低，则卡诺循环的效率越高。因为不能获得 $T_1 \to \infty$ 的高温热源或 T_2=0K（–273℃）的低温热源，所以，卡诺循环的效率必定小于 1。

3. 卡诺循环效率一致

可以证明，以任何工作物质作卡诺循环，其效率都一致；还可以证明，所有实际循环的效率都低于同样条件下卡诺循环的效率，也就是说，如果高温热源和低温热源的温度确定之后，卡诺循环的效率是在它们之间工作的一切热机的最高效率界限。因此，提高热机的效率，应提高高温热源的温度和降低低温热源的温度，低温热源通常是周围环境，降低环境的温度难度大、成本高，是不足取的办法。现代热电厂尽量提高水蒸气的温度，使用过热蒸汽推动汽轮机，正是基于这个道理。

4. 提高热机效率的方向

卡诺定理指出了提高热机效率的方向（提高 T_1，降低 T_2，减少散热、漏气、摩擦等不可逆损耗，使循环尽量接近卡诺循环），这成为热机研究的理论依据、热机效率的限制。在卡诺定理基础上建立的与测温物质及测温属性无关的绝对热力学温标，使温度测量建立在客观的基础之上。此外，应用卡诺循环和卡诺定理，还可以研究表面张力、饱和蒸气压与温度的关系及可逆电池的电动势等。还应强调，卡诺这种撇开具体装置和具体工作物质的抽象而普遍的理论研究，已经贯穿在整个热力学的研究之中。

卡诺为热力学第二定律奠定了基础，为提高热机的效率指明了方向，为热力学的发展作出了杰出的贡献。

3.3　熵与克劳修斯不等式

熵（entropy）指的是体系的混乱程度，它在控制论、概率论、数论、天体物理、生命科学等领域都有重要应用，在不同的学科中也有引申出的更为具体的定义，是各领域十分重要的参量。熵由克劳修斯（Clausius）提出，并应用在热力学中。后来，香农（Shannon）第一次将熵的概念引入信息论中。

3.3.1　熵的定义

1854 年，克劳修斯在《论热的动力理论的第二原理的另一形式》论文中根据热力学第一定律和理想气体的状态方程得出，在循环过程中发生的所有转化的等效值是积分

$$\oint \frac{\mathrm{d}Q}{\mathrm{d}T}$$

他指出，对于可逆循环过程：

$$\oint_{\text{可逆}} \frac{\mathrm{d}Q}{\mathrm{d}T} = 0$$

对于不可逆循环过程：

$$\oint_{\text{不可逆}} \frac{dQ}{dT} < 0$$

其中，dQ 是系统从热力学温度为 T 的热源中所吸收的热量。

1865 年，在《关于热的动力理论的主要公式的各种应用上的方便的形式》一文中克劳修斯提出了熵的概念。关于可逆过程，克劳修斯指出：如果物体从任意一个始态开始连续地经过任意的一系列状态又回到始态时，积分

$$\oint \frac{dQ}{dT} = 0$$

那么积分号中的表示式 $\frac{dQ}{dT}$ 必定是一个量的全微分，这个量只与物体当时所处的状态有关，而与物体到达这个状态所经过的过程无关。如果用 S 表示这个量，则可以规定：$dS = \frac{dQ}{dT}$。克劳修斯把他引入的这一新的函数 S 称为系统的熵，表示系统的转变含量（transformation content），以表示对热的转化程度的测度。由于 S 是一个状态函数，dS 沿任意可逆过程的积分等于 S 的终态 B 与始态 A 之值的差，即

$$\Delta S = S_B - S_A = \int_{A\ \text{可逆}}^{B} \frac{dQ}{T} \tag{3-2}$$

如果是对于不可逆循环过程，则可证明

$$\Delta S = S_B - S_A = \int_{A\ \text{不可逆}}^{B} \frac{dQ}{T} \tag{3-3}$$

即对于任意一个过程总满足：

$$\Delta S = S_B - S_A \geqslant \int_{A}^{B} \frac{dQ}{T} \tag{3-4}$$

其中，等号对应于可逆过程，大于号对应于不可逆过程。在一切孤立系统中，物质与外界的热交换不存在，即 $dQ = 0$，故有

$$\Delta S \geqslant 0 \tag{3-5}$$

这就是著名的熵增加原理，也是热力学第二定律的定量的数学表达式，该式表明：对于一个孤立系统而言，可逆过程则熵值不变，不可逆过程则熵值增加。它的实质是阐明了热力学系统的不可逆性，如热传递的不可逆性或功热转换的不可逆性等。由此可见，熵是热力学系统自发变化的一个宏观描述量。

克劳修斯所引入的熵也称为“热力学熵”，对于系统给定的一个状态而言，讨论热力学熵 S 的绝对值没有意义，但它从一个状态到另一个状态间的转变，却可以用来判断这种转变的正或负以及转变量的大小。热力学熵 S 可以表示一个物质系统中能量的衰竭程度，是用以判别事物自发过程的一个状态函数，通过比较事物不同状态下系统的熵值大小，可以辨别出系统的转化方向。

热力学中将度量系统内部质点混乱程度的物理量定义为熵，用符号 S 表示，SI 单位为 $J \cdot mol^{-1} \cdot K^{-1}$，系统的混乱程度越大则熵值越大，系统由有序到混乱时熵值就会增加。

同一物质，气态时的熵大于液态时的熵，而液态时的熵大于固态时的熵，即 $S(g)>S(l)>S(s)$。在相同聚集状态时，同一物质的熵值随温度的升高而增大。对于气体物质，压力降低时，气体分子在更大的空间内运动，混乱度增加，熵值增大。同类物质中，聚集状态相同时，摩尔质量大的熵值大，如 $S(K)>S(Na)$。分子结构复杂的熵值大，$S_{复杂分子}>S_{简单分子}$。对于混合物和纯物质，$S_{混合物}>S_{纯物质}$。

3.3.2 熵变的意义

在热力学中，熵是平衡态热力学的一个状态函数，它的定义为

$$S=\int_{1\atop 可逆}^{2}\frac{dQ}{T}+S_0 \tag{3-6}$$

式中，1 和 2 是两个平衡态，积分路径沿着任意可逆过程；T 为热源温度；dQ 是某一微小过程中系统吸收的热量，这样定义的物理熵有以下几方面的意义。

1. 熵增加原理是热力学第二定律的数学表达式

系统由一种状态到另一种状态，在此过程中，必然伴随着熵值的改变。在热力学理论中，人们所说的熵变一般是指熵增加。我们知道，可逆过程发生后，所产生的结果可以完全消除而令一切恢复原状；而不可逆过程发生后，则用任何曲折复杂的方法都不可能令一切恢复原状。这一事实说明，过程是否可逆实际上是由始态和终态的相互关系决定的。而熵函数在始态和终态的数值可以用来判断过程是可逆或不可逆，判断不可逆过程的自发方向，熵增加原理可以对过程的性质及方向进行判断。

熵增加原理：任何物理过程中各个参与者的总熵必定要么增加，要么保持不变，熵不会减少，即 $\Delta S_{孤}\geqslant 0$。

熵增加原理实际上预言了大多数过程是不可逆的——不能向相反方向进行，过程必定朝熵增加而不是熵减少的方向进行。这一原理告诉我们，在没有外界干预的条件下，系统自发地由有序趋于无序，最后达到热平衡。换言之，熵值越低，有序程度越大。随着熵增加，有序程度越来越低，最后完全变成无序状态。过去人们认为，对一个生物系统而言，熵增加原理应该自发地由有序变为无序，最后达到平衡态，也就是死亡。而生物进化论告诉我们，生物是进化的，可以由简单到复杂，有序程度可以越来越高。熵增加原理的应用是有条件的、有限的。

2. 熵在微观上表征系统内粒子的混乱程度

在统计物理中，玻尔统计理论或量子统计理论都有如下关系式：

$$S=k\ln\Omega \tag{3-7}$$

这就是著名的玻尔兹曼关系式。k 是玻尔兹曼常量，Ω 是系统的微观状态数。在宏观条件不变的情况下，系统具有大量的微观状态。当系统处于平衡时，微观态数越多，系统越混乱，熵就越大；否则，熵就越小。从微观意义上讲，熵是物质系统无序性和混乱度的量度。

平衡态体系内微观粒子无规则运动与非平衡态粒子运动相比，混乱度更大，即当粒子无规则运动最乱、最无序时，才能使体系内部各处的温度、密度等性质达到均匀一致，以致最后趋向于平衡态，所以熵增加的过程，即孤立系统由非平衡态趋向平衡态的过程，正

是体系内微观粒子无规则运动由不太乱变得更加乱的过程。由此可见，熵的物理意义在微观上正是粒子无规则运动混乱程度（或无序程度）的量度，熵增加就是从有序向无序发展的过程。

3. 熵在宏观上表征能量分布的均匀程度

能量都是由于从非均匀分布倾向于均匀分布的过程中转化做功的，即要能量成为可利用能，即将能量用于做功，必须在一定的空间中造成能量密度的差异，使能量从高密度区流向低密度区，就可以获得功。能量分布越不均匀，有序度越高，则熵就越小，能量转化为功的效率越高。若能量分布已完全均匀，熵达到最大，这时不可能再发生能量从这一区转到另一区的宏观流，也就不能获得功。熵增加在宏观上表征不可利用能的增加，即意味着有效能量的减小，时间永远向前运动，能量只能沿有效状态转化为无效状态的耗散方向转化。

4. 在热力学中的“导演”作用

孤立系统的任何自发过程都是由非平衡态向平衡态，达到平衡态便不再变化了，因此平衡态时熵最大。熵函数极大值又可作为判定自发过程进行限度的准则，由此可以导出系统处于平衡态时的各种判据：

T、V 一定时，$\mathrm{d}A \leqslant 0$（自由能判据）

T、p 一定时，$\mathrm{d}G \leqslant 0$（吉布斯判据）

S、V 一定时，$\mathrm{d}U \leqslant 0$

S、p 一定时，$\mathrm{d}H \leqslant 0$

H、p 一定时，$\mathrm{d}S \leqslant 0$

A、V 一定时，$\mathrm{d}S \geqslant 0$

A、V 一定时，$\mathrm{d}T \leqslant 0$

A、S 一定时，$\mathrm{d}V \leqslant 0$

A、T 一定时，$\mathrm{d}V \leqslant 0$

等号对应可逆过程，不等号对应不可逆过程，以上部分内容将在后续章节中继续介绍。

3.4　熵变的计算

只有与外界交换能量而不能交换物质的系统，称为封闭系统。设封闭系统经过一无穷小过程，则热力学第二定律的数学表达式为

$$\mathrm{d}S \geqslant \frac{\mathrm{d}Q}{T} \tag{3-8}$$

其中，$\mathrm{d}S$ 是系统在过程中的熵变；T 是系统所接触的热源的温度；$\mathrm{d}Q$ 是系统在过程中从热源吸收的热量。等号对应于可逆过程，不等号对应于不可逆过程。

若过程是绝热的，则 $\mathrm{d}Q=0$，$\mathrm{d}S \geqslant 0$。

可见，当系统经绝热过程由一状态到达另一状态，它的熵永不减少；熵在可逆绝热过程中不变，在不可逆过程中增加。这个结论就是通常的熵增加原理。

由熵增加原理可以推知：在绝热过程中，若熵不变，则过程可逆；若熵增加，则过程不可逆。因此，通过计算绝热过程的熵差，就可判断该过程是否可逆。但对于非绝热过程，这种方法就失效了，于是通常就把热源和所研究的系统结合在一起考虑，构成一个大的绝热系

统，其中发生的过程就是绝热过程，然后通过计算大系统的总熵差来判断该过程是否可逆。具体计算方法：按定义，只有沿着可逆过程的热温商总和才等于体系的熵变。当过程为不可逆时，则根据熵为状态函数，体系熵变只取决于始态与终态而与过程所取途径无关，可设法找出一条或一组始终态与之相同的可逆过程，由它们的熵变间接地推算出来。孤立系统的选择方法是，如果非封闭系统，可以将环境和物体共同看成封闭系统。下面通过对不同的热力学过程的熵变的计算，找出熵变的计算规律。

3.4.1　绝热孤立系统内物体间的热传递过程的熵变

【例 3-1】 温度为 0℃的 1kg 水与温度为 100℃的恒温热源接触后，水温达到 100℃。试分别求水和热源的熵变以及整个系统的总熵变。欲使整个系统的熵保持不变，应如何使水温从 0℃升至 100℃？已知水的比热容为 $4.18\text{J}\cdot\text{g}^{-1}\cdot\text{K}^{-1}$。

解　因为题中的热传导过程是不可逆过程，要计算水和热源的熵变，则必须设想一个始态和终态分别与题中所设过程相同的可逆过程来进行计算。

要计算水从 0℃吸热升温至 100℃时的熵变，设想一个可逆的等压过程：

$$\Delta S_{水}=\int_{273\text{K}}^{373\text{K}}\frac{mC_{水}\text{d}T}{T}=mC_{水}\ln\frac{373}{273}=1000\times4.18\times0.312=1304.16(\text{J}\cdot\text{K}^{-1})$$

对于热源的放热过程，可以设想一个可逆的等温过程：

$$\Delta S_{热源}=-\frac{|Q_{放}|}{T}=-\frac{1000\times4.18\times(373-273)}{373}=-1120.6(\text{J}\cdot\text{K}^{-1})$$

$$\Delta S_{总}=\Delta S_{水}+\Delta S_{热源}=184(\text{J}\cdot\text{K}^{-1})$$

在 0℃和 100℃之间取彼此温度差为无穷小的无限多个热源，令水依次与这些温度递增的无限多个热源接触，由 0℃吸热升温至 100℃，这是一个可逆过程，可以证明：

$$\Delta S_{热源}=-\Delta S_{水}$$

故 $\Delta S_{总}=\Delta S_{水}+\Delta S_{热源}=0$。

【例 3-2】 试计算热量 Q 自一高温热源 T_2 直接传递至另一低温热源 T_2 所引起的熵变。

解　从题意可以看出这是一不可逆热传递过程，应设想另一组始终态相同的可逆过程替代它，才能由它们的热温商计算体系的熵变。为此，可以设想另一变温过程由无数元过程所组成，在每一元过程中体系分别与一温度相差极微的热源接触，热量是经由这一系列温度间隔极微的热 $[(T_2-\text{d}T),(T_2-2\text{d}T),(T_2-3\text{d}T),\cdots,(T_2+2\text{d}T),(T_2+\text{d}T),\cdots]$ 传递到环境中。当 $\text{d}T$ 越小时，这样的热传递过程越接近于可逆，则

$$\Delta S=\left(\frac{Q}{T_2-\text{d}T}-\frac{Q}{T_2}\right)+\left(\frac{Q}{T_2-2\text{d}T}-\frac{Q}{T_2-\text{d}T}\right)+\cdots+\left(\frac{Q}{T_1+dT}-\frac{Q}{T_1+2dT}\right)+\left(\frac{Q}{T_1}-\frac{Q}{T_1+dT}\right)$$

$$=\frac{Q}{T_1}-\frac{Q}{T_2}=Q\left(\frac{T_2-T_1}{T_1T_2}\right)$$

因为 $T_2>T_1$，Q 为正值，所以 $\Delta S>0$。

可见若两热源直接接触并与外界隔离（绝热），则在此两热源间的热传导过程为一自发过程。

由以上两实例可以看出，绝热孤立系统内物体间的热传递过程的熵变计算：首先设想一个始态和终态分别与题中所设过程相同的可逆过程来进行计算，然后可采用假设一可逆

过程求热温比积分的方法，对每一小部分依次与温差非常小的恒温热源接触，温差无限小的热传导过程可视为可逆过程。因此，不论这个过程是否可逆，都可以设计一个可逆过程来计算熵变。

3.4.2　孤立的绝热物体自身的热传递过程的熵变

【例 3-3】 均匀杆的温度一端为 T_1，另一端为 T_2。试计算达到均匀温度 $\frac{1}{2}(T_1+T_2)$ 后的熵增。

解　当热力学系统从一平衡态经历了一个不可逆过程到达另一平衡态时，其熵的改变可引入一个适当的可逆过程而进行计算，这是因为熵是状态函数。而本问题中，杆是从一非平衡态经历了热传导的不可逆过程，而到达一个平衡态。因此，设想下述可逆过程：把杆当作无数无限薄的小段组成，每一个小段的初温各不相同，但都将具有相同的终温。再设想所有的小段互相绝热，并保持同样的压力，然后使每小段连续地与一系列热源接触，这些热源的温度由各段的初温至共同的终温。这样就定出无数个可逆的等压过程，用来使该杆由初始的非平衡态变化到平衡态的终态。

考虑长为 L 的均匀杆，位于 x 处的体积元的质量为

$$\mathrm{d}m=\rho A\mathrm{d}x$$

其中，ρ 及 A 分别为杆的密度及截面积，该段的热容为

$$C_p\mathrm{d}m=C_p\rho A\mathrm{d}x$$

最初的温度分布是线性分布的，而使 x 处的初温为

$$T_\mathrm{i}(x)=T_1-\frac{T_1-T_2}{L}x$$

若无热量损失，并且为了方便起见，假设各小段的热传导率、密度和热容都保持不变，则终温

$$T_\mathrm{f}=\frac{T_1+T_2}{2}$$

该体积元的熵增为

$$C_p\rho A\mathrm{d}x\int_{T_\mathrm{i}}^{T_\mathrm{f}}\frac{\mathrm{d}T}{T}=C_p\rho A\mathrm{d}x\ln\frac{T_\mathrm{f}}{T_\mathrm{i}}=C_p\rho A\mathrm{d}x\ln\frac{T_\mathrm{f}}{T_1-\dfrac{T_1-T_2}{L}x}=-V_p\rho A\mathrm{d}x\ln\left(\frac{T_1}{T_\mathrm{f}}-\frac{T_1-T_2}{LT_\mathrm{f}}x\right)$$

沿整个杆积分，得熵的总变化

$$\Delta S=-C_p\rho A\int_0^L\ln\left(\frac{T_1}{T_\mathrm{f}}-\frac{T_1-T_2}{LT_\mathrm{f}}x\right)\mathrm{d}x$$

$$\int\ln(a+bx)\mathrm{d}x=\frac{1}{b}(a+bx)[\ln(a+bx)-1]$$

经积分并化简后，得到

$$\Delta S=mC_p\left(1+\ln T_\mathrm{f}+\frac{T_2}{T_1-T_2}\ln T_2-\frac{T_1}{T_1-T_2}\ln T_1\right)=mC_p\left(\ln\frac{T_1+T_2}{2}-\frac{T\ln T_1-T_2\ln T_2}{T_1-T_2}+1\right)$$

由以上实例可以看出，孤立的绝热物体自身的热传递过程的熵变计算：当热力学系统从一平衡态经历一个不可逆过程到达另一平衡态时，其熵的改变可引入一个适当的可逆过程进

行计算，因此不论这个过程是否可逆，都可以设计一个可逆过程来计算熵变。

3.4.3 绝热系统内功热转化过程的熵变

【例 3-4】 10A 的电流通过一个 25Ω 的电阻器，历时 1s。

（1）若电阻器保持为室温 27℃，试求电阻器的熵增。

（2）若电阻器被一绝热壳包装起来，其初温为 27℃，电阻器的质量为 10g，比热容 C_p 为 $0.84\text{J}\cdot\text{g}^{-1}\cdot\text{K}^{-1}$ 计算电阻器的熵增。

解 （1）若电阻器保持一定温度，则它的状态不变，而熵是状态的函数，故知电阻器熵增为零，即 $\Delta S = 0$。也可以这样考虑，电功转变为热，传入电阻器，此热量又由电阻器流入恒温器（如实验室）。因此，传入电阻器的净热量为零，故有 $\Delta S = 0$。

（2）在这一过程中，有电功转变为热，是不可逆过程。因为熵是状态函数，设想一个电阻器等压加热的过程来计算熵增。

电阻器终态的温度为 T_f，有 $Q = mC_p(T_\text{f} - \text{T}_\text{i})$

$$Q = 0.24I^2Rt = 0.24\times10^2\times25\times1 = 600(\text{J})$$

得

$$T_\text{f} = \frac{600}{10\times0.2} + 300 = 600\text{K}$$

$$\Delta S = \int_{T_\text{i}}^{T_\text{f}} \frac{mC_p\text{d}T}{T} = mC_p\ln\frac{T_\text{f}}{T_\text{i}} = 10\times0.2\times\ln\frac{600}{300} = 1.386(\text{J}\cdot\text{K}^{-1})$$

由以上实例可以看出，绝热系统内功热转化过程的熵变计算：物质的温度不变，则它的状态不发生改变，因为熵是状态函数，所以当电器的温度保持不变时，电器的净热量为零，故电器的熵增也为零。在这一绝热系统内功热转化过程中，有电功转变为热，是不可逆过程。因为熵是状态函数，应设想一个电阻器等压加热的过程来计算熵增。

3.4.4 不可逆过程和环境的熵变计算

如计算孤立体系的熵变，则需涉及环境，按原则，环境亦必须在可逆条件下吸热或放热，常设想环境由一系列温度不同的热源组成，或称理想化环境，当体系放热时，则环境吸热；而体系吸热时，则环境放热，故有如下关系：

$$\delta Q_{环境} = -\delta Q_{体系}$$

$$\text{d}S_{环境} = \frac{\delta Q_{环境}}{T_{环境}} = -\frac{\delta Q_{体系}}{T_{环境}}$$

$$\Delta S_{环境} = \sum\frac{\delta Q_{环境}}{T_{环境}} = -\sum\frac{\delta Q_{体系}}{T_{环境}}$$

环境熵变按定义计算：

$$\Delta S_{环境} = -\int_\text{A}^\text{B}\frac{\delta Q}{T_{环境}} \tag{3-9}$$

δQ 为体系实际进行的过程中体系所吸收的热，不是虚拟的过程中体系所吸收的热。上例中体系实际进行的过程中体系所吸收的热和虚拟的过程中体系所吸收的热是相等的，因为两个过程都是恒压的。

体系的热效应可能是不可逆的，但由于环境很大，对环境可看作是可逆热效应，因此，任何可逆变化时环境的熵变为

$$\mathrm{d}S_{环境} = \frac{-\delta Q_{\mathrm{R}体系}}{T_{环境}} \tag{3-10}$$

【例 3-5】 试计算下列情况下，273.2K、2mol 理想气体由 $2p^{\ominus}$ 压力降低至 $p^{\ominus}$ 压力时的体系熵变、环境熵变、孤立体系熵变：（1）可逆恒温膨胀；（2）恒温恒外压膨胀，$p_{\mathrm{e}} = p^{\ominus}$；（3）自由膨胀。

解　（1）可逆恒温膨胀

$$\begin{aligned}\Delta S_{体系} &= \frac{Q_{\mathrm{R}}}{T} = nR\ln\frac{V_2}{V_1} = nR\ln\frac{p_1}{p_2}\\ &= 2\times 8.314\times \ln 2\\ &= 11.53(\mathrm{J\cdot K^{-1}})\\ \Delta S_{环境} &= \frac{Q_{\mathrm{R}环境}}{T_{环境}} = \frac{-Q_{\mathrm{R}}}{T_{环境}} = -\frac{Q_{\mathrm{R}}}{T}\\ &= -11.53(\mathrm{J\cdot K^{-1}})\\ \Delta S_{孤立} &= \Delta S_{体系} + \Delta S_{环境}\\ &= 11.53 + (-11.53)\\ &= 0\end{aligned}$$

（2）恒温恒外压膨胀

$$\Delta S_{体系} = \frac{Q_{\mathrm{R}}}{T} = nR\ln\frac{V_2}{V_1} = nR\ln\frac{p_1}{p_2} = 11.53(\mathrm{J\cdot K^{-1}})$$

$$\begin{aligned}Q_{环境} &= -(Q_{体系})_T = (W_{体系})_T = -p_2(V_2 - V_1)\\ &= -p_2\left(\frac{nRT}{p_2} - \frac{nRT}{p_1}\right)\\ &= nRT\left(\frac{p_2}{p_1} - 1\right)\end{aligned}$$

$$\begin{aligned}\Delta S_{环境} &= \frac{Q_{环境}}{T} = \frac{nRT\left(\dfrac{p_2}{p_1} - 1\right)}{T} = nR\left(\frac{p_2}{p_1} - 1\right)\\ &= 2\times 8.314\times\left(\frac{1}{2} - 1\right)\\ &= -8.314(\mathrm{J\cdot K^{-1}})\\ \Delta S_{孤立} &= \Delta S_{体系} + \Delta S_{环境}\\ &= 11.53 - 8.314\\ &= 3.216(\mathrm{J\cdot K^{-1}}) > 0\end{aligned}$$

（3）自由膨胀

$$\Delta S_{体系}=\frac{Q_R}{T}=11.53(J\cdot K^{-1})$$

$$\Delta S_{环境}=\frac{Q_{环境}}{T_{环境}}=\frac{0}{T}=0$$

$$\begin{aligned}\Delta S_{孤立}&=\Delta S_{体系}+\Delta S_{环境}\\&=11.53+0\\&=11.53(J\cdot K^{-1})>0\end{aligned}$$

例 3-3～例 3-5 比较，体系始终态相同，$\Delta S_{体系}$ 为一恒值（$11.53J\cdot K^{-1}$）。在可逆情况下，体系将热转变为功的效率达到最大；而当不可逆程度（不平衡情况）越大时，热量的利用率越低，转化为做功的能量越少（也称有效能）。能量继续以热的形式留于孤立体系中的越多，相应地，孤立体系的熵值增加得越多。应该注意：例 3-5 属恒温过程，在变温过程中熵值的变化应根据 $dS=\frac{\delta Q_R}{T}$ 决定。

【例 3-6】 试计算在 101.325kPa 压力下，2mol 液态氨由 233.2K 转变为 473.2K 的氨气时体系的熵变。

解 氨的正常沸点（101.325kPa 压力下的沸点）为 239.7K，在正常沸点下的摩尔气化热 $\Delta_{vap}H_m=23.26kJ\cdot mol^{-1}$；液态和气态氨的摩尔平均热容分别为 $C_{p,m}(NH_3,l)=74.9J\cdot mol^{-1}\cdot K^{-1}$ 和 $C_{p,m}(NH_3,g)=25.89+33.00\times10^{-3}T-3.05\times10^{-6}T^2(J\cdot mol^{-1}\cdot K^{-1})$ 此过程为不可逆，计算体系熵变时必须由一组始终态相同的可逆过程替代之。

$$\begin{array}{ccc}NH_3(l,101.325kPa,233.2K) & \xrightarrow{\Delta S不可逆} & NH_3(g,101.325kPa,473.2K)\\ 可逆\downarrow\Delta S_1 & & 可逆\uparrow\Delta S_3\\ NH_3(l,101.325kPa,239.7K) & \xrightarrow{\Delta S_2可逆} & NH_3(g,101.325kPa,239.7K)\end{array}$$

体系熵变为

$$\Delta S=\Delta S_1+\Delta S_2+\Delta S_3$$

$$\begin{aligned}\Delta S_1&=n\int_{T_1}^{T_2}\frac{C_{p,m}(l)}{T}dT=nC_{p,m}(l)\ln\frac{T_2}{T_1}\\&=2\times74.9\times\ln\frac{239.7}{233.2}\\&=4.12(J\cdot K^{-1})\end{aligned}$$

$$\Delta S_2=\frac{\Delta_{vap}H_m}{T}=\frac{2\times23260}{239.7}=194.1(J\cdot K^{-1})$$

$$\begin{aligned}\Delta S_3&=n\int_{239.7K}^{473.2K}\frac{C_{p,m}(g)}{T}dT\\&=2\times\int_{239.7K}^{473.2K}\frac{(25.89+33.00\times10^{-3}T-3.05\times10^{-6}T^2)}{T}dT\\&=2\times\left[25.89\ln T+33.00\times10^{-3}T-\frac{1}{2}\times3.05\times10^{-6}T^2\right]_{239.7K}^{473.2K}\\&=2\times\left[25.89\ln\frac{473.2}{239.7}+33.00\times10^{-3}(473.2-239.7)-\frac{1}{2}\times3.05\times10^{-6}(473.2^2-239.7^2)\right]\\&=2\times[17.6+7.7-0.3]\\&=50.0(J\cdot K^{-1})\end{aligned}$$

$$\begin{aligned}\Delta S&=4.12+194.1+50.0\\&=248.2(J\cdot K^{-1})\end{aligned}$$

由例3-6可以看出，不可逆过程和环境的熵变计算：首先设想环境由一系列温度不同的热源组成，当体系放热时，则环境吸热；而体系吸热时，则环境放热，如果此过程为不可逆，计算体系熵变时可以由一组始终态相同的可逆过程替代，所以不论这个过程是否可逆，都可以设计一个可逆过程来计算熵变。

3.4.5 理想气体简单状态变化的体系熵变的计算

这类过程中系统不发生相变、混合和化学变化，只有简单的 p、V、T 变化。

（1）单纯的状态变化，其熵变为

$$\Delta S = S_{\mathrm{B}} - S_{\mathrm{A}} = \int_{\mathrm{A}}^{\mathrm{B}} \left(\frac{\delta Q}{T}\right)_{\mathrm{r}} \tag{3-11}$$

恒压过程：

$$\Delta S = \int_{\mathrm{A}}^{\mathrm{B}} \frac{\mathrm{d}H}{T} = \int_{\mathrm{A}}^{\mathrm{B}} \frac{C_p \mathrm{d}T}{T} \tag{3-12}$$

恒容过程：

$$\Delta S = \int_{\mathrm{A}}^{\mathrm{B}} \frac{\mathrm{d}U}{T} = \int_{\mathrm{A}}^{\mathrm{B}} \frac{C_V \mathrm{d}T}{T} \tag{3-13}$$

恒温过程：

$$\Delta S = \frac{Q_{\mathrm{r}}}{T} = \frac{\Delta U - W_{\mathrm{r}}}{T} \tag{3-14}$$

一般过程：

$$\Delta S = nR\ln\frac{V_{\mathrm{B}}}{V_{\mathrm{A}}} + C_V\ln\frac{T_{\mathrm{B}}}{T_{\mathrm{A}}} \tag{3-15}$$

$$\Delta S = C_p\ln\frac{T_{\mathrm{B}}}{T_{\mathrm{A}}} - nR\ln\frac{p_{\mathrm{B}}}{p_{\mathrm{A}}} \tag{3-16}$$

$$\Delta S = C_p\ln\frac{V_{\mathrm{B}}}{V_{\mathrm{A}}} + C_V\ln\frac{p_{\mathrm{B}}}{p_{\mathrm{A}}} \tag{3-17}$$

（2）相变过程的熵变。

（i）可逆相变。相变分可逆相变和不可逆相变。在相平衡条件下发生的相变为可逆相变。如1atm下，100℃的水蒸发为100℃的水蒸气就是可逆相变；0℃的冰融化为0℃的水也是可逆相变。对于恒温恒压非体积功为零的条件下发生的可逆相变

$$\Delta S = \frac{Q_{\mathrm{R}}}{T} = \frac{\Delta H}{T} \tag{3-18}$$

（ii）恒温恒压不可逆相变。不在相平衡条件下发生的相变为不可逆相变。如1atm下，−10℃的冰融化为−10℃的水就是不可逆相变。

过冷蒸气的液化、过冷液体的凝固及过热液体的气化等过程，均属于不可逆相变过程。对这一类不可逆过程，利用状态函数法，可以设计一个可逆相变过程来求解。以过冷液体的恒压不可逆凝固相变过程为例。设指定物质A的可逆相变温度为 T_{R}，相变热为 $\Delta_{\mathrm{sub}}H_{\mathrm{m}}$。其实际相变温度为 T_{I}，实际热效应为 Q。因在 T_{I} 时是不可逆相变过程，体系的熵不能用 Q 来求解，需设计可逆过程，故可有

$$\begin{array}{ccc} A(\mathrm{l},T_{\mathrm{I}}) & \xrightarrow{\Delta S_{\mathrm{m}}} & A(\mathrm{s},T_{\mathrm{I}}) \\ \downarrow \Delta S_{\mathrm{m},1} & & \uparrow \Delta S_{\mathrm{m},3} \\ A(\mathrm{l},T_{\mathrm{R}}) & \xrightarrow{\Delta_{\mathrm{sub}} S_{\mathrm{m},2}} & A(\mathrm{s},T_{\mathrm{R}}) \end{array}$$

熵是状态函数，只与始终态有关，故

$$\Delta S_{\mathrm{m}}=\Delta S_{\mathrm{m},1}+\Delta_{\mathrm{sub}}S_{\mathrm{m},2}+\Delta S_{\mathrm{m},3}$$

过程 1 和过程 3 都是恒压可逆变温过程，而过程 2 是恒温恒压可逆相变过程，故有

$$\Delta S_{\mathrm{m},1}=\int_{T_{\mathrm{I}}}^{T_{\mathrm{R}}}\frac{C_{p,\mathrm{m}}(\mathrm{l})}{T}\mathrm{d}T\text{ , }\Delta_{\mathrm{sub}}S_{\mathrm{m},2}=\frac{\Delta_{\mathrm{sub}}H_{\mathrm{m}}}{T_{\mathrm{R}}}\text{ , }\Delta S_{\mathrm{m},3}=\int_{T_{\mathrm{R}}}^{T_{\mathrm{I}}}\frac{C_{p,\mathrm{m}}(\mathrm{s})}{T}\mathrm{d}T$$

所以

$$\Delta S_{\mathrm{m}}=\Delta_{\mathrm{sub}}H_{\mathrm{m}}/T_{\mathrm{R}}+\int_{T_{\mathrm{R}}}^{T_{\mathrm{I}}}[C_{p,\mathrm{m}}(\mathrm{s})-C_{p,\mathrm{m}}(\mathrm{l})]/T\mathrm{d}T$$

若 $C_{p,\mathrm{m}}(\mathrm{l})$和 $C_{p,\mathrm{m}}(\mathrm{s})$均为与温度无关的常数，则上式积分如下

$$\Delta S_{\mathrm{m}}=\frac{\Delta_{\mathrm{sub}}H_{\mathrm{m}}}{T_{\mathrm{R}}}+[C_{p,\mathrm{m}}(\mathrm{s})-C_{p,\mathrm{m}}(\mathrm{l})]\times\ln\frac{T_{\mathrm{I}}}{T_{\mathrm{R}}}$$

对环境而言，因可设其为一大热源，有限的热交换不会引起其温度的变化，其热交换过程可视为可逆过程。若体系与环境之间交换的热为 Q，则有

$$\Delta S_{环境}=-Q/T_{\mathrm{I}}$$

此时体系的总熵变为

$$\Delta S_{总}=\Delta S_{\mathrm{m}}+\Delta S_{环境}=\frac{\Delta_{\mathrm{sub}}H_{\mathrm{m}}}{T_{\mathrm{R}}}+[C_{p,\mathrm{m}}(\mathrm{s})-C_{p,\mathrm{m}}(\mathrm{l})]\ln\frac{T_{\mathrm{I}}}{T_{\mathrm{R}}}+\frac{-Q}{T_{\mathrm{I}}}$$

经过对上述例子的分析，可以得到以下计算规律：

（1）绝热孤立系统内物体间的热传递过程的熵变计算：首先设想一个始态和终态分别与题中所设过程相同的可逆过程来进行计算，然后可采用假设一可逆过程求热温比积分的方法，对每一小部分依次与温差非常小的恒温热源接触，温差无限小的热传导过程可视为可逆过程。所以不论这个过程是否可逆，都可以设计一个可逆过程来计算熵变。

（2）孤立的绝热物体自身的热传递过程的熵变计算：当热力学系统从一平衡态经历了一个不可逆过程到达另一平衡态时，其熵的改变可引入一个适当的可逆过程而进行计算，所以不论这个过程是否可逆，都可以设计一个可逆过程来计算熵变。

（3）绝热系统内功热转化过程的熵变计算：物质的温度不变，则它的状态不发生改变，因为熵是状态函数，所以当电器的温度保持不变时，电器的净热量为零，故电器的熵增也为零。在这一绝热系统内功热转化过程中，有电功转变为热，是不可逆过程。因为熵是状态函数，应设想一个电阻器等压加热的过程来计算熵增。

（4）不可逆过程和环境的熵变计算：首先设想环境由一系列温度不同的热源组成，当体系放热时，则环境吸热；而体系吸热时，则环境放热，如果此过程为不可逆，计算体系熵变时可以由一组始终态相同的可逆过程替代，所以不论这个过程是否可逆，都可以设计一个可逆过程来计算熵变。

总之，在绝热过程中，若熵不变，则过程可逆；若熵增加，则过程不可逆。因此，通过计算绝热过程的熵差，就可判断该过程是否可逆。但对于不绝热过程，这种方法就失效了，于是通常就把热源和所研究的系统结合在一起考虑，构成一个大的绝热系统，其中发生的过

程就是绝热过程，然后通过计算大系统的总熵差来判断该过程是否可逆。对于孤立系统熵变的一般计算方法：按定义，只有沿着可逆过程的热温商总和才等于体系的熵变。当过程为不可逆时，则根据熵为一状态函数，体系熵变只取决于始态与终态而与过程所取途径无关；可设法找出一条或一组始终态与之相同的可逆过程，由它们的熵变间接地推算出来。孤立系统的选择方法，如果非封闭系统，可以将环境和物体共同看成封闭系统。所以不论这个过程是否可逆，都可以设计一个可逆过程来计算熵变。

3.5　热力学第三定律及化学变化过程熵变的计算

3.5.1　热力学第三定律

热力学第三定律是对熵的论述，当封闭系统达到稳定平衡时，熵应该为最大值，在任何过程中，熵总是增加，但理想气体如果是等温可逆过程熵的变化为零，可是理想气体实际并不存在，所以现实物质中，即使是等温可逆过程，系统的熵也在增加，不过增加得少。在绝对零度，任何完美晶体的熵为零，称为热力学第三定律。

普朗克（Planck，1858—1947，德）对热力学第三定律表述为“在热力学温度零度（T=0K）时，一切完美晶体的熵值等于零。”所谓“完美晶体”是指没有任何缺陷的规则晶体。据此，利用量热数据，就可计算出任意物质在各种状态（物态、温度、压力）的熵值。这样定出的纯物质的熵值称为量热熵或第三定律熵，即

$$S^*(0\mathrm{K},\text{凝聚相})=0$$

热力学第三定律认为，当系统趋近于绝对温度零度时，系统等温可逆过程的熵变化趋近于零。第三定律只能应用于稳定平衡状态，因此也不能将物质看作理想气体。绝对零度不可达到这个结论称为热力学第三定律。

1848 年，英国物理学家汤姆孙在确立热力温标时，重新提出了绝对零度是温度的下限。

1912 年，德国物理学家能斯特把热力学第三定律表述为绝对零度不可能达到原理：不可能使一个物体冷却到绝对温度的零度，即

$$\lim_{T\to 0\mathrm{K}}\Delta_T S=0$$

此即能斯特热定理。它奠定了热力学第三定律的基础，也可认为是热力学第三定律的原始形式。它表明：温度趋于 0K 时，各种恒温化学变化过程的熵值不变。

依据热力学第三定律，计算任一状态下的熵值时，可以此为基准。而此说法又是以“纯单质完美晶体 0K 下熵为零”为基准的修正的普朗克第三定律说法与熵的物理意义是一致的，也符合统计力学中对熵的定义。以此为起点计算出来的熵称为“绝对熵”。该值其实也是相对的，因为纯单质仍然是同位素的混合物。

3.5.2　化学反应熵变的计算

状态函数的绝对值目前还没有理论指导可以进行计算，也没有实验方法可以测定，只能求解某一指定变化过程中这类物理量的变化值，为了求算的方便，人为选定了一些计算的基准。同样，为了计算熵值，也需要确定一个标准。热力学第三定律解决的就是这个基准问题。

1. 规定熵和标准熵定义

以 $S^*(0\mathrm{K},\text{完美晶体})=0$ 为始态，以温度为 T 时的指定状态 $S_{\mathrm{B}}(T)$ 为终态，所算出的 1mol

物质的熵变称为物质 B 在该指定状态下的摩尔规定熵 $S_B(T)$，即

$$\Delta S_B = S_B(T) - S_B(0K) = S_B(T)$$

由于规定熵是以第三定律 $S^*(0K,完美晶体)=0$ 为基础的，故又称为第三定律熵。标准状态下的摩尔规定熵即为标准摩尔熵，常用 $S_m^\ominus(T)$ 表示。

2. 标准摩尔熵 $S_m^\ominus(T)$ 的计算

1mol 纯固体（完美晶体）在标准压力 $p^\ominus$ 下，若从 0K 到温度 T 时无相变化，则温度 T 时的标准摩尔熵 $S_m^\ominus(T)$ 可表示为

$$S_m^\ominus(T) - S_m^\ominus(0K) = \int_{0K}^{T} (C_{p,m}/T)dT \tag{3-19}$$

因 $S^*(0K,完美晶体)=0$，故

$$S_m^\ominus(T) = \int_{0K}^{T} (C_{p,m}/T)dT = \int_{0K}^{T} C_{p,m} d\ln T \tag{3-20}$$

由于极低温度下实测 $C_{p,m}$ 非常困难，缺乏 15K 以下的数据，故在 0～15K 范围内常用下式计算：

$$C_{p,m} \approx C_{V,m} = aT^3\ (非金属) \tag{3-21}$$

$$C_{p,m} \approx C_{V,m} = aT^3 + bT\ (金属) \tag{3-22}$$

式中，a、b 是物质的特性常数，可由极低温度下的实验测得，再外推至 T 趋于 0K，前者又称为德拜（Debye）T^3 公式。

3. 规定熵的计算

计算规定熵时，通常还必须考虑相变过程中的熵，如

$$\underset{T=0}{固体\alpha} \xrightarrow{\Delta S_1} \underset{T=15K}{固体\alpha} \xrightarrow{\Delta S_2} \underset{T=T_{trs}}{固体\alpha} \xleftrightarrow{\Delta_{trs}S_3} \underset{T=T_{trs}}{固体\beta}$$

$$\xrightarrow{\Delta S_4} \underset{T=T_{fus}}{固体\beta} \xleftrightarrow{\Delta_{fus}S_5} \underset{T=T_{fus}}{液体} \xrightarrow{\Delta S_6} \underset{T=T_{vap}}{液体}$$

$$\underset{T=T_{vap}}{液体} \xleftrightarrow{\Delta_{vap}S_7} \underset{T=T_{vap}}{气体} \xrightarrow{\Delta S_8} \underset{T=T}{气体}$$

则其规定熵（图 3-2）为

$$S_T = \Delta S_1 + \Delta S_2 + \Delta_{trs}S_3 + \Delta S_4 + \Delta_{fus}S_5 + \Delta S_6 + \Delta_{vap}S_7 + \Delta S_8$$

即

$$S_T = \int_0^{15K} aT^2 dT + \int_{15K}^{T_{trs}} \frac{C_{p,s_\alpha}}{T} dT + \frac{\Delta_{trs}H}{T_{trs}} + \int_{T_{trs}}^{T_{fus}} \frac{C_{p,s_\beta}}{T} dT + \frac{\Delta_{fus}H}{T_{fus}} + \int_{T_{fus}}^{T_{vap}} \frac{C_{p,l}}{T} dT + \frac{\Delta_{vap}H}{T_{vap}} + \int_{T_{vap}}^{T} \frac{C_{p,g}}{T} dT$$

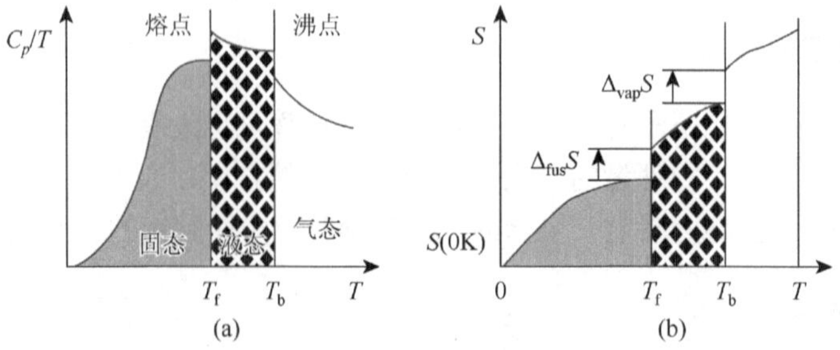

图 3-2　规定熵的计算

4. 标准摩尔熵求标准摩尔反应熵变 $\Delta_r S_m^\ominus(T)$

系统的状态一定，其内部混乱度大小也就一定，就有一个确定的熵值。因此，熵也是状态函数，具有加和性，其改变值只取决于系统的始态和终态。

热力学第三定律指出：任何纯净物质的完美晶体在0K时，其熵值为零。根据热力学第三定律，物质由0K到温度TK时的熵变$\Delta S=S(T)-S(0\text{K})=S(T)$，可见状态函数熵与热力学能和焓不同，物质的熵的绝对值是可求的。

在恒定温度T，且各组分均处于标准态下的任意反应：

$$a\text{A(g)}+b\text{B(g)}\longrightarrow m\text{M(g)}+n\text{N(g)}$$

在反应进度为1mol时的熵变，即为该反应的标准摩尔反应熵变$\Delta_r S_m^\ominus(T)$。若各物质的标准熵已知，则可由下式计算反应熵：

$$\Delta_r S_m^\ominus=\sum \nu_j S_m^\ominus(j,\text{g},T) \tag{3-23}$$

式中，ν_j是反应计量系数，对产物为正，反应物为负。由于恒温恒压下物质的混合过程也有熵变，故式（3-23）计算的实际上只是反应物和产物均处于纯的标准态时反应进度为1mol时的熵变。

在标准状态下，1mol纯物质的熵值称为该物质的标准摩尔熵（简称标准熵），用符号$S_m^\ominus$（T/K）表示，其SI单位为$\text{J}\cdot\text{mol}^{-1}\cdot\text{K}^{-1}$。附录中列出了若干物质在298.15K时的标准熵。

热力学规定，处于标准状态的水合氢离子的标准熵为零，需要注意是，单质的熵通常不为零。通常选温度为298.15K，即$S_m^\ominus(\text{H}^+, \text{aq}, 298.15\text{K})=0$。根据实验和计算，可以求得其他水合离子的标准熵$S_m^\ominus(298.15\text{K})$。部分水合离子的标准熵数据$S_m^\ominus(298.15\text{K})$列于附录中。

任意反应$a\text{A}+b\text{B}=\!=\!=d\text{D}+e\text{E}$，在标准状态298.15K下

$$\Delta_r S_m^\ominus=[dS_m^\ominus(\text{D})+eS_m^\ominus(\text{E})]-[aS_m^\ominus(\text{A})+bS_m^\ominus(\text{B})]$$

【例3-7】已知标准状态和298.15K时，$CaCO_3$分解生成CaO和CO_2反应的$\Delta_r H_m^\ominus=178\text{kJ}\cdot\text{mol}^{-1}$，求$\Delta_r S_m^\ominus$（298.15K）。

解　　　　$CaCO_3(s)=\!=\!=CaO(s)+CO_2(g)$

$S_m^\ominus/(\text{J}\cdot\text{mol}^{-1}\cdot\text{K}^{-1})$　　92.9　　39.7　　213.6

$$\Delta_r S_m^\ominus=\{S_m^\ominus(\text{CaO,s})+S_m^\ominus(\text{CO}_2,\text{g})\}-S_m^\ominus(\text{CaCO}_3,\text{s})$$
$$=39.7\text{J}\cdot\text{mol}^{-1}\cdot\text{K}^{-1}+213.6\text{J}\cdot\text{mol}^{-1}\cdot\text{K}^{-1}-92.9\text{J}\cdot\text{mol}^{-1}\cdot\text{K}^{-1}=160.4\text{J}\cdot\text{mol}^{-1}\cdot\text{K}^{-1}$$

只有综合焓和熵这两个状态函数，并结合温度的影响，才能对反应的自发性做出正确的判断。

5. 温度对反应熵变的影响

相同的热量在不同温度下具有不同的品质，因而，不同温度下反应的反应熵变也必定不同。与基尔霍夫公式推导类似，由已知温度下的反应熵变求另一温度下反应的熵变可用下列公式计算（两温度间同样不能发生相变化）：

$$\Delta_r S_m^\ominus(T_2)=\Delta_r S_m^\ominus(T_1)+\int_{T_1}^{T_2}\frac{\Delta C_{p,m}^\ominus}{T}\text{d}T \tag{3-24}$$

$$\Delta_r S_m^\ominus(T)=\Delta_r S_m^\ominus(298.15\text{K})+\int_{298.15\text{K}}^{T}\frac{\sum_\text{B}\nu_\text{B}C_{p,m}(\text{B})\text{d}T}{T} \tag{3-25}$$

6. 电化学法计算化学反应熵变

从可逆电池的热效应或从电动势随温度的变化率求电池反应的熵变

$$\Delta_r S_m = \frac{Q_R}{T} \tag{3-26}$$

或

$$\Delta_r S_m = zF\left(\frac{\partial E}{\partial T}\right)_p \tag{3-27}$$

【例 3-8】 设有 1mol 理想气体在 300K 下 1013.250kPa 膨胀至 101.325kPa，试计算下列过程的熵变 ΔS 和热温商并判断过程的可逆性。(1) 恒温可逆膨胀；(2) 恒温恒外压 101.325kPa 膨胀；(3) 恒温自由膨胀。

解　(1) 恒温可逆膨胀 由式 (3-16) 得

$$\Delta S = -nR\ln\frac{p_B}{p_A} = -1\text{mol}\times 8.314\text{J}\cdot\text{mol}^{-1}\cdot\text{K}^{-1}\ln\frac{101.325}{1013.250} = 19.14\text{J}\cdot\text{K}^{-1}$$

过程热温商为

$$\int_A^B \frac{\delta Q}{T_{环境}} = \frac{Q}{T_{环境}} = \frac{\Delta U - W}{T_{环境}} = \frac{-W}{T_{环境}} = \frac{nRT_{环境}\ln\frac{V_B}{V_A}}{T_{环境}}$$

$$= nR\ln\frac{V_B}{V_A}$$

$$= nR\ln\frac{p_A}{p_B} = 19.14\text{J}\cdot\text{K}^{-1}$$

$$\Delta S_{体系} - \int_A^B \frac{\delta Q}{T_{环境}} = 19.14\text{J}\cdot\text{K}^{-1} - 19.14\text{J}\cdot\text{K}^{-1} = 0$$

过程可逆。

(2) 恒温恒外压 101.325kPa 膨胀 由于始终态同 (1)，故 ΔS 同 (1)，而

$$\int_A^B \frac{\delta Q}{T_{环境}} = \frac{Q}{T_{环境}} = \frac{\Delta U - W}{T_{环境}} = \frac{p_{外}\Delta V}{T_{环境}}$$

$$= \frac{p_2}{T}\left(\frac{nRT}{p_2} - \frac{nRT}{p_1}\right) = nR - nR\frac{p_2}{p_1} = nR\left(1 - \frac{p_2}{p_1}\right)$$

$$= 1\text{mol}\times 8.314\text{J}\cdot\text{mol}^{-1}\cdot\text{K}^{-1}\times\left(1 - \frac{1}{10}\right) = 7.48\text{J}\cdot\text{K}^{-1}$$

$$\Delta S_{体系} - \int_A^B \frac{\delta Q}{T_{环境}} = 19.14\text{J}\cdot\text{K}^{-1} - 7.48\text{J}\cdot\text{K}^{-1} = 11.66\text{J}\cdot\text{K}^{-1} > 0$$

不可逆。

(3) 恒温自由膨胀过程。计算恒温可逆膨胀终态的体积 V_2，然后在恒温下将始态气体向抽成真空的体积为 V_2 的刚体容器中膨胀。由于始终态同 (1)，故 ΔS 同 (1)。

$$\int_A^B \frac{\delta Q}{T_{环境}} = \frac{Q}{T_{环境}} = \frac{\Delta U - W}{T_{环境}} = \frac{0-0}{T_{环境}} = 0$$

$$\Delta S_{体系} - \int_A^B \frac{\delta Q}{T_{环境}} = 19.14\text{J}\cdot\text{K}^{-1} - 0 > 0$$

不可逆。因 $\Delta U = 0, W = 0$，故此体系也为孤立体系。

【例 3-9】 设有被隔板分开的两种理想气体 A 和 B，其温度和压强均相同，两种气体的物质的量分别为 n_A 和 n_B。抽走隔板后，两种气体均匀混合，混合后气体的温度和总压与两种气体单独存在时的温度和压强相同。试求此混合过程的熵，并判断过程的可逆性。

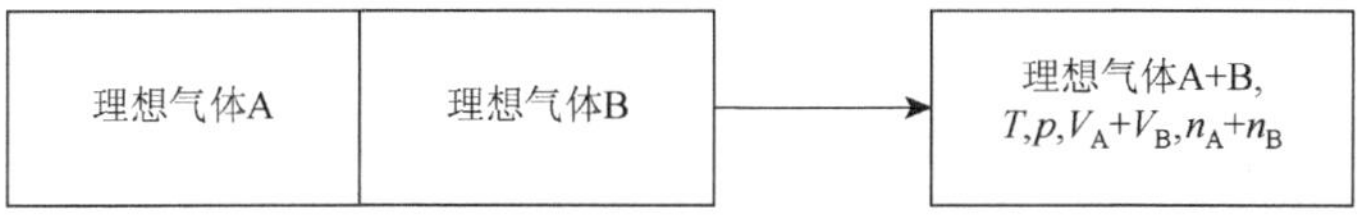

解　理想气体分子间无作用力，它的性质不因其他气体的存在而受到影响，因此上述混合过程可看作气体 A 和 B 各自作恒温膨胀

$$\Delta S_A = n_A R\ln\frac{V}{V_A} \qquad \Delta S_B = n_B R\ln\frac{V}{V_B}$$

因熵具有广度性质，所以

$$\Delta S = \Delta S_A + \Delta S_B = n_A R\ln\frac{V}{V_A} + n_B R\ln\frac{V}{V_B}$$

$$= -nR\left(\frac{n_A}{n}\ln\frac{V_A}{V} + \frac{n_B}{n}\ln\frac{V_B}{V}\right) = -nR(x_A\ln x_A + x_B\ln x_B) > 0$$

$$\int_A^B \frac{\delta Q}{T_{环境}} = \frac{Q}{T_{环境}} = \frac{\Delta U - W}{T_{环境}} = \frac{0-0}{T_{环境}} = 0 \qquad \Delta S - \int_A^B \frac{\delta Q}{T_{环境}} > 0$$

不可逆。因 $\Delta U = 0$，$W = 0$，故此体系也为孤立体系。

【例 3-10】 试计算 1mol 液体水，在 101.325kPa 及 298.15K 的条件下蒸发为同温同压的水蒸气的熵变 ΔS 。已知水和水蒸气的等压热容及水在 373.15K 的蒸发热分别为

$$C_{p,m,H_2O(l)} = 75.31\text{J}\cdot\text{mol}^{-1}\cdot\text{K}^{-1} \qquad C_{p,m,H_2O(g)} = 33.18\text{J}\cdot\text{mol}^{-1}\cdot\text{K}^{-1}$$

$$\Delta H_{m,H_2O} = 40.71\text{kJ}\cdot\text{mol}^{-1}$$

解　此蒸发过程为不可逆过程，因熵的定义式中的热为可逆热，所以必须设计可逆过程来求此蒸发过程的熵变。设计的可逆过程如下：

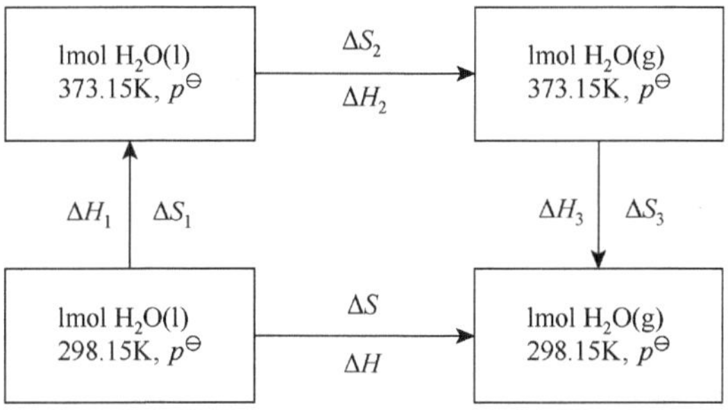

$$\Delta S_1 = \int_{298.15\text{K}}^{373.15\text{K}} \frac{C_{p,m,H_2O(l)}}{T}\text{d}T = 75.31\text{J}\cdot\text{K}^{-1}\ln\frac{373.15\text{K}}{298.15\text{K}} = 16.90\text{J}\cdot\text{K}^{-1}$$

$$\Delta S_2 = \frac{\Delta H}{T} = \frac{40710\text{J}}{373.15\text{K}} = 109.10\text{J}\cdot\text{K}^{-1}$$

$$\Delta S_3 = \int_{373.15\text{K}}^{298.15\text{K}} \frac{C_{p,m,H_2O(g)}}{T}\text{d}T = 33.18\text{J}\cdot\text{K}^{-1}\ln\frac{298.15\text{K}}{373.15\text{K}} = -7.45\text{J}\cdot\text{K}^{-1}$$

所以

$$\Delta S = \Delta S_1 + \Delta S_2 + \Delta S_3 = (16.90 + 109.10 - 7.45)\text{J}\cdot\text{K}^{-1} = 118.55\text{J}\cdot\text{K}^{-1} > 0$$

这说明气体的熵比液体的大。

【例 3-11】 试判断例 3-10 中的过程能否进行。

解　求孤立体系熵变：

$$\Delta H_1 = \int_{298.15\text{K}}^{373.15\text{K}} C_{p,m,H_2O(l)}\text{d}T = 75.31\text{J}\cdot\text{K}^{-1}\times(373.15\text{K} - 298.15\text{K}) = 5.648\text{kJ}$$

$$\Delta H_2 = 40.710\text{kJ}$$

$$\Delta H_3 = \int_{373.15\text{K}}^{298.15\text{K}} C_{p,\text{m},H_2O(g)} \text{d}T = 33.18\text{J}\cdot\text{K}^{-1}\times(298.15\text{K}-373.15\text{K}) = -2.488\text{kJ}$$

$$\Delta H = \Delta H_1 + \Delta H_2 + \Delta H_3 = (5.648+40.71-2.488)\text{kJ} = 43.87\text{kJ} > 0$$

在恒温恒压非体积功为零的条件下

$$\Delta S_{环境} = -\frac{Q}{T_{环境}} = -\frac{\Delta H}{T_{环境}} = -\frac{43.87\text{kJ}}{298.15\text{K}} = -147.14\text{J}\cdot\text{K}^{-1}$$

$$\Delta S_{体系} + \Delta S_{环境} = 118.55\text{J}\cdot\text{K}^{-1} - 147.14\text{J}\cdot\text{K}^{-1} = -28.59\text{J}\cdot\text{K}^{-1} < 0$$

液体水在 101.325kPa 及 298.15K 的恒温恒压非体积功为零的条件下蒸发为同温同压的水蒸气的过程是不可能发生的。

3.6　亥姆霍兹函数和吉布斯函数

3.6.1　亥姆霍兹函数

热力学第二定律导出了熵这个状态函数，但用熵作为判据时，体系必须是孤立系统，也就是对于系统和环境组成的孤立系统，不仅需要计算系统的熵变还要计算环境的熵变，才能判断过程的可能性。而在化学化工生产中，通常反应是恒温恒容或恒温恒压且非体积功为零的过程，有没有更为方便的判据呢？引入新的热力学函数——亥姆霍兹函数和吉布斯函数及相应的判据，利用体系自身状态函数的变化，判断自发变化的方向和限度，即只需要计算系统的变化，从而避免了计算环境熵变的麻烦。

对于亥姆霍兹函数，根据熵判据公式：

$$\text{d}S_{体系} + \delta Q_{环境}/T_{环境} \geqslant 0 \begin{pmatrix} > & 不可逆 \\ = & 可逆 \end{pmatrix} \tag{3-28}$$

$$\text{d}S_{体系} + \text{d}S_{环境} \geqslant 0 \begin{pmatrix} > & 不可逆 \\ = & 可逆 \end{pmatrix} \tag{3-29}$$

在恒温恒容且非体积功为零的条件下：

$$\text{d}S - \text{d}U/T \geqslant 0 \begin{pmatrix} > & 自发 \\ = & 平衡 \end{pmatrix} \tag{3-30}$$

$$\text{d}(U-TS) \leqslant 0 \begin{pmatrix} < & 自发 \\ = & 平衡 \end{pmatrix} \tag{3-31}$$

$A = U - TS$ 是状态函数的组合，仍然具有状态函数的性质，定义它为一个新的辅助状态函数——亥姆霍兹函数，又曾被称为亥姆霍兹自由能或自由能，也曾用 F 表示。亥姆霍兹能（Helmholtz energy）是广度性质的状态函数，具有能量单位，绝对值无法确定。

恒温可逆过程：

$$\Delta A_T = W_\text{r}$$

即恒温可逆过程系统亥姆霍兹函数变化等于过程的可逆功，又称恒温过程系统的亥姆霍兹函数变化表示系统发生恒温变化时具有的做功能力。

恒温恒容可逆过程：

$$\Delta A_{T,V} = W_\text{r}'$$

即恒温恒容可逆过程系统亥姆霍兹函数变化等于过程的可逆非体积功，又称恒温恒容过程系统的亥姆霍兹函数变化表示系统发生恒温恒容变化时具有的做非体积功的能力。

在恒温恒容且非体积功为零的条件下，系统亥姆霍兹函数减少的过程能自动进行，达到平衡时亥姆霍兹函数值达到最小，不可能发生亥姆霍兹函数值增大的过程，即最小亥姆霍兹能原理（principle of minimization of Helmholtz energy）：

$$(\Delta A)_{T,V,W'=0} \leqslant 0 \tag{3-32}$$

对于吉布斯函数，根据熵判据：

$$\mathrm{d}S_{体系} + \mathrm{d}S_{环境} \geqslant 0 \begin{pmatrix} > & 不可逆 \\ = & 可逆 \end{pmatrix} \tag{3-33}$$

$$\mathrm{d}S_{体系} + \delta Q_{环境} / T_{环境} \geqslant 0 \begin{pmatrix} > & 不可逆 \\ = & 可逆 \end{pmatrix} \tag{3-34}$$

在恒温恒压且非体积功为零的条件下

$$\mathrm{d}(H - TS) \leqslant 0 \begin{pmatrix} < & 自发 \\ = & 平衡 \end{pmatrix} \tag{3-35}$$

则称 $G=H-TS$ 为吉布斯函数（Gibbs energy），又称为吉布斯自由能。吉布斯函数是广度性质的状态函数，具有能量单位，绝对值无法确定，其 ΔG 只由系统的始终态决定，而与变化过程无关。

恒温恒压可逆过程：

$$(\Delta G)_{T,p} = W_{\mathrm{r}}'$$

即恒温恒压可逆过程系统吉布斯函数变化等于过程的可逆非体积功，又称恒温恒压过程系统的吉布斯函数变化表示了系统发生恒温恒压变化时具有的做非体积功的能力。

与亥姆霍兹函数相同，在恒温恒压且非体积功为零的条件下，系统一切自发进行的过程都向着吉布斯函数减少的方向进行，达到平衡时吉布斯函数值达到最小，即最小吉布斯能原理（principle of minimization of Gibbs energy）。因为大部分实验在恒温、恒压条件下进行，所以这个判据特别有用

$$(\Delta G)_{T,p,W'=0} \leqslant 0 \tag{3-36}$$

自发过程方向及限度的判据有三种：熵判据、亥姆霍兹函数判据和吉布斯函数判据。如表 3-1 所示，可知熵作为判据时，体系必须是孤立系统，也就是对于系统和环境组成的孤立系统，不仅需要计算系统的熵变还要计算环境的熵变，才能判断过程的可能性。亥姆霍兹函数判据和吉布斯函数判据只需要计算系统的变化即可，比较方便。

表 3-1　自发过程方向及限度的判据

判据名称	适用系统	过程性质	自发过程方向	数学表达式
熵判据	孤立系统	任何过程	熵增加	$\mathrm{d}S \geqslant 0$
	非孤立系统（与环境组成的孤立系统）			$\mathrm{d}S_{体系} + \mathrm{d}S_{环境} \geqslant 0$
亥姆霍兹函数判据	封闭系统	恒温恒容且非体积功为零	亥姆霍兹能减小	$\mathrm{d}A_{T,V,W'=0} \leqslant 0$
吉布斯函数判据	封闭系统	恒温恒压且非体积功为零	吉布斯能减小	$\mathrm{d}G_{T,p,W'=0} \leqslant 0$

由于实际情况下，恒温恒压过程比恒温恒容过程更为普遍，因此吉布斯函数判据比亥姆霍兹函数判据更具有实用意义。吉布斯能判据克服了熵判据的不足，即吉布斯能判据可直接用系统的热力学函数变化进行判断，不用再考虑环境的热力学函数变化。

对于恒温恒容或恒温恒压且非体积功为零的过程，使用亥姆霍兹函数判据和吉布斯函数判据来判断自发变化的方向和限度，只需要计算系统的变化，很方便。那么怎么计算呢？

（1）pVT 变化过程。

理想气体恒温过程：

$$\Delta A_T = -nRT\ln\frac{V_2}{V_1} \tag{3-37}$$

$$\Delta G_T = -nRT\ln\frac{p_2}{p_1} \tag{3-38}$$

凝聚态恒温变压过程，当压力变化不是太大时，过程的ΔA 和ΔG 可近似为零。

（2）相变化过程。

可逆相变，$\Delta G = 0$

$$\Delta A = -p\Delta V \tag{3-39}$$

不可逆相变：需要设计一条包含 pVT 变化和可逆相变的途径，从而间接计算。

亥姆霍兹函数 A 是状态函数，只要状态一定，其值就一定，而不在乎是否发生的是恒温还是可逆过程。只是在恒温可逆过程中，系统所做的最大功（$-W$）才等于亥姆霍兹能的减少值ΔA。

亥姆霍兹函数和吉布斯函数均为状态函数，均为广度量，具有能量单位，绝对值均无法确定。

求算ΔA、ΔG 的方法一般是从定义式出发，结合过程ΔU、ΔH 及ΔS 计算，关键是求熵变。

亥姆霍兹函数推导条件是恒温恒容，非体积功为零；吉布斯函数推导条件是恒温恒压，非体积功为零。

3.6.2　吉布斯自由能及自发过程的判据

依据反应自发性与焓、熵及温度间的关系，物理化学家吉布斯（Gibbs）提出了一个新的状态函数 G，它具有广度性质，称为吉布斯自由能，其定义为

$$G=H-TS \tag{3-40}$$

在等温过程中，吉布斯自由能变为

$$\Delta G=\Delta H-T\Delta S \tag{3-41}$$

将此式应用于化学反应，得

$$\Delta_r G_m = \Delta_r H_m - T\Delta_r S_m \tag{3-42}$$

若反应在标准状态下进行，则

$$\Delta_r G_m^\ominus = \Delta_r H_m^\ominus - T\Delta_r S_m^\ominus \tag{3-43}$$

$\Delta_r G_m$ 和 $\Delta_r G_m^\ominus$ 分别称为化学反应的摩尔吉布斯自由能（变）和标准摩尔吉布斯自由能（变），两者的值均与反应式的写法有关，SI 单位为 $J\cdot mol^{-1}$ 或 $kJ\cdot mol^{-1}$。

在等温等压且系统不做非体积功条件下发生的过程，若

$\Delta G<0$，发生的过程能自发进行；

$\Delta G=0$，系统处于平衡状态；

$\Delta G>0$，过程不能自发进行。

化学反应大部分在等温等压且系统不做非体积功的条件下进行，则

$\Delta_r G_m<0$，化学反应过程自发进行；

$\Delta_r G_m=0$，化学反应系统处于平衡状态，过程宏观停止，达到化学反应的限度；

$\Delta_r G_m>0$，化学反应过程不可能自发进行，其逆过程自发。

若反应在标准态下进行，此时用 $\Delta_r G_m^\ominus$ 代替 $\Delta_r G_m$。

式（3-42）表明，等温等压下化学反应方向和限度的判据——摩尔吉布斯自由能变 $\Delta_r G_m$ 是由两项因素构成的，一项是摩尔焓变 $\Delta_r H_m$，另一项是与摩尔熵变有关的 $T\Delta_r S_m$。摩尔焓变和摩尔熵变对化学反应的方向和限度都有影响，只是在不同条件下产生的影响大小不同。综合分析将有下列四种情况（表 3-2）。

表 3-2　等温等压下反应自发性的几种类型

类型	$\Delta_r H_m$	$\Delta_r S_m$	$\Delta_r G_m=\Delta_r H_m-T\Delta_r S_m$	反应的自发性	实例
1	–	+	–	任何温度下反应均自发	$2H_2O_2(g)=2H_2O(g)+O_2(g)$
2	+	–	+	任何温度下反应均非自发	$2CO(g)=2C(s)+O_2(g)$
3	–	–	低温为– 高温为+	低温时反应为自发，高温时反应为非自发	$HCl(g)+NH_3(g)=NH_4Cl$（s）
4	+	+	低温为+ 高温为–	低温时反应为非自发，高温时反应为自发	$CaCO_3(s)=CaO(s)+CO_2(g)$

自发过程的特点之一是可以对外做非体积功 W'，经热力学证明，系统在等温等压条件下，对外做的最大非体积功等于系统吉布斯自由能的减少，即

$$W'_{max}=\Delta G \tag{3-44}$$

但无论人们采用什么措施，系统对环境做的最大非体积功永远小于 ΔG。

3.6.3　化学反应标准吉布斯自由能

与焓相似，物质的吉布斯自由能的绝对值难以确定。热力学规定：在指定温度及标准压力下，由稳定单质生成 1mol 某物质时的吉布斯自由能变称为该物质的标准摩尔生成吉布斯自由能，用符号 $\Delta_f G_m^\ominus(T)$ 表示，298.15K 时温度 T 可以省略。

由标准摩尔生成吉布斯自由能的定义可知，任何一种稳定单质的标准摩尔生成吉布斯自由能都等于零。对于有不同晶态的固体单质来说，只有稳定态单质的 $\Delta_f G_m^\ominus(T)$ 才等于零。例如，$\Delta_f G_m^\ominus$(石墨)=0，而 $\Delta_f G_m^\ominus$(金刚石)=2.9kJ·mol^{-1}。对水合态离子，热力学规定水合氢离子 H^+（aq）的标准摩尔生成吉布斯自由能为零，一些物质的标准摩尔生成自由能数据 $\Delta_f G_m^\ominus$（298.15K）见附录。

1. 利用标准生成吉布斯自由能 $\Delta_f G_m^\ominus$ 的计算

利用标准摩尔生成自由能 $\Delta_f G_m^\ominus$ 可以计算化学反应的摩尔吉布斯自由能。

任意反应 $a\mathrm{A}+b\mathrm{B}=d\mathrm{D}+e\mathrm{E}$，在标准状态 298.15K 下

$$\Delta_r G_m^\ominus=[d\Delta_f G_m^\ominus(\mathrm{D})+e\Delta_f G_m^\ominus(\mathrm{E})]-[a\Delta_f G_m^\ominus(\mathrm{A})+b\Delta_f G_m^\ominus(\mathrm{B})] \tag{3-45}$$

【例 3-12】计算反应 $2Fe^{3+}(aq)+2I^-(aq)=2Fe^{2+}(aq)+I_2(s)$ 的标准摩尔吉布斯自由能，并判断反应的自发性。

解　查表得有关物质的 $\Delta_r G_m^\ominus$（298.15K）如下：

	$2Fe^{3+}(aq)$	$+2I^-(aq)$	$=2Fe^{2+}(aq)$	$+I_2(s)$
$\Delta_f G_m^\ominus/(kJ\cdot mol^{-1})$	–4.6	–51.6	–78.6	0

$$\Delta_r G_m^\ominus=[2\Delta_f G_m^\ominus(Fe^{2+},aq)+\Delta_f G_m^\ominus(I_2,s)]-[2\Delta_f G_m^\ominus(I^-,aq)+2\Delta_f G_m^\ominus(Fe^{3+},aq)]$$

$$=[2\times(-78.6kJ\cdot mol^{-1})]-[2\times(-51.6kJ\cdot mol^{-1})+2\times(-4.6kJ\cdot mol^{-1})]=-44.8kJ\cdot mol^{-1}$$

由于 $\Delta_r G_m^\ominus<0$，所以在 298.15K 及标准态下反应正向自发进行。

【例 3-13】已知 298.15K 时

（1）C(石墨)+O_2(g)══CO_2(g)　　$\Delta_r G_{m\,(1)}^{\ominus}=-394.4\text{kJ}\cdot\text{mol}^{-1}$

（2）CO(g)+$\frac{1}{2}$ O_2(g)══CO_2(g)　　$\Delta_r G_{m\,(2)}^{\ominus}=-257.2\text{kJ}\cdot\text{mol}^{-1}$

求反应（3）C(石墨)+CO_2(g)══2CO(g)的 $\Delta_r G_{m\,(3)}^{\ominus}$。

解　所求反应（3）可由反应(1)和反应(2)组合而成，即反应(1)−2×反应(2)=反应(3)：

$$\Delta_r G_{m\,(3)}^{\ominus}=\Delta_r G_{m\,(1)}^{\ominus}-2\Delta_r G_{m\,(2)}^{\ominus}=-394.4\text{kJ}\cdot\text{mol}^{-1}-2\times(-257.2\text{kJ}\cdot\text{mol}^{-1})=120\text{kJ}\cdot\text{mol}^{-1}$$

【例 3-14】已知在标准状态下各物质的有关热力学数据，试判断下列反应在 298.15K 时能否自发进行。

	2Al(s)	+ Fe_2O_3(s)	══ Al_2O_3(s)	+2Fe(s)
$\Delta_f H_m^{\ominus}/(\text{kJ}\cdot\text{mol}^{-1})$	0	−742.2	−1676	0
$S_m^{\ominus}/(\text{J}\cdot\text{mol}^{-1}\cdot\text{K}^{-1})$	28.3	87.4	50.9	27.3

解　$\Delta_r H_m^{\ominus}=[\Delta_f H_m^{\ominus}(Al_2O_3,s)+2\Delta_f H_m^{\ominus}(Fe,s)]-[\Delta_f H_m^{\ominus}(Fe_2O_3,s)+2\Delta_f H_m^{\ominus}(Al,s)]$

$=(-1676\text{kJ}\cdot\text{mol}^{-1})-(-742.2\text{kJ}\cdot\text{mol}^{-1})=-933.8\text{kJ}\cdot\text{mol}^{-1}$

$\Delta_r S_m^{\ominus}=[S_m^{\ominus}(Al_2O_3,s)+2S_m^{\ominus}(Fe,s)]-[S_m^{\ominus}(Fe_2O_3,s)+2S_m^{\ominus}(Al,s)]$

$=(50.9\text{J}\cdot\text{mol}^{-1}\cdot\text{K}^{-1}+2\times27.3\text{J}\cdot\text{mol}^{-1}\cdot\text{K}^{-1})-(2\times28.3\text{J}\cdot\text{mol}^{-1}\cdot\text{K}^{-1}+87.4\text{J}\cdot\text{mol}^{-1}\cdot\text{K}^{-1})$

$=-38.5\text{J}\cdot\text{mol}^{-1}\cdot\text{K}^{-1}$

$\Delta_r G_m^{\ominus}=\Delta_r H_m^{\ominus}-T\Delta_r S_m^{\ominus}=-933.8\text{kJ}\cdot\text{mol}^{-1}-298.15\text{K}\times(-38.5\times10^{-3}\text{kJ}\cdot\text{mol}^{-1}\cdot\text{K}^{-1})=-922.3\text{kJ}\cdot\text{mol}^{-1}$

计算结果表明，反应在标准态及 298.15K 时能自发进行。

2. 其他温度时 $\Delta_r G_m^{\ominus}(T)$的估算

一般情况下，由于反应的摩尔焓变和摩尔熵变随温度的改变而基本保持不变，但$\Delta_r G_m$和$\Delta_r G_m^{\ominus}$随温度的变化不能忽略，因此使化学反应方向发生逆转。可用热力学函数$\Delta_r H_m^{\ominus}$(298.15K)和$\Delta_r S_m^{\ominus}$(298.15K)近似计算其他温度时的$\Delta_r G_m^{\ominus}(T)$。

【例 3-15】在 298.15K 时反应 C(石墨)+CO_2(g)══2CO(g)不能自发进行。已知标准状态下各物质的有关热力学数据，试判断该反应在 1000K 时能否自发进行。

	C(石墨)	+ CO_2(g)	══ 2CO(g)
$\Delta_f H_m^{\ominus}/(\text{kJ}\cdot\text{mol}^{-1})$	0	−393.5	−110.5
$S_m^{\ominus}/(\text{J}\cdot\text{mol}^{-1}\cdot\text{K}^{-1})$	5.73	213.6	197.6

解　$\Delta_r H_m^{\ominus}=2\Delta_f H_m^{\ominus}(CO,g)-[\Delta_f H_m^{\ominus}(CO_2,g)+\Delta_f H_m^{\ominus}(\text{石墨})]=2\times(-110.5\text{kJ}\cdot\text{mol}^{-1})-(-393.5\text{kJ}\cdot\text{mol}^{-1})$

$=172.5\text{kJ}\cdot\text{mol}^{-1}$

$\Delta_r S_m^{\ominus}=2S_m^{\ominus}(CO,g)-[S_m^{\ominus}(CO_2,g)+S_m^{\ominus}(\text{石墨})]$

$=2\times197.6\text{J}\cdot\text{mol}^{-1}\cdot\text{K}^{-1}-(213.6\text{J}\cdot\text{mol}^{-1}\cdot\text{K}^{-1}+5.73\text{J}\cdot\text{mol}^{-1}\cdot\text{K}^{-1})=175.9\times10^{-3}\text{kJ}\cdot\text{mol}^{-1}\cdot\text{K}^{-1}$

$\Delta_r G_m^{\ominus}(1000\text{K})=\Delta_r H_m^{\ominus}(298.15\text{K})-T\Delta_r S_m^{\ominus}(298.15\text{K})$

$=172.5\text{kJ}\cdot\text{mol}^{-1}-1000\text{K}\times175.9\times10^{-3}\text{kJ}\cdot\text{mol}\cdot\text{K}^{-1}=-3.4\text{kJ}\cdot\text{mol}^{-1}$

$\Delta_r G_m^{\ominus}(1000\text{K})<0$，表明反应在标准态及 1000K 时能自发进行。

3.6.4　标准吉布斯自由能的应用

1. 判断反应进行的方向和限度

吉布斯自由能的重要作用是作为反应自发性的判据，判断反应进行的方向和限度。$\Delta_r G_m^{\ominus}$可用于判断标准态时反应的方向。

$\Delta_r G_m^\ominus < 0$，标准态时反应能自发进行；

$\Delta_r G_m^\ominus = 0$，标准态时反应处于平衡状态；

$\Delta_r G_m^\ominus > 0$，标准态时反应不能自发进行。

2. 估算反应自发进行的温度

若忽略温度对 $\Delta_r H_m^\ominus$ 和 $\Delta_r S_m^\ominus$ 的影响，就可用 298.15K 时的标准热力学数据估算焓减熵减或焓增熵增类化学反应进行时的温度条件。

如果温度对反应方向有影响，即温度的高低决定 $\Delta_r G_m^\ominus$ 的正负时，必然有一温度 T 值与 $\Delta_r G_m^\ominus(T)=0$ 相对应，则此温度称为转变温度 $T_{转}$。

$$\Delta_r G_m^\ominus(T) \approx \Delta_r H_m^\ominus(298.15\text{K}) - T_{转}\Delta_r S_m^\ominus(298.15\text{K}) = 0$$

$$T_{转} = \Delta_r H_m^\ominus(298.15\text{K}) / \Delta_r S_m^\ominus(298.15\text{K}) \tag{3-46}$$

【例 3-16】已知在标准状态下有关物质的热力学数据，试判断下列反应在 298.15K 时能否自发进行，并估算反应自发进行的温度条件。

$$6Fe_2O_3(s) = 4Fe_3O_4(s) + O_2(g)$$

	$6Fe_2O_3(s)$	$4Fe_3O_4(s)$	$O_2(g)$
$\Delta_f H_m^\ominus/(\text{kJ}\cdot\text{mol}^{-1})$	−824	−1118	0
$S_m^\ominus/(\text{J}\cdot\text{mol}^{-1}\cdot\text{K}^{-1})$	87.4	146	205

解　$\Delta_r H_m^\ominus = 4\Delta_f H_m^\ominus(Fe_3O_4,s) - 6\Delta_f H_m^\ominus(Fe_2O_3,s)$

$=4\times(-1118\text{kJ}\cdot\text{mol}^{-1}) - 6\times(-824\text{kJ}\cdot\text{mol}^{-1}) = 472\text{kJ}\cdot\text{mol}^{-1}$

$\Delta_r S_m^\ominus = [4S_m^\ominus(Fe_3O_4,s) + S_m^\ominus(O_2,g)] - 6S_m^\ominus(Fe_2O_3,s)$

$=(4\times146\text{J}\cdot\text{mol}^{-1}\cdot\text{K}^{-1} + 205\text{J}\cdot\text{mol}^{-1}\cdot\text{K}^{-1}) - (6\times87.4\text{J}\cdot\text{mol}^{-1}\cdot\text{K}^{-1}) = 264.6\text{J}\cdot\text{mol}^{-1}\cdot\text{K}^{-1}$

$\Delta_r G_m^\ominus = \Delta_r H_m^\ominus - T\Delta_r S_m^\ominus = 472\text{kJ}\cdot\text{mol}^{-1} - 298.15\text{K}\times264.6\times10^{-3}\text{kJ}\cdot\text{mol}\cdot\text{K}^{-1} = 393.1\text{kJ}\cdot\text{mol}^{-1}$

$\Delta_r G_m^\ominus > 0$，反应在标准态及 298.15K 时不能自发进行。

虽然 $\Delta_r G_m^\ominus > 40\text{kJ}\cdot\text{mol}^{-1}$ 时，浓度或压力条件的影响不会改变反应的方向，但根据反应属焓增熵增的特点，改变温度可使反应自发进行。

$T_{转} = \Delta_r H_m^\ominus(298.15\text{K}) / \Delta_r S_m^\ominus(298.15\text{K})$

$=(472\text{kJ}\cdot\text{mol}^{-1})/(264.6\times10^{-3}\text{kJ}\cdot\text{mol}\cdot\text{K}^{-1}) = 1784\text{K}$

即在标准状态下，温度为 1784K 以上时，$Fe_2O_3(s)$可转化为 $Fe_3O_4(s)$。

3.6.5　化学反应的限度——化学平衡

1. 化学平衡

根据吉布斯自由能判据，当$\Delta_r G_m=0$ 时，反应达最大限度，处于平衡状态。化学平衡的建立是以可逆反应为前提的。可逆反应是指在同一条件下既能正向进行又能逆向进行的反应。绝大多数化学反应都具有可逆性，都可在不同程度上达到平衡。

从动力学角度看，反应开始时，反应物浓度较大，产物浓度较小，所以正反应速率大于逆反应速率。随着反应的进行，反应物浓度不断减小，产物浓度不断增大，所以正反应速率不断减小，逆反应速率不断增大。当正、逆反应速率相等时，系统中各物质的浓度不再发生变化，反应达到了平衡。化学平衡是动态平衡。

2. 标准平衡常数 $K^\ominus$

对于可逆反应

$$aA+bB \rightleftharpoons dD+eE$$

当达到化学平衡时，若为气体反应，各物质的分压分别为 $p_{eq}(A)$、$p_{eq}(B)$、$p_{eq}(D)$、$p_{eq}(E)$，或在水溶液中各物质的浓度分别为 $c_{eq}(A)$、$c_{eq}(B)$、$c_{eq}(D)$、$c_{eq}(E)$，在温度 T 时，有如下关系：

$$\frac{[p_{eq}(D)/p^\ominus]^d[p_{eq}(E)/p^\ominus]^e}{[p_{eq}(A)/p^\ominus]^a[p_{eq}(B)/p^\ominus]^b}=K^\ominus \tag{3-47}$$

或

$$\frac{[c_{eq}(D)/c^\ominus]^d[c_{eq}(E)/c^\ominus]^e}{[c_{eq}(A)/c^\ominus]^a[c_{eq}(B)/c^\ominus]^b}=K^\ominus \tag{3-48}$$

若溶液反应系统中有气体物质 E 生成，则

$$\frac{[c_{eq}(D)/c^\ominus]^d[p_{eq}(E)/p^\ominus]^e}{[c_{eq}(A)/c^\ominus]^a[c_{eq}(B)/c^\ominus]^b}=K^\ominus \tag{3-49}$$

式（3-47）、式（3-48）和式（3-49）均称为标准平衡常数表达式，$K^\ominus$ 为标准平衡常数。式中 $c^\ominus=1\text{mol}\cdot\text{dm}^{-3}$，$p^\ominus=100\text{kPa}$，分别为标准浓度和标准压力。$c_{eq}$、$p_{eq}$ 分别表示平衡态时浓度和压力。通常称 $c/c^\ominus$ 和 $p/p^\ominus$ 为相对浓度和相对分压（压力），其 SI 单位为 1，故标准平衡常数 $K^\ominus$ 的 SI 单位也为 1。

$K^\ominus(T)$与 $\Delta_r G_m^\ominus(T)$一样，只是热力学温度的函数，它随温度的变化而变化。对某一反应说明其平衡常数时，必须指出相应的温度。与其他热力学函数一样，温度为 298.15K 时 $K^\ominus(T)$ 中的 T 可省略。$K^\ominus(T)$是化学反应的特性常数，它不随反应物、生成物浓度的变化而变化，当温度一定时 $K^\ominus(T)$是一定值，反映反应的固有本性。对同类型的化学反应，$K^\ominus(T)$越大，化学反应进行的程度越大。但 $K^\ominus(T)$大的反应，其反应速率不一定快。

3. 应用标准平衡常数表达式的注意事项

（1）$K^\ominus$ 表达式中，气体的性质用分压表示，溶液中水合物的性质用物质的量浓度表示；生成物的相对浓度或相对分压作表达式的分子，反应物的相对浓度或相对分压作表达式的分母；反应式中某物质的计量系数为表达式中该物质相对浓度或相对分压的指数。例如

$$2NO_2(g) \rightleftharpoons N_2O_4(g)$$

$$K_1^\ominus=\frac{[p_{eq}(N_2O_4)/p^\ominus]}{[p_{eq}(NO_2)/p^\ominus]^2}$$

$$HCO_3^-(aq) \rightleftharpoons CO_3^{2-}(aq)+H^+(aq)$$

$$K_2^\ominus=\frac{[c_{eq}(H^+)/c^\ominus][c_{eq}(CO_3^{2-})/c^\ominus]}{[c_{eq}(HCO_3^-)/c^\ominus]}$$

$$2HClO(aq) \rightleftharpoons 2H^+(aq)+2Cl^-(aq)+O_2(g)$$

$$K_3^\ominus=\frac{[c_{eq}(H^+)/c^\ominus]^2[c_{eq}(Cl^-)/c^\ominus]^2[p_{eq}(O_2)/p^\ominus]}{[c_{eq}(HClO)/c^\ominus]^2}$$

（2）反应涉及纯固体、纯液体或稀溶液的溶剂时，其浓度视为常数，不写进 $K^\ominus$ 表达式。例如

$$CaCO_3(s) \rightleftharpoons CaO(s)+CO_2(g)$$

$$K_1^\ominus = p_{eq}(CO_2)/p^\ominus$$

$$CO_2(g)+H_2(g) \rightleftharpoons CO(g)+H_2O(l)$$

$$K_2^\ominus = \frac{[p_{eq}(CO)/p^\ominus]}{[p_{eq}(CO_2)/p^\ominus][p_{eq}(H_2)/p^\ominus]}$$

$$Cr_2O_7^{-}(aq)+H_2O(l) \rightleftharpoons 2H^+(aq)+2CrO_4^{2-}(aq)$$

$$K_3^\ominus = \frac{[c_{eq}(H^+)/c^\ominus]^2[c_{eq}(CrO_4^{2-})/c^\ominus]^2}{[c_{eq}(Cr_2O_7^{2-})/c^\ominus]}$$

（3）$K^\ominus$ 表达式与化学反应方程式相对应，同一反应用不同反应方程式表示时，其 $K^\ominus$ 表达式不同。例如

$$2NO_2(g) \rightleftharpoons N_2O_4(g) \qquad K_1^\ominus = \frac{[p_{eq}(N_2O_4)/p^\ominus]}{[p_{eq}(NO_2)/p^\ominus]^2}$$

$$NO_2(g) \rightleftharpoons \frac{1}{2}N_2O_4(g) \qquad K_2^\ominus = \frac{[p_{eq}(N_2O_4)/p^\ominus]^{1/2}}{[p_{eq}(NO_2)/p^\ominus]}$$

$$N_2O_4(g) \rightleftharpoons 2NO_2(g) \qquad K_3^\ominus = \frac{[p_{eq}(NO_2)/p^\ominus]^2}{[p_{eq}(N_2O_4)/p^\ominus]}$$

显然，$K_1^\ominus = (K_2^\ominus)^2 = (K_3^\ominus)^{-1}$。

4. 多重平衡规则

若某反应是由几个反应相加而成，则该反应的标准平衡常数等于各分反应的标准平衡常数之积；若相减而成，则该反应的标准平衡常数等于各分反应的标准平衡常数相除，这种关系称为多重平衡规则。

【例 3-17】已知下列反应在 1123K 时的标准平衡常数：

（1）$C(石墨)+CO_2(g) = 2CO(g) \qquad K_1^\ominus = 1.3\times10^{14}$

（2）$CO(g)+Cl_2(g) = COCl_2(g) \qquad K_2^\ominus = 6.0\times10^{-3}$

计算反应（3）C（石墨）$+CO_2(g)+2Cl_2(g) \rightleftharpoons 2COCl_2(g)$在 1123K 时的 $K_3^\ominus$。

解 反应式（3）=反应式（1）+2×反应式（2）

$$K_3^\ominus = K_1^\ominus \times (K_2^\ominus)^2 = 1.3\times10^{14}\times(6.0\times10^{-3})^2 = 4.7\times10^9$$

3.6.6 化学反应等温方程式

1. 化学反应等温方程式

吉布斯自由能是具有广度性质的状态函数，具有加和性。前面主要讨论的是标准状态下的吉布斯自由能变，若不是标准状态，则各物质的吉布斯自由能与物质的浓度或分压有关。热力学指出，非标准态的吉布斯自由能变$\Delta_r G_m(T)$与标准态吉布斯自由能变 $\Delta_r G_m^\ominus(T)$的数学关系为

$$\Delta_r G_m(T) = \Delta_r G_m^\ominus(T) + RT\ln Q \qquad (3\text{-}50)$$

或

$$\Delta_r G_m(T)=\Delta_r G_m^{\ominus}(T)+2.303RT\lg Q \tag{3-51}$$

式（3-50）、式（3-51）称为化学反应等温方程式。式中 Q 为反应商，与不同阶段时反应中各物质的浓度或分压有关。

可逆反应　　$a\mathrm{A(aq)}+b\mathrm{B(g)} \rightleftharpoons d\mathrm{D(aq)}+e\mathrm{E(g)}$

的反应商 Q 的表达式为

$$Q=\frac{[c(\mathrm{D})/c^{\ominus}]^d[p(\mathrm{E})/p^{\ominus}]^e}{[c(\mathrm{A})/c^{\ominus}]^a[p(\mathrm{B})/p^{\ominus}]^b} \tag{3-52}$$

式中，c(A)、c(D)、p(B)、p(E)为未达到平衡时任意态的浓度和分压。

当 $\Delta_r G_m(T)=0$，即反应达最大限度，系统处于平衡态时，此时反应商 Q 则用符号 $K^{\ominus}$ 表示，即为标准平衡常数。根据式（3-51），$\Delta_r G_m(T)=0$ 时，$\Delta_r G_m^{\ominus}(T)+2.303RT\lg K^{\ominus}=0$

$$\Delta_r G_m^{\ominus}(T)=-2.303RT\lg K^{\ominus} \tag{3-53}$$

将式（3-53）代入式（3-51）可得

$$\Delta_r G_m(T)=-2.303RT\lg K^{\ominus}+2.303RT\lg Q=2.303RT\lg(Q/K^{\ominus}) \tag{3-54}$$

式（3-54）也称为化学等温方程式。根据化学反应等温方程式可知：

（1）$\Delta_r G_m$ 不仅与温度有关，而且与浓度或分压有关。

（2）$\Delta_r G_m^{\ominus}(T)$在一等温度条件下为定值，所以 $K^{\ominus}$ 为常数，只与温度有关而与浓度或分压无关。

（3）标准平衡常数 $K^{\ominus}$ 也可作为表达反应限度的判据，即 $Q=K^{\ominus}$ 时，$\Delta_r G_m(T)=0$，反应达最大限度。

（4）$K^{\ominus}$ 值可由 $\Delta_r G_m^{\ominus}(T)$计算得到

$$\lg K^{\ominus}=\frac{-\Delta_r G_m^{\ominus}}{2.303RT} \tag{3-55}$$

【例 3-18】 已知反应 C(石墨)+CO_2(g) $\rightleftharpoons$ 2CO(g)的 $\Delta_r G_m^{\ominus}$ (298.15K)=120kJ·mol^{-1}，$\Delta_r G_m^{\ominus}$ (1000K)=−3.4kJ·mol^{-1}，计算（1）在标准态及温度分别为 298.15K 和 1000K 时的标准平衡常数；（2）当 1000K 时，p(CO)=200kPa，$p(CO_2)$=800kPa 时，该反应方向。

解　（1）根据式（3-55）$\lg K^{\ominus}=\frac{-\Delta_r G_m^{\ominus}}{2.303RT}$，在浓度（或分压）不变时

$$\lg K^{\ominus}_{298.15\mathrm{K}}=\frac{-120\times10^3\,\mathrm{J\cdot mol^{-1}}}{2.303\times8.314\,\mathrm{J\cdot mol^{-1}\cdot K^{-1}}\times298.15\mathrm{K}}=-21.03\quad K^{\ominus}_{298.15\mathrm{K}}=9.33\times10^{-22}$$

$$\lg K^{\ominus}_{1000\mathrm{K}}=\frac{-(-3.4\times10^3\,\mathrm{J\cdot mol^{-1}})}{2.303\times8.314\,\mathrm{J\cdot mol^{-1}\cdot K^{-1}}\times1000\mathrm{K}}=0.178\quad K^{\ominus}_{1000\mathrm{K}}=1.5$$

（2）$\Delta_r G_m(1000\mathrm{K})=\Delta_r G_m^{\ominus}(1000\mathrm{K})+2.303RT\lg Q\,(T)$

$$=-3.4\mathrm{kJ\cdot mol^{-1}}+2.303\times8.314\times10^{-3}\mathrm{kJ\cdot mol^{-1}\cdot K^{-1}}\times1000\mathrm{K}\times\lg\frac{(200\mathrm{kPa}/100\mathrm{kPa})^2}{800\mathrm{kPa}/100\mathrm{kPa}}$$

$$=-9.2\mathrm{kJ\cdot mol^{-1}}$$

$\Delta G_m(1000\mathrm{K})<0$ 该反应自发进行。

计算结果说明：①同一反应，不同温度时 $K^{\ominus}$ 不同，$K^{\ominus}$ 只是温度的函数，$K^{\ominus}$ 和浓度（或分压）无关；②改变系统内物质的浓度（分压）可使反应方向发生逆转。

2. 应用化学反应等温方程式的注意事项

（1）Q 表达式与 $K^{\ominus}$ 表达式形式上相同，只是 Q 是系统在非平衡状态时生成物的相对浓

度（相对分压）的幂次方乘积与反应物的相对浓度（相对分压）的幂次方乘积之比，而 $K^{\ominus}$ 是系统处于平衡状态时的相应数据。

（2）化学反应等温方程式中 $\Delta_r G_m$、$\Delta_r G_m^{\ominus}$ 和 $K^{\ominus}$ 的温度 T 要相同，而且均为热力学温度下的值，必须注意，不能用摄氏温度下的值。

（3）化学反应等温方程式中 $\Delta_r G_m$、R 及 $\Delta_r G_m^{\ominus}$ 的能量单位要统一，即均需用焦耳（J）或千焦（kJ）。

3. 根据 $Q/K^{\ominus}$ 判断自发反应进行的方向

平衡移动的方向就是反应自发进行的方向。根据化学反应等温方程式

$$\Delta_r G_m(T) = -2.303RT\lg K^{\ominus} + 2.303RT\lg Q = 2.303RT\lg(Q/K^{\ominus})$$

化学平衡移动的方向可以根据反应商 Q 和标准平衡常数 $K^{\ominus}$ 的相对大小判断：

当 $Q/K^{\ominus} < 1$ 时，$Q < K^{\ominus}$，则 $\Delta_r G_m(T) < 0$，反应正向自发；

当 $Q/K^{\ominus} = 1$ 时，$Q = K^{\ominus}$，则 $\Delta_r G_m(T) = 0$，反应达平衡状态；

当 $Q/K^{\ominus} > 1$ 时，$Q > K^{\ominus}$，则 $\Delta_r G_m(T) > 0$，反应逆向自发。

这就是化学反应进行方向的反应商判据。也可以根据计算出来的 Q 与相同温度下 $K^{\ominus}$ 比较，判断反应方向。

在有些情况下，也可用 $\Delta_r G_m^{\ominus}(T)$ 粗略判断反应的自发方向，因为 $\Delta_r G_m(T)$ 值受 Q 的影响较小，主要由 $\Delta_r G_m^{\ominus}(T)$ 决定。对恒温恒压下的任意反应，一般认为：

当 $\Delta_r G_m^{\ominus}(T) < -40\text{kJ·mol}^{-1}$ 时，$K^{\ominus} > 10^7$，反应能自发进行。

当 $\Delta_r G_m^{\ominus}(T) > 40\text{kJ·mol}^{-1}$ 时，$K^{\ominus} < 10^{-7}$，反应不能自发进行。

当 $-40\text{kJ·mol}^{-1} < \Delta_r G_m^{\ominus}(T) < 40\text{kJ·mol}^{-1}$ 时，$10^{-7} < K^{\ominus} < 10^7$，需根据反应条件进行具体分析判断。

3.6.7　化学平衡的移动

1. 浓度（或分压）对化学平衡移动的影响

根据 $Q/K^{\ominus}$ 判据，对于已达平衡的系统，如果增加反应物的浓度或减少生成物的浓度，则使 $Q < K^{\ominus}$，平衡即向正反应方向移动。移动的结果使 Q 增大，直至 Q 重新等于 $K^{\ominus}$，系统又建立起新的平衡。反之，如果减少反应物的浓度或增加生成物的浓度，则 $Q > K^{\ominus}$，平衡向逆反应方向移动。

2. 压力对化学平衡移动的影响

由于压力对固体和液体的体积影响极小，故对于没有气体参加的反应系统，压力的改变对平衡移动的影响可忽略不计。对于气体反应，在等温下增加总压力，平衡向气体物质的量减小的方向移动；减小总压力，平衡向气体物质的量增加的方向移动；若反应前后气体物质的量不变，改变总压力，平衡不发生移动。

3. 温度对化学平衡移动的影响

浓度、压力对化学平衡移动的影响是通过改变系统组分的浓度或分压，使反应商 Q 不等于 $K^{\ominus}$ 而引起平衡移动。在一定温度条件下，浓度或压力的改变并不引起 $K^{\ominus}$ 值的改变。温度对化学平衡移动的影响则不然。温度的改变会引起标准平衡常数的改变，从而使化学平衡发

生移动。

由化学反应等温方程式可知：

$$\Delta_r G_m^{\ominus}(T) = -RT\ln K^{\ominus}$$

并且

$$\Delta_r G_m^{\ominus}(T) = \Delta_r H_m^{\ominus}(T) - T\Delta_r S_m^{\ominus}(T)$$

将两式合并可得

$$-RT\ln K^{\ominus} = \Delta_r H_m^{\ominus}(T) - T\Delta_r S_m^{\ominus}(T)$$

$$\ln K^{\ominus} = -\frac{\Delta_r H_m^{\ominus}}{RT} + \frac{\Delta_r S_m^{\ominus}}{R} \tag{3-56}$$

对某一可逆反应，设温度 T_1 时的平衡常数为 $K_1^{\ominus}$，温度 T_2 时的平衡常数为 $K_2^{\ominus}$，如果忽略温度对 $\Delta_r H_m^{\ominus}$ 及 $\Delta_r S_m^{\ominus}$ 的影响，则

$$\ln K_1^{\ominus} = -\frac{\Delta_r H_m^{\ominus}}{RT_1} + \frac{\Delta_r S_m^{\ominus}}{R} \tag{3-57}$$

$$\ln K_2^{\ominus} = -\frac{\Delta_r H_m^{\ominus}}{RT_2} + \frac{\Delta_r S_m^{\ominus}}{R} \tag{3-58}$$

用式（3-58）–式（3-57）可得

$$\ln\frac{K_2^{\ominus}}{K_1^{\ominus}} = \frac{\Delta_r H_m^{\ominus}}{R}\left(\frac{1}{T_1} - \frac{1}{T_2}\right) = \frac{\Delta_r H_m^{\ominus}}{R}\left(\frac{T_2 - T_1}{T_2 T_1}\right) \tag{3-59a}$$

$$\lg\frac{K_2^{\ominus}}{K_1^{\ominus}} = \frac{\Delta_r H_m^{\ominus}}{2.303R}\left(\frac{T_2 - T_1}{T_2 T_1}\right) \tag{3-59b}$$

式（3-59）称为范特霍夫（van't Hoff）方程。

4. 平衡移动原理

通过讨论浓度、压力和温度对化学平衡移动的影响，可以总结出平衡移动的总规律：如果改变平衡系统的条件之一（如浓度、压力或温度），平衡就向减弱这种改变的方向移动。这一规律称为勒夏特列（Le Chatelier）原理，又称平衡移动原理。

3.7 热力学基本方程及麦克斯韦关系式

到目前为止，我们学习过的热力学状态函数可分为两大类：一类是可直接测量的，如 p、T、V、$C_{V,m}$、$C_{p,m}$ 等；另一类是不能直接测量的，如 U、H、S、A、G。后面这五个状态函数中，最基本的是 U、S，它们都有着明确的物理意义（能量与混乱度），而且熵的绝对值可求。其他三个（H、A、G）是辅助函数，都是 U、S 以及 p、T、V 组合而成的状态函数。

人为地引出这些状态函数是为了使用的方便。U 和 H 主要是解决能量计算问题，S、A、G 主要是解决过程的方向及平衡问题。通过这五个状态函数的各种关系式来解决大量的实际问题。

五个热力学函数之间的关系（定义式）为

$$H=U+pV$$

$$A=U-TS$$

$$G=H-TS$$

$$G=U+pV-TS$$

$$G=A+pV$$

3.7.1 热力学基本方程

（1）组成恒定的封闭体系：热力学第一律（双变量体系）

$$\mathrm{d}U=\delta Q+\delta W=\delta Q+\delta W'-p_{环境}\mathrm{d}V$$

（2）若体系不做非体积功：

$$\delta W'=0$$

（3）过程可逆：

$$p_{环境}=p_{系统}$$

所以

$$\mathrm{d}U=\delta Q_{\mathrm{r}}-p\mathrm{d}V$$

$\mathrm{d}S=\dfrac{\delta Q_{\mathrm{r}}}{T}$，所以 $\delta Q_{\mathrm{r}}=T\mathrm{d}S$，因此

$$\mathrm{d}U=T\mathrm{d}S-p\mathrm{d}V \tag{3-60}$$

此式为热力学第一、第二定律的结合式，可称为第一个热力学基本方程。此式表明了封闭体系发生微小变化时，各状态函数之间的定量关系。注意此式的推导条件：①组成恒定的封闭体系；②若体系不做非体积功；③过程可逆。

使用式（3-60）时，则可有这样的考虑：在满足①、②两个条件的前提下，因为状态函数的改变量 $\mathrm{d}U$、$\mathrm{d}S$、$\mathrm{d}V$ 都只取决于始终态，与途径可逆与否无关。因此，式（3-60）的适用条件有所扩大。

公式 $\mathrm{d}U=T\mathrm{d}S-p\mathrm{d}V$ 的适用条件为：①封闭体系的单纯状态变化过程（过程可逆与否均可）；②封闭体系处于平衡状态下的化学变化与相变化。

既然对于组成恒定的封闭体系（进一步为纯物质体系）是双变量体系，那么令 $U=f(S,V)$，则第一个热力学基本方程 $\mathrm{d}U=T\mathrm{d}S-p\mathrm{d}V$ 就是关于 U 的一个全微分。热力学基本方程除此式外，还有另外三个：

① $\mathrm{d}U=T\mathrm{d}S-p\mathrm{d}V$

$$\mathrm{d}H=\mathrm{d}U+\mathrm{d}(pV)=T\mathrm{d}S-p\mathrm{d}V+p\mathrm{d}V+V\mathrm{d}p$$

② $\mathrm{d}H=T\mathrm{d}S+V\mathrm{d}p$

$$\mathrm{d}A=\mathrm{d}U-\mathrm{d}TS=\mathrm{d}U-T\mathrm{d}S-S\mathrm{d}T=T\mathrm{d}S-p\mathrm{d}V-T\mathrm{d}S-S\mathrm{d}T$$

③ $\mathrm{d}A=-S\mathrm{d}T-p\mathrm{d}V$

$$\mathrm{d}G=\mathrm{d}H-\mathrm{d}(TS)=T\mathrm{d}S+V\mathrm{d}p-T\mathrm{d}S-S\mathrm{d}T$$

④ $\mathrm{d}G=-S\mathrm{d}T+V\mathrm{d}p$

综上所述：

$$\mathrm{d}U=T\mathrm{d}S-p\mathrm{d}V\,,U=f(S,V) \tag{3-61}$$

$$\mathrm{d}H=T\mathrm{d}S+V\mathrm{d}p\,,H=f(S,p) \tag{3-62}$$

$$\mathrm{d}A=-S\mathrm{d}T-p\mathrm{d}V\,,A=f(T,V) \tag{3-63}$$

$$\mathrm{d}G=-S\mathrm{d}T+V\mathrm{d}p\,,G=f(T,p) \tag{3-64}$$

（1）四个热力学基本方程均表明了封闭体系内发生一个微小过程时各状态函数之间的定量关系。

（2）四个热力学基本方程适用的条件相同：①封闭体系的单纯状态变化过程（过程可逆与否均可）；②封闭体系处于平衡状态下的化学变化与相变化。

（3）四个公式都是某一函数的全微分。

（4）通过对四个全微分的积分计算，可计算体系始终态之间状态函数的改变量ΔU、ΔH、ΔA、ΔG。

3.7.2 麦克斯韦关系式

四个热力学基本方程对应系数关系式进行一阶求偏导，得到一阶偏导关系式。

四个热力学基本方程都是全微分式，因此就有如下的对应关系：

因$U=f(S,V)$，则
$$\begin{cases} \mathrm{d}U = T\mathrm{d}S - p\mathrm{d}V \\ \mathrm{d}U = \left(\dfrac{\partial U}{\partial S}\right)_V \mathrm{d}S + \left(\dfrac{\partial U}{\partial V}\right)_S \mathrm{d}V \end{cases}$$

因$H=f(S,p)$，则
$$\begin{cases} \mathrm{d}H = T\mathrm{d}S + V\mathrm{d}p \\ \mathrm{d}H = \left(\dfrac{\partial H}{\partial S}\right)_p \mathrm{d}S + \left(\dfrac{\partial H}{\partial p}\right)_S \mathrm{d}p \end{cases}$$

因$A=f(T,V)$，则
$$\begin{cases} \mathrm{d}A = -S\mathrm{d}T - p\mathrm{d}V \\ \mathrm{d}A = \left(\dfrac{\partial A}{\partial T}\right)_V \mathrm{d}T + \left(\dfrac{\partial A}{\partial V}\right)_T \mathrm{d}V \end{cases}$$

因$G=f(T,p)$，则
$$\begin{cases} \mathrm{d}G = -S\mathrm{d}T + V\mathrm{d}p \\ \mathrm{d}G = \left(\dfrac{\partial G}{\partial T}\right)_p \mathrm{d}T + \left(\dfrac{\partial G}{\partial p}\right)_T \mathrm{d}p \end{cases}$$

显然四个热力学基本方程中的系数与各一阶偏导具有下列对应关系式：

$$T = \left(\frac{\partial U}{\partial S}\right)_V = \left(\frac{\partial H}{\partial S}\right)_p \tag{3-65}$$

$$-p = \left(\frac{\partial U}{\partial V}\right)_S = \left(\frac{\partial A}{\partial V}\right)_T \tag{3-66}$$

$$V = \left(\frac{\partial H}{\partial p}\right)_S = -\left(\frac{\partial G}{\partial p}\right)_T \tag{3-67}$$

$$-S = \left(\frac{\partial A}{\partial T}\right)_V = \left(\frac{\partial G}{\partial T}\right)_p \tag{3-68}$$

其中，$V=-\left(\dfrac{\partial G}{\partial p}\right)_T$，$-p=\left(\dfrac{\partial A}{\partial V}\right)_T$，$-S=\left(\dfrac{\partial G}{\partial T}\right)_p$较重要。

上面的讨论应用了如下的数学方法：若函数$Z=f(x,y)$，其全微分为

$$\mathrm{d}Z = \left(\frac{\partial Z}{\partial x}\right)_y \mathrm{d}x + \left(\frac{\partial Z}{\partial y}\right)_x \mathrm{d}y$$

若此式亦是全微分，$\mathrm{d}Z = M\mathrm{d}x + N\mathrm{d}y$。显然系数$M$、$N$对应于一阶偏导有

$$M=\left(\frac{\partial Z}{\partial x}\right)_y,\quad N=\left(\frac{\partial Z}{\partial y}\right)_x$$

根据全微分的充要条件，二阶混合偏导相等，即

$$\left[\frac{\partial}{\partial y}\left(\frac{\partial Z}{\partial x}\right)_y\right]=\left[\frac{\partial}{\partial x}\left(\frac{\partial Z}{\partial y}\right)_x\right]\left(\frac{\partial M}{\partial y}\right)_x=\left(\frac{\partial N}{\partial x}\right)_y$$

据此可得到以下的二阶偏导关系式：

$$\mathrm{d}U=T\mathrm{d}S-p\mathrm{d}V\Rightarrow\left(\frac{\partial T}{\partial V}\right)_S=-\left(\frac{\partial p}{\partial S}\right)_V \tag{3-69}$$

$$\mathrm{d}H=T\mathrm{d}S+V\mathrm{d}p\Rightarrow\left(\frac{\partial T}{\partial p}\right)_S=\left(\frac{\partial V}{\partial S}\right)_p \tag{3-70}$$

$$\mathrm{d}A=-S\mathrm{d}T-p\mathrm{d}V\Rightarrow\left(\frac{\partial S}{\partial V}\right)_T=\left(\frac{\partial p}{\partial T}\right)_V \tag{3-71}$$

$$\mathrm{d}G=-S\mathrm{d}T+V\mathrm{d}p\Rightarrow\left(\frac{\partial S}{\partial V}\right)_T=-\left(\frac{\partial V}{\partial T}\right)_p \tag{3-72}$$

式（3-69）～式（3-72）称为麦克斯韦关系式。

利用这些关系式可将一些不能直接测量的热力学量用一些能直接测量的热力学量表示出来，后面有若干例题进行练习。要记住定义式及四个热力学基本方程，其他关系式均可由热力学基本方程得出，故上述这些关系式不必死记。

在进行热力学关系式的推导、演变中，还用到如下关系式：

（1）物质的熵随温度的变化率

$$\left(\frac{\partial S}{\partial T}\right)_V=\frac{nC_{V,\mathrm{m}}}{T} \tag{3-73}$$

$$\left(\frac{\partial S}{\partial T}\right)_p=\frac{nC_{p,\mathrm{m}}}{T} \tag{3-74}$$

由前面可知

$$\left(\frac{\partial U}{\partial T}\right)_V=nC_{V,\mathrm{m}} \tag{3-75}$$

$$\left(\frac{\partial H}{\partial T}\right)_p=nC_{p,\mathrm{m}} \tag{3-76}$$

恒容变温：

$$\mathrm{d}S=\frac{\delta Q_{\mathrm{r},V}}{T}=\frac{nC_{V,\mathrm{m}}}{T}\mathrm{d}T \tag{3-77}$$

两边除以 $(\mathrm{d}T)_V$，有

$$\left(\frac{\partial S}{\partial T}\right)_V=\frac{nC_{V,\mathrm{m}}}{T} \tag{3-78}$$

对于化学反应的摩尔熵变随温度的变化率，则应有

$$\left(\frac{\partial\Delta_\mathrm{r}S_\mathrm{m}^\ominus}{\partial T}\right)_p=\frac{\Delta_\mathrm{r}C_{p,\mathrm{m}}}{T} \tag{3-79}$$

（2）循环关系式。数学上 $z=f(x,y)$，则有

$$\left(\frac{\partial z}{\partial x}\right)_y \cdot \left(\frac{\partial x}{\partial y}\right)_z \cdot \left(\frac{\partial y}{\partial z}\right)_x = -1 \tag{3-80a}$$

式（3-80）称为循环关系式。

【例 3-19】若 x、y、z 是热力学上的三个状态函数，如 $U=f(T,p)$，试证明：

$$\left(\frac{\partial U}{\partial T}\right)_p \cdot \left(\frac{\partial T}{\partial p}\right)_U \cdot \left(\frac{\partial p}{\partial U}\right)_T = -1 \tag{3-80b}$$

证明　$z=f(x,y)$全微分为

$$\mathrm{d}z = \left(\frac{\partial z}{\partial x}\right)_y \mathrm{d}x + \left(\frac{\partial z}{\partial y}\right)_x \mathrm{d}y$$

若 z 恒定，即 $\mathrm{d}z=0$，则上式化为

$$0 = \left(\frac{\partial z}{\partial x}\right)_y \mathrm{d}x + \left(\frac{\partial z}{\partial y}\right)_x \mathrm{d}y$$

两边除以$(\mathrm{d}y)_z$

$$0 = \left(\frac{\partial z}{\partial x}\right)_y \cdot \left(\frac{\partial x}{\partial y}\right)_z + \left(\frac{\partial z}{\partial y}\right)_x$$

所以

$$\left(\frac{\partial z}{\partial x}\right)_y \cdot \left(\frac{\partial x}{\partial y}\right)_z = -\left(\frac{\partial z}{\partial y}\right)_x \Rightarrow \left(\frac{\partial z}{\partial x}\right)_y \cdot \left(\frac{\partial x}{\partial y}\right)_z \cdot \left(\frac{\partial y}{\partial z}\right)_x = -1$$

即

$$\left(\frac{\partial U}{\partial T}\right)_p \cdot \left(\frac{\partial T}{\partial p}\right)_U \cdot \left(\frac{\partial p}{\partial U}\right)_T = -1$$

（3）若 $z=f(x,y)$且物系还有另外一变量 U，U 恒定时，有

$$\left(\frac{\partial z}{\partial x}\right)_U = \left(\frac{\partial z}{\partial x}\right)_y + \left(\frac{\partial z}{\partial y}\right)_x \cdot \left(\frac{\partial y}{\partial x}\right)_U$$

证明：$z=f(x,y)$全微分为

$$\mathrm{d}z = \left(\frac{\partial z}{\partial x}\right)_y \mathrm{d}x + \left(\frac{\partial z}{\partial y}\right)_x \mathrm{d}y$$

在函数 U 恒定的条件下两边除以 $\mathrm{d}x$，相当于除以$(\mathrm{d}x)_U$，则上式化为

$$\left(\frac{\partial z}{\partial x}\right)_U = \left(\frac{\partial z}{\partial x}\right)_y + \left(\frac{\partial z}{\partial y}\right)_x \cdot \left(\frac{\partial y}{\partial x}\right)_U$$

（4）吉布斯-亥姆霍兹函数方程。

【例 3-20】吉布斯-亥姆霍兹函数方程表达式如下，试证明其成立。

$$\left[\frac{\partial(G/T)}{\partial T}\right]_p = -\frac{H}{T^2} \tag{3-81}$$

$$\left[\frac{\partial(A/T)}{\partial T}\right]_V = -\frac{U}{T^2} \tag{3-82}$$

证明

$$\left[\frac{\partial(G/T)}{\partial T}\right]_p = \frac{T(\partial G/\partial T)_p - G}{T^2}$$

由第四个热力学基本方程 $\mathrm{d}G = -S\mathrm{d}T + V\mathrm{d}p \Rightarrow \left(\frac{\partial G}{\partial T}\right)_p = -S$

$$\left[\frac{\partial(G/T)}{\partial T}\right]_p = \frac{-TS-G}{T^2} = \frac{-(G+TS)}{T^2}$$

又根据定义式 $G=H-TS$，$H=G+TS$，得

$$\left[\frac{\partial(G/T)}{\partial T}\right]_p = -\frac{H}{T^2}$$

同理可证得第二个吉布斯-亥姆霍兹方程表达式。

【例 3-21】证明：

（1）$dU = C_{V,m}dT + \left[T\left(\frac{\partial p}{\partial T}\right)_V - p\right]dV$　　（2）理想气体 $\left(\frac{\partial U}{\partial V}\right)_T = 0$

证明　（1）令 $U=f(T,V)$，则有全微分

$$dU = \left(\frac{\partial U}{\partial T}\right)_V dT + \left(\frac{\partial U}{\partial V}\right)_T dV$$

因为 $\left(\frac{\partial U}{\partial T}\right)_V = nC_{V,m}$，所以

$$dU = C_V dT + \left(\frac{\partial U}{\partial V}\right)_T dV \qquad (1)$$

热力学基本方程 $dU = TdS - pdV$，两边恒温下除以$(dV)_T$，则有

$$\left(\frac{\partial U}{\partial V}\right)_T = T\left(\frac{\partial S}{\partial V}\right)_T - p \qquad (2)$$

将麦克斯韦关系式 $\left(\frac{\partial S}{\partial V}\right)_T = \left(\frac{\partial p}{\partial T}\right)_V$ 代入式（2）得

$$\left(\frac{\partial U}{\partial V}\right)_T = T\left(\frac{\partial p}{\partial T}\right)_V - p \qquad (3)$$

代入式（1），得

$$dU = C_{V,m}dT + \left[T\left(\frac{\partial p}{\partial T}\right)_V - p\right]dV$$

原题得证。

（2）对理想气体，同样有

$$\left(\frac{\partial U}{\partial V}\right)_T = T\left(\frac{\partial p}{\partial T}\right)_V - p \qquad (4)$$

根据其状态方程 $pV = nRT$，得 $p = \frac{nRT}{V}$。

将 $\left(\frac{\partial p}{\partial T}\right)_V = \frac{nR}{V}$ 代入式（4），对于理想气体即有

$$\left(\frac{\partial U}{\partial V}\right)_T = T\times\left(\frac{nR}{V}\right) - p = 0$$

原题得证。

【例 3-22】证明：

（1）$\left(\frac{\partial C_{p,m}}{\partial p}\right)_T = -T\left(\frac{\partial^2 V_m}{\partial T^2}\right)_p$　　（2）理想气体 $\left(\frac{\partial C_{p,m}}{\partial p}\right)_T = 0$

证明　（1）根据 $C_{p,\mathrm{m}}$ 的定义式 $C_{p,\mathrm{m}}=\left(\frac{\partial H_\mathrm{m}}{\partial T}\right)_p$

$$左边=\left[\frac{\partial(\partial H_\mathrm{m}/\partial T)_p}{\partial p}\right]_T=\left[\frac{\partial(\partial H_\mathrm{m}/\partial p)_T}{\partial T}\right]_p \tag{1}$$

热力学基本方程 $\mathrm{d}H_\mathrm{m}=T\mathrm{d}S_\mathrm{m}+V_\mathrm{m}\mathrm{d}p$，两边恒温下除以 $\mathrm{d}p$，即$(\mathrm{d}p)_T$，有

$$\left(\frac{\partial H_\mathrm{m}}{\partial p}\right)_T=T\left(\frac{\partial S_\mathrm{m}}{\partial p}\right)_T+V_\mathrm{m} \tag{2}$$

将麦克斯韦关系式 $\left(\frac{\partial S_\mathrm{m}}{\partial p}\right)_T=-\left(\frac{\partial V_\mathrm{m}}{\partial T}\right)_p$ 代入式（2），得

$$\left(\frac{\partial H_\mathrm{m}}{\partial p}\right)_T=-T\left(\frac{\partial V_\mathrm{m}}{\partial T}\right)_p+V_\mathrm{m} \tag{3}$$

将式（3）代入式（1）

$$左边=\left\{\frac{\partial\left[-T\left(\partial V_\mathrm{m}/\partial T\right)_p+V_\mathrm{m}\right]}{\partial T}\right\}_p=\left[-T\frac{\partial V_\mathrm{m}^2}{\partial T^2}-\left(\frac{\partial V_\mathrm{m}}{\partial T}\right)_p+\left(\frac{\partial V_\mathrm{m}}{\partial T}\right)_p\right]$$

即

$$\left(\frac{\partial C_{p,\mathrm{m}}}{\partial p}\right)_T=-T\frac{\partial^2 V_\mathrm{m}}{\partial T^2}$$

原题得证。

（2）由题（1）得知，对于理想气体有 $\left(\frac{\partial C_{p,\mathrm{m}}}{\partial p}\right)_T=-T\left(\frac{\partial^2 V_\mathrm{m}}{\partial T^2}\right)_p$，由理想气体状态方程 $V_\mathrm{m}=\frac{RT}{p}$，得

$$\left(\frac{\partial V_\mathrm{m}}{\partial T}\right)_p=\frac{R}{p}$$

$$\left(\frac{\partial C_{p,\mathrm{m}}}{\partial p}\right)_T=-T\left[\frac{\partial}{\partial T}\left(\frac{R}{p}\right)\right]_p=0$$

原题得证。

【例 3-23】 证明：$\mathrm{d}S=\frac{nC_{V,\mathrm{m}}}{T}\left(\frac{\partial T}{\partial p}\right)_V\mathrm{d}p+\frac{nC_{p,\mathrm{m}}}{T}\left(\frac{\partial T}{\partial V}\right)_p\mathrm{d}V$。

证明　令 $S=f(p,V)$，则有全微分

$$\mathrm{d}S=\left(\frac{\partial S}{\partial p}\right)_V\mathrm{d}p+\left(\frac{\partial S}{\partial V}\right)_p\mathrm{d}V$$

$$\mathrm{d}S=\left(\frac{\partial S}{\partial p}\right)_V\mathrm{d}p+\left(\frac{\partial S}{\partial V}\right)_p\mathrm{d}V$$

$$\mathrm{d}S=\left(\frac{\partial S}{\partial p}\right)_V\mathrm{d}p+\left(\frac{\partial S}{\partial V}\right)_p\mathrm{d}V$$

$$\frac{nC_{V,\mathrm{m}}}{T}=\left(\frac{\partial S}{\partial T}\right)_V,\quad \frac{nC_{p,\mathrm{m}}}{T}=\left(\frac{\partial S}{\partial T}\right)_p$$

$$\mathrm{d}S=\frac{nC_{V,\mathrm{m}}}{T}\left(\frac{\partial T}{\partial p}\right)_V\mathrm{d}p+\frac{nC_{p,\mathrm{m}}}{T}\left(\frac{\partial T}{\partial V}\right)_p\mathrm{d}V$$

原题得证。

本章小结

热力学第二定律是热力学的基本定律之一，是指热永远都只能由热处转到冷处（在自然状态下）。它是关于在有限空间和时间内，一切和热运动有关的物理、化学过程具有不可逆性的经验总结。热力学第二定律是人们对生活实践、生产实践和科学实验的经验总结，它们既不涉及物质的微观结构，也不能用数学加以推导和证明。本章主要包括以下内容要点：

（1）热力学第二定律：通过热功转换的限制来研究过程进行的方向和限度。

（2）热力学第二定律文字表述：第二类永动机不可能实现（从单一热源吸热使之完全变为功而不留下任何影响）。

（3）热力学第二定律的本质：一切自发过程总的结果都是向混乱度增加的方向进行（热与功转换的不可逆性；气体混合过程的不可逆性；热传导过程的不可逆性）。

（4）热力学第二定律的数学表达式：克劳修斯不等式。

（5）卡诺循环→热机效率（热转化为功的限度有多大）→卡诺定理（所有工作于同温热源和同温冷源之间的热机，其效率都不能超过可逆机，即可逆机的效率最大）→从卡诺循环得到结论（热效应与温度商值的加和等于零）→任意可逆循环热温商的加和等于零→熵的引出→熵的变化值可用可逆过程的热温商值来衡量→克劳修斯不等式：

$\mathrm{d}S \geqslant \frac{\delta Q}{T}$→熵增加原理→把与体系密切相关的环境也包括在一起，用来判断过程的自发性（$\Delta S_{\mathrm{iso}}=\Delta S_{体系}+\Delta S_{环境}\geqslant 0$：“＞”号为自发过程；“=”号为可逆过程）。

（6）等温过程的熵变：①理想气体等温变化，$\Delta S=nR\ln(V_2/V_1)=nR\ln(p_1/p_2)$；②等温等压可逆相变（若是不可逆相变，应设计可逆过程），ΔS(相变)$=\Delta H$(相变)$/T$(相变)；③理想气体（或理想溶液）的等温混合过程，$\Delta S=-R\sum n_{\mathrm{B}}\ln x_{\mathrm{B}}$。

（7）变温过程的熵变：

等容变温

$$\Delta S=\int_{T_1}^{T_2}\frac{nC_{V,\mathrm{m}}\mathrm{d}T}{T}$$

等压变温

$$\Delta S=\int_{T_1}^{T_2}\frac{nC_{p,\mathrm{m}}\mathrm{d}T}{T}$$

化学过程的熵变

$$\Delta_{\mathrm{r}}S_{\mathrm{m}}^{\ominus}=\sum_{\mathrm{B}}\nu_{\mathrm{B}}S_{\mathrm{m}}^{\ominus}(\mathrm{B})$$

（8）标准压力下，求反应温度 T 时的熵变值：

$$\Delta_{\mathrm{r}}S_{\mathrm{m}}^{\ominus}(T)=\Delta_{\mathrm{r}}S_{\mathrm{m}}^{\ominus}(298.15\mathrm{K})+\int_{298.15\mathrm{K}}^{T}\frac{\sum_{\mathrm{B}}\nu_{\mathrm{B}}C_{p,\mathrm{m}}(\mathrm{B})}{T}\mathrm{d}T$$

（9）用熵作为判据时，体系必须是孤立体系，也就是说必须同时考虑体系和环境的熵变，这很不方便。有必要引入新的热力学函数，利用体系自身状态函数的变化，来判断自发变化的方向和限度。因此引入新的函数：亥姆霍兹函数（$A=U-TS$）与吉布斯函数（$G=H-TS$）。

（10）等温可逆过程中，体系对外所做的最大功等于体系亥姆霍兹函数的减少值；自发变化总是朝着亥姆霍兹函数减少的方向进行。

等温等压可逆过程中，体系对外所做的最大非膨胀功等于体系吉布斯函数的减少值；自发变化总是朝着吉布斯函数减少的方向进行。

（11）几个函数的定义式：

$$H = U + pV$$

$$A = U - TS$$

$$G = H - TS$$

$$\Delta G = \Delta H - T\Delta S$$

$$\Delta S = (\Delta H - \Delta G) / T$$

（12）四个热力学基本方程：

$$\mathrm{d}U = T\mathrm{d}S - p\mathrm{d}V$$

$$\mathrm{d}H = T\mathrm{d}S + V\mathrm{d}p$$

$$\mathrm{d}A = -S\mathrm{d}T - p\mathrm{d}V$$

$$\mathrm{d}G = -S\mathrm{d}T + V\mathrm{d}p$$

（13）从热力学基本方程导出的关系式：

$$T = \left(\frac{\partial U}{\partial S}\right)_V = \left(\frac{\partial H}{\partial S}\right)_p$$

$$-p = \left(\frac{\partial U}{\partial V}\right)_S = \left(\frac{\partial A}{\partial V}\right)_T$$

$$V = \left(\frac{\partial H}{\partial p}\right)_S = -\left(\frac{\partial G}{\partial p}\right)_T$$

$$-S = \left(\frac{\partial A}{\partial T}\right)_V = \left(\frac{\partial G}{\partial T}\right)_p$$

（14）麦克斯韦关系式：

$$\mathrm{d}U = T\mathrm{d}S - p\mathrm{d}V \Rightarrow \left(\frac{\partial T}{\partial V}\right)_S = -\left(\frac{\partial p}{\partial S}\right)_V$$

$$\mathrm{d}H = T\mathrm{d}S + V\mathrm{d}p \Rightarrow \left(\frac{\partial T}{\partial p}\right)_S = \left(\frac{\partial V}{\partial S}\right)_p$$

$$\mathrm{d}A = -S\mathrm{d}T - p\mathrm{d}V \Rightarrow \left(\frac{\partial S}{\partial V}\right)_T = \left(\frac{\partial p}{\partial T}\right)_V$$

$$\mathrm{d}G = -S\mathrm{d}T + V\mathrm{d}p \Rightarrow \left(\frac{\partial S}{\partial V}\right)_T = -\left(\frac{\partial V}{\partial T}\right)_p$$

（15）麦克斯韦关系式的应用：①求 U 随 V 的变化关系，如证明理想气体的热力学能只是温度的函数；②求 H 随 p 的变化关系，如证明理想气体的焓只是温度的函数。

（16）ΔG 的计算：①等温等压可逆相变的 ΔG=0；②等温下，体系从 p_1、V_1 改变到 p_2、V_2，设 W_f=0，$\Delta G = \int_{p_1}^{p_2} V\mathrm{d}p$ 适用于任何物质。

对理想气体：

$$\Delta G = nRT\ln\frac{p_2}{p_1} = nRT\ln\frac{V_1}{V_2}$$

对一等温等压下的化学反应：ΔG=ΔH–ΔS，因此可由 ΔH 和 ΔS 求算 ΔG。

（17）吉布斯-亥姆霍兹方程：表示$\Delta_r G$ 和$\Delta_r A$ 与温度的关系式都称为吉布斯-亥姆霍兹方程，用来从一个反应温度的$\Delta_r G(T_1)$［或$\Delta_r A(T_1)$］求另一反应温度时的$\Delta_r G(T_2)$［或$\Delta_r A(T_2)$］。它们有多种表示形式。

习　题

1. $1cm^3$理想气体在3000K时压力为1519kPa，经等温膨胀最后体积变到$10dm^3$，计算该过程的W_{max}、ΔH、ΔU及ΔS。

2. 1mol H_2在27℃从体积为$1dm^3$向真空膨胀至体积为$10dm^3$，求体系的熵变。若使该H_2在27℃从$1dm^3$经恒温可逆膨胀至$10dm^3$，其熵变又是多少？由此得出怎样的结论？

3. $0.5dm^3$ 70℃水与$0.1dm^3$ 30℃水混合，求熵变。

4. 有200℃的锡250g，落在10℃ 1kg水中，略去水的蒸发，求达到平衡时此过程的熵变。

5. 1mol水在100℃和101.325kPa下向真空蒸发，变成100℃和101.325kPa的水蒸气，试计算此过程的$\Delta S_{体系}$、$\Delta S_{环境}$、$\Delta S_{总}$，并判断此过程是否自发。

6. 试计算–10℃和101.325kPa下1mol水凝结成冰这一过程的$\Delta S_{体系}$、$\Delta S_{环境}$、$\Delta S_{总}$，并判断此过程是否为自发过程。

7. 100℃的恒温槽中有一带有活塞的导热圆筒，筒中为2mol $N_2(g)$及装在小玻璃瓶中的3mol $H_2O(l)$。环境的压力即系统的压力，维持120kPa不变。今将小玻璃瓶打碎，液态水蒸发至平衡态。求过程的Q、W、ΔU、ΔH、ΔS、ΔG和ΔA。

8. 在温度为25℃的室内有一冰箱，冰箱内的温度为0℃。欲使1kg水结成冰，至少需做功多少？此冰箱对环境放热多少？已知冰的熔化热为$334.7\ J\cdot g^{-1}$。

9. 有一大恒温槽，其温度为96.9℃，室温为26.9℃，经过相当时间后，有4184J的热因恒温绝热不良而传给室内空气，试求：（1）恒温槽的熵变；（2）空气的熵变；（3）此过程是否可逆。

10. 1mol甲苯在其沸点383.2K时蒸发为气体，求该过程的Q、W、ΔU、ΔH、ΔS、ΔG和ΔA，已知该温度下甲苯的气化热为$362\ kJ\cdot mol^{-1}$。

1mol	1mol
甲苯（l）	甲苯（g）
101.325kPa	101.325kPa
383.2K	383.2K

11. 1mol O_2于298.2K时：（1）由101.3kPa等温可逆压缩到608.0kPa，求Q、W、ΔU、ΔH、ΔA、ΔG、ΔS和$\Delta S_{孤}$；（2）若自始至终用608.0kPa的外压等温压缩到终态，求上述各热力学量的变化。

12. 25℃，1mol氧气从101.325kPa绝热可逆压缩到$6\times101325Pa$，求Q、W、ΔU、ΔH、ΔG、ΔS。已知25℃氧的规定熵为$205.3J\cdot mol^{-1}\cdot K^{-1}$。（设氧为双原子理想气体，$C_{p,m}=\frac{7}{2}R$，$\gamma=\frac{7}{5}$）

13. 0℃、1MPa、$10dm^3$的单原子理想气体，绝热膨胀至0.1MPa，计算Q、W、ΔU、ΔH、ΔS。（1）$p_{外}=p$；（2）$p_{外}=0.1MPa$；（3）$p_{外}=0$。（单原子分子理想气体，$C_{V,m}=\frac{3}{2}R$，$\gamma=\frac{5}{3}$）

14. 在25℃、101.325kPa下，1mol过冷水蒸气变为25℃、101.325kPa的液态水，求此过程的ΔS及ΔG。已知25℃水的饱和蒸气压为3.1674kPa，气化热为$2217kJ\cdot kg^{-1}$。上述过程能否自发进行？

15. 指出在下述各过程中体系的ΔU、ΔH、ΔS、ΔG、ΔA何者为零？

（1）理想气体卡诺循环。

（2）氢气和氧气在绝热钢瓶中发生反应。

（3）非理想气体的绝热节流膨胀。

（4）液态水在 373.15K 和 101.325kPa 下蒸发为气体。

（5）理想气体的绝热节流膨胀。

（6）理想气体向真空自由膨胀。

（7）理想气体绝热可逆膨胀。

（8）理想气体等温可逆膨胀。

16. 某溶液中化学反应在等温等压（298.15K，101.325kPa）下进行，放热 4×10^4 J，若使该反应通过可逆电池来完成，则吸热 4000J。试计算：

（1）该化学反应的 ΔS。

（2）当该反应自发进行（不做电功）时，求环境的熵变及总熵变。

（3）该体系可能做的最大功。

17. 已知−5℃时，固态苯的蒸气压为 17.1mmHg，过冷苯蒸气压为 2.64kPa，设苯蒸气为理想气体，求−5℃、1mol 过冷苯凝固为固态苯的 ΔG。

18. 计算下列恒温反应的熵变化：

$$2C(石墨)+3H_2(g)\xrightarrow{298.15K}C_2H_6(g)$$

已知298.15K时的标准熵如下：C(石墨)　$5.74\ J\cdot mol^{-1}\cdot K^{-1}$；$H_2$　$130.6J\cdot mol^{-1}\cdot K^{-1}$；$C_2H_6$　$229.5J\cdot mol^{-1}\cdot K^{-1}$。

19. 计算下列恒温反应（298.15K）的 $\Delta_r G_m^{\ominus}$：

$$C_6H_6(g)+C_2H_2(g)\xrightarrow{298K}C_6H_5C_2H_3(g)$$

已知 25℃时 $C_6H_5C_2H_3$ $\Delta_f H_m^{\ominus}=147.36kJ\cdot mol^{-1}$，$S_m^{\ominus}=345.1J\cdot mol^{-1}\cdot K^{-1}$。

20. 25℃、101.325kPa 时，金刚石与石墨的规定熵分别为 $2.38J\cdot mol^{-1}\cdot K^{-1}$ 和 $5.74J\cdot mol^{-1}\cdot K^{-1}$，其标准燃烧热分别为 $-395.4kJ\cdot mol^{-1}$ 和 $-393.5kJ\cdot mol^{-1}$。计算在此条件下，石墨 $\longrightarrow$ 金刚石的 $\Delta_r G_m^{\ominus}$ 值，并说明此时哪种晶体较为稳定。

21. 试由 20 题的结果求算需增大到多大压力才能使石墨变成金刚石。已知在 25℃时石墨和金刚石的密度分别为 $2.260\times10^3kg\cdot m^{-3}$ 和 $3.513\times10^3kg\cdot m^{-3}$。

22. 101325Pa 压力下，斜方硫和单斜硫的转换温度为 368K，今已知在 273K 时，S(斜方) $\longrightarrow$ S(单斜)的 $\Delta H=322.17J\cdot mol^{-1}$，在 273～373K 范围内硫的摩尔等压热容分别为 $C_{p,m}$(斜方)$=17.24+0.0197T\ J\cdot mol^{-1}\cdot K^{-1}$；$C_{p,m}$(单斜)$=15.15+0.0301T\ J\cdot mol^{-1}\cdot K^{-1}$。试求（1）转换温度 368K 时的 ΔH_m；（2）273K 时转换反应的 ΔG_m。

23. 1mol 水在 100℃、101.325kPa 恒温恒压气化为水蒸气，并继续升温降压为 200℃、50.66kPa，求整个过程的 ΔG（设水蒸气为理想气体）。已知 $C_{p,H_2O(g)}$ $=30.54+10.29\times10^{-3}T$ $J{\cdot}mol^{-1}{\cdot}K^{-1}$，$S^{\ominus}_{H_2O(g)}(298.15K)=188.72J{\cdot}mol^{-1}{\cdot}K^{-1}$。

24. 计算下述化学反应在 101.325kPa 下，温度分别为 298.15K 及 398.15K 时的熵变。设在该温度区间内各 $C_{p,m}$ 值是与 T 值无关的常数。

$$C_2H_2(g, p^{\ominus})+2H_2(g, p^{\ominus})=\!=\!=C_2H_6(g, p^{\ominus})$$

	C_2H_2	H_2	C_2H_6
已知：$S_m^{\ominus}/(J{\cdot}mol^{-1}{\cdot}K^{-1})$	200.82	130.59	229.49
$C_{p,m}/(J{\cdot}mol^{-1}{\cdot}K^{-1})$	43.93	28.84	52.65

25. 反应 $CO(g)+H_2O(g)=\!=\!=CO_2(g)+H_2(g)$，自热力学数据表得出反应中各物质 $\Delta_f H_m^{\ominus}$、$S_m^{\ominus}$ 及 $C_{p,m}$，求该反应在 298.15K 和 1000K 时的 $\Delta_f H_m^{\ominus}$、$\Delta_f S_m^{\ominus}$ 和 $\Delta_f G_m^{\ominus}$。

各物质热力学数据如表 3-3 所示。

表 3-3　习题 25 各物质热力学数据

数据	$CO(g)$	$H_2O(g)$	$CO_2(g)$	$H_2(g)$
$\Delta_f H_m^\ominus/(kJ\cdot mol^{-1})$	−110.525	−241.818	−393.509	0
$S_m^\ominus/(J\cdot mol^{-1}\cdot K^{-1})$	197.674	188.825	213.74	130.684
$a/(J\cdot mol^{-1}\cdot K^{-1})$	28.70	31.80	22.59	28.45
$b\times 10^3/(J\cdot mol^{-1}\cdot K^{-1})$	0.14	4.47	56.15	1.2
$c\times 10^6/(J\cdot mol^{-1}\cdot K^{-1})$	4.64	5.10	−24.85	0.42

第 4 章　化学动力学

前几章讨论了关于化学变化的方向、限度、平衡等问题，这是热力学的研究范围，研究的是化学变化的可能性问题。化学变化速率及变化机理则为化学动力学的研究范围。化学动力学研究浓度、温度、压力以及催化剂等各种因素对反应速率的影响，还研究反应进行时要经过哪些反应步骤，即反应的机理。因此，化学动力学研究化学反应速率和反应机理。

4.1　化学反应的反应速率及速率方程

化学反应是在一定的空间和时间内完成的。反应时的特点是，反应物的数量不断减少，产物的数量不断增加。因此，化学反应的速率可以定义为：在单位体积的反应体系中某一化学反应引起的物质（反应物或产物）的量随时间的变化率。它是衡量化学反应快慢的物理量，它同反应体系的大小（或反应物投料多少）无关。

4.1.1　反应速率的数学表达式

根据反应速率的定义，以数学式表示为

$$v=\frac{1}{V\nu_{\mathrm{B}}}\frac{\mathrm{d}n_{\mathrm{B}}}{\mathrm{d}t} \tag{4-1}$$

式中，v 为以 B 物质的量浓度随时间的变化表示的化学反应速率（$\mathrm{mol \cdot dm^{-3} \cdot s^{-1}}$）；$V$ 为反应体系的总体积（$\mathrm{dm^3}$）；ν_{B} 为 B 的化学计量系数；n_{B} 为 B 物质（反应物或产物）的量（mol）；t 为反应时间（s、min 或 h）。

在化工生产中，化学反应通常在反应器中完成。反应器主要分为两大种：一种是流动管式反应器，另一种是间歇式反应器。间歇式反应器的特点是一次投料，反应体系的体积不变化或者变化甚微，V 可看作定值：$\mathrm{d}n_{\mathrm{B}}/V=\mathrm{d}c_{\mathrm{B}}$，式（4-1）可写成

$$v=\frac{1}{\nu_{\mathrm{B}}}\frac{\mathrm{d}c_{\mathrm{B}}}{\mathrm{d}t} \tag{4-2}$$

式中，c_{B} 为 B 物质的浓度（$\mathrm{mol \cdot dm^{-3}}$）。

式（4-2）表明，对于间歇式反应器中进行的化学反应（气相恒容反应或液相反应），其反应速率即为单位时间内某一反应物浓度的减少值或某一产物浓度的增大值。

例如，对于气相反应：

$$\mathrm{2NO+Br_2 \longrightarrow 2NOBr}$$

在定温定容条件下，其反应速率可表示为

$$v=-\frac{1}{2}\frac{\mathrm{d}c_{\mathrm{NO}}}{\mathrm{d}t}=-\frac{\mathrm{d}c_{\mathrm{Br_2}}}{\mathrm{d}t}=\frac{1}{2}\frac{\mathrm{d}c_{\mathrm{NOBr}}}{\mathrm{d}t}$$

很显然，在参加反应的三种物质中，选用任何一种，反应速率的值都是相同的。实际工作中，常选择浓度比较容易测量的物质来表示其反应速率。

4.1.2　反应速率的实验测定

随着反应的进行，反应物的浓度不断减少，产物的浓度不断增加。若测出各个时间 t 时，

某反应物的浓度 c_R，或某产物的浓度 c_P，则可画出如图 4-1 所示的 c-t 曲线，某时间 t 时，曲线斜率的绝对值 $\frac{dc_R}{dt}$ 或 $\frac{dc_P}{dt}$ 即为 t 时反应的速率。所以，测定反应速率，实际上是测定各不同时间 t 时，某组分 R 或 P 的浓度 c_R 或 c_P。

测定浓度的方法有物理法和化学法。化学法测定浓度较烦琐，需要采用突然降温、稀释或其他方法来冻结反应，再进行化学分析。物理法是利用产物和反应物某一物理性质（如压力、体积、密度、折射率、电导率、光谱等）的差别来测定反应速率。在反应进行中，由于产物不断增加，反应物不断减少，引起该反应体系物理性质的改变，在不同时间测定其改变量就可以确定其反应速率。

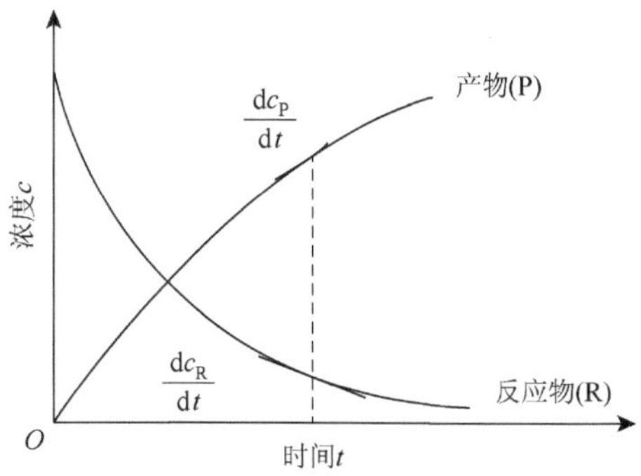

图 4-1　c-t 曲线

反应速率往往容易受温度的影响，为了消除温度对反应速率的影响，测定反应速率的实验在恒温下进行，实验反应器一般有间歇式和连续式两种：在间歇式反应器中，反应体系不断搅拌，使温度、浓度均匀一致。若维持恒温，则间歇式反应器中浓度仅随反应时间而变化。在连续管式反应中，经混合的反应物连续从反应器一端流入，边流动边反应，最后从反应器另一端流出。在恒温恒流条件下，浓度随连续管式反应器中的位置而变化，距入口越远则反应时间越长。在一定流量下，反应时间为反应器长度的函数；对一定长度的反应器，反应时间随流量而变。

4.1.3　化学反应的速率方程

表示某一化学反应的反应速率与浓度等参数之间的关系，或表示浓度与时间等参数间关系的方程称为化学反应的速率方程（rate equation），也称动力学方程（kinetic equation）。速率方程可表示为微分式或积分式，其具体形式随不同反应而异，必须由实验来确定。基元反应的速率方程式是其中最为简单的。

1. 基元反应和非基元反应

通常的化学反应方程式并不代表反应的真正历程，而仅代表反应的总结果，即它只是代表反应的化学计量式（stoichiometric equation）。例如，在气相中 H_2 分别与三种不同的卤素元素（Cl_2、Br_2、I_2）反应，通常把反应的计量式写成

（1）$H_2+Cl_2 \longrightarrow 2HCl$

（2）$H_2+Br_2 \longrightarrow 2HBr$

（3）$H_2+I_2 \longrightarrow 2HI$

尽管这三个反应的化学计量式形式相似，但它们的反应历程大不相同。根据大量的实验结果，现在知道 H_2 和 I_2 反应一般分两步进行：

（4）$I_2+M \rightleftharpoons 2I\cdot+M$

（5）$2I\cdot+H_2 \longrightarrow 2HI$

式中，M 是指反应器壁或第三体分子，它们是惰性物质，不参与反应而只具有传递能量的作用。

H_2 和 Cl_2 的反应经历以下几个主要步骤：

（6）$Cl_2+M \longrightarrow 2Cl\cdot+M$

（7）$Cl\cdot + H_2 \longrightarrow HCl + H\cdot$

（8）$Cl_2 + H\cdot \longrightarrow HCl + Cl\cdot$

（9）$Cl\cdot + Cl\cdot + M \longrightarrow Cl_2 + M$

H_2 和 Br_2 的反应由经历以下几个主要步骤：

（10）$Br_2 + M \longrightarrow 2Br\cdot + M$

（11）$Br\cdot + H_2 \longrightarrow HBr + H\cdot$

（12）$H\cdot + Br_2 \longrightarrow HBr + Br\cdot$

（13）$H\cdot + HBr \longrightarrow H_2 + Br\cdot$

（14）$Br\cdot + Br\cdot + M \longrightarrow Br_2 + M$

因此，方程式（1）、（2）、（3）只是表示了这三个反应的总结果。

如上述化学反应，总是经过若干个简单的反应步骤，最后才转化为产物分子，这种反应称为非基元反应。简单步骤是指分子经一次碰撞后，在一次化学行为中就能完成反应，这种反应称为基元反应（elementary reaction），有时也简称元反应。简言之，基元反应就是一步能完成的反应。上述（1）～（3）反应是非基元反应，（4）～（14）反应都是基元反应。非基元反应是许多基元反应的总和，也称总包反应，简称总反应（overall reaction）。一个复杂反应是经过若干个基元反应才能完成的反应，这些基元反应代表了化学反应所经过的途径，在动力学上就称其为反应机理或反应历程（reaction mechanism）。因此，方程（4）和（5）、（6）～（9）及（10）～（14）分别代表了三种卤素与 H_2 的反应历程。

经验证明，基元反应的速率方程比较简单，与反应物浓度（含有相应的指数）的乘积成正比，各浓度的指数就是指反应式中各反应物质的计量系数。例如对于（5）～（14）反应有

（5）
$$v_5 = k_5 \cdot c_{H_2} \cdot c_{I\cdot}^2 \tag{4-3}$$

（6）
$$v_6 = k_6 \cdot c_{Cl_2} \cdot c_M \tag{4-4}$$

$$\vdots$$

其余类推。

此规律称为基元反应的质量作用定律（law of mass action），是 19 世纪中期由两位挪威化学家古德贝格（Guldberg，1836—1902）和瓦格（Waage，1833—1900）在总结前人的大量工作并结合他们自己的实验而提出来的，即“化学反应速率与反应物的有效质量成正比”（这里的质量原意是指浓度）。注意：质量作用定律只适用于基元反应。

从总包反应的计量式不能直接得到动力学方程。动力学方程往往是一个较复杂的函数关系，这些关系可通过实验、设计反应历程而获得。例如反应（1）～（3）的速率方程为（得到这些公式的过程，将在复杂反应一节中介绍）：

$$v_1 = k_2 \cdot c_{H_2} \cdot c_{Cl_2}^{1/2} \tag{4-5}$$

$$v_2 = k \cdot \frac{c_{H_2} \cdot c_{Br_2}^{1/2}}{1 + k' \cdot c_{HBr} / c_{Br_2}} \tag{4-6}$$

$$v_3 = k_3 \cdot c_{H_2} \cdot c_{I_2} \tag{4-7}$$

2. 反应的级数、反应分子数和反应的速率常数

在化学反应的速率方程中，各物浓度项的指数代数和称为该反应的级数（order of reaction），用 n 表示。例如，某反应的速率方程可用下式表示：

$$v = k \cdot c_A \cdot c_B$$

则该速率方程中 A 浓度项的相应指数是一级，反应物 B 浓度项的相应指数也是一级，故总反应级数为二级。通常所说的该反应的级数都是指总级数。例如，光气的合成反应

$$CO(g)+Cl_2(g) \longrightarrow COCl_2(g)$$

实验表明该反应的速率方程为

$$v = k \cdot c_{CO} \cdot c_{Cl_2}^{3/2}$$

则该反应 CO(g)浓度项的相应指数是一级，对 $Cl_2(g)$浓度项的相应指数来说是 1.5 级，总反应是 2.5 级。

又如，上节所说的反应（2），其反应的速率方程如式（4-6）所示，式 k、k'都是实验值（经验常数），该反应对 H_2 是一级，而对 Br_2 和 HBr 就不具有简单的关系，因此该反应也就没有简单的总级数。

反应的分子数（指参加反应的物种数）与反应的级数不同，从微观的角度看，参加基元反应的分子数只可能是 1、2 或 3。对于基元反应或简单反应，通常其反应级数和反应的分子数是相同的。例如，反应 $I_2 \longrightarrow 2I\cdot$ 是单分子反应，也是一级反应；反应 $2NO_2(g) \longrightarrow 2NO(g)+O_2(g)$是双分子反应，也是二级反应。但有些基元反应表现出的反应级数与反应分子数不一致，如乙醚在 500℃左右的热分解反应是单分子反应，也是一级反应，但在低压下则表现为二级反应。这反映出该反应在不同压力下有不同的反应级数。

总之，反应的级数和分子数是属于不同范畴的概念，尽管在通常情况下二者常具有相同的数值，但其意义是有区别的：

（1）反应级数针对宏观的总包反应而言，而反应分子数则是对微观的基元反应来说的。

（2）反应级数可以是整数、分数、零或负数等各种不同的形式，有时甚至无法用简单数字来表示，而反应分子数的值只能是不大于 3 的正整数。

（3）对于一个指定的基元反应而言，反应分子数有定值，但其反应的级数由于反应的条件不同而可能不同。

在式（4-3）～式（4-7）中，都有一个比例系数 k，这是一个与浓度无关的量，称为速率常数（rate constant），也称速率系数（rate coefficient）。不同反应有不同的速率常数，速率常数是由物质本身性质决定的，与反应温度、反应介质（溶剂）、催化剂等有关，甚至会随反应器的形状、性质的不同而变化。

速率常数 k 是化学动力学中一个重要参数，其数值直接反映了速率的快慢，并且化学反应速率常数是生产中的重要参数。

4.2　速率方程的积分形式

由机理导出的速率方程就是微分形式，微分形式的方程便于进行理论分析，同时微分形式还能表示出浓度对反应速率的影响。但是，在实际应用时，人们想了解在固定的时间内某反应组分的浓度的变化情况或者想知道反应达到一定的转化率需要多长时间，这就需将微分形式转化为积分形式，积分形式即为 c_A 与 t 的函数关系式。下面将对各简单级数进行积分，并主要从 k 的单位、浓度与时间之间的函数关系及半衰期与浓度的关系三方面分别讨论它们的动力学特征。

4.2.1　零级反应

对于反应

$$\mathrm{A} \longrightarrow \text{产物}$$

若反应的速率与反应物 A 浓度的零次方成正比，该反应就是零级反应，即

$$-\frac{\mathrm{d}c_{\mathrm{A}}}{\mathrm{d}t} = kc_{\mathrm{A}}^{0} = k \tag{4-8}$$

所以零级反应实际是反应速率与反应物浓度无关的反应，也就是说，不管 A 的浓度为若干，单位时间 A 发生反应的数量总是那么多。一些表面催化属于零级反应，如氨气在金属钨上的分解，氧化亚氮在金属铝上的分解，这类反应大都是在催化剂表面进行的，在给定的分压下，催化剂表面被气体分子饱和，再增加气体分压，并不能改变催化剂表面的浓度，从宏观上看反应速率不变即零级反应；另一些光化学反应只与光的强度有关，光的强度保持恒定则为等速反应，反应速率并不随反应物的浓度变小而有所变化，所以是零级反应。

零级反应的特点：

（1）由式（4-8）可以看出，零级反应的速率常数 k 的物理意义是单位时间内 A 的浓度减少的量，其单位与 v_{A} 相同，为 $\mathrm{mol \cdot m^{-3} \cdot s^{-1}}$。

（2）将式（4-8）积分：

$$-\int_{c_{\mathrm{A},0}}^{c_{\mathrm{A}}} \mathrm{d}c_{\mathrm{A}} = k\int_{0}^{t} \mathrm{d}t$$

得

$$c_{\mathrm{A},0} - c_{\mathrm{A}} = kt \tag{4-9}$$

式中，$c_{\mathrm{A},0}$ 为反应开始（t=0）时反应物 A 的浓度；c_{A} 为反应至某一时刻 t 时反应物 A 的浓度。可见零级反应，c_{A}-t 呈直线关系。

（3）反应物反应掉一半所需要的时间定义为半衰期，以符号 $t_{1/2}$ 表示，即 $t_{1/2}$ 时

$$c_{\mathrm{A}} = c_{\mathrm{A},0} / 2 \tag{4-10}$$

将 $c_{\mathrm{A}} = c_{\mathrm{A},0} / 2$ 代入零级反应积分式（4-9），得零级反应的半衰期

$$t_{1/2} = c_{\mathrm{A},0} / (2k) \tag{4-11}$$

此式表明零级反应的半衰期正比于反应物的初始浓度。

4.2.2　一级反应

对于反应

$$\mathrm{A} \longrightarrow \text{产物}$$

若反应的速率与反应物 A 浓度的一次方成正比，该反应就是一级反应，即

$$-\frac{\mathrm{d}c_{\mathrm{A}}}{\mathrm{d}t} = kc_{\mathrm{A}} \tag{4-12}$$

单分子基元反应为一级反应，一些物质的分解反应即使不是基元反应，往往也表现为一级反应，如五氧化二氮的分解；另一些放射元素的蜕变，如镭的蜕变 $\mathrm{Ra} \longrightarrow \mathrm{Rn+He}$，也可以认为是一级反应，因为每一瞬间的蜕变速率是与当时存在的物质的量成正比。

一级反应的特点：

（1）式（4-12）可以写作 $-(\mathrm{d}c_{\mathrm{A}} / c_{\mathrm{A}}) / \mathrm{d}t = k$，式中 $\mathrm{d}c_{\mathrm{A}} / c_{\mathrm{A}}$ 为 $\mathrm{d}t$ 时间内 A 反应掉的分数，比值 $-(\mathrm{d}c_{\mathrm{A}} / c_{\mathrm{A}}) / \mathrm{d}t$ 与反应物浓度无关，它表示单位时间内反应物 A 反应掉的分数，这就是一

级反应中 k 的物理意义。一级反应 k 的单位为 s^{-1}。

（2）将式（4-12）积分：

$$-\int_{c_{A,0}}^{c_A}\frac{dc_A}{c_A}=k\int_0^t dt$$

得一级反应的积分式

$$\ln\frac{c_{A,0}}{c_A}=kt \tag{4-13a}$$

即

$$\ln c_A=-kt+\ln c_{A,0} \tag{4-13b}$$

或

$$c_A=c_{A,0}e^{-kt} \tag{4-13c}$$

从式（4-13b）可以看出，一级反应 $\ln c_A$-t 呈直线关系。

（3）若由实验测得一系列不同时刻 t 时反应物的浓度 c_A，常采用作 $\ln c_A$-t 图，并按式（4-13b）由图中斜率求得 k 值，这比只用两组数据由式（4-13a）求 k 要更准确。

某一时刻反应物A反应掉的分数称为该时刻A的转化率 x_A，即

$$x_A\overset{\text{def}}{=\!=}\frac{c_{A,0}-c_A}{c_{A,0}} \tag{4-14}$$

将 $c_A=c_{A,0}(1-x_A)$ 代入式（4-13a），得

$$\ln\frac{1}{1-x_A}=kt \tag{4-15}$$

这是一级反应积分式的另一种形式。

将 $c_A=c_{A,0}/2$ 代入式（4-13a），或将 $x_A=1/2$ 代入式（4-15），可以得

$$t_{1/2}=\ln 2/k_A=0.6931/k_A \tag{4-16}$$

可见一级反应的半衰期与反应物的初始浓度无关。

4.2.3 二级反应

化学反应的速率与反应物浓度的二次方成正比，即为二级反应。二级反应是最常见的反应。例如，甲醛、碘化氢的热分解，烯烃（乙烯、丙烯、异丁烯等）的二聚作用，氢气与碘蒸气化合成碘化氢，水溶液中乙酸乙酯的皂化反应等均为二级反应。

二级反应的通式可表现为两种形式：①只有一种反应物的形式；②有两种反应物的形式。

先讨论只有一种反应物的情形：

$$a\text{A}\longrightarrow\text{产物}$$

速率方程为

$$-\frac{dc_A}{dt}=kc_A^2 \tag{4-17}$$

积分

$$-\int_{c_{A,0}}^{c_A}\frac{dc_A}{c_A^2}=k\int_0^t dt$$

得积分式

$$\frac{1}{c_A}-\frac{1}{c_{A,0}}=kt \tag{4-18}$$

二级反应的特点：

（1）二级反应的 k 单位为 $m^3 \cdot mol^{-1} \cdot s^{-1}$。

（2）从式（4-18）可知，二级反应的 $1/c_A$-t 呈直线关系。

（3）根据反应物 A 的转化率 x_A 的定义式（4-14），将 $c_A = c_{A,0}(1-x_A)$ 代入式（4-18）可得

$$\frac{1}{c_{A,0}} \times \frac{x_A}{1-x_A} = kt \tag{4-19}$$

这是二级反应的另一形式。

将 $c_A = c_{A,0}/2$ 代入式（4-18），或将 $x_A = 1/2$ 代入式（4-19）可得

$$t_{1/2} = \frac{1}{kc_{A,0}} \tag{4-20}$$

可见二级反应的半衰期与反应物的初始浓度成反比。

再讨论两种反应物的二级反应：

$$a\mathrm{A} + b\mathrm{B} \longrightarrow \text{产物}$$

速率方程为

$$-\frac{dc_A}{dt} = k_A c_A c_B$$

积分式分下列几种情况：

（1）当 $a=b$，且两种反应物初始浓度相等 $c_{B,0} = c_{A,0}$，则任一时刻两反应物的浓度仍相等，$c_B = c_A$，于是有

$$-\frac{dc_A}{dt} = kc_A^2$$

积分结果同式（4-18）。

（2）当 $a \neq b$，但两反应物的初始浓度满足 $c_{B,0}/b = c_{A,0}/a$，则在任一时刻两反应物的浓度均满足 $c_B/b = c_A/a$，于是有

$$-\frac{dc_A}{dt} = k_A c_A c_B = \frac{b}{a} k_A c_A^2 = k'_A c_A^2$$

或

$$-\frac{dc_B}{dt} = k_B c_A c_B = \frac{a}{b} k_B c_B^2 = k'_B c_B^2$$

积分结果也同式（4-18）。区别在于式（4-18）中的 k 等于 k'_A 或 k'_B，而不等于 k_A 或 k_B。这点应当注意。

（3）当 $a=b$，但 $c_{B,0} \neq c_{A,0}$，则在任一时刻 $c_B \neq c_A$

$$-\frac{dc_A}{dt} = kc_A c_B \tag{4-21a}$$

为了解决上式的积分，设 t 时刻反应物 A 和 B 反应掉的浓度为 c_X，则该时刻 $c_A = c_{A,0} - c_X$，$c_B = c_{B,0} - c_X$，而 $dc_A = -dc_X$，于是上述微分式变为

$$\frac{dc_X}{dt} = k(c_{A,0} - c_X)(c_{B,0} - c_X) \tag{4-21b}$$

积分

$$\int_0^{c_X} \frac{dc_X}{(c_{A,0} - c_X)(c_{B,0} - c_X)} = k\int_0^t dt$$

得

$$\frac{1}{c_{A,0}-c_{B,0}}\ln\frac{c_{B,0}(c_{A,0}-c_X)}{c_{A,0}(c_{B,0}-c_X)}=kt \tag{4-22}$$

4.2.4　*n* 级反应

一种反应物

$$aA \longrightarrow 产物$$

或反应物浓度符合化学计量比 $c_A / a = c_B / b = \cdots$ 的多种反应物的如下反应：

$$aA + bB + \cdots \longrightarrow 产物$$

均符合速率方程

$$-\frac{dc_A}{dt}=kc_A^n \tag{4-23}$$

即为 n 级反应。现只讨论符合此式的 n 级反应。

方程式中反应级数可以为整数 0，1，2，3，…，也可以为分数 1/2，3/2，…。

n=1 时，积分即得一级反应积分式（4-13a）。

n≠1 时，积分

$$-\int_{c_{A,0}}^{c_A}\frac{dc_A}{c_A^n}=k\int_0^t dt$$

得积分式

$$\frac{1}{n-1}\left(\frac{1}{c_A^{n-1}}-\frac{1}{c_{A,0}^{n-1}}\right)=kt \tag{4-24}$$

n 级反应的特点：

（1）k 的单位为 $(mol\cdot m^{-3})^{1-n}\cdot s^{-1}$。

（2）$\frac{1}{c_A^{n-1}}$-t 呈直线关系。

（3）将 $c_A = c_{A,0}/2$ 代入式（4-24），整理可得半衰期：

$$t_{1/2}=\frac{2^{n-1}-1}{(n-1)kc_{A,0}^{n-1}} \tag{4-25}$$

半衰期与 $c_{A,0}^{n-1}$ 成反比。

4.3　速率方程的确定

反应级数和速率常数都是通过实验测得的。知道了反应级数和速率常数，为建立速率方程提供了可靠的依据，并且对探讨反应机理的工作也有很大的帮助。用速率方程积分式确定反应级数的方法称为积分法，它对反应级数是简单的整数时所得到的结果较为准确。用速率方程微分式确定反应级数的方法称为微分法。当反应级数是分数时，可用此法确定。对于没有级数的反应，也可用此法确定其速率方程。微分法由于作图求斜率时不易求得准确数值而受到影响，随着作图法的改进，微分法在测定反应级数和速率常数的工作中将得到更多应用。

反应级数的测定是根据各级反应的特点进行的。

1. 积分法

积分法又称尝试法或试差法。当实验测提供一系列 c_A、t 的动力学数据后，利用速率方程得积分形式可以作以下两种尝试。

（1）计算尝试法。将对应的各组 c_A-t 数据代入某一简单级数反应的速率方程定积分式中，分别按零级反应、一级反应、二级反应……计算 k 值。如果各组数据代入零级反应的积分公式，所得 k 是同一常数，则该反应是零级反应；如果各组数据代入一级反应的积分公式，所得 k 是同一常数，则该反应是一级反应；以此类推。即若得各组 k 值基本为常数，则反应级数即为所代入方程的级数。若求得 k 不为常数，则需再以另一级数反应的速率方程定积分式中作同样的计算确定。

（2）作图尝试法。依据零级反应特点 c_A-t 呈直线关系，先假定该反应是零级反应，然后作图，若得到一条直线，则该反应为零级反应；如果不是直线，再假定一级反应，根据一级反应特点 $\ln c_A$-t 呈直线关系，作图若得到一条直线，则该反应为一级反应；如果仍不是直线，继续假设，依次尝试，直到作出直线图为止。

积分数在确定了反应级数的同时也确定了速率常数。积分法通常适用于反应级数为整数的反应，对分数级反应，积分法难以尝试成功。

2. 微分法

对 n 级反应，速率方程为

$$v = -\frac{\mathrm{d}c}{\mathrm{d}t}$$

$$\ln v = \ln\left(-\frac{\mathrm{d}c}{\mathrm{d}t}\right) = \ln k + n\ln c \tag{4-26}$$

式（4-26）是直线方程。因一定温度下 k 和 n 均为常数，若以 $\ln(-\mathrm{d}c/\mathrm{d}t)$ 对 $\ln c$ 作图应得一直线，直线斜率即为反应级数 n，这种确定级数的方法称为微分法。微分法关键是如何求得反应物的浓度 c_A 时的反应速率 $-\frac{\mathrm{d}c}{\mathrm{d}t}$，并根据实验数据作出 c-t 动力学曲线（图 4-2），然后在动力学曲线上截取不同浓度处的斜率，最后以各浓度下的斜率负值的对数对浓度对数作图，如图 4-3 所示。

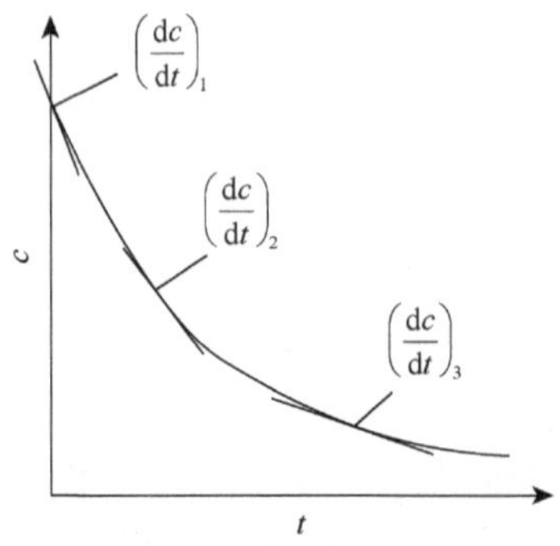

图 4-2　浓度随反应时间的变化

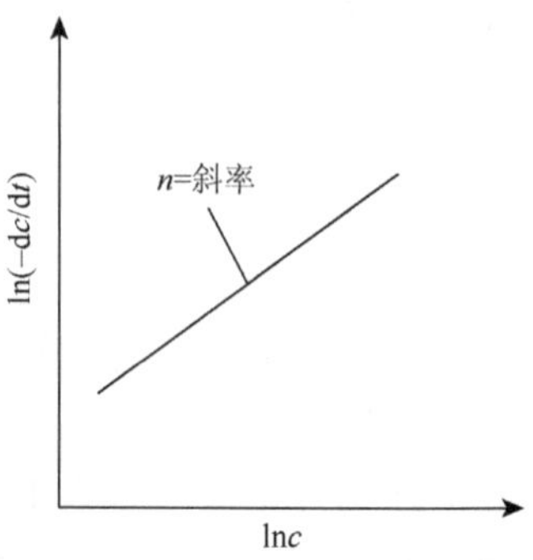

图 4-3　反应速率与反应物浓度的对数关系

微分法可通过一次实验的动力学曲线求算反应级数（图 4-2），也可通过多次实验作不同起始浓度的动力学曲线，截取各起始浓度下的反应速率并按图 4-3 作图。化学反应过程中可能发生副反应而导致反应级数随反应的进行而有所变化，因此，两种实验方式得到的反应级数可能会不同。通常将多次实验所得的反应级数称为对浓度而言的反应级数，也称真实级数，用 n_c 表示，而将一次实验所得的反应级数称为对时间而言的反应级数，用 n_t 表示。

3. 半衰期法

半衰期法确定反应级数是利用半衰期和反应物初始浓度之间的关系确定反应级数的方法。

对于一级反应，反应的半衰期 $t_{1/2}$ 与反应物的初始浓度 $c_{A,0}$ 无关。当 $n\neq1$ 时，根据 n 级反应的半衰期通式 $t_{1/2}=A/a^{n-1}$，取两个不同起始浓度 a 和 a' 做动力学实验，分别测定半衰期为 $t_{1/2}$ 和 $t'_{1/2}$。因是同一反应，常数 A 相同，所以有

$$\frac{t_{1/2}}{t'_{1/2}}=\left(\frac{a'}{a}\right)^{n-1}$$

两边取对数并整理得

$$n=1+\frac{\ln(t_{1/2}/t'_{1/2})}{\ln(a'/a)} \tag{4-27}$$

按此式，只要有 a 和 a' 及对应的 $t_{1/2}$ 和 $t'_{1/2}$ 数据即可求得反应级数 n。若把每一时间间隔起点的反应物浓度当作起始浓度，则在反应产物对反应速率无影响下，也可用一次实验数据作动力学曲线，确定两组或多组 $t_{1/2}$、a' 和 a 的数据即可求得反应级数 n。

将公式 $t_{1/2}=A/a^{n-1}$ 两边取对数得

$$\ln t_{1/2}=\ln A-(n-1)\ln a \tag{4-28}$$

以 $\ln t_{1/2}$ 对 $\ln a$ 作图应得一直线，如图 4-4 所示（该图为 $n>1$ 图形）。

直线斜率 $=-(n-1)$，n=1–斜率。再根据具体级数的对应公式可求 k 值。

半衰期法求反应级数只适用于只有一种反应物或有多种反应物但起始浓度相等的标准 n 级反应。

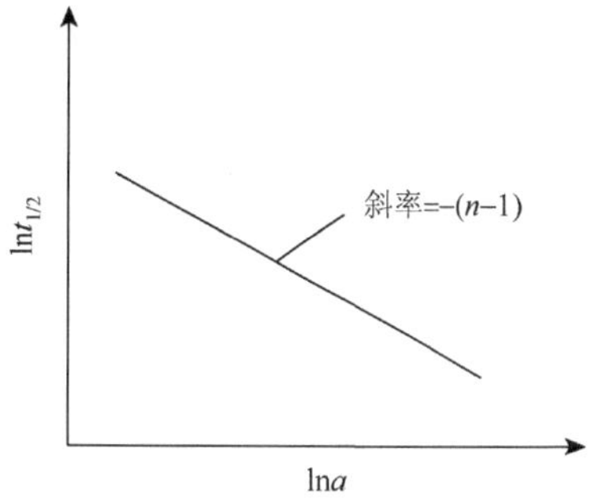

图 4-4　半衰期与反应物起始浓度的对数关系

4. 变更浓度比例法求分级数

当反应物不止一种时，各反应物的分级数求算也很重要。分级数的求算采用变更浓度比例法，该法也称孤立法。

对于反应 A+B ⟶ P，速率方程式为

$$v=kc_A^{\alpha}c_B^{\beta} \tag{4-29}$$

若选择 $c_{A,0}\gg c_{B,0}$，则在反应过程中可认为 c_A 基本不变，而只有 c_B 发生明显的变化。式（4-29）简化为

$$v=k'c_B^{\beta}$$

此速率方程相当于只有 B 物质的速率方程式。采用上面介绍的反应级数求算方法先确定分级数 β 的值，然后用同样方法确定分数级 α 的值。

4.4　温度对反应速率的影响

除了 4.3 节介绍的浓度对反应速率影响外，温度也是影响反应速率的重要因素之一。反应温度与反应速率的关系一般分以下五种类型：

（1）一般反应。反应速率随温度升高而加快，如 H_2O_2 的分解、乙醛的热分解等。

（2）爆炸反应。起初速率随温度的变化较小，到达某一极限时，反应速率突然加快，几乎呈直线上升，许多可燃物的气相燃烧反应也属于此类型。

（3）酶催化反应。起初速率随温度升高而加快，当达到一定温度后，酶开始失去活性，而反应速率下降，多相催化和酶催化反应属于此类型。

（4）某些碳氢化合物的氧化反应。反应速率随温度的变化规律比较复杂，如煤的燃烧反应，由于副反应很多，在不同的温度区域反应机理不同，反应速率随温度变化规律也不同。

（5）NO 的氧化反应。反应速率随温度升高而下降，这种类型最为罕见。

大量实验证明多数化学反应都符合规律（1）。因此这里主要讨论反应类型（1）温度对其影响的规律。

由化学反应速率方程式可知，反应速率取决于速率常数和反应物的浓度。温度如果变化了，反应速率也要变化。因此，温度对化学反应速率的影响就是温度对速率常数的影响。温度与速率常数 k 的定量关系，从实验中总结出两个经验公式：

（1）范特霍夫规则，即

$$\frac{k_{T+10}}{k_T}=2\sim4 \tag{4-30}$$

式中，k_T 为 T℃时的速率常数；k_{T+10} 为（T+10）℃时的速率常数。

此规则表明：温度每升高 10℃，反应速率变为原来速率的 2～4 倍。此比值称为反应速率的温度系数。范特霍夫规则虽然不精确，但当数据缺乏时，可用它做粗略计算，仍是有意义的。

（2）阿伦尼乌斯（Arrhenius）方程，即

$$k = A\mathrm{e}^{-E_a/(RT)} \tag{4-31}$$

式中，E_a 为化学反应活化能（$\mathrm{J \cdot mol^{-1}}$）；$R$ 为摩尔气体常量；A 为常数，称为指数前因子或指前因子，又称表观频率因子，其单位与 k 相同。

将式（4-31）取对数微分得

$$\frac{\mathrm{d}\ln k}{\mathrm{d}T}=\frac{E_a}{RT^2} \tag{4-32}$$

此式表明 $\ln k$ 随温度 T 的变化率与活化能 E_a 成正比。这就是说，活化能越高，随着温度的升高，反应速率增加得越快，即活化能越高，温度对反应速率影响越大，所以若同时存在几个反应，则高温对活化能高的反应有利，生产上往往利用这个原理来选择适宜的温度加速主反应，抑制副反应。

阿伦尼乌斯认为，并不是反应分子之间的任何一次直接接触（或碰撞）都能发生反应，只有那些能量足够高的分子之间的直接碰撞才能发生反应。那些能量高到能发生反应的分子称为活化分子（activated molecule）。由非活化分子变成活化分子所要的能量称为表观活化能。

如图 4-5 所示，对于单分子反应 $A \longrightarrow P$，反应物 A 变成产物 P 必须经过一个活化状态 A^*，换句话说，反应物 A 必须吸收能量 E_a 才能到达平均摩尔能 U_m 的活化状态，然后进行反应变成产物 P。吸收能量 E_a 越大，反应的阻力就越大，反应就会更难进行，加入催化剂会加快反应速率就是因为催化剂降低了活化能。同理，若逆反应在热力学上允许，反应沿原来途径返回，则 P 物质必须吸收能量 E_a' 才能到达活化状态，然后进行反应变成 A 物质。这里 E_a 和 E_a' 分别称为正反应的活化能和逆反应的活化能。

由上述分析可知，活化状态 A^*相当于一个能峰，活化能的大小代表能峰的高低。其数学式表示为

$$U_m^* = E_a + U_m(A) = E_a' + U_m(P)$$

即

$$E_a = U_m^* - U_m(A)$$

$$E_a' = U_m^* - U_m(P) \qquad (4\text{-}33)$$

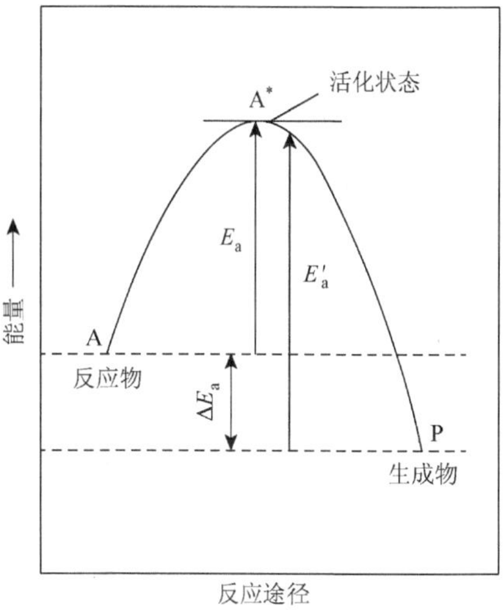

图 4-5　反应途径的能量图

式（4-33）表明，基元反应的活化能是反应体系中活化分子的平均摩尔能与反应物分子的平均摩尔能的差值。这称为阿伦尼乌斯活化能的托尔曼（Tolman）解释。应该强调，这种解释只适用于基元反应，尽管实验表明阿伦尼乌斯方程也适用于非基元反应，然而由此得到的活化能是一种表观活化能。托尔曼解释对表观活化能是不适用的。

虽然，表观活化能没有具体的物理意义，但它的数值同基元反应活化能一样反映了化学反应速率的相对快慢和温度对反应速率影响程度的大小。一般化学反应的活化能为 50～300kJ·mol^{-1}。

综上所述，可得到如下结论：

（1）相同温度下，活化能越小，其反应速率常数越大，即反应速率越快。

（2）对同一反应，速率常数随温度的变化率在低温下较大，在高温下较小。

（3）在相同温度下，对不同反应，活化能越大，其速率常数随温度的变化率越大。

4.5　链　反　应

在化学动力学中有一类特殊的反应，只要用热、光、辐射或其他方法使反应引发，它便能通过活性组分（自由基或原子）相继发生一系列的连续反应，像链条一样使反应自动发展下去，这类反应称为链反应（chain reaction）。工业上很多重要的工艺过程，如橡胶的合成，塑料、高分子化合物的制备，石油的裂解，碳氢化合物的氧化，以及一些有机物的热分解反应等，都与链反应有关。所有的链反应都是由下列三个基本步骤组成的。

（1）链的开始（或链的引发，chain initiation）：即开始时分子借助光、热等外因生成自由基的反应。在这个反应过程中需要断裂分子中的化学键，因此它所需要的活化能与断裂化学键所需的能量是同一个数量级。

（2）链的传递（或增长，chain propagation）：即自由原子或自由基与饱和分子作用生成新的分子和新的自由基（或原子），这样不断交替。若不受阻，反应就一直进行下去，直至反应物被耗尽为止。由于自由原子或自由基有较强的反应能力，故所需活化能一般小于 40kJ·mol^{-1}。

（3）链的终止（chain termination）：当自由基被消除时，链就终止。断链的方式可以是两个自由基结合成分子，也可以是与器壁碰撞时，器壁吸收自由基的能量而断链，因此，改变反应器的形状或表面涂料等都可能影响反应速率，这种器壁效应是链反应的特点之一。

根据链的传递方式不同，可将链反应分为直链反应（straight chain reaction）和支链反应（branched chain reaction）。

4.5.1　直链反应——H_2 和 Cl_2 反应的历程

$H_2(g)$和 $Cl_2(g)$反应的净结果是

$$H_2(g)+Cl_2(g) \longrightarrow 2HCl(g)$$

根据很多人的研究，生成 HCl 的速率既与 $c_{Cl_2}^{1/2}$ 成正比，又与 c_{H_2} 的一次方成正比，即

$$v=\frac{1}{2}\frac{dc_{HCl}}{dt}=kc_{Cl_2}^{1/2}c_{H_2}$$

据此，人们推测反应的历程和相应的活化能如表 4-1 所示。

表 4-1　反应的历程和相应的活化能

反应		$E_a/(kJ\cdot mol^{-1})$
(1) $Cl_2+M\xrightarrow{k_1}2Cl\cdot+M$	链的引发	242
(2) $Cl\cdot+H_2\xrightarrow{k_2}HCl+H\cdot$	链的增长	24
(3) $H\cdot+Cl_2\xrightarrow{k_3}HCl+Cl\cdot$		13
⋮	⋮	⋮
(4) $2Cl\cdot+M\xrightarrow{k_4}Cl_2+M$	链的终止	0

反应的速率可以用 HCl 生成的速率表示。在（2）、（3）步中都有 HCl 分子生成，所以

$$\frac{dc_{HCl}}{dt}=k_2c_{Cl\cdot}c_{H_2}+k_3c_{H\cdot}c_{Cl_2} \tag{4-34}$$

速率方程中不仅涉及反应物 H_2 和 Cl_2 的浓度，而且涉及活性很大的自由基原子的浓度。由于自由基等中间产物十分活泼，它们只要碰上任何分子或其他的自由基都将立即反应，因此在反应过程中它们的浓度很低，寿命很短，几乎检测不到。同时，在反应过程中会出现许多中间化合物和许多复杂的连续反应，如果需严格地找出反应系统中各物种的时间与浓度的关系（*t-c* 关系），则需要给出许多微分方程，然后联立求解。这是很难办到的，即使有了高速计算机也是十分麻烦而且并非是必要的。采用稳态近似法可把问题简化，以少数几个代数方程代替许多微分方程。

由于自由基等中间产物极活泼，它们参加许多反应，浓度低、寿命短，因此可以近似地认为在反应达到稳定状态后，它们的浓度基本不随时间变化，即

$$\frac{dc_{Cl\cdot}}{dt}=0,\quad \frac{dc_{H\cdot}}{dt}=0$$

这样处理的方法称为稳态近似法（steady state approximation method，简称 SS 近似法）。只有在流动的敞开系统中，控制一定的条件，才有可能使反应系统中各物种的浓度保持一定，不随时间而变。而在封闭系统中，反应物浓度的不断下降，生成物浓度的不断升高，很难保持中间产物的浓度不随时间而变。因此，稳态近似法只是一种近似方法，但能解决很多问题。

根据上述 H_2 和 Cl_2 反应的历程，用稳态近似法，得

$$\frac{dc_{Cl\cdot}}{dt}=2k_1c_{Cl_2}c_M-k_2c_{Cl\cdot}c_{H_2}+k_3c_{H\cdot}c_{Cl_2}-2k_4c_{Cl\cdot}^2c_M=0 \tag{4-35}$$

$$\frac{dc_{H\cdot}}{dt}=k_2c_{Cl\cdot}c_{H_2}-k_3c_{H\cdot}c_{Cl_2}=0 \tag{4-36}$$

将式（4-36）代入式（4-35），得

$$2k_1c_{Cl_2}=2k_4c_{Cl\cdot}^2$$

$$c_{Cl\cdot}=\left(\frac{k_1}{k_4}c_{Cl_2}\right)^{\frac{1}{2}} \tag{4-37}$$

将式（4-36）和式（4-37）代入式（4-34），得

$$\frac{dc_{HCl}}{dt}=2k_2\left(\frac{k_1}{k_4}\right)^{\frac{1}{2}}c_{Cl_2}^{1/2}c_{H_2}$$

所以

$$\frac{1}{2}\frac{dc_{HCl}}{dt}=kc_{Cl_2}^{1/2}c_{H_2} \tag{4-38}$$

式中，$k=k_2\left(\frac{k_1}{k_4}\right)^{\frac{1}{2}}$。根据这个速率方程，$Cl_2$ 和 H_2 的反应是 1.5 级反应。根据阿伦尼乌斯公式

$$k_1=A_1e^{-E_{a,1}/(RT)}$$
$$k_2=A_2e^{-E_{a,2}/(RT)}$$
$$k_3=A_3e^{-E_{a,3}/(RT)}$$
$$k_4=A_4e^{-E_{a,4}/(RT)}$$

则

$$k=A_2\left(\frac{A_1}{A_4}\right)^{\frac{1}{2}}e^{\left\{-\left[E_{a,2}+\frac{1}{2(E_{a,1}-E_{a,4})}\right]\Big/RT\right\}}$$
$$=Ae^{-E_a/(RT)}$$

所以 H_2 和 Cl_2 的总反应的表观指前因子和表观活化能分别为

$$A=A_2\left(\frac{A_1}{A_4}\right)^{\frac{1}{2}}$$

$$E_a=E_{a,2}+\frac{1}{2(E_{a,1}-E_{a,4})}$$
$$=\left[24+\frac{1}{2}(242-0)\right]kJ\cdot mol^{-1}$$
$$=145kJ\cdot mol^{-1}$$

若 H_2 和 Cl_2 的反应是若干个基元反应组合而成的，而不是依照链反应的方式进行，则按照 30%规则估计其活化能为

$$E_a=0.30\times(\varepsilon_{H-H}+\varepsilon_{Cl-Cl})$$
$$=0.30\times(436+242)kJ\cdot mol^{-1}$$
$$=203kJ\cdot mol^{-1}$$

显然，反应会选择活化能较低的链反应方式进行。又由于 $\varepsilon_{H-H}>\varepsilon_{Cl-Cl}$，故一般链引发总是从 Cl_2 开始而不是从 H_2 开始。同理，H_2 与 Br_2 或 H_2 与 I_2 的反应之所以有特有的历程，是因为按照那种历程所需的活化能最低。在反应物分子和生成物分子之间往往可以存在若干不同的平行通道，而起主要作用的通道总是活化能最低而反应速率最快的通道。

4.5.2　支链反应——H_2 和 O_2 反应的历程

H_2 和 O_2 的混合气在一定的条件下会发生爆炸，根据造成爆炸的原因不同，爆炸可分为两种类型，即热爆炸（thermal explosion）和支链爆炸（branched chain explosion）。热爆炸是由

于反应放出的热无法散开，温度骤然上升，反应速率按指数规律加快，以致瞬时发生爆炸。支链爆炸是指在支链反应中，链分支使自由基数目以几何级数的方式增加，反应链迅猛分支发展而导致爆炸。链爆炸反应的温度、压力、组成通常都有一定的爆炸区间，称为爆炸界限。

当 H_2 和 O_2 发生支链反应时

链的开始：
$$H_2 \longrightarrow H\cdot + H\cdot$$

直链反应：
$$H\cdot + O_2 + H_2 \longrightarrow H_2O + OH\cdot$$
$$OH\cdot + H_2 \longrightarrow H_2O + H\cdot$$

支链反应：
$$H\cdot + O_2 \longrightarrow OH\cdot + O\cdot$$
$$O\cdot + H_2 \longrightarrow OH\cdot + H\cdot$$

链在气相中的中断：
$$2H\cdot + M \longrightarrow H_2 + M$$
$$OH\cdot + H\cdot + M \longrightarrow H_2O + M$$

链在器壁上的中断：
$$H\cdot + \text{器壁} \longrightarrow \text{销毁}$$
$$OH\cdot + \text{器壁} \longrightarrow \text{销毁}$$

在支链反应中若每一个自由原子参加反应后可以产生两个自由原子，这些自由原子又可以再参加直链或支链的反应，因此反应速率迅速加快，最后达到支链爆炸的程度。

当一个放热反应在无法散热的情况下进行时，反应热使反应系统的温度猛烈上升，而温度又使这个放热反应的速率按指数规律上升，放出的热量也跟着上升，这样的恶性循环很快使反应速率几乎毫无止境地增加，最后发生爆炸。这样发生的爆炸就是热爆炸。

爆炸反应通常有一定的爆炸区，当反应达到燃烧或爆炸的压力范围时，反应速率由平稳而突然增加。图 4-6 是氢氧混合系统的爆炸界限与温度、压力的关系。

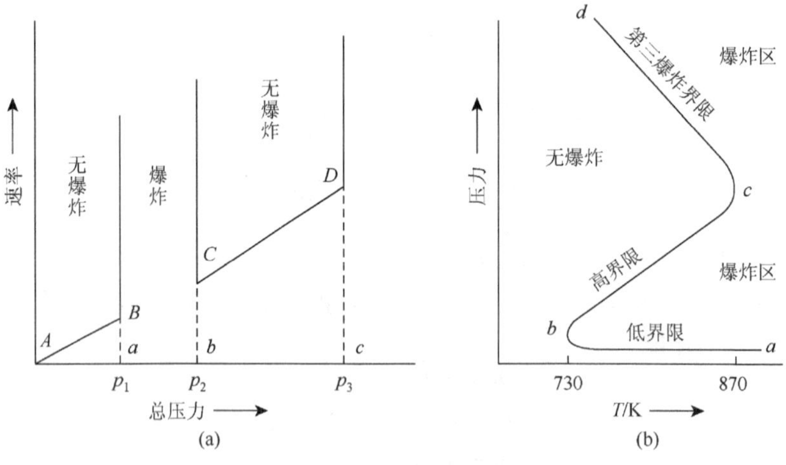

图 4-6　氢氧混合系统的爆炸界限与温度、压力的关系

当总压力低于 p_1［图 4-6（a）］即 AB 段，反应进行得平稳。当压力在 p_1 至 p_2 之间，反应速率很快，自动地加速，发生爆炸或燃烧。当压力超过 p_2，一直到 p_3 的阶段即 CD 段，反应速率反而减慢，无爆炸。当压力超过 p_3，又发生爆炸。

上述系统中两个压力限与温度的关系，可用图 4-6（b）表示。图中 ab 为低的爆炸界限，ab 界限以下是安全区，bc 为高的爆炸界限，ab 界限与 bc 界限包围区间为支链爆炸区，bc 与 cd 界限区间为无爆炸区，界限 cd 代表第三爆炸界限，cd 界限以上为热爆炸区。第三爆炸界限以上的爆炸是热爆炸（对于 H_2 和 O_2 的反应来说，存在 cd 线，但是否所有的爆炸反应都有第三爆炸界限，尚不能肯定)。

发生上述现象的原因是，在反应中有链的发展和链的中断步骤。若链中断的概率大，则链的发展就不会很快。在压力很低时，系统中自由原子很容易扩散到容器壁上而销毁，因此减少了链的传递者，反应不会进行得太快。当压力逐渐增大后，在容器中分子有效碰撞的次数增加，因此链的发展速度大大增加，直至发生爆炸。当压力超过 p_2 时，反应反而变慢，这是因为系统内分子的浓度增加，容易发生三分子的碰撞而使自由原子消失。例如

$$O\cdot + O\cdot + M \longrightarrow O_2 + M$$

$$O\cdot + O_2 + M \longrightarrow O_3 + M$$

很多可燃气体都有一定的爆炸界限。为避免发生爆炸，在化工生产过程中常在反应器的适当位置上安装带有化学传感器的警报设备，可随时告知或自动记录反应系统中易爆物的成分、压力等参数，以避免发生事故。

4.6　气体反应的碰撞理论

人们在测量了大量反应的速率常数并对反应速率常数与温度的依赖关系有相当了解以后，对于为什么会有这些宏观规律存在，必须从理论上给予回答。更重要的是人们希望像化学热力学能预言反应的方向和限度一样，利用化学动力学预言反应的速率常数。尽管目前反应速率理论的发展还远远落后于实验，但它仍是化学动力学研究中很活跃的领域。

简单碰撞理论是在接受了阿伦尼乌斯关于“活化态”和“活化能”概念的基础上，利用已经建立起来的气体分子动理论，在 1918 年由路易斯（Lewis）建立起来的。

现以气相双分子基元反应为例来讨论：

$$A + B \longrightarrow \text{产物} \quad \text{或} \quad 2A \longrightarrow \text{产物}$$

对于反应是如何进行的问题，简单碰撞理论的基本假设如下：

（1）两个反应物分子发生反应的先决条件是必须发生碰撞。

（2）不是任何两个反应物分子之间的碰撞都能发生反应，只有当两个反应物分子的能量超过一定数值时，碰撞后才能发生反应。

（3）在反应进行中，气体分子的速率总是保持着平衡的分布。

根据以上三点基本假设，自然得出一个结论：分子在单位时间内的有效碰撞数就是反应速率。如果用符号 Z 代表反应系统中单位体积、单位时间内分子之间的总碰撞数，用符号 q 代表分子的有效碰撞次数在总碰撞次数中所占的分数，即有效碰撞分数。那么，反应速率可写为

$$v = -\frac{dc}{dt} = Zq \tag{4-39}$$

所以只要设法求得 Z 和 q 就可求算反应速率和速率常数。

4.6.1　碰撞频率 Z 的求算

假设分子为刚性球体（对结构比较简单的分子来说，可近似地认为是正确的），根据气体分子动理论可知，如果是 A、B 两种不同分子间的碰撞，在单位体积、单位时间中的总碰撞数为

$$Z=\left(\frac{\sigma_A+\sigma_B}{2}\right)^2\left(8\pi RT\frac{M_A+M_B}{M_AM_B}\right)^{\frac{1}{2}}\frac{N_A}{V}\cdot\frac{N_B}{V}$$
$$=\pi d_{AB}^2\left[\frac{8RT(M_A+M_B)}{\pi M_AM_B}\right]^{\frac{1}{2}}\frac{N_A}{V}\cdot\frac{N_B}{V} \tag{4-40}$$

式中，V为体积；N_A、N_B分别为 A、B 的分子数；M_A、M_B分别为 A、B 的摩尔质量；σ_A、σ_B分别为 A、B 分子的直径；$d_{AB}=\frac{\sigma_A+\sigma_B}{2}$为 A、B 分子的平均直径；$\pi d_{AB}^2$称为碰撞截面，它可作为碰撞行为的概率大小的一种度量。

如果是同种分子间的碰撞，在单位体积、单位时间中的总碰撞数为

$$Z_{AA}=2\sigma_A^2\left(\frac{\pi RT}{M_A}\right)^{\frac{1}{2}}\left(\frac{N_A}{V}\right)^2=\frac{\sqrt{2}}{2}\pi d_A^2\left(\frac{8RT}{\pi M_A}\right)^{\frac{1}{2}}\left(\frac{N_A}{V}\right)^2 \tag{4-41}$$

4.6.2　有效碰撞分数 q 的计算

从气体分子动理论知道，在一定温度时某种气体的分子有一定的平均平动能，但每个分子的平动能千差万别、瞬息万变。大多数分子的平动能在平均值附近，有少量分子的平动能比平均值低得多，也有少量分子的平动能比平均值高得多。对大多数平动能在平均值附近或比平均值低的气体分子来说，它们之间的碰撞并不剧烈，不足以引起分子中键的松动和断裂，因此不能引起反应，碰撞后随即分开，这种碰撞称为“弹性碰撞”。只有那些平动能足够高的气体分子，由于碰撞较为剧烈，有可能松动和破坏旧化学键而变为产物分子，这种碰撞称为“反应碰撞”，也称“有效碰撞”。应指出，分子碰撞的剧烈程度并不取决于分子的总平动能，而是取决于两个分子在质心连线方向上的相对平动能，只有当分子的这种相对平动能超过某一数值时才能发生反应，人们将这一数值称为化学反应的临界能或阈能，用ε_c表示。对于不同的反应，有不同的临界能ε_c。在简单碰撞理论中：

$$\varepsilon_c L=E_c$$

E_c称为反应的活化能。如果假设反应速率比分子间能量传递的速率慢很多，即反应发生时分子的能量分布仍然遵守平衡时的玻尔兹曼能量分布律；如果将分子的碰撞看作二维运动，则根据能量分布律可知，能量在E_c以上的分子数占总分子数的分数为

$$q=e^{-E_c/(RT)} \tag{4-42}$$

简单碰撞理论中活化能的概念与阿伦尼乌斯公式中活化能的概念是不同的。简单碰撞理论明确指出，反应的临界能（即活化能）是指反应物分子碰撞时质心连线上相对平动能所需具有的最低值；而阿伦尼乌斯公式中的活化能是指反应分子的平均能量与所有分子的平均能量的差值。这二者虽然概念不同，但量值上是近乎相等的。令人遗憾的是简单碰撞理论本身并不能预言E_c有多大，而需借助阿伦尼乌斯实验活化能E_a方可求算q值，这是简单碰撞理论的一大缺陷。

4.6.3　速率常数 k 的计算

将式（4-42）代入式（4-39）可得

$$v=-\frac{dc}{dt}=Ze^{-E_c/(RT)} \tag{4-43}$$

对双分子反应，按质量作用定律，其速率公式应为

$$v=-\frac{\mathrm{d}c}{\mathrm{d}t}=k'c'_{\mathrm{A}}c'_{\mathrm{B}} \tag{4-44}$$

应注意这里 c'_{A}、c'_{B} 的单位不是通常二级反应速率公式中的浓度，而是指 N_{A}/V 和 N_{B}/V，即单位体积（m^3）中的分子数，k' 为用分子数表示的速率常数。比较式（4-43）和式（4-44），即得

$$k'=\frac{Z}{c'_{\mathrm{A}}c'_{\mathrm{B}}}\mathrm{e}^{-E_{\mathrm{c}}/(RT)}=Z^0\mathrm{e}^{-E_{\mathrm{c}}/(RT)} \tag{4-45}$$

与阿伦尼乌斯公式比较，只要将 E_{c} 和实验活化能 E_{a} 看作相等，则 $Z^0=A$。这就是为什么有时将指前因子 A 称为频率因子。由式（4-45）可看出

$$Z^0=\frac{Z}{c'_{\mathrm{A}}c'_{\mathrm{B}}}$$

Z^0 为 $c'_{\mathrm{A}}=c'_{\mathrm{B}}=1\,\mathrm{mol\cdot m^{-3}}$ 时单位体积、单位时间内的碰撞数。只要分别将式（4-40）和式（4-41）代入式（4-45），即可分别求算不同分子和相同分子的双分子反应的速率常数 k'。故式（4-45）就是简单碰撞理论速率常数的数学表达式。由于简单碰撞理论本身并不能预言临界能 E_{c} 的数值，需要用实验活化能 E_{a} 来代替，故简单碰撞理论实际上只能求算指前因子 A。

如果检验简单碰撞理论实验是否成功，只需按式（4-45）从理论上计算出速率常数 k'，与实验测得的 k 值比较，查看二者是否相符。但在式（4-45）中 k' 的单位是 $\mathrm{m^3\cdot mol^{-1}\cdot s^{-1}}$，而通常实验测出的 k 的单位是 $\mathrm{dm^3\cdot mol^{-1}\cdot s^{-1}}$。为便于比较，需将 k' 乘以换算因子才能与 k 比较，即

$$k=k'\times 1000L$$

式中，L 为阿伏伽德罗常量，$6.02\times10^{23}\mathrm{mol^{-1}}$。

4.6.4　简单碰撞理论的成功与失败

理论上求算的 k 值与实验测得的 k 值相比较，对一些分子结构简单的反应，能较好地符合，但对于复杂反应或溶液中的反应往往差别很大。除此之外，如果将式（4-45）Z^0 中与温度有关的部分分出来则可改写为

$$k'=Z'T^{\frac{1}{2}}\mathrm{e}^{-E_{\mathrm{c}}/(RT)}$$

将上式两边取对数，然后对 T 微分即得

$$\frac{\mathrm{d}\ln k'}{\mathrm{d}T}=\frac{E_{\mathrm{c}}+\frac{1}{2}RT}{RT^2} \tag{4-46}$$

将此式与阿伦尼乌斯方程比较可看出，阿伦尼乌斯公式的实验活化能 E_{a} 实际上是 $E_{\mathrm{a}}+\frac{1}{2}RT$。所以，严格地说，实验活化能是略与温度有关的，这一点已由实验证实。不过通常由于 $\frac{1}{2}RT\ll E_{\mathrm{c}}$，所以可粗略看作 $E_{\mathrm{a}}\approx E_{\mathrm{c}}$。

以上都是简单碰撞理论的成功之处，也说明简单碰撞理论揭示了均相反应过程中若干本质性的东西。

简单碰撞理论本身还存在很大的缺点，主要有以下两个方面：

（1）要从简单碰撞理论求算速率常数 k，必须要知道临界能 E_{c}，但简单碰撞理论本身不

能预言 E_c 的大小，还需通过阿伦尼乌斯公式求得，而阿伦尼乌斯公式中 E_a 的求得首先必须从实验测得 k，这就使该理论失去了从理论上预示 k 的意义。

（2）简单碰撞理论曾假设反应物分子是无内部结构的刚性球体。这个假设过于粗糙，因此只是对反应物分子结构比较简单的反应，理论值与实际值才符合得较好，对于更多的反应来说，计算值与实验值有很大偏差。例如，乙烯在气相中的二聚反应，理论值比实验值大 2000 倍；C_2H_5OH 与 $(CH_3CO)_2O$ 在 79℃下反应，理论值比实验值大 $10^5 \sim 10^6$ 倍；而 $(C_2H_5)_3N$ 与 C_2H_5I 在 140℃时的气相反应，理论值比实验值大 10^8 倍。这样大的偏差当然不能用实验误差来解释，而应从理论本身的缺陷去找原因。例如，对溴硝基苯与氢氧根反应，可以想见，只有 OH^- 与苯环上有 Br 取代基的碳原子碰撞时，才能发生反应，很难设想 OH^- 碰到苯环上其他碳原子也会发生上述反应。这就说明，对复杂分子的反应来说，除需考虑能量因素外，还需考虑碰撞时的空间方位问题，还可能有在反应部位附近较大原子基团起的屏蔽作用以及分子内部能量传递需要一定的时间等问题。因此，有人提出应在简单碰撞理论的速率公式前面乘以校正因子 P，即

$$k' = PZ^0 e^{-E_c/(RT)}$$

式中，P 称为频率因子，其数值根据反应的不同取值在 $1 \sim 10^8$ 范围内。简单碰撞理论本身不能求算 P 值的大小，因而成为一个经验性的校正系数。

4.7　势能面与过渡状态理论

过渡态理论是 1935 年由艾林（Eyring）和波兰尼（Polanyi）等在统计热力学和量子力学的基础上提出来的。该理论认为当两个具有足够能量的反应物分子相互接近时，分子的价键要经过重排，能量要经过重新分配，才能变成产物分子，在此过程要经过一个过渡状态（transition state），这个过渡状态称为活化络合物（activated complex），所以该理论又称活化络合物理论。

依据这一理论，只要知道分子的振动频率、质量、核间距等基本物性，就能计算反应的速率常数，所以又称反应速率理论（absolute reaction rate theory）。

该理论基于以下基本假定：

（1）反应系统的势能是原子间相对位置的函数，并且系统能量的分布服从玻尔兹曼分布。

（2）在由反应物生成产物的过程中要经历一个过渡阶段——生成活化络合物或过渡状态的阶段。活化络合物的势能高于反应物或产物的势能，但低于其他任何可能的中间态的势能。

（3）反应物与活化络合物之间的关系可近似地用平衡方法来处理，因此活化络合物的浓度可通过反应物间存在的平衡常数来计算。

（4）总反应速率取决于活化络合物的分解速率。

以 $A+BC \longrightarrow AB+C$ 的反应为例，按照过渡状态理论的观点，反应的历程为

$$A + BC \xrightarrow{快} [A \cdots B \cdots C]^{\neq} \xrightarrow{慢} AB + C$$

式中，$[A \cdots B \cdots C]^{\neq}$ 代表活化络合物，反应的速率就取决于它的分解速率。

在由反应物 A 与 BC 向生成产物 AB+C 的变化过程中，系统的总能量是 A、B、C 三原子间相对位置的函数，原子 A 与分子 BC 沿 BC 的轴线相互靠近，分别以 r_{AB} 与 r_{BC} 表示 A、B 间及 B、C 间的距离，则该线形三原子系统的势能可表示为 $E_p=f(r_{BC}, r_{AB})$。利用量子力学中三原子系统的势能公式计算出给定 r_{AB}、r_{BC} 时的 E_p 值，即可用三维空间的曲面来表示系统的势能随原子间距离的变化，称为势能面。

在该势能面上，反应物 A+BC 和产物 AB+C 的状态是系统能量最低的点。实现由反应物到产物的变化可以有很多条途经，经历不同的中间态，翻越高低不同的能峰，其中一定有一条能量最低的通道。将这条耗能量最少的途径作为反应坐标，沿着反应坐标作出势能曲面的一个剖面，并以反应坐标为横坐标，以沿反应坐标的势能为纵坐标作图（图 4-7）。从该剖面图可以看出：从反应物 A+BC 到生成物必须越过势能垒 E_b，E_b 是反应物与络合物的最低势能之差。这个势能垒的存在说明了实验活化能的实质。

设活化络合物$[A\cdots B\cdots C]^{\neq}$为线形三原子分子，应有三个平动自由度、两个转动自由度和 $3n-5=4$（$n=3$）个振动自由度。在这四个振动自由度中有两个是稳定的弯曲振动，一个是对称伸缩振动，这些运动形式都不会导致活化络合物的分解。只有沿反应途径方向上的不对称伸缩振动是无回收力的，会导致络合物分解生成产物。因此反应速率：

$$v=-\frac{\mathrm{d}c_{\mathrm{ABC}}^{\neq}}{\mathrm{d}t}=kc_{\mathrm{ABC}}^{\neq} \tag{4-47}$$

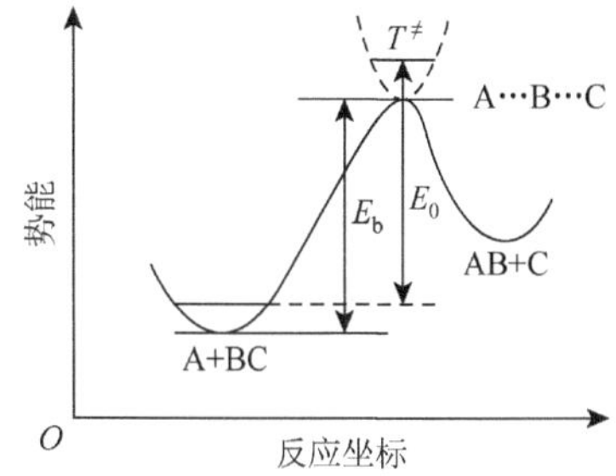

图 4-7　势能面的剖面图

按过渡状态理论的假设，式（4-47）中的常数 k 等于$[A\cdots B\cdots C]^{\neq}$沿反应途径方向上的伸缩振动频率$\nu$，即活化络合物$[A\cdots B\cdots C]^{\neq}$每沿反应途径方向振动一次，就有一个$[A\cdots B\cdots C]^{\neq}$分解成产物，而不具有反向变化能力。将 $k=\nu$ 代入式（4-47），则

$$-\frac{\mathrm{d}c_{\mathrm{ABC}}^{\neq}}{\mathrm{d}t}=\nu\cdot c_{\mathrm{ABC}}^{\neq} \tag{4-48}$$

尽管$[A\cdots B\cdots C]^{\neq}$并不是一个稳定的物质，而仅是反应物向产物转化的过程中的一个阶段，但它的浓度可近似通过平衡常数计算：

$$\frac{c_{\mathrm{ABC}}^{\neq}}{c_{\mathrm{A}}\cdot c_{\mathrm{BC}}}=K^{\neq} \tag{4-49}$$

代入式（4-48），得

$$v=-\frac{\mathrm{d}c_{\mathrm{ABC}}^{\neq}}{\mathrm{d}t}=\nu\cdot K^{\neq}c_{\mathrm{A}}c_{\mathrm{BC}} \tag{4-50}$$

与基本反应速率方程

$$v=-\frac{\mathrm{d}c_{\mathrm{A}}}{\mathrm{d}t}=kc_{\mathrm{A}}c_{\mathrm{BC}}$$

相比较，得速率常数

$$k=\nu K^{\neq} \tag{4-51}$$

速率常数 k 的表示式（4-51）可用统计热力学方法和热力学方法处理，下面分别讨论：

（1）统计热力学方法求速率常数 k。根据统计热力学的平衡常数表达式及一维谐振子的配分函数表达式并作适当近似得

$$k=\frac{k_{\mathrm{B}}T}{h}\cdot\frac{q^{\neq}}{q_{\mathrm{A}}^{*}q_{\mathrm{BC}}^{*}}L\mathrm{e}^{-E_0/(RT)} \tag{4-52}$$

式中，k_B 为玻尔兹曼常量；T 为热力学温度；h 为普朗克常量；L 为阿伏伽德罗常量；q_{A}^{*}、q_{BC}^{*}分别为反应物 A 和 BC 的分子全配分函数；$q^{\neq}$为活化络合物的配分函数中沿反应途径的不对称伸缩振动后的剩余部分；E_0 为络合物与反应物基态能量之差，也就是 0K 时的反应活化能。

式（4-52）还可写为

$$k = \frac{k_B T}{h} K_c^{\neq} \qquad (4\text{-}53)$$

其中

$$K_c^{\neq} = \frac{q^{\neq}}{q_A^* q_{BC}^*} L e^{-E_0/(RT)} \qquad (4\text{-}54)$$

式（4-52）和式（4-53）又称艾林方程（Eyring equation）。由统计热力学的化学平衡常数表示式知，$K_c^{\neq}$ 为生成活化络合物的平衡常数，但其不同于一般的平衡常数，是将失去了一个振动自由度的活化络合物仍看成正常分子得出的平衡常数，有时也称为准平衡常数。

从上述结果可以看出，如果已知 q_A^*、q_{BC}^*、$q^{\neq}$ 和 E_0，则可算出速率常数 k。其中反应物 A 和 BC 的全配分函数 q_A^*、q_{BC}^* 可通过光谱数据求取，而活化络合物不是稳定分子，不可能直接获得其光谱数据，但是如果用量子力学方法准确算出反应过程的势能面，则活化络合物的构型和振动频率原则上可以从势能面获得，即 $q^{\neq}$ 可求。另外，从势能面上沿反应坐标的势垒高度还可求出 E_0。因此，理论上说，用统计热力学的方法可以计算反应的速率常数 k。

（2）热力学方法求速率常数 k。为了用热力学方法进行近似处理，套用热力学推导标准平衡常数的方法，由式（4-49）

$$K^{\neq} = \frac{c_{ABC}^{\neq}}{c_A \cdot c_{BC}}$$

则标准平衡常数

$$K^{\ominus} = \frac{c_{ABC}^{\neq} / c^{\ominus}}{(c_A / c^{\ominus}) \cdot (c_{BC} / c^{\ominus})} = K^{\neq} c^{\ominus}$$

式中，$c^{\ominus}$ 为标准态浓度，所以 $K^{\neq} c^{\ominus}$ 的量纲为 1。

定义标准摩尔活化吉布斯函数 $\Delta_r^{\neq} G_m^{\ominus} \overset{\text{def}}{=\!=} -RT\ln(K^{\neq} \cdot c^{\ominus})$，将热力学方程 $-RT\ln K^{\neq\ominus} = \Delta_r^{\neq} G_m^{\ominus} = \Delta_r^{\neq} H_m^{\ominus} - T\Delta_r^{\neq} S_m^{\ominus}$ 代入艾林方程得

$$k = \frac{RT}{Lh} \cdot \frac{(c^{\ominus})^{-1} \exp(\Delta_r^{\neq} S_m^{\ominus})}{R} \cdot \frac{\exp(-\Delta_r^{\neq} H_m^{\ominus})}{RT} \qquad (4\text{-}55)$$

式中，$\Delta_r^{\neq} H_m^{\ominus}$ 为标准摩尔活化焓；$\Delta_r^{\neq} S_m^{\ominus}$ 为标准摩尔活化熵。

与阿伦尼乌斯方程中的速率常数表达式 $k = Ae^{-E_a/(RT)}$ 相比较，可得

$$A \approx \frac{RT}{Lh} \cdot \frac{(c^{\ominus})^{-1} \cdot e^n \exp(\Delta_r^{\neq} S_m^{\ominus})}{R} \qquad (4\text{-}56)$$

式中，n 为生成活化络合物的气相反应分子数。一般情况下

$$E_a \approx \Delta_r^{\neq} H_m^{\ominus} \qquad (4\text{-}57)$$

过渡状态理论的成功之处如下：

（1）形象地描绘了基元反应进展的过程。

（2）原则上可以从原子结构的光谱数据和势能面计算宏观反应的速率常数。

（3）对阿伦尼乌斯的指前因子作了理论说明，认为它与反应的活化熵有关。

（4）形象地说明了反应为什么需要活化能以及反应遵循的能量最低原理。

不足之处是引进的平衡假设和速决步假设并不能符合所有的实验事实；不能从理论上预测活化能的大小，也不能定量地阐明概率因子 P 的含义；对复杂的多原子反应，绘制势能面有困难，使理论的应用受到一定的限制。

4.8　溶液中反应

溶液中的反应与气相反应相比有一个很大的不同，就是溶剂分子的存在，它的动力学研

究会更复杂一些。溶剂可能仅作为反应的介质只影响反应分子碰撞的概率，也可能由于分子极性而影响反应物的性质，溶剂分子本身也可能参与化学反应。下面对反应分子和溶剂分子间有无相互作用情况分别给予讨论。

4.8.1 溶剂与反应组分无明显相互作用的情况

在溶液反应中，反应分子是在溶剂分子包围之中，发生反应的分子要穿过周围相隔溶剂进行扩散，才能彼此接近而发生接触，进行反应。生成物分子也要穿过溶剂分子通过扩散而离开。溶液中的反应速率应取决于扩散和反应两步骤中最慢的一步。每一步均需要一定的活化能，如果反应的活化能较小，反应速率较快，扩散的速率较慢，称为扩散控制。例如自由基的复合反应、水溶液中的离子反应等，这些溶液中反应的扩散速率决定整个反应速率。如果反应的活化能较大，反应速率较慢，扩散的速率较快，则称为反应控制。一般来讲，多数反应的活化能为几百千焦，而扩散活化能不超过 21kJ。因此，多数反应的扩散作用不会影响总的反应速率。

在溶剂与反应组分无明显相互作用的情况下，反应控制的溶液反应与气相反应相似，有以下特点：

（1）溶剂对活化能的影响不大，与气相反应在同一数量级。

（2）大量溶剂分子的存在使反应分子被溶剂分子包围，就好像反应分子处于笼子之中，笼内分子不能自由运动，只能在笼内振动。一方面，笼内反应分子与溶剂分子的碰撞限制了反应分子做远距离运动，使它与远距离分子碰撞概率减少。另一方面，笼内包围的近距离分子在未扩散之前彼此碰撞的概率增多。当然，笼中的反应分子也可跃出这个笼子，进入另一个笼子中，但是对无相互作用的分子来说，在没有偶然跃出笼子之前，估计要发生 100～1000 次碰撞（水溶液中）。因此，溶液中的碰撞与气体碰撞不同，后者是连续的，前者是分批的。溶剂对碰撞频率的影响不大。

（3）溶剂分子与反应分子的碰撞不会使活化分子形成的概率降低。尽管这些碰撞使某些活化分子失活，但同时使未活化的分子通过这些碰撞得以活化。

从以上的分析可看出，如果溶剂分子与反应分子无明显作用，一般来讲碰撞理论对溶液反应也是适用的。对于同一反应，无论是在气相还是在液相中进行，它的频率因子和活化能大体具有同样的数量级，因而化学反应速率也应大体相同。

4.8.2 溶剂与反应组分有明显相互作用的情况

当溶剂分子与反应物分子存在明显相互作用时，溶剂对化学反应速率产生较显著的影响。例如，苯甲醛在溶液中的溴化反应，常可借助溶剂使其中一种反应的速率变得较快，使某种产品的数量增多。又如，对于苯酚的酰化反应，若溶剂为硝基苯，则只加速第一个反应，速率控制的主要产物为对位。若以 CS_2 为溶液，则只加速第二个反应，速率控制的主要产物为邻位。有时甚至在气相中不能进行的反应，在溶液中可借助溶剂使其能够发生反应。

在溶液中反应选择适当的溶剂是很重要的，溶剂对反应速率的影响较为复杂，下面介绍一些定性规律。

（1）溶剂的介电常数对有离子参加的反应的影响。溶剂的介电常数大，减弱了异号电荷间的引力，因此，介电常数较大的溶剂不利于异号电荷间的化合反应，而利于解离为正、负离子的反应。

（2）溶剂的极性对反应速率的影响。若生成物的极性比反应物大，则在极性溶剂中生成产物的速率较快，反之，则反应速率较慢。一般来说，生成离子化合物的反应为极性较大的反应，因此，极性大的溶剂有利于产生离子的反应。例如，生成季铵盐的反应

$$C_2H_5I+(C_2H_5)_3N \longrightarrow (C_2H_5)_4N^+I^-$$

若在不同极性的溶剂中进行，由于生成物是一种盐，极性远大于反应物，随着溶剂极性增加，反应速率必然加快。

（3）溶剂化作用对反应速率的影响。实验表明，在有些反应加入少量水，能大大促进反应进行，而介电常数和极性不会有太多改变，这是由于溶剂化作用。一般来讲，反应物和生成物在溶剂中均能形成一定的溶剂化物，若溶剂分子与反应物生成比较稳定的化合物，则一般常使反应活化能升高，而减慢反应速率。如果活化络合物溶剂化后能量降低，则反应的活化能降低，反应速率加快。

（4）离子强度对反应速率的影响。溶液的离子强度对反应速率是有影响的。由于加入第三种电解质改变了溶液的离子强度，因而化学速率也随之改变，称为原盐效应。

在稀溶液中，布耶伦（Bjerrum）曾假设在 A^{z_A} 和 B^{z_B} 之间的反应，可用下式表示

$$\underset{\text{作用物}}{A^{z_A}+B^{z_B}} \rightleftharpoons \underset{\text{活化络合物}}{[(A\cdot B)^{z_A+z_B}]} k' \longrightarrow \text{生成物}$$

式中，z_A、z_B 和 z_A+z_B 分别为物质 A、物质 B 和活化络合物的电荷数。反应速率与活化络合物的浓度成正比。

若设 c_X 为时间 t 时活化络合物的浓度，则反应速率为

$$\frac{dc_X}{dt}=k'c_X \tag{4-58}$$

因物质 A 和物质 B 同活化络合物之间存在快速平衡，且离子间存在相互作用，为非理想溶液，故

$$K^{\neq}=\frac{a_X}{a_A a_B}=\frac{c_X\gamma_X}{c_A\gamma_A c_B\gamma_B}$$

即

$$c_X=K^{\neq}c_A c_B\frac{\gamma_A\gamma_B}{\gamma_X}$$

将上式代入式（4-58）中，得

$$\frac{dc_X}{dt}=k'K^{\neq}c_A c_B\frac{\gamma_A\gamma_B}{\gamma_X}=\left(k_0\frac{\gamma_A\gamma_B}{\gamma_X}\right)c_A c_B \tag{4-59}$$

式中，$k_0=k'K^{\neq}$，该反应速率的实验公式应为

$$\frac{dc_X}{dt}=kc_A c_B$$

与式（4-59）对比可知

$$k=\left(k_0\frac{\gamma_A\gamma_B}{\gamma_X}\right) \quad \text{或} \quad \lg\frac{k}{k_0}=\lg\gamma_A+\lg\gamma_B-\lg\gamma_X$$

将德拜-休克尔极限公式 $\lg\gamma_B=-AZ_B^2\sqrt{I}$ 代入上式得

$$\lg\frac{k}{k_0}=-A[Z_A^2+Z_B^2-(Z_A+Z_B)^2]\sqrt{I}=2Z_A Z_B A\sqrt{I} \tag{4-60}$$

可见，$\lg k$ 或 $\lg\left(\dfrac{k}{k_0}\right)$ 与 $\sqrt{I}$ 应为直线关系。298.15K 时，A=0.509，因此，直线的斜率 $2Z_AZ_BA$ 近似为 Z_AZ_B。离子强度对反应速率的影响分为三种情况，如图 4-8 所示。

第一种情况，当 Z_A 和 Z_B 同号，Z_AZ_B 为正值，反应速率随离子强度的增加而增加，产生正的原盐效应。如图中的反应①、反应②和反应③。

第二种情况，当 Z_A 和 Z_B 异号，Z_AZ_B 为负值，反应速率随离子强度的增加反而减小，产生负的原盐效应。如图中的反应⑤和反应⑥。

第三种情况，当有一个反应物不带电荷时，Z_AZ_B 为零，反应速率与离子的强度无关，如图中反应④。应指出的是，在稀溶液中这个结论正确，浓度较大时就不正确了。

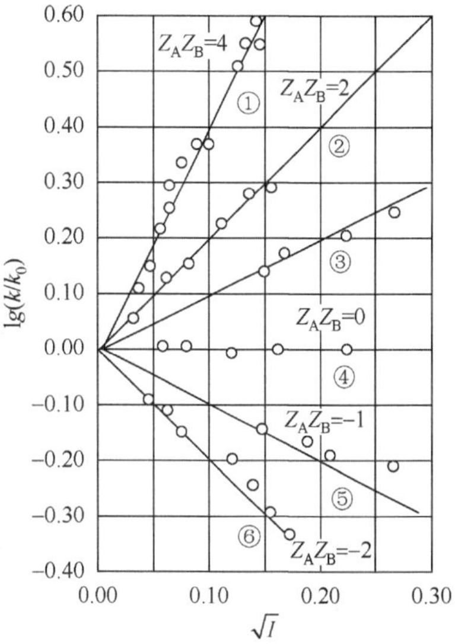

图 4-8　离子强度与反应速率关系图

4.8.3　溶液中快速反应的处理方法——弛豫法

对一些溶液反应，如酸碱中和反应等，反应速率非常快，传统的测定反应速率的方法已不适用，需要建立特殊的实验方法。目前已用弛豫法测定 $H^+ + OH^- \longrightarrow H_2O$ $k=1.4\times10^{11}\text{mol}^{-1}\cdot\text{dm}^3\cdot\text{s}^{-1}$。弛豫法是先让一个反应达到平衡，然后通过外界因素的微扰，使其稍稍偏离平衡，用光谱等物理方法观测再恢复到平衡的过程。假定一级快速可逆反应为

$$\text{A} \underset{k_{-1}}{\overset{k_1}{\rightleftharpoons}} \text{B} + \text{C}$$

设 a 为物质 A 的起始浓度，x 为任意时间 t 反应掉的浓度，则

$$\frac{\mathrm{d}x}{\mathrm{d}t} = k_1(a-x) - k_{-1}x^2$$

若系统在某温度下达成平衡，然后使温度发生一突跃，使系统不再平衡，系统向新条件下平衡转移。若新平衡条件下物质 A 消耗掉的浓度为 x_e，则

$$k_1(a-x_e) - k_{-1}x_e^2 = 0 \qquad (4\text{-}61)$$

在系统未达到平衡时，令偏离平衡浓度差 $\Delta x = x - x_e$，则

$$\frac{\mathrm{d}x}{\mathrm{d}t} = \frac{\mathrm{d}\Delta x}{\mathrm{d}t} = k_1(a-x) - k_{-1}x^2$$

将 $x = x_e + \Delta x$ 代入上式，并考虑式（4-61），得

$$\frac{\mathrm{d}\Delta x}{\mathrm{d}t} = -k_1\Delta x - k_{-1}(\Delta x)^2 - 2k_{-1}\Delta x x_e$$

由于 Δx 很小，略去 $(\Delta x)^2$ 项，则

$$\frac{\mathrm{d}\Delta x}{\mathrm{d}t} = -(k_1 + 2k_{-1}x_e)\Delta x \qquad (4\text{-}62)$$

设 $t=0$ 时，$\Delta x = \Delta x_0$；$t=t$ 时，$\Delta x = \Delta x_t$，积分式（4-62）得

$$\ln\frac{\Delta x_0}{\Delta x_c} = (k_1 + 2k_{-1}x_e)t \qquad (4\text{-}63)$$

若令 $1/(k_1 + 2k_{-1}x_e) = \tau$，则当 $\ln\Delta x_0/\Delta x_t = \ln \mathrm{e} = 1$ 时，$\tau = t$，此时的 τ 即为 Δx 达到 Δx_0 的

1/e 时所需时间，这个时间称为弛豫时间。可用实验方法精确测定弛豫时间，得 $\tau = (k_1 + 2k_{-1}x_e)^{-1}$，再由平衡常数求 k_1/k_{-1}，二者联立就可得 k_1 和 k_{-1}。

快速扰动可用脉冲激光使反应系统在 10^{-6}s 内升高几摄氏度，或者用突然改变压力或浓度等方法。近代实验手段如核磁共振、电子自旋共振等，都能在极端时间内反映出系统信息。

本章小结

（1）化学反应速率：$v_B = \pm\frac{1}{V}\frac{dn_B}{dt}$。在单位体积的反应体系中，某一化学反应引起的物质（反应物或产物）的量随时间的变化率。它是衡量化学反应快慢的物理量，它同反应体系的大小（或反应物投料多少）无关。

（2）表示某一化学反应的反应速率与浓度等参数之间的关系，或表示浓度与时间等参数间关系的方程称为化学反应的速率方程，也称动力学方程。总是经过若干个简单的反应步骤，最后才转化为产物分子，这种反应称为非基元反应。所谓简单步骤是指分子经一次碰撞后，在一次化学行为中就能完成反应，这种反应称为基元反应，有时也简称元反应。简言之，基元反应就是一步能完成的反应。非基元反应是许多基元反应的总和，也称总包反应或简称总反应。一个复杂反应是经过若干个基元反应才能完成的反应，这些基元反应代表了化学反应所经过的途径，在动力学上称为反应机理或反应历程。

（3）零级反应：反应速率与反应物 A 浓度的零次方成正比。零级反应的半衰期为

$$t_{1/2} = c_{A,0} / (2k)$$

一级反应：反应速率与反应物 A 浓度的一次方成正比。一级反应的半衰期为

$$t_{1/2} = \ln 2 / k_A = 0.6931 / k_A$$

二级反应：反应速率与反应物 A 浓度的二次方成正比。二级反应的半衰期为

$$t_{1/2} = \frac{1}{kc_{A,0}}$$

n 级反应：反应物浓度符合化学计量比 $c_A / a = c_B / b = \cdots$ 的多种反应物的如下反应

$$a\text{A} + b\text{B} + \cdots \longrightarrow \text{产物}$$

均符合速率方程 $-\frac{dc_A}{dt} = kc_A^n$。$n$ 级反应的半衰期为

$$t_{1/2} = \frac{2^{n-1}-1}{(n-1)kc_{A,0}^{n-1}}$$

（4）对 n 级反应，速率方程为 $-\frac{dc_A}{dt} = kc_A^n$，是速率方程微分式，两边取对数，得 $\frac{1}{n-1}\left(\frac{1}{c_A^{n-1}} - \frac{1}{c_{A,0}^{n-1}}\right) = kt$，为直线方程。因一定温度下 k 和 n 均为常数，若以 $\ln(-dc/dt)$ 对 $\ln c$ 作图应得一直线，直线斜率即为反应级数 n，这种确定级数的方法称为微分法。微分法的关键是如何求得反应物的浓度 c_A 时的反应速率 $-\frac{dc}{dt}$，并根据实验数据作出 c-t 动力学曲线，然后在动力学曲线上截取不同浓度处的斜率，最后以各浓度下的斜率负值的对数对浓度对数作图。

（5）阿伦尼乌斯方程 $k = Ae^{-E_a/(RT)}$，A 为常数，称为指数前因子或指前因子，又称表观频率因子，其单位与 k 相同。取对数微分得

$$\frac{d\ln k}{dT} = \frac{E_a}{RT^2}$$

此式表明 $\ln k$ 随温度 T 的变化率与活化能 E_a 成正比。这就是说，活化能越高，随着温度的升高，反应速率增加得越快，即活化能越高，温度对反应速率影响越大，因此，若同时存在几个反应，则高温对活化能高的反应有利，生产上往往利用这个原理来选择适宜的温度加速主反应，抑制副反应。

（6）在化学动力学中有一类特殊的反应，只要用热、光、辐射或其他方法使反应引发，它便能通过活性组分（自由基或原子）相继发生一系列的连续反应，像链条一样使反应自动发展下去，这类反应称为链反应。

所有的链反应都是由下列三个基本步骤组成：链的开始（或链的引发）、链的传递（或增长）、链的终止。

（7）根据链的传递方式不同，可将链反应分为直链反应和支链反应。

依据造成爆炸的原因不同，爆炸可分为两种类型，即热爆炸和支链爆炸。热爆炸是由于反应放出的热无法散开，温度骤然上升，反应速率按指数规律加快，以致瞬时发生爆炸。支链爆炸是指在支链反应中，链分支使自由基数目以几何级数的方式增加，反应链迅猛分支发展而导致爆炸。链爆炸反应的温度、压力、组成通常有一定的爆炸区间，称为爆炸界限。

（8）过渡态理论：当两个具有足够能量的反应物分子相互接近时，分子的价键要经过重排，能量要经过重新分配，才能变成产物分子，此过程要经过一个过渡状态，这个过渡状态称为活化络合物，所以该理论又称活化络合物理论。依据过渡态理论，只要知道分子的振动频率、质量、核间距等基本物性，就能计算反应的速率常数，所以又称反应速率理论。

（9）弛豫法是先让一个反应达到平衡，然后通过外界因素的微扰，使其稍稍偏离平衡，用光谱等物理方法观测再恢复到平衡的过程。

习　题

1. 在过氧化氢酶的催化下，发生以下分解反应：

$$H_2O_2(l) \xlongequal{\quad} H_2O(l) + 1/2O_2(g)$$

反应进行 5min 后，测得 H_2O_2 浓度降低 $3.0\times10^{-3}mol\cdot dm^{-3}$，计算 H_2O_2 的分解速率和 O_2 的生成速率。

2. 根据实验，NO 和 Cl_2 的反应满足质量作用定律。

$$2NO(g) + Cl_2(g) \longrightarrow 2NOCl(g)$$

（1）写出该反应的反应速率方程式。

（2）该反应的总级数是多少？

（3）其他条件不变，如果将容器的体积增加至原来的 2 倍，反应速率如何变化？

（4）如果容器的体积不变而将 NO 的浓度增加至原来的 3 倍，反应速率又将如何变化？

3. 当 A 和 B 的浓度分别为 $0.15mol\cdot dm^{-3}$ 和 $0.03mol\cdot dm^{-3}$，k=0.005，根据速率方程表达式：

$$v = kc(A)c^2(B)$$

计算该反应的反应速率。

4. 某反应 A $\longrightarrow$ B，当反应物 A 的浓度 $c_A=0.200mol\cdot dm^{-3}$ 时，反应速率为 $0.005mol\cdot dm^{-3}\cdot s^{-1}$。试计算在下列情况下，反应速率常数各为多少。

（1）反应对 A 是零级；

（2）反应对 A 是一级。

5. 零级反应 A $\longrightarrow$ B+C，已知 A 的起始浓度为 $0.36mol\cdot dm^{-3}$，完全分解用了 1.0h，试求该反应以 s^{-1} 为时间单位表示的速率常数。

6. 一级反应 A $\longrightarrow$ B+C，已知 A 的起始浓度为 $0.50mol\cdot dm^{-3}$，速率常数 $k=5.3\times10^{-1}s^{-1}$，试求：

（1）反应进行 3min 后 A 物质的浓度；

（2）该反应的半衰期。

7. 乙烷裂解制取乙烯反应如下

$$C_2H_6 \longrightarrow C_2H_4 + H_2$$

已知 800℃时的反应速率常数 k=3.43s^{-1}。当乙烷转化率为 50%、75%时分别需要多少时间？

8. 气态三聚乙醛的分解反应为一级反应，$(CH_3CHO)_3 \longrightarrow 3CH_3CHO$，在 519K 时的速率常数为 $3.05\times10^{-4}s^{-1}$。

（1）求此反应的 $t_{1/10}$；

（2）实验测得三聚乙醛起始压力为 4.65kPa，在 519K 时，15min 后的压力是多少？

9. 65℃时，在气相中 N_2O_5 分解的速率常数为 0.292min^{-1}，活化能为 103.34$kJ\cdot mol^{-1}$，求 80℃时的 k 和 $t_{1/2}$。

10. 环氧乙烷分解反应为一级反应，已知在 380℃时，半衰期为 63min，E_a=217.67$kJ\cdot mol^{-1}$，在 450℃时分解 75%的环氧乙烷需要多少时间？

11. 某反应在 40℃时的速率是在 20℃时的 13.8 倍，计算该反应的活化能。

12. 甲酸在金表面上的分解反应在温度为 140℃和 185℃时的速率常数分别为 $5.5\times10^{-4}s^{-1}$ 及 $9.2\times10^{-2}s^{-1}$，试求该反应的活化能。

13. 某反应在 15.05℃时的反应速率常数为 $34.40\times10^{-3}dm^3\cdot mol^{-1}\cdot s^{-1}$，在 40.13℃时的反应速率常数为 $189.9\times10^{-3}dm^3\cdot mol^{-1}\cdot s^{-1}$。求反应的活化能，并计算 25.00℃时的反应速率常数。

14. $2NO+2H_2 = N_2+2H_2O$ 在 273K 时反应速率常数为 0.042，在 500K 时反应速率常数为 0.624，试计算该反应在 298K 时的速率常数。

15. 反应 $H_2(g)+I_2(g) \longrightarrow 2HI(g)$在 302℃时的 $k=2.45\times10^{-4}dm^3\cdot mol^{-1}\cdot s^{-1}$，在 508℃时 $k=0.950dm^3\cdot mol^{-1}\cdot s^{-1}$，试计算该反应的活化能 E_a、指前因子（参量）k_0 并求 400℃时的 k。

16. 在 28℃时鲜牛奶大约 4h 变酸，在 5℃冰箱中可保持 48h。假定牛奶变酸反应速率与变酸时间成反比，求牛奶变酸反应的活化能。

17. 已知反应：①$2N_2O_5(g) = 4NO_2(g)+O_2(g)$　E_a=103.3$kJ\cdot mol^{-1}$

②$C_2H_5Cl(g) = C_2H_4(g)+HCl(g)$　E_a=246.9$kJ\cdot mol^{-1}$

（1）反应温度由 300K 上升到 310K，上述两反应的速率各增大多少倍？为什么？

（2）反应②的温度由 700K 上升到 710K，反应的速率又增大多少倍？与（1）中②比较说明了什么？

18. 氧化乙烯的热分解反应为一级反应，已知在 651K 时，分解 50%所需时间为 363min，活化能 E_a=217.6$kJ\cdot mol^{-1}$，试求如果在 120min 内分解 75%，温度应控制在多少 K。

19. 有恒容气相反应 $A(g) \longrightarrow D(g)$，已知该反应的速率常数 k 与温度 T 有关系：$\ln k$（s^{-1}）=24.00−9622/T(K)。

（1）确定该反应级数；

（2）计算该反应的活化能；

（3）预使 A 在 10min 内转化 90%，反应应控制在多少度？

20. 已知某一级反应的 $\Delta_r H_m^{\ominus}$（298K）=0.08$kJ\cdot mol^{-1}$，E_a(正)=180$J\cdot mol^{-1}$，设 A=1；试计算该逆反应在 300K 时的 k。

21. 通过实验可知，在高温时，CO_2 气体与焦炭中的碳反应的方程式为 $CO_2+C = 2CO$，该反应的活化能为 160.2$kJ\cdot mol^{-1}$。试计算反应温度由 900K 升高到 1000K 时，反应速率常数的变化率。

第 5 章　多组分系统热力学

当系统包含两种或两种以上的物质时，该系统称为多组分体系（multi-componentsystem）。若系统中多种物质是以分子大小的粒子相互分散而形成均相系统，构成溶液或混合物，可以是单相，也可以为多相。溶液（solution）是指一种以上物质组成，将其中一种含量多的称为溶剂（solvent），而另一种含量少的称为溶质（solute）。溶液可以是气态、液态、固态，溶液中的溶质可以有多种，溶剂只有一种。

一般无论何种气体，均可以以任意比例混合形成气态溶液，其分散程度达到分子状态，所以只有一个相——气相。在一定条件下，混合气体的行为可以用理想气体来描述。液体溶液可以分别由气体、液体、固体溶解在液体中形成。固体溶液在相平衡一章中讨论。本章讨论液体溶液。

对于液态多组分系统，其状态除受温度、压力、体积等影响外，还受各组分的含量影响。对于混合物中任意组分 B 的浓度表示方法，常有以下几种。

（1）物质的量浓度：溶质 B 的物质的量与溶液体积的比值，简称 B 的浓度，用符号 c_B 表示：

$$c_B = n_B / V \tag{5-1}$$

c_B 的单位为 $mol \cdot m^{-3}$ 或 $mol \cdot dm^{-3}$。

（2）摩尔分数：溶质 B 的物质的量与混合物的物质的量之和 $\sum n_A$ 之比，用符号 x_B 表示：

$$x_B = n_B / \sum n_A \tag{5-2}$$

x_B 是量纲为一的量，单位为 1。x_B 称为 B 的摩尔分数或 B 的物质的量分数。在气态混合物中，B 的摩尔分数用 y_B 表示。

（3）质量分数：溶质 B 的质量 m_B 与溶液总质量的比值乘 100%，用符号 w_B 表示：

$$w_B = m_B / \sum m_i \tag{5-3}$$

w_B 是量纲为一的量，单位为 1。

（4）质量摩尔浓度：溶质 B 的物质的量 n_B 与溶剂质量的比值，用符号 b_B 表示：

$$b_B = n_B / m_A \tag{5-4}$$

b_B 单位为 $mol \cdot kg^{-1}$。m_A 表示溶剂的质量。因 B 的质量摩尔浓度与温度无关，在热力学处理中较为方便，而且在电化学中也主要采用该浓度表示电解质的浓度。

5.1　偏 摩 尔 量

在热力学的讨论中，无论是纯物质系统还是混合物系统，其组成均保持不变，因此只需要两个变量（压力和温度）就能描述系统的状态。对于敞开系统或组成发生变化的多组分系统，必须规定系统中每种物质的数量，才能确定系统的最终状态。

一个封闭系统，若存在多个相，物质在相与相之间交流，则各相的组成将发生变化，每个相可以作为敞开系统处理。因此对于组成可变的多组分系统，在热力学函数的表示式中都包含各组分的物质的量（n_B）作为变量。

在多组分系统的处理中，有两个重要的概念，一个是偏摩尔量（partial molar quantity），另一个是化学势（chemical potential）。

5.1.1 偏摩尔量的定义

不论在何种体系，物质的质量和物质的量总是具有加和性，但是体系的其他广度性质一般不具有加和性。以体积为例，1mol 纯水的摩尔体积为 $18cm^3$，将其加入纯水中，水的总体积增加量为 $18cm^3$，但将 1mol 纯水加入易溶金属盐溶液中时，溶液体积的增加量并不等于 $18cm^3$。在 25℃时将 50g 水和 50g 乙醇混合，其体积为 $109.43cm^3$，小于混合前体积之和 $113.55cm^3$。由此可见，在讨论两种或两种以上的物质所构成的均相系统时，需要引入新的概念来代替对于纯物质所使用的摩尔量的概念。

在一个由 1，2，3，4，…，k 个组分组成的均相系统中，要确定其热力学状态，需要确定温度、压力以及各组分的物质的量。因此各热力学函数是温度（T）、压力（p）和各组成的物质的量（n_1，n_2，n_3，…，n_k）的函数。

以系统的吉布斯自由能（G）为例：

$$G=G(T,p,n_1,n_2,n_3,\cdots,n_k) \tag{5-5}$$

当系统的状态发生任意无限小量的变化时，对 G 进行全微分，得

$$\begin{aligned}\mathrm{d}G=&\left(\frac{\partial G}{\partial T}\right)_{p,n_1,n_2,n_3,\cdots,n_k}\mathrm{d}T+\left(\frac{\partial G}{\partial p}\right)_{T,n_1,n_2,n_3,\cdots,n_k}\mathrm{d}p+\left(\frac{\partial G}{\partial n_1}\right)_{T,p,n_2,n_3,\cdots,n_k}\mathrm{d}n_1\\&+\left(\frac{\partial G}{\partial n_2}\right)_{T,p,n_1,n_3,\cdots,n_k}\mathrm{d}n_2+\cdots+\left(\frac{\partial G}{\partial n_k}\right)_{T,p,n_1,n_2,n_3,\cdots,n_{k-1}}\mathrm{d}n_k\end{aligned} \tag{5-6}$$

在等温等压下，上式可改写为

$$\mathrm{d}G=\sum_{i=1}^{k}\left(\frac{\partial G}{\partial n_i}\right)_{T,p,n_j(i\neq j)}\mathrm{d}n_i \tag{5-7}$$

设 Z 代表系统的任意热力学广度性质，代入式（5-7）则有

$$\mathrm{d}Z=\sum_{i=1}^{k}\left(\frac{\partial Z}{\partial n_i}\right)_{T,p,n_j(i\neq j)}\mathrm{d}n_i \tag{5-8}$$

定义系统中组分 B 的偏摩尔量 Z_i 为

$$Z_i=\left(\frac{\partial Z}{\partial n_i}\right)_{T,p,n_j(i\neq j)} \tag{5-9}$$

将 Z_i 代入，式（5-8）可写为

$$\mathrm{d}Z=Z_1\mathrm{d}n_1+Z_2\mathrm{d}n_2+\cdots+Z_k\mathrm{d}n_k=\sum_{i=1}^{k}Z_i\mathrm{d}n_i \tag{5-10}$$

Z_i 表示在等温等压条件下，在无限大系统中，保持除组分 i 以外的其他组分的数量保持不变（忽略加入少量物质引起其他组分浓度的微小变化），加入 1mol 组分 i 时引起该系统广度性质 Z 的改变。常见的偏摩尔量有：偏摩尔体积 V_i、偏摩尔热力学能 U_i、偏摩尔焓 H_i、偏摩尔熵 S_i、偏摩尔亥姆霍兹自由能 A_i 和偏摩尔吉布斯自由能 G_i 等。以上热力学性质对应的定义式为

$$G_i=\left(\frac{\partial G}{\partial n_i}\right)_{T,p,n_j(i\neq j)},\quad A_i=\left(\frac{\partial A}{\partial n_i}\right)_{T,p,n_j(i\neq j)}$$

$$V_i = \left(\frac{\partial V}{\partial n_i}\right)_{T,p,n_j(i\neq j)}, \quad S_i = \left(\frac{\partial S}{\partial n_i}\right)_{T,p,n_j(i\neq j)}$$

$$H_i = \left(\frac{\partial H}{\partial n_i}\right)_{T,p,n_j(i\neq j)}, \quad U_i = \left(\frac{\partial U}{\partial n_i}\right)_{T,p,n_j(i\neq j)} \tag{5-11}$$

如果系统中只有一种组分时，则偏摩尔量就是摩尔量，即纯组分的偏摩尔量等于摩尔量。

值得提醒的是，只有系统的广度性质才有偏摩尔量，强度性质没有偏摩尔量。另外，只有在等温、等压、除 i 以外的其他组分的量保持不变时，某广度性质对组分 i 的物质的量的偏微分才称为偏摩尔量，其他条件下均不是偏摩尔量。偏摩尔吉布斯自由能又称化学势，并用符号 μ_i 表示。

5.1.2 偏摩尔量的加和公式

偏摩尔量作为强度性质，与混合物的组成有关，而与混合物的总量无关。当按照原溶液中的各物质的比例增加物质时，各物质浓度在此过程中均未变化，因此各组分的偏摩尔量 Z_i 也不变。在等温等压下，即 $dT=0$，$dp=0$，所以偏摩尔量的右端前两项为零。

对 $dZ = Z_1 dn_1 + Z_2 dn_2 + \cdots + Z_k dn_k = \sum_{i=1}^{k} Z_i dn_i$ 进行积分，得到加入后系统的总量为

$$\begin{aligned} Z &= Z_1\int_0^{n_1} dn_1 + Z_2\int_0^{n_2} dn_2 + \cdots + Z_k\int_0^{n_k} dn_k \\ &= n_1 Z_1 + n_2 Z_2 + \cdots + n_k Z_k = \sum_{i=1}^{k} n_i Z_i \end{aligned} \tag{5-12}$$

该式表明偏摩尔量具有加和性。表明其性质 Z 与组成 n 和偏摩尔量 Z_i 的关系。以吉布斯自由能为例，将 G 代入式（5-12）得

$$G = n_1 G_1 + n_2 G_2 + \cdots + n_k G_k = \sum_{i=1}^{k} n_i G_i = \sum_{i=1}^{k} n_i \mu_i$$

这说明当系统温度和压力恒定时，该系统的吉布斯自由能等于各物质的偏摩尔吉布斯自由能与对应的物质的量乘积之和。

同理可推得系统的其他广度性质的加和公式或集合公式为

$$V = \sum_{i=1}^{k} n_i V_i, \quad S = \sum_{i=1}^{k} n_i S_i, \quad U = \sum_{i=1}^{k} n_i U_i, \quad A = \sum_{i=1}^{k} n_i A_i, \quad H = \sum_{i=1}^{k} n_i H_i$$

偏摩尔量的集合公式表明，系统中各物质均对系统的热力学性质作出了贡献。

5.1.3 吉布斯-杜亥姆公式

在温度、压力一定的情况下，向系统中加入物质时并不按照原有比例增加，则此时各组分浓度将发生改变，各组分的偏摩尔量也发生改变，系统的广度性质 Z 的变化可以通过对式（5-12）求微分得到

$$dZ = n_1 dZ_1 + Z_1 dn_1 + \cdots + n_k dZ_k + Z_k dn_k \tag{5-13}$$

若从相同的始态出发，使通过按比例加入物质的终点与上述达到的终点相同，则可按照式（5-10）计算，对比式（5-10）和式（5-13）得

$$n_1 dZ_1 + n_2 dZ_2 + \cdots + n_k dZ_k = 0 \quad 或 \quad \sum_{i=1}^{k} n_i dZ_i = 0 \tag{5-14}$$

式（5-14）就是吉布斯-杜亥姆（Gibbs-Duham）公式，表示系统中各组分的偏摩尔量之间不是相互对立的，而是此消彼长的，各组分的偏摩尔量的涨落满足吉布斯-杜亥姆公式。

将式（5-14）除以系统的总物质的量，则得

$$x_1 dZ_1 + x_2 dZ_2 + \cdots + x_k dZ_k = 0 \quad 或 \quad \sum_{i=1}^{k} x_i dZ_i = 0 \tag{5-15}$$

此式也被称为吉布斯-杜亥姆公式。注意吉布斯-杜亥姆公式的适用条件是等温等压。将系统具体的广度性质代入式（5-14）和式（5-15）即得到该广度性质相应的吉布斯-杜亥姆公式。

5.1.4　求解偏摩尔量

以二元组分为例，计算其体积的偏摩尔量，常用图解法、截距法和解析法。

1. 图解法

在由 A 和 B 组成的溶液中，A 为溶剂，B 为溶质，固定 A 的量、改变 B 的量可以获得一系列不同浓度的溶液，则溶液的体积随溶质 B 的不同而发生变化，因此可以根据实验数据绘制一条 V-n_B 曲线，如图 5-1 所示。在该曲线上作切线则可获得切线与曲线交点处对应浓度时 B 组分的偏摩尔体积。切线斜率为 $\left(\frac{\partial V}{\partial n_B}\right)_{T,p,n_A}=V_B$。

2. 截距法

在二组分系统中，设其物质的量分别为 n_A 和 n_B，摩尔分数分别为 x_1 和 x_2，则该混合物的摩尔体积可以表示为

$$V_m = \frac{V}{n_A + n_B} \qquad 或 \qquad V = V_m(n_A + n_B) \tag{5-16}$$

V_m 为混合物的平均摩尔体积或称混合物的摩尔体积。如图 5-2 所示对曲线上的某一点作切线，然后延长于纵轴相交，当 x_B 分别为 0 和 1 时得到 V_A 和 V_B。

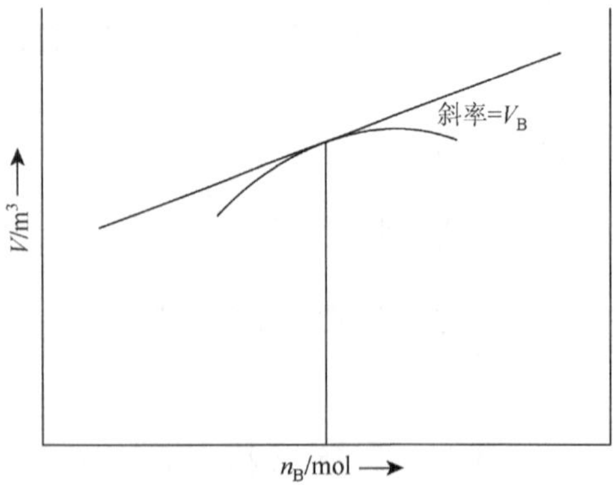

图 5-1　图解法求解偏摩尔体积

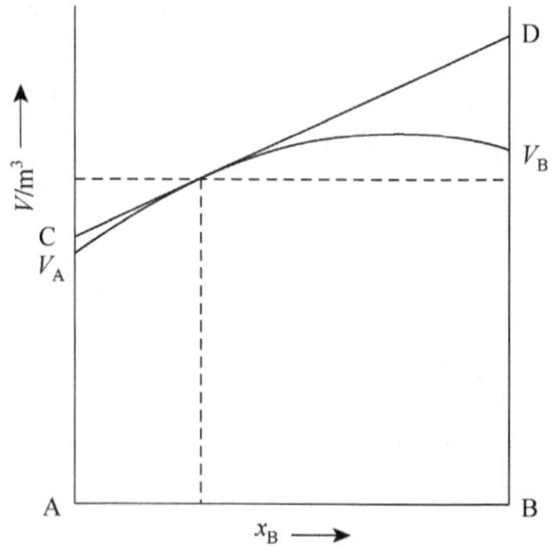

图 5-2　截距法求解偏摩尔体积

3. 解析法

根据偏摩尔体积的定义式，通过体积和组成的函数关系，再进行求偏微分而获得偏摩尔体积。

【例 5-1】　在 25℃、101.3kPa 时，1kg H_2O（A）中溶解 NaCl（B），形成的溶液总体积与溶质有如下关系：

$$V = (1001.38 + 16.625 n_B + 1.774 n_B^{\frac{3}{2}} + 0.119 n_B^2)\text{cm}^3$$

求 n_B=1.0mol 时，H_2O 和 NaCl 的偏摩尔体积。

解　因 $\left(\frac{\partial V}{\partial n_B}\right)_{T,p,n_A}=V_B$，所以依据题意

$$V_B = (16.625 + \frac{3}{2} \times 1.774 n_B^{\frac{1}{2}} + 2 \times 0.119 n_B)\ cm^3 \cdot mol^{-1}$$

代入 n_B=1.0mol，V_B=19.524cm^3·mol^{-1}

1kg H_2O 的物质的量为

$$n_A = \frac{1}{18.0152 \times 10^{-3} kg \cdot mol^{-1}} = 55.5mol$$

溶液的总体积等于 H_2O 和 NaCl 的体积之和，因此根据加和公式：

$$V = n_A V_A + n_B V_B$$

$$V = (1001.38 + 16.625 \times 1 + 1.774 \times 1^{\frac{3}{2}} + 0.119 \times 1^2) cm^3 = 1019.898 cm^3$$

$$V_A = \frac{V - n_B V_B}{n_A} = \frac{(1019.898 - 1 \times 19.524)}{55.5} = 18.025 cm^3 \cdot mol^{-1}$$

5.2 化　学　势

5.2.1　化学势的定义

在恒温恒压下，偏摩尔吉布斯自由能被定义为化学势，并用符号 μ_i 表示。系统中任意组分的化学势定义为

$$\mu_i = \left(\frac{\partial G}{\partial n_i}\right)_{T,p,n_j(i \neq j)} \tag{5-17}$$

将化学势替换式（5-6）中的对应项，有

$$dG = \left(\frac{\partial G}{\partial T}\right)_{p,n_1,n_2,n_3,\cdots,n_k} dT + \left(\frac{\partial G}{\partial p}\right)_{T,n_1,n_2,n_3,\cdots,n_k} dp + \mu_1 dn_1 + \mu_2 dn_2 + \cdots + \mu_k dn_k \tag{5-18}$$

再根据前面热力学公式 $\left(\frac{\partial G}{\partial T}\right)_{p,n_B} = -S$，$\left(\frac{\partial G}{\partial p}\right)_{T,n_B} = V$，得出

$$dG = -SdT + Vdp + \sum_{i=1}^{k} \mu_i dn_i \tag{5-19}$$

对于其他的热力学函数，选取适当的独立变量也可以获得化学势，如焓选熵、压力以及各组分物质的量为独立变量，亥姆霍兹函数选温度、体积及各组分物质的量为独立变量，于是得到化学势的另一些表达式

$$\mu_i = \left(\frac{\partial G}{\partial n_i}\right)_{T,p,n_j(i \neq j)} = \left(\frac{\partial H}{\partial n_i}\right)_{S,p,n_j(i \neq j)} = \left(\frac{\partial A}{\partial n_i}\right)_{T,V,n_j(i \neq j)} = \left(\frac{\partial U}{\partial n_i}\right)_{S,V,n_j(i \neq j)} \tag{5-20}$$

以上四个偏微分式都称为化学势，应该特别注意其下角标，每个热力学函数所选择的独立变量彼此不同。

多组分可变系统与封闭系统的热力学公式有所不同，因其组成改变，所以引入物质的量。因此多组分可变系统的热力学基本公式可以写作

$$dG = -SdT + Vdp + \sum_{i=1}^{k} \mu_i dn_i \tag{5-19}$$

$$dA = -SdT - pdV + \sum_{i=1}^{k} \mu_i dn_i \tag{5-21}$$

$$dH = TdS + Vdp + \sum_{i=1}^{k} \mu_i dn_i \tag{5-22}$$

$$dU = TdS - pdV + \sum_{i=1}^{k} \mu_i dn_i \tag{5-23}$$

以上四个公式，式（5-19）用得最多，以吉布斯自由能的偏微商表示的化学势最为常用，但要注意其条件为恒温、恒压和其他组分物质的量不变的条件。在本书以后章节，未经声明的化学势均是指 $\mu_i = \left(\frac{\partial G}{\partial n_i}\right)_{T,p,n_j(i\neq j)}$。化学势作为重要的物理量，在系统中可以用作判定物质转移和化学反应自发发生的方向和限度。

5.2.2　化学势在多相平衡中的应用

当多相系统达到平衡时，各相的组分在宏观上是不变的，且温度、压力均相同。从微观上看，各相之间有物质的相互转移情况发生。

由 α 和 β 两相组成多组分系统，在恒温、恒压下，设有 dn_i^{β} 的 i 物质从 β 相转移到 α 相，这一过程引起系统吉布斯自由能的变化为

$$dG = dG^{\alpha} + dG^{\beta} = \mu_i^{\alpha} dn_i^{\alpha} + \mu_i^{\beta} dn_i^{\beta}$$

物质在系统内部变化，因为 i 物质从 β 相转出的量等于 α 相转入的量，有

$$dn_i^{\alpha} = -dn_i^{\beta}$$

所以

$$dG = (\mu_i^{\alpha} - \mu_i^{\beta}) dn_i^{\alpha}$$

如果该系统处于平衡状态，则

$$dG = 0$$

因为 $dn_i^{\alpha} \neq 0$，所以

$$\mu_i^{\alpha} - \mu_i^{\beta} = 0 \tag{5-24}$$

$$\mu_i^{\alpha} = \mu_i^{\beta} \tag{5-25}$$

因此得出，对于多组分系统，当达到平衡时，任意组分在两相的化学势相等。也可以说，在两相中任意组分的化学势相等时，该系统达到平衡。

当多组分系统中的物质在两相中发生自发的转移时，$dG < 0$，则有

$$dG = (\mu_i^{\alpha} - \mu_i^{\beta}) dn_i^{\alpha} < 0$$

因为物质从 β 相转移到 α 相，所以 $dn_i^{\alpha} > 0$，则

$$\mu_i^{\alpha} < \mu_i^{\beta} \tag{5-26}$$

从式（5-26）得出，当物质在两相中转移时，总是从化学势高的一相向化学势低的一相转移，直至达到相等从而达到相平衡。对于多相系统而言，达到平衡的条件就是各相中的各物质的化学势也达到相等

$$\mu_i^{\alpha} = \mu_i^{\beta} = \cdots = \mu_i^{k} \tag{5-27}$$

5.2.3　化学势在化学反应中的应用

以合成氨的反应为例说明化学势在化学反应中的应用

$$N_2(g) + 3H_2(g) \longrightarrow 2NH_3(g)$$

在恒温恒压下，有微小量的 NH_3 生成，就会消耗相应微小量的 N_2 和 H_2，此时反应的吉布斯自由能的变化为

$$dG = \sum \mu_i dn_i = \mu_{NH_3} dn_{NH_3} - \mu_{N_2} dn_{N_2} - \mu_{H_2} dn_{H_2}$$

设 N_2 的物质的量变化值为 $dn_{N_2} = dn$，则按照方程相应的其他物质的变化量代入上式有

$$dG = 2\mu_{NH_3}dn - \mu_{N_2}dn - 3\mu_{H_2}dn = (2\mu_{NH_3} - \mu_{N_2} - 3\mu_{H_2})dn$$

因为 dn 小于零，所以当 $2\mu_{NH_3} - \mu_{N_2} - 3\mu_{H_2} > 0$ 时，$dG < 0$。

5.2.4 化学势与压力、温度的关系

1. 化学势与压力的关系

从第 3 章得知：$\left(\dfrac{\partial G}{\partial p}\right)_T = V$，那么在恒温条件下，组分浓度不变时对化学势求压力的微分有

$$\left(\frac{\partial \mu_i}{\partial p}\right)_{T,n_i,n_j} = \left(\frac{\partial G_i}{\partial p}\right)_{T,n_i,n_j} = \left[\frac{\partial}{\partial p}\left(\frac{\partial G}{\partial n_i}\right)_{T,n_j}\right]_{T,p,n_j} = \left[\frac{\partial}{\partial n_i}\left(\frac{\partial G}{\partial p}\right)_{T,n_j}\right]_{T,p,n_j}$$

$$= \left(\frac{\partial V}{\partial n_i}\right)_{T,p,n_j} = V_i$$

即

$$\left(\frac{\partial \mu_i}{\partial p}\right)_{T,n_i,n_j} = V_i \tag{5-28}$$

2. 化学势与温度的关系

同理代入 $\left(\dfrac{\partial G}{\partial T}\right)_p = -S$ 可以推导出化学势与温度的关系，即

$$\left(\frac{\partial G_i}{\partial T}\right)_p = -S_i \tag{5-29}$$

根据热力学基本公式：$G=H-TS$，在恒温、恒压下对 n_i 微分：

$$G_i = \left(\frac{\partial G}{\partial n_i}\right)_{T,p,n_j} = \left(\frac{\partial H}{\partial n_i}\right)_{T,p,n_j} - T\left(\frac{\partial S}{\partial n_i}\right)_{T,p,n_j}$$

$$\mu_i = G_i = H_i - TS_i \tag{5-30}$$

对于偏摩尔吉布斯函数的另一些公式可列式对照如下

$$\left(\frac{\partial (G/T)}{\partial T}\right)_p = -\frac{H}{T^2};\quad \left(\frac{\partial (G_i/T)}{\partial T}\right)_p = -\frac{H_i}{T^2} \tag{5-31}$$

将以上公式与纯物质相应公式对比，发现当应用于敞开体系时，同一组分的不同偏摩尔数量之间关系仍可沿用前述各公式的基本形式，只需把原来封闭体系公式中的广度性质 V、U、H、S、A、G 等改用相应的偏摩尔量 V_i、U_i、H_i、S_i、A_i、G_i 等表示就可以。

5.3 气体组分的化学势

5.3.1 纯理想气体的化学势

纯物质的偏摩尔量即为摩尔量，则纯理想气体的偏摩尔体积即为其摩尔体积。其偏摩尔

吉布斯自由能即为其摩尔吉布斯自由能，则化学势即为摩尔吉布斯自由能

$$V_i = V_m$$

$$\mu_i = G_i = G_m$$

为了考察单一理想气体的化学势随压力的变化情况，首先假设恒温条件下，压力改变了 dp，则有

$$dG = -SdT + Vdp \approx Vdp = d\mu \tag{5-32}$$

将 $V_m = \dfrac{RT}{p}$ 代入，得

$$d\mu = \frac{RT}{p}dp = RTd\ln p \tag{5-33}$$

在恒定温度的条件下，压力为 $p^{\ominus}$ 所对应的化学势用 $\mu^{\ominus}(T)$ 表示，从标准压力 $p^{\ominus}$ 积分到任意压力 p，则得

$$\int_{p^{\ominus}}^{p} d\mu = \int_{p^{\ominus}}^{p} RTd\ln p = RT\int_{p^{\ominus}}^{p} d\ln p$$

$$\mu - \mu^{\ominus}(T) = RT\ln\frac{p}{p^{\ominus}} \tag{5-34}$$

即

$$\mu = \mu^{\ominus}(T) + RT\ln\frac{p}{p^{\ominus}} \tag{5-35}$$

也有

$$G_i = G_i^{\ominus} + RT\ln\frac{p}{p^{\ominus}} \tag{5-36}$$

式（5-35）表达了在一定温度下，理想气体化学势随压力的变化关系，而温度对化学势的影响则概括在 $\mu^{\ominus}(T)$ 中，即 $\mu^{\ominus}(T)$ 为温度的函数。

5.3.2　混合理想气体的化学势

在研究理想气体混合物时，对这类体系中分子间的相互作用进行忽略，所以其模型与单一理想气体是相同的。混合后每一组分的性质与混合前相同，因此可以利用某组分的分压，求得其化学势的表达式。

根据式（5-35）可以得出，混合气体中某一组分的化学势为

$$\mu_i = \mu_i^{\ominus}(T) + RT\ln\frac{p_i}{p^{\ominus}} \tag{5-37}$$

其化学势又等于偏摩尔吉布斯自由能，所以有

$$G_i = G_i^{\ominus}(T) + RT\ln\frac{p_i}{p^{\ominus}} \tag{5-38}$$

对于理想气体又满足

$$pV = \sum_i n_i RT = nRT$$

在混合气体系统中，某一组分的分压满足道尔顿（Dalton）分压定律，则有

$$p_i = px_i$$

将其代入式（5-37）有

$$\mu_i = \mu_i^{\ominus}(T) + RT\ln\frac{p_i}{p^{\ominus}}$$
$$= \mu_i^{\ominus}(T) + RT\ln\frac{px_i}{p^{\ominus}}$$
$$= \mu_i^{\ominus}(T) + RT\ln\frac{p}{p^{\ominus}} + RT\ln x_i$$

将上式中的前两项合并，得到

$$\mu_i = \mu_i^*(T,p) + RT\ln x_i \tag{5-39}$$

$\mu_i^*(T,p)$ 相当于纯态气体 B 在温度为 T 和总压为 p 时的化学势，这个状态显然不是标准态，当总压力等于标准压力 $p^{\ominus}$（100Pa）时，$\mu_i^*(T,p)$ 还原为 $\mu_i^*(T,p^{\ominus})$ 或 $\mu_i^{\ominus}(T)$，才是标准态化学势。x_i 是理想气体混合物中某组分的摩尔分数。式（5-39）表示混合理想气体中某组分的化学势随其摩尔分数变化的情况。

5.4　逸度及逸度因子

实际气体与理想气体之间存在着偏离，其压力越大，偏离越明显，各种不同组分的实际气体的状态方程比较复杂，且因组分不同表达式也会有差异。如果能够将理想气体和实际气体的偏差表示出来，将可以得到一个较为统一的表达式，因此引入逸度和逸度因子。

5.4.1　逸度

路易斯认为在计算实际气体的化学势时将实际气体的压力用逸度代替，用符号 f 表示。

f 可以看作校正过的压力。将逸度代入单组分理想气体的化学势的表达式（5-35），单组分实际气体的化学势表达式为

$$\mu(T,p) = \mu^{\ominus}(T) + RT\ln\frac{f}{p^{\ominus}} \tag{5-40}$$

也有将逸度称为有效压力（effective pressure）。

当实际气体从状态 A 到状态 B 时

$$\Delta\mu = \mu_{\mathrm{B}} - \mu_{\mathrm{A}} = \left(\mu^{\ominus}(T) + RT\ln\frac{f_{\mathrm{B}}}{p^{\ominus}}\right) - \left(\mu^{\ominus}(T) + RT\ln\frac{f_{\mathrm{A}}}{p^{\ominus}}\right)$$
$$= RT\ln\frac{f_{\mathrm{B}}}{p^{\ominus}} - RT\ln\frac{f_{\mathrm{A}}}{p^{\ominus}} \tag{5-41}$$
$$= RT\ln\frac{f_{\mathrm{B}}}{f_{\mathrm{A}}}$$

5.4.2　逸度因子

当 $p\to 0$ 时，一切实际气体的性质均趋近于理想气体，则有

$$p\to 0 \quad f\to p$$

当压力不趋于零时，实际气体和理想气体之间存在明显偏差，逸度和压力不等。

假定 γ 为逸度因子，令

$$\gamma = \frac{f}{p} \quad 或 \quad f = p\gamma \tag{5-42}$$

对于实际气体，$p \to 0$，$f \to p$，则$\gamma \to 1$。γ相当于校正系数，因此f为校正压力。将式（5-42）代入式（5-40）得

$$\mu(T,p)=\mu^{\ominus}(T)+RT\ln\frac{p\gamma}{p^{\ominus}}$$

对于实际气体中任意组分的化学势可表示为

$$\mu_i(T,p)=\mu^{\ominus}(T)+RT\ln\frac{f_i}{p^{\ominus}} \tag{5-43}$$

5.5　拉乌尔定律和亨利定律

稀溶液中组成和蒸气压的关系在19世纪，经科学家研究后获得两个重要的定律——拉乌尔（Raoult）定律和亨利（Henry）定律。

5.5.1　拉乌尔定律

拉乌尔发现在溶剂中加入非挥发性溶质后，溶剂的蒸气压会降低，在总结得到实验规律后，于1887年发表了重要的研究成果拉乌尔定律：在一定温度、一定压力条件下，稀溶液中溶剂的蒸气压等于纯溶剂的蒸气压乘以溶液中溶剂的摩尔分数。其数学表达式为

$$p_A=p_A^*x_A \tag{5-44}$$

式中，p_A为溶液中溶剂的蒸气压；p_A^*为纯溶剂A的蒸气压；x_A为溶剂A的摩尔分数。设溶液中仅含溶剂（A）和溶质（B）两个组分，则

$$x_A+x_B=1$$

$$p_A=p_A^*(1-x_B)$$

移项得

$$p_A^*-p_A=p_A^*x_B \tag{5-45}$$

也可写作

$$\frac{p_A^*-p_A}{p_A^*}=x_B$$

上式表示当向纯溶剂中加入溶质时，溶液中溶剂的蒸气压的降低值与溶质的摩尔分数成正比。但是仅在稀溶液中的溶剂才会满足拉乌尔定律，且在满足该定律时，稀溶液中的溶质增加，溶剂的蒸气压下降，且溶质越多，下降的值越大，体现出稀溶液的蒸气压降低值的依数性。

对于溶质为不挥发的固体物质时，溶液的蒸气压就是溶剂的蒸气压，有

$$p=p_A=p_A^*x_A \tag{5-46}$$

经过将拉乌尔定律推广后，该定律可以适用于双液系。

5.5.2　亨利定律

亨利在对气体在溶剂中的溶解研究工作进行总结后，得到稀溶液的另一重要定律，称为亨利定律。其文字表述为：一定温度下，溶解于一定溶剂中的气体摩尔分数与该气体在气相中的平衡分压力成正比。其数学表达式为

$$p_B=k_Bx_B \tag{5-47}$$

式中，p_B和x_B分别代表挥发性溶质B在气相中的平衡分压和它在溶液中溶解的摩尔分数；k_B为与温度、溶质和溶剂性质有关的常数。

在稀溶液中，可以将溶质分子之间的作用力忽略不计，因此能较好地遵守亨利定律。在稀

溶液中可以用质量摩尔浓度和质量分数等代替摩尔分数，从而得到相对应的亨利定律表达式。

用质量摩尔浓度表示：　$p_B = k_b b_B$　（5-48）

用物质的量浓度表示：　$p_B = k_c c_B$　（5-49）

用质量百分浓度表示：　$p_B = k_{\%} w_B$　（5-50）

上述表达式中的 k_B、k_b、k_c、$k_{\%}$均称为亨利定律系数或亨利定律常数，使用时注意其与拉乌尔定律的区别。

（1）拉乌尔定律适用于溶剂，而亨利定律适用于溶质。亨利定律可以适用在压力不太大时的气体混合物，也可用于气体在熔体中的溶解度计算。值得注意的是，亨利定律在处理气体时，气体在气相和溶液中的分子状态必须相同。对于很多气体，温度升高可以使其更符合亨利定律，因为随着温度升高，大多数气体的溶解度是下降的。

（2）拉乌尔定律中的比例常数是同种纯溶剂在该温度下的蒸气压，与溶质性质无关；亨利定律中的比例常数是与溶剂溶质有关的量，要通过实验来确定。

（3）拉乌尔定律中的组成必须用摩尔分数表示，而在亨利定律中，溶质的组成可以用多种浓度表示方法。

【例 5-2】　为使汞的蒸气压从 $p^*_{Hg} = 94.62\text{kPa}$ 下降到 93.60kPa，需在 100g 汞中溶解多少锡？假设此合金遵守拉乌尔定律。

解　根据拉乌尔定律：$p_{Hg} = p^*_{Hg} x_{Hg}$

$$93.6\text{kPa} = 94.62\text{kPa} \times x_{Hg}$$

解得 $x_{Hg} \approx 0.9892$。$x_{Hg} + x_{Sn} = 1$，所以 $x_{Sn} = 0.0108$。

锡在汞中的摩尔分数为 0.0108，以 100g Hg 为例：

$$x_{Hg} = \frac{n_{Hg}}{n_{总}}, \quad x_{Sn} = \frac{n_{Sn}}{n_{总}}$$

故

$$\frac{n_{Hg}}{x_{Hg}} \cdot x_{Sn} = n_{Sn} = \frac{m_{Sn}}{M_{Sn}}$$

所以

$$m_{Sn} = \frac{(100/200.6)}{0.9892} \times 0.0108 \times 118.7 \approx 0.6460(\text{g})$$

5.6　理想液态混合物

在全部浓度范围内，体系每一组分均能服从拉乌尔定律的液态混合物或溶液，称为理想液体混合物或理想溶液，如图 5-3 和图 5-4 所示。

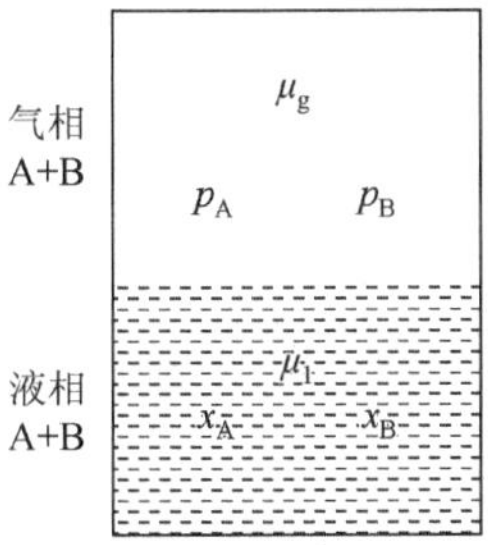

图 5-3　理想液态混合物气-液平衡示意图

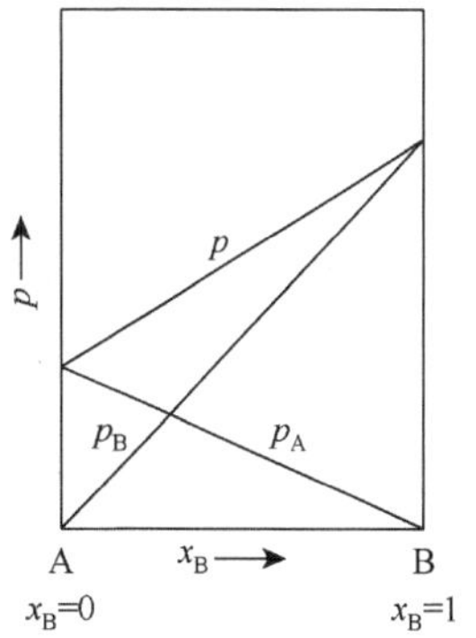

图 5-4　二组分理想液态混合物蒸气压与组成关系图

实际的液态混合物并不是理想液体混合物，但是当实际液态混合物中的组分在一定的浓度区间内变化时，某些热力学性质会非常接近理想液态混合物。因此研究理想液态混合物的性质，可以通过修正得到实际液态混合物的某些性质。

5.6.1 理想液态混合物中任意组分的化学势

在温度一定时，液相和气相的混合物达到了平衡，则

$$\mu_B(l) = \mu_B(g)$$

理想液态混合物的蒸气压可近似看作理想气体混合物，因此有

$$\mu_B(l) = \mu_B(g) = \mu_B^{\ominus}(T) + RT\ln\frac{p_B}{p^{\ominus}} \tag{5-51}$$

根据理想液态混合物的定义，其中任一组分均满足拉乌尔定律，因此 $p_B = p_B^* x_B$，代入式（5-51）得

$$\mu_B = \mu_B^{\ominus}(T) + RT\ln\frac{p_B}{p^{\ominus}} = \mu_B^{\ominus}(T) + RT\ln\frac{p_B^*}{p^{\ominus}} + RT\ln x_B \tag{5-52}$$

当仅有组分 B 时，$x_B = 1$，因此在一定温度 T 和压力 p 时，式（5-52）变为

$$\mu_B^*(T,p) = \mu_B^{\ominus}(T) + RT\ln\frac{p_B^*}{p^{\ominus}} \tag{5-53}$$

将式（5-53）代入式（5-52），得

$$\mu_B = \mu_B^*(T,p) + RT\ln x_B \tag{5-54}$$

注意：$\mu_B^*(T,p)$ 并不是纯液体 B 的标准态化学势，而是在温度 T、压力 p 时的化学势，此压力并不等于标准压力。但是当 p 与 p^* 相差不大时，可以近似看作标准态化学势

$$\mu_B = \mu_B^{\ominus} + RT\ln x_B \tag{5-55}$$

此方程就是理想液态混合物的任意组分的化学势表达式，在对应的浓度范围内均能使用。

5.6.2 理想液态混合物的特性

理想液态混合物在微观上表现为混合物的分子结构相似，分子体积接近相等；各组分的分子间作用力与混合前的纯组分分子间的作用力几乎相等。只有在这样的条件下，混合物在混合前后才可能表现出宏观上的某些特征保持不变。

当理想液态混合物的微观特性满足上述情况时，其宏观特征表现为以下几方面：

（1）理想液态混合物的体积与混合前纯组分的体积之和相等，即在混合过程中体积变化为零。

$$\Delta_{mix}V = 0$$

（2）理想液态混合物由纯组分混合而成的过程中焓变为零，该过程不产生热效应。

$$\Delta_{mix}H = 0$$

（3）由纯组分混合为理想液态混合物的过程是混乱度增加的过程，即熵增加的过程。

$$\Delta_{mix}S = -R\sum_B n_B\ln x_B$$

（4）在等温等压下，理想液态混合物的吉布斯自由能较纯组分而言减少，即吉布斯自由能变为负值。

$$\Delta_{mix}G = -RT\sum_B n_B\ln x_B$$

5.7　理想稀溶液

5.7.1　理想稀溶液的定义

理想稀溶液是指在一定温度和一定压力条件下，溶剂服从拉乌尔定律和和溶质服从亨利定律的稀溶液。在溶液中溶质分子之间没有任何作用力，溶质分子被溶剂分子包围。

理想液态混合物和理想稀溶液并不完全等同，理想液态混合物体系中的每一组分均能服从拉乌尔定律，而理想稀溶液中的溶剂和溶质是有区分的，分别服从拉乌尔定律和亨利定律，其溶质并不服从拉乌尔定律。理想稀溶液是实际体系中的一种溶液模型。

5.7.2　理想稀溶液的气-液平衡

以二元体系为例，设由 A、B 组分的稀溶液，其中 A 为溶剂，B 为挥发性溶质。溶剂 A 满足拉乌尔定律，溶质 B 满足亨利定律。当溶液的气液两相达到平衡时，稀溶液的平衡蒸气总压力等于溶液中各物质分压之和

$$p = p_{\mathrm{A}} + p_{\mathrm{B}}$$

将溶剂和溶质的分压分别按照拉乌尔定律和亨利定律代入上式得

$$p = p_{\mathrm{A}}^{*}x_{\mathrm{A}} + k_{x,\mathrm{B}}x_{\mathrm{B}} \quad (x_{\mathrm{B}} \to 0)$$

若二元体系中的溶质为非挥发性溶质，则稀溶液的平衡蒸气总压力等于溶剂的平衡分压，即

$$p = p_{\mathrm{A}}^{*}x_{\mathrm{A}}$$

5.7.3　理想稀溶液中各组分的化学势

理想稀溶液作为一种理想的溶液模型，虽与理想液态混合物不等同，但是理想液态混合物可包括理想稀溶液，因此根据理想液态混合物中各组分的化学势计算公式可推导出理想稀溶液中的溶剂的化学势表达式

$$\mu_{\mathrm{A}} = \mu_{\mathrm{A}}^{*}(T,p) + RT\ln x_{\mathrm{A}} \tag{5-56}$$

式中，$\mu_{\mathrm{A}}^{*}(T,p)$ 表示纯的 A 液体的化学势，称为该条件下 A 的标准化学势。

理想稀溶液中溶质的平衡化学势为

$$\mu_{\mathrm{B}}(\mathrm{l}) = \mu_{\mathrm{B}}(\mathrm{g}) = \mu_{\mathrm{B}}^{\ominus}(T) + RT\ln\left(\frac{p_{\mathrm{B}}}{p^{\ominus}}\right)$$

代入亨利定律，得

$$\mu_{\mathrm{B}}(\mathrm{l}) = \mu_{\mathrm{B}}(\mathrm{g}) = \mu_{\mathrm{B}}^{\ominus}(T) + RT\ln\left(\frac{k_{x,\mathrm{B}}}{p^{\ominus}}\right) + RT\ln x_{\mathrm{B}}$$

将上式前两项合并，令 $\mu_{\mathrm{B}}^{*}(T,p) = \mu_{\mathrm{B}}^{\ominus}(T) + RT\ln\left(\frac{k_{x,\mathrm{B}}}{p^{\ominus}}\right)$，得

$$\mu_{\mathrm{B}} = \mu_{\mathrm{B}}^{*}(T,p) + RT\ln x_{\mathrm{B}} \tag{5-57}$$

$\mu_{\mathrm{B}}^{*}(T,p)$ 是一个假想的理想状态，因为该状态是组分 $x_{\mathrm{B}}=1$ 时的状态，而且该状态还要满足亨利定律，实际上这个状态并不存在（图 5-5）。

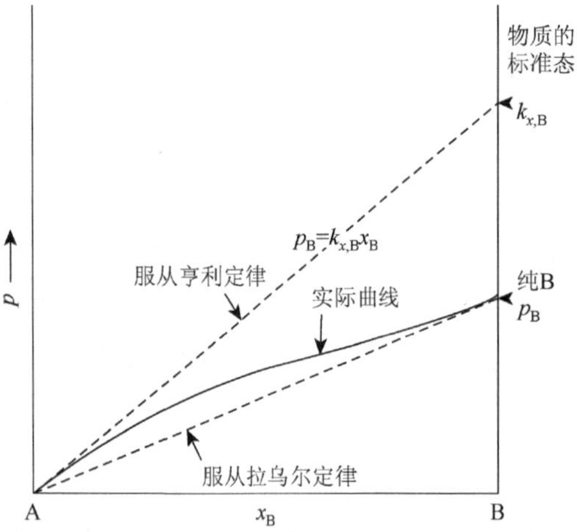

图 5-5　稀溶液中溶质的标准态示意图

5.7.4　分配定律

在一定温度和压力下，一种物质溶解在两个同时存在的互补相溶的液体中，达到平衡后，该物质在两相中的浓度之比为定值。该描述就是分配定律（distribution law）。

设 A 物质在两个液相中达到分配平衡后，则有

$$\mu_A(\alpha)=\mu_A(\beta)$$

代入化学势的表达式，得

$$\mu_A^*(\alpha)+RT\ln a_A(\alpha)=\mu_A^*(\beta)+RT\ln a_A(\beta)$$

移项，合并得

$$\frac{a_A(\alpha)}{a_A(\beta)}=\exp\left[\frac{\mu_A^*(\beta)-\mu_A^*(\alpha)}{RT}\right]=K \tag{5-58}$$

式（5-58）称为分配定律，K 称为分配系数。K 受到温度、压力、溶质自身性质和溶剂性质的影响。

分配定律也可写成

$$\frac{b_A(\alpha)}{b_A(\beta)}=K\quad 或\quad \frac{c_A(\alpha)}{c_A(\beta)}=K\quad 或\quad \frac{x_A(\alpha)}{x_A(\beta)}=K \tag{5-59}$$

式（5-59）中分别对应的是质量摩尔浓度、物质的量浓度、摩尔分数。在使用分配定律时，当溶质在任一溶剂中有解离或缔合现象时，则分配定律仅能适用于在溶剂中分子形态相同的部分。

利用分配定律可以实现物质的分离和富集，在实验中的萃取就是利用的分配定律，萃取在有机物的分离纯化、稀土分离、放射性元素提取和提纯等方面应用广泛。

5.8　稀溶液的依数性及其应用

对于由非挥发性溶质与挥发性溶剂组成的二组分稀溶液，会影响溶剂的某些物理性质，如蒸气压的降低、沸点的升高、凝固点的降低及渗透压等。这些性质的变化在溶剂固定后与溶质的本性无关，仅与溶质分子的多少有关因此称为稀溶液的依数性（colligative properties）。在讨论拉乌尔定律时已经讨论了蒸气压降低，因此此处不再讨论。

5.8.1　凝固点的降低

假设稀溶液发生凝固时，溶质没有析出，则稀溶液与固态纯溶剂达成平衡时的温度就称为稀溶液的凝固点。以水溶液为例，见图 5-6。

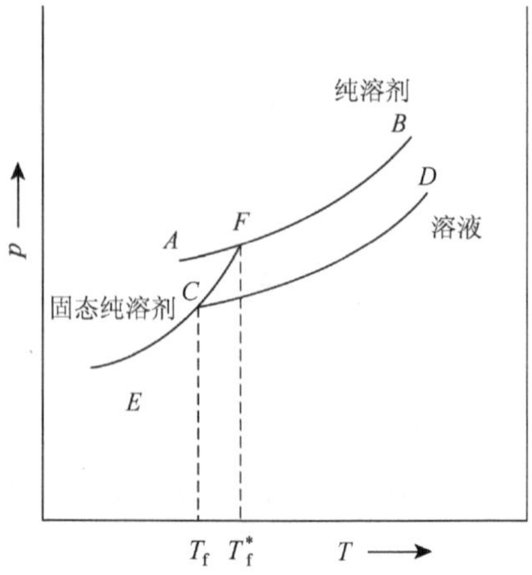

图 5-6　稀溶液凝固点降低示意图

如图 5-6 所示，曲线 AB、EF 分别代表纯水的蒸气压和冰的蒸气压曲线，CD 为稀溶液的蒸气压曲线。EF 和 AB 的交点 F 代表纯水的凝固点，用 T_f^* 表示。EF 和 CD 的交点 C 代表稀

溶液的凝固点，用 T_f 表示。从图中得出 T_f 位于 T_f^* 的左侧，小于 T_f^*，则凝固点下降值

$$\Delta T_f = T_f^* - T_f$$

对于凝固点的降低值的推导有两个起点，一个从固液平衡关系出发，用式（5-29）代入平衡关系进行推导；另一个方法是用克劳修斯-克拉佩龙方程进行推导。其结果为

$$\Delta T_f = \frac{R(T_f^*)^2}{\Delta_f H_m} \cdot x_B \tag{5-60}$$

当溶液很稀，则 $n_A \gg n_B$，因此 $x_B = \frac{n_B}{n_A + n_B} \approx \frac{n_B}{n_A}$，代入式（5-60）得

$$\Delta T_f = \frac{R(T_f^*)^2}{\Delta_f H_m} \cdot \frac{n_B}{n_A} \tag{5-61}$$

式(5-60)和式(5-61)均为凝固点降低公式。$k_f = \frac{R(T_f^*)^2 M_A}{\Delta_f H_m}$，称为凝固点降低常数。$\Delta_f H_m$ 为纯溶剂的摩尔熔化焓。从以上两个公式也得出稀溶液的凝固点降低值与溶质的量有关，而与溶质的本质无关。

在式（5-61）中引入了物质的量，因此该公式的另一用处是在测定了凝固点降低值后，可以计算溶质的相对分子质量。

因为 $n_A = \frac{m_A}{M_A}, n_B = \frac{m_B}{M_B}$，溶质的质量摩尔浓度可表示为

$$b_B = \frac{n_B}{m_A} = \frac{m_B}{M_B m_A}$$

$$\Delta T_f = \frac{R(T_f^*)^2 M_A}{\Delta_f H_m} \cdot \frac{m_B}{M_B m_A} = k_f \cdot \frac{m_B}{M_B m_A} = k_f b_B \tag{5-62}$$

5.8.2 沸点的升高

当溶液的蒸气压与外界气压相等时的温度即是该溶液的沸点。因为溶液中含有非挥发溶质，按照拉乌尔定律推知，在相同温度下稀溶液的蒸气压始终小于纯溶剂的蒸气压。因此纯溶剂和稀溶液的沸点会存在图 5-7 的关系。

当溶液的气-液两相达到平衡时

$$\mu_A(l)(T, p, x_A) = \mu_A(g)(T, p)$$

当溶液中溶剂的浓度变化时，沸点也会跟着发生相应的变化。同样可以根据克劳修斯-克拉佩龙方程推导出沸点的变化值

$$\Delta T_b = \frac{R(T_b^*)^2 M_A}{\Delta_{vap} H_{m,A}} \cdot \frac{n_B}{n_A} = k_b b_B \tag{5-63}$$

$$\Delta T_b = T_b - T_b^*$$

$$k_b = \frac{R(T_b^*)^2 M_A}{\Delta_{vap} H_{m,A}} \tag{5-64}$$

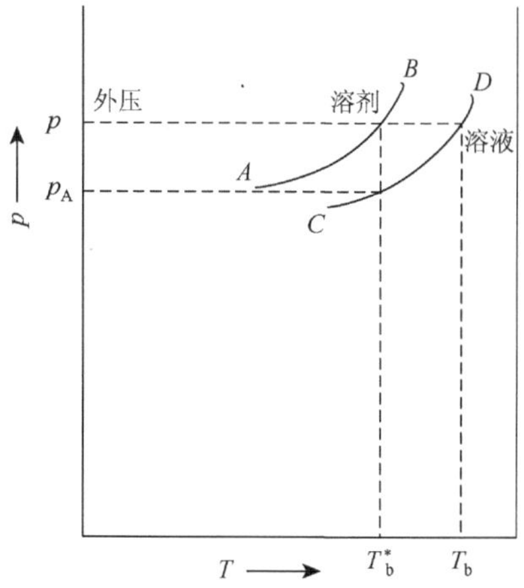

图 5-7　稀溶液沸点上升示意图

k_b 称为沸点升高常数，其值与溶剂有关，与溶质无关。

5.8.3 渗透压

根据化学势公式 $\mu_A = \mu_A^*(T,p) + RT\ln x_A$ 得知，溶液中 A 组分的化学势小于纯组分 A 的化学势。如图 5-8 所示，将纯溶剂和稀溶液用半透膜（假设只允许溶剂分子通过）隔开时，溶剂的化学势大小不同，半透膜两侧溶剂受到的压力也不同，为了阻止溶剂分子通过半透膜则需要在稀溶液一侧施加一个外力，使溶剂的化学势相等而达到平衡，此时施加的这个外力就定义为渗透压，用 Π 表示。

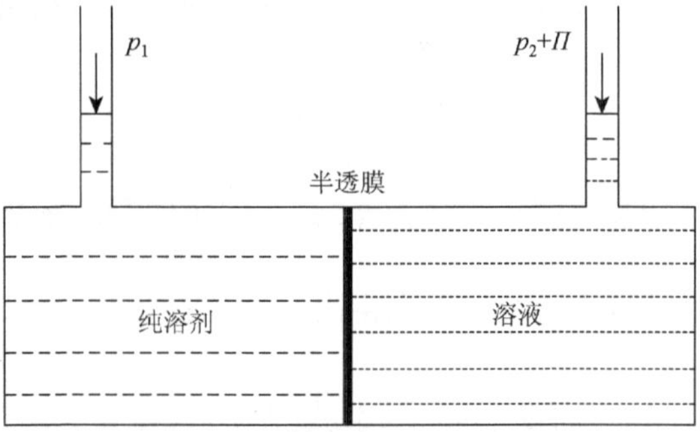

图 5-8 渗透压示意图

设纯溶剂的化学势为 μ_A^*，溶液中溶剂的化学势为 μ_A，则有

$$\mu_A^* = \mu_A^*(g) = \mu_A^\ominus + RT\ln\left(\frac{p_A^*}{p^\ominus}\right) \tag{5-65}$$

$$\mu_A = \mu_A(g) = \mu_A^\ominus + RT\ln\left(\frac{p_A}{p^\ominus}\right) \tag{5-66}$$

因此 p 变化，μ_A 将随之变化。令 p_1、p_2 分别为纯溶剂和稀溶液平衡时的外压，则施加在稀溶液上阻止纯溶剂分子穿过半透膜的力为

$$\Pi = p_2 - p_1 \tag{5-67}$$

平衡时

$$\mu_A^* = \mu_A + \Delta\mu \tag{5-68}$$

此处的 $\Delta\mu$ 由施加在稀溶液上的外加压力产生，因此该项可表示为

$$\Delta\mu = \int_{p_1}^{p_2}\left(\frac{\partial\mu_A}{\partial p}\right)_T \mathrm{d}p \tag{5-69}$$

将式（5-69）代入式（5-68）得

$$\mu_A^* = \mu_A + \int_{p_1}^{p_2}\left(\frac{\partial\mu_A}{\partial p}\right)_T \mathrm{d}p$$

$$\mu_A^* = \mu_A + \int_{p_1}^{p_2} V_A \mathrm{d}p \tag{5-70}$$

在稀溶液中，溶质很少，溶质对溶剂的偏摩尔体积的影响忽略不计，则 $V_A \approx V_A^*$，式（5-70）可写作

$$\mu_A^* = \mu_A + V_A^*(p_2 - p_1) = \mu_A + V_A^*\Pi \tag{5-71}$$

代入式（5-69），得

$$V_{\mathrm{A}}^{*}\Pi = RT\ln\frac{p_{\mathrm{A}}^{*}}{p_{\mathrm{A}}} \tag{5-72}$$

结合稀溶液中溶剂服从拉乌尔定律，稀溶液的渗透压与溶质的摩尔分数浓度之间的关系为

$$V_{\mathrm{A}}^{*}\Pi = RT\ln\frac{1}{x_{\mathrm{A}}} = -RT\ln x_{\mathrm{A}} = -RT\ln(1-x_{\mathrm{B}})$$

$$\approx RTx_{\mathrm{B}} \approx RT\frac{n_{\mathrm{B}}}{n_{\mathrm{A}}}$$

将上式左边的偏摩尔体积移至右边，变形得

$$\Pi \approx RT\frac{n_{\mathrm{B}}}{V_{\mathrm{A}}^{*}n_{\mathrm{A}}}$$

在稀溶液中 $V_{\mathrm{A}}^{*}n_{\mathrm{A}} \approx V$（$V$ 为稀溶液的体积），将其代入上式有

$$\Pi = RT\frac{n_{\mathrm{B}}}{V} \approx c_{\mathrm{B}}RT \tag{5-73}$$

式（5-73）称为范特霍夫公式，只适用于稀溶液。当溶液越稀就越接近理想稀溶液，该公式就越准确。从式（5-73）可以得出渗透压的大小与溶质的性质无关，也仅与溶质的数量有关。

【例 5-3】 用渗透压法测得某蛋白的平均摩尔质量为 $20.00\mathrm{kg\cdot mol^{-1}}$。在 298.15K 下，测得含有该蛋白质 B 的溶液的渗透压为 1339Pa。每 $100\mathrm{cm^3}$ 溶液中含有多少溶质？

解 稀溶液的渗透压的计算可由范特霍夫公式得

$$\Pi = RT\frac{n_{\mathrm{B}}}{V}$$

因为

$$\frac{n_{\mathrm{B}}}{V} = \frac{m_{\mathrm{B}}}{VM_{\mathrm{B}}}$$

所以

$$\Pi = RT\frac{m_{\mathrm{B}}}{VM_{\mathrm{B}}} \tag{5-74}$$

$$m_{\mathrm{B}} = \frac{\Pi VM_{\mathrm{B}}}{RT} = \frac{1339\mathrm{Pa}\times 20.00\mathrm{kg\cdot mol^{-1}}\times 100\times 10^{-6}\mathrm{m^3}}{8.314\mathrm{J\cdot mol^{-1}\cdot K^{-1}}\times 298.15\mathrm{K}} = 1.080\times 10^{-3}\mathrm{kg}$$

渗透压能够维持半透膜两侧的液体的化学势达到平衡，当施加的压力大于维持平衡的渗透压，溶液的化学势大于纯溶剂的化学势，则会出现溶剂分子由溶液向纯溶剂移动的情况，这种情况称为反渗透（reverse osmosis）。反渗透技术运用的实际例子有海水淡化、污水净化等，人体中的肾就是反渗透作用。

本 章 小 结

本章要求熟悉多组分系统组成的表示法及其相互之间的关系，理解偏摩尔量和化学势的定义；理解理想液态混合物、理想稀溶液和实际溶液的区别及联系，能够正确运用拉乌尔定律和亨利定律；掌握各种状态组分的化学势的表示方法，并理解逸度、逸度因子、活度、活度系数；掌握稀溶液的依数性及应用。

1. 偏摩尔量

（1）偏摩尔量 $X_{\mathrm{B,m}} = \left(\dfrac{\partial X}{\partial n_{\mathrm{B}}}\right)_{T,p,n_{\mathrm{C\neq B}}}$，偏摩尔量求和 $X = \sum_i n_i X_i$，其中 X 为广度量，如 G、V、U。

对应的热力学性质对应的偏摩尔量的定义式为

$$G_i = \left(\frac{\partial G}{\partial n_i}\right)_{T,p,n_j(i\neq j)}, A_i = \left(\frac{\partial A}{\partial n_i}\right)_{T,p,n_j(i\neq j)}, V_i = \left(\frac{\partial V}{\partial n_i}\right)_{T,p,n_j(i\neq j)}, S_i = \left(\frac{\partial S}{\partial n_i}\right)_{T,p,n_j(i\neq j)}$$

$$H_i = \left(\frac{\partial H}{\partial n_i}\right)_{T,p,n_j(i\neq j)}, U_i = \left(\frac{\partial U}{\partial n_i}\right)_{T,p,n_j(i\neq j)}$$

注意：如果系统中只有一种组分时，则偏摩尔量就是摩尔量，即纯组分的偏摩尔量等于摩尔量。

（2）加和公式

$$V = \sum_{i=1}^{k} n_i V_i,\quad S = \sum_{i=1}^{k} n_i S_i,\quad U = \sum_{i=1}^{k} n_i U_i,\quad A = \sum_{i=1}^{k} n_i A_i,\quad H = \sum_{i=1}^{k} n_i H_i$$

（3）吉布斯-杜亥姆（Gibbs-Duhem）公式

$$n_1\mathrm{d}Z_1 + n_2\mathrm{d}Z_2 + \cdots + n_k\mathrm{d}Z_k = 0 \quad 或 \quad \sum_{i=1}^{k} n_i\mathrm{d}Z_i = 0$$

2. 化学势的定义

（1）化学势的定义

$$\mu_i = \left(\frac{\partial G}{\partial n_i}\right)_{T,p,n_j(i\neq j)}$$

（2）化学势的另一些表达式

$$\mu_i = \left(\frac{\partial G}{\partial n_i}\right)_{T,p,n_j(i\neq j)} = \left(\frac{\partial H}{\partial n_i}\right)_{S,p,n_j(i\neq j)} = \left(\frac{\partial A}{\partial n_i}\right)_{T,V,n_j(i\neq j)} = \left(\frac{\partial U}{\partial n_i}\right)_{S,V,n_j(i\neq j)}$$

3. 理解气体组分化学势

（1）纯理想气体的化学势

$$\mu = \mu^{\ominus}(T) + RT\ln\frac{p}{p^{\ominus}}$$

（2）混合理想气体中任意组分的化学势

$$\mu_i = \mu_i^{\ominus}(T) + RT\ln\frac{p_i}{p^{\ominus}}$$

4. 逸度和逸度因子

（1）逸度因子 γ

$$\gamma = \frac{f}{p} \quad 或\ f = p\gamma$$

（2）实际气体中任意组分的化学势可表示为

$$\mu_i(T,p) = \mu^{\ominus}(T) + RT\ln\frac{f_i}{p^{\ominus}}$$

5. 拉乌尔定律和亨利定律

（1）拉乌尔（Raoult）定律：在一定温度、一定压力条件下，稀溶液中溶剂的蒸气压等于纯溶剂的蒸气压乘以溶液中溶剂的摩尔分数。

$$p_{\mathrm{A}} = p_{\mathrm{A}}^{*}x_{\mathrm{A}}$$

适用范围：理想液态混合物或理想稀溶液的溶剂。

（2）亨利（Henry）定律：一定温度下，溶解于一定溶剂中的气体摩尔分数与该气体在气相中的平衡分压力成正比。

$$p_B = k_B x_B$$

适用范围：理想稀溶液的溶质。

用质量摩尔浓度表示：$p_B = k_b b_B$

用物质的量浓度表示：$p_B = k_c c_B$

用质量百分浓度表示：$p_B = k_{\%} w_B$

6. 理想液态混合物的概念及其混合性质

（1）定义：在全部浓度范围内，体系每一组分均能服从拉乌尔定律的液态混合物或溶液，称为理想液体混合物或理想溶液。

（2）理想液态混合物中任意组分的化学势：

$$\mu_B = \mu_B^*(T,p) + RT\ln x_B$$

注意：$\mu_B^*(T,p)$ 并不是纯液体 B 的标准态化学势，而是在温度 T、压力 p 时的化学势，此压力并不等于标准压力。

（3）理想液态混合物的宏观特征表现为

① $\Delta_{mix}V = 0$

② $\Delta_{mix}H = 0$

③ $\Delta_{mix}S = -R\sum_B n_B \ln x_B$

④ $\Delta_{mix}G = -RT\sum_B n_B \ln x_B$

7. 理解稀溶液中组分化学势

（1）理想稀溶液的定义：理想稀溶液是指在一定温度和一定压力条件下，溶剂服从拉乌尔定律和溶质服从亨利定律的稀溶液。

（2）理想稀溶液中的溶剂的化学势表达式为

$$\mu_A = \mu_A^*(T,p) + RT\ln x_A$$

式中，$\mu_A^*(T,p)$ 表示纯的 A 液体的化学势，称为该条件下 A 的标准化学势。

（3）理想稀溶液中溶质的平衡化学势为

$$\mu_B(l) = \mu_B(g) = \mu_B^{\ominus}(T) + RT\ln\left(\frac{p_B}{p^{\ominus}}\right) = \mu_B^{\ominus}(T) + RT\ln\left(\frac{k_{x,B}}{p^{\ominus}}\right) + RT\ln x_B$$

$\mu_B^*(T,p)$ 是一个假想的理想状态，因为该状态是组分 x_B=1 时的状态，而且该状态还要满足亨利定律。实际上这个状态并不存在。

8. 稀溶液的依数性

（1）凝固点降低：
$$\Delta T_f = \frac{R(T_f^*)^2}{\Delta_f H_m}\cdot x_B$$

$$\Delta T_f = \frac{R(T_f^*)^2}{\Delta_f H_m} \cdot \frac{n_B}{n_A}$$

（2）沸点升高：

$$\Delta T_b = \frac{R(T_b^*)^2 M_A}{\Delta_{vap} H_{m,A}} \cdot \frac{n_B}{n_A} = k_b b_B$$

$$k_b = \frac{R(T_b^*)^2 M_A}{\Delta_{vap} H_{m,A}}$$

（3）渗透压：

$$\Pi = RT\frac{n_B}{V} \approx c_B RT$$

$$\Pi = RT\frac{m_B}{VM_B}$$

习　题

1. 已知现有100g密度为$1.0603\times10^3 kg\cdot m^{-3}$的$H_2SO_4$水溶液。试计算：

（1）摩尔分数　（2）质量分数　（3）物质的量浓度　（4）质量摩尔浓度

2. 在298.15K和大气压力下，甲醇（B）摩尔分数x_B为0.458的水溶液的密度为$0.8946kg\cdot dm^{-3}$，甲醇的偏摩尔体积$V_{CH_3OH}=39.80cm^3\cdot mol^{-1}$，试求该水溶液中水的偏摩尔体积$V_{H_2O}$。

3. 在298.15K和大气压力下，乙醇（B）摩尔分数x_B为0.30的水溶液中，水（A）和甲醇（B）的偏摩尔体积分别为$V_{H_2O}=17.765cm^3\cdot mol^{-1}$，$V_{C_2H_5OH}=38.632cm^3\cdot mol^{-1}$。已知在该条件下，甲醇和水的摩尔体积分别为$V_{m,C_2H_5OH}=40.822cm^3\cdot mol^{-1}$，$V_{m,H_2O}=18.068cm^3\cdot mol^{-1}$。现在需要配制上述水溶液$1000cm^3$，试求：

（1）需要纯水和纯甲醇的体积；

（2）混合前后体积的变化值。

4. 在293K时，氨的水溶液A中NH_3与H_2O的量之比为1∶8.5，溶液A上方NH_3的分压为10.64kPa；氨的水溶液B中NH_3与H_2O的量之比为1∶21，溶液B上方NH_3的分压为3.597kPa。试求在相同温度下：

（1）从大量的溶液A中转移1mol $NH_3(g)$到大量的溶液B中的ΔG；

（2）将处于标准压力下的1mol $NH_3(g)$溶于大量的溶液B中的ΔG。

5. 300K时，纯A与纯B可形成理想混合物，试计算如下两种情况的吉布斯自由能的变化值。

（1）从大量的等物质量的纯A与纯B形成的理想混合物中，分出1mol纯A的ΔG；

（2）从纯A与纯B各为2mol所形成的理想混合物中，分出1mol纯A的ΔG。

6. 在413K时，纯$C_6H_5Cl(l)$和纯$C_6H_5Br(l)$的蒸气压分别为125.24kPa和66.10kPa。假定两种液体形成某理想液态混合物，在101.33kPa和413K时沸腾，试求：

（1）沸腾时理想液态混合物的组成；

（2）沸腾时液面上蒸气的组成。

7. 97.11℃时，纯水的饱和蒸气压91.3kPa，乙醇的质量分数为3%的乙醇水溶液的蒸气总压101.325kPa，求乙醇的摩尔分数为2%的乙醇水溶液的蒸气总压。

8. 液体A与液体B能形成理想液态混合物，在343K时，1mol纯A与2mol纯B形成的理想液态混合物的总蒸气压为50.66kPa。若在液态混合物中再加入3mol纯A，则液态混合物的总蒸气压为70.93kPa。试求：

（1）纯A与纯B的饱和蒸气压；

（2）对第一种理想液态混合物，在对应的气相中A与B各自的摩尔分数。

9. 在293K时，纯$C_6H_6(l)$和纯$C_6H_5CH_3(l)$的蒸气压分别为9.96kPa和2.97kPa，以等质量的苯和甲苯混合形成理想液态混合物，试求：

（1）与液态混合物对应的气相中，苯和甲苯的分压；

（2）液面上蒸气的总压力。

10. 293K 时，HCl(g)溶于 $C_6H_6(l)$中，形成理想的稀溶液。当达到气-液平衡时，液相中 HCl 的摩尔分数为 0.0385，气相中 $C_6H_6(g)$的摩尔分数为 0.095。已知 293K 时，$C_6H_6(l)$的饱和蒸气压为 10.01kPa。试求：

（1）气-液平衡时气相的总压；

（2）293K 时，HCl(g)在苯溶液中的亨利系数 $k_{x,B}$。

11. 在 298.15K 和大气压力下，由 1mol A 与 1mol B 形成理想液态混合物，试求混合过程的 $\Delta_{mix}V$、$\Delta_{mix}H$、$\Delta_{mix}U$、$\Delta_{mix}S$ 和 $\Delta_{mix}G$。

12. 钢液中碳氧平衡的反应为[C]+[O] ══ CO(g)，[C]、[O]的浓度用质量分数表示时，反应的标准吉布斯自由能与温度的关系为

$$\Delta_r G_m^{\ominus} = (-35600 - 31.45T / K) J \cdot mol^{-1}$$

求 1500℃时平衡常数，含 0.01%碳的钢液中平衡氧含量。

13. 由三氯甲烷（A）和丙酮（B）组成的溶液，若液相的组成为 x_B=0.713，则在 301.4K 时的总蒸气压为 29.39kPa，在蒸气中丙酮（B）的组成为 y_B=0.818。已知在该温度时，纯三氯甲烷的蒸气压为 29.57kPa。试求：在三氯甲烷和丙酮组成的溶液中，三氯甲烷的相对活度 a_A 和活度系数 γ_A。

14. 在 288K 时，1mol NaOH(s)溶在 4.559mol 的纯水中所成溶液的蒸气压为 596.5Pa，在该温度下，纯水的蒸气压为 1705Pa。试求：

（1）溶液中水的活度；

（2）在溶液和在纯水中，水的化学势的差值。

15. 1540℃，含碳量[C]在 0.216%以下的钢，可按照理想稀溶液处理。已知此浓度下，维持碳与氧反应 CO_2+[C] ══ 2CO 平衡时的气体分压之比 p_{CO}^2 / p_{CO_2}=9421kPa。

（1）求平衡常数；

（2）当[C]=0.425%时，p_{CO}^2 / p_{CO_2}=19348kPa，求 a_C 和 f_C；

（3）石墨在钢液中达饱和后，测得 p_{CO}^2 / p_{CO_2}=1.55×10^{6}kPa。若以石墨为标准态，求本题第（2）问条件下钢液中的 a_C。

16. 在 293K 时，浓度为 0.1mol·dm^{-3} 的 $NH_3(g)$的 $CHCl_3(l)$溶液（1），其上方 $NH_3(g)$的蒸气压为 4.43kPa；浓度为 0.05mol·dm^{-3} 的 $NH_3(g)$的 $H_2O(l)$溶液（2），其上方 $NH_3(g)$的蒸气压为 0.8866kPa。求 $NH_3(g)$在 $CHCl_3(l)$和 $H_2O(l)$两个液相间的分配系数。

17. 在 25.00g 苯中溶入 0.2450g 苯甲酸，测得凝固点降低值 ΔT_f=0.2048K，试求苯甲酸在苯中的分子式。已知苯的凝固点降低常数 k_f=5.10K·kg·mol^{-1}。

18. 在 293K 时，乙醚的蒸气压为 58.95kPa，今在 0.1kg 乙醚中，溶入某非挥发性有机物质 0.01kg，乙醚的蒸气压降低到 56.79kPa，试求该有机物质的摩尔质量。

19. 测得 30℃时某蔗糖水溶液的渗透压为 252.0kPa，试求该溶液的：（1）质量摩尔浓度；（2）凝固点降低值；（3）沸点升高值；（4）30℃时的蒸气压。已知水的 k_f、k_b 分别为 1.86K·kg·mol^{-1} 和 0.52K·kg·mol^{-1}，30℃时的饱和蒸气压为 4.243kPa。

20. 将 12.2g 苯甲酸溶于 100g 乙醇中，使乙醇的沸点升高了 1.13K。若将这些苯甲酸溶于 100g 苯中，则苯的沸点升高了 1.36K。计算苯甲酸在这两种溶剂中的摩尔质量。计算结果说明了什么问题？已知在乙醇中的沸点升高常数为 k_b=1.19K·kg·mol^{-1}，在苯中为 k_b=2.60K·kg·mol^{-1}。

21. 在 300K 时，将葡萄糖（$C_6H_{12}O_6$）溶于水中，得葡萄糖的质量分数为 0.044 的溶液。试求：

（1）该溶液的渗透压；

（2）若用葡萄糖不能透过的半透膜将溶液和纯水隔开，在溶液一方需要多高的水柱才能使之平衡。设这时溶液的密度为 $1.015\times10^3 kg\cdot m^{-3}$。

22. 某水溶液含有非挥发性溶质，在 271.65K 时凝固。试求：

（1）该溶液的正常沸点；

（2）在 298K 时的蒸气压，已知该温度时纯水的蒸气压为 3.178kPa；

（3）在 298K 时的渗透压，假设溶液是理想的稀溶液。

第6章　化 学 平 衡

部分化学反应可以同时向正、反两个方向进行，在温度、压力、浓度等条件一定的情况下，当正、反两个方向的反应速率相等时，系统达到化学平衡状态。系统达到平衡后，该系统中各物质的数量均不再随时间变化，其产物和反应物的数量之间维持一定的比值关系，只有在外界条件改变时，该系统的平衡才会被打破，否则将保持不变。平衡状态在宏观上表现为静态，而实际上是一种动态平衡。在条件一定的情况下，系统平衡状态是反应进行的最高限度。

在本章中将热力学原理和规律应用于化学反应，处理化学平衡问题，讨论平衡常数的一些测定和计算方法，从而确定反应进行的方向、限度、达到平衡的条件及平衡时系统中物质的数量关系等。

6.1　化学反应的方向及平衡条件

6.1.1　反应进度与吉布斯自由能

当封闭的系统中，化学反应发生系统产生微小变化时，化学势就会发生变化，当然系统的热力学能也会变化，如

$$\mathrm{d}G = -S\mathrm{d}T + V\mathrm{d}p + \sum_i \mu_i \mathrm{d}n_i \tag{6-1}$$

对于系统中化学反应的程度，可以用反应进度进行衡量：

$$\mathrm{d}\xi = \frac{\mathrm{d}n_i}{\nu_i} \quad 或 \quad \mathrm{d}n_i = \nu_i \mathrm{d}\xi \tag{6-2}$$

则代入系统变化后吉布斯自由能的变化表达式中，得

$$\mathrm{d}G = -S\mathrm{d}T + V\mathrm{d}p + \sum_i \mu_i \nu_i \mathrm{d}\xi$$

在等温等压下

$$\mathrm{d}G = \sum_i \mu_i \nu_i \mathrm{d}\xi \tag{6-3}$$

或

$$\left(\frac{\mathrm{d}G}{\mathrm{d}\xi}\right)_{T,p} = \sum_i \mu_i \nu_i = \Delta_\mathrm{r} G_\mathrm{m} \tag{6-4}$$

当$\left(\frac{\mathrm{d}G}{\mathrm{d}\xi}\right)_{T,p} > 0$时，$\sum_i \mu_i \nu_i > 0$，$\Delta_\mathrm{r} G_\mathrm{m} > 0$，所以反应正向非自发进行；当$\left(\frac{\mathrm{d}G}{\mathrm{d}\xi}\right)_{T,p} < 0$，$\sum_i \mu_i \nu_i < 0$，$\Delta_\mathrm{r} G_\mathrm{m} < 0$，所以反应正向自发进行；当$\left(\frac{\mathrm{d}G}{\mathrm{d}\xi}\right)_{T,p} = 0$时，$\sum_i \mu_i \nu_i = 0$，$\Delta_\mathrm{r} G_\mathrm{m} = 0$，反应达到平衡状态。因此$\sum_i \mu_i \nu_i$也可以作为反应方向和限度的判据，据此也定义了化学反应亲和势

$$A = -\sum_i \mu_i \nu_i = -\Delta_\mathrm{r} G_\mathrm{m} \tag{6-5}$$

6.1.2　化学反应方向和限度的判据

在高中就接触到了化学反应的方向问题，学到了利用勒夏特勒原理对可逆反应的方向进行判定。

在第 3 章已经学到了热力学第二定律，从前面的讨论得知，系统的熵的变化、亥姆霍兹自由能的变化、吉布斯自由能的变化均可用作判断系统中化学反应的变化方向。因此综合前面所学，得到判断化学反应方向的熵判据、亥姆霍兹自由能判据和吉布斯自由能判据。

（1）在孤立系统中：

当 $\Delta S > 0$ 时，系统自发发生不可逆反应。

当 $\Delta S = 0$ 时，系统达到平衡，此时系统的任何过程都是可逆的。

当 $\Delta S < 0$ 时，系统不可能自发发生任何反应。

即为熵判据，$\Delta S \geqslant 0$。

（2）在等温、等容和不做非体积功的条件下：

当 $\Delta A > 0$ 时，反应系统不能自发发生。

当 $\Delta A = 0$ 时，反应系统达到平衡状态。

当 $\Delta A < 0$ 时，反应系统自发发生反应直至达到平衡状态。

即为亥姆霍兹自由能判据，$\Delta A \leqslant 0$。

（3）在等温、等压和不做非体积功的条件下：

当 $\Delta G > 0$ 时，反应系统不能自发发生。

当 $\Delta G = 0$ 时，反应系统达到平衡状态。

当 $\Delta G < 0$ 时，反应系统自发发生反应直至达到平衡状态。

即为吉布斯自由能判据，$\Delta G \leqslant 0$，也可表示为 $\sum_i \mu_i \nu_i \leqslant 0$。

以上三个判据均能用作判断反应的发生方向和反应的平衡条件，但是用熵判据时的前提是孤立系统，因为除了系统自身的熵变外，还有环境的熵变，而其他两个则只需考虑系统自身性质。反应方向的三个判据均只能表明反应发生的方向，并不能指出反应发生的速率。

6.2　理想气体反应的等温方程及标准平衡常数

化学反应平衡常数反映了一个化学反应达到平衡状态时，该系统内各种反应物和产物平衡浓度间的关系。当该气相反应在标准压力下反应达到平衡状态，此时的平衡常数就称为标准平衡常数。因此，平衡常数代表一个化学反应达到平衡时的特征。

根据第 5 章内容，对于理想气体混合物存在：

$$\mu_i = \mu_i^{\ominus}(T, p^{\ominus}) + RT\ln\frac{p_i}{p^{\ominus}}$$

气相总压力由各组分的分压加和而得，因此有

$$\mu_i = \mu_i^{\ominus}(T, p^{\ominus}) + RT\ln\frac{py_i}{p^{\ominus}}$$

设在一定温度下，理想气体 A、B、C、D 之间存在下列反应：

$$x\mathrm{A} + y\mathrm{B} = z\mathrm{C} + w\mathrm{D} \quad \left(0 = \sum_{\mathrm{B}} \nu_{\mathrm{B}}\mathrm{B}\right)$$

反应的吉布斯自由能的变化值与化学势存在如下关系：

$$\Delta_{\mathrm{r}}G_{\mathrm{m}}=\sum_i\nu_i\mu_i \tag{6-6}$$

$\Delta_{\mathrm{r}}G_{\mathrm{m}}$ 为化学反应的摩尔反应吉布斯自由能，单位为 $\mathrm{J\cdot mol^{-1}}$ 或 $\mathrm{kJ\cdot mol^{-1}}$。将化学势代入得

$$\Delta_{\mathrm{r}}G_{\mathrm{m}}=\sum_i\nu_i\mu_i=\sum_i\nu_i\left(\mu_i^{\ominus}(T,p^{\ominus})+RT\ln\frac{p_i}{p^{\ominus}}\right)$$

令 $\Delta_{\mathrm{r}}G_{\mathrm{m}}^{\ominus}(T)=\sum_i\nu_i\mu_i^{\ominus}(T)$，则上式改写成

$$\Delta_{\mathrm{r}}G_{\mathrm{m}}=\Delta_{\mathrm{r}}G_{\mathrm{m}}^{\ominus}(T)+RT\ln\frac{\left(\frac{p_{\mathrm{C}}}{p^{\ominus}}\right)^z\left(\frac{p_{\mathrm{D}}}{p^{\ominus}}\right)^w}{\left(\frac{p_{\mathrm{A}}}{p^{\ominus}}\right)^x\left(\frac{p_{\mathrm{B}}}{p^{\ominus}}\right)^y} \tag{6-7}$$

令 $\dfrac{\left(\frac{p_{\mathrm{C}}}{p^{\ominus}}\right)^z\left(\frac{p_{\mathrm{D}}}{p^{\ominus}}\right)^w}{\left(\frac{p_{\mathrm{A}}}{p^{\ominus}}\right)^x\left(\frac{p_{\mathrm{B}}}{p^{\ominus}}\right)^y}=Q_p$，$Q_p$ 称为压力商。代入式（6-7）得

$$\Delta_{\mathrm{r}}G_{\mathrm{m}}=\Delta_{\mathrm{r}}G_{\mathrm{m}}^{\ominus}(T)+RT\ln Q_p \tag{6-8}$$

当反应系统达到平衡后，在不改变任何条件的情况下，无论再经历多长的反应时间，有

$$\Delta_{\mathrm{r}}G_{\mathrm{m}}=0$$

因此在已经达平衡的系统中

$$\Delta_{\mathrm{r}}G_{\mathrm{m}}^{\ominus}(T)+RT\ln Q_p=0$$

在平衡的理想气体系统中，压力商的计算式中的数据均是平衡时的数据，则此时的压力商等于平衡条件下的热力学平衡常数，用符号 $K^{\ominus}$ 表示，也可以用 $K_p^{\ominus}$ 表示。

$$K^{\ominus}=\frac{\left(\frac{p_{\mathrm{C}}^{\mathrm{eq}}}{p^{\ominus}}\right)^z\left(\frac{p_{\mathrm{D}}^{\mathrm{eq}}}{p^{\ominus}}\right)^w}{\left(\frac{p_{\mathrm{A}}^{\mathrm{eq}}}{p^{\ominus}}\right)^x\left(\frac{p_{\mathrm{B}}^{\mathrm{eq}}}{p^{\ominus}}\right)^y}=\prod_i\left(\frac{p_i^{\mathrm{eq}}}{p^{\ominus}}\right)^{\nu_i} \tag{6-9}$$

热力学平衡常数又称标准平衡常数。$K^{\ominus}$ 是量纲为 1 的量，$K^{\ominus}$ 只与反应的温度有关，则式（6-9）改写为

$$\Delta_{\mathrm{r}}G_{\mathrm{m}}^{\ominus}(T)+RT\ln K^{\ominus}=0$$

即

$$\Delta_{\mathrm{r}}G_{\mathrm{m}}^{\ominus}(T)=-RT\ln K^{\ominus} \tag{6-10}$$

将式（6-10）代入式（6-8），得

$$\Delta_{\mathrm{r}}G_{\mathrm{m}}=-RT\ln K^{\ominus}+RT\ln Q_p \tag{6-11}$$

式（6-7）、式（6-8）、式（6-11）称为理想气体化学反应的等温方程。化学等温式联系摩尔反应吉布斯自由能与系统组成的关系，可运用化学等温式判断化学反应过程的方向和限度。

利用化学等温式（6-11）对化学反应发展的方向和限度进行讨论如下：

（1）当 $K^{\ominus}>Q_p$ 时，$\Delta_{\mathrm{r}}G_{\mathrm{m}}<0$，说明化学反应能向正反应方向自发进行。

（2）当 $K^{\ominus}=Q_p$ 时，$\Delta_{\mathrm{r}}G_{\mathrm{m}}=0$，说明化学反应已达到平衡状态（也可以可逆方式进行）。

（3）当 $K^{\ominus}<Q_p$ 时，$\Delta_{\mathrm{r}}G_{\mathrm{m}}>0$，说明化学反应不能自发向正反应方向进行。

在利用化学反应等温方程时，一定要注意 $K^{\ominus}$ 与 Q_p 的区别。

在非理想气体化学反应中同样可以推导出化学等温式，但是在非理想状态时各组分的分压要用 5.4 节中所学到的逸度来代替。化学等温式就变成

$$\Delta_r G_m = \Delta_r G_m^{\ominus}(T) + RT\ln\frac{\left(\dfrac{f_C}{p^{\ominus}}\right)^z\left(\dfrac{f_D}{p^{\ominus}}\right)^w}{\left(\dfrac{f_A}{p^{\ominus}}\right)^x\left(\dfrac{f_B}{p^{\ominus}}\right)^y}$$

式中，$\dfrac{\left(\dfrac{f_C}{p^{\ominus}}\right)^z\left(\dfrac{f_D}{p^{\ominus}}\right)^w}{\left(\dfrac{f_A}{p^{\ominus}}\right)^x\left(\dfrac{f_B}{p^{\ominus}}\right)^y}$ 定义为 Q_f，Q_f 称逸度商。对于理想气体而言，逸度商和压力商是相等的。

6.3　平衡常数及平衡组成的计算

对于反应系统而言，所处的外界条件不同，用来计算平衡时的参数不同，会得到数值上的不同，因此本节对平衡常数进行讨论。

6.3.1　各种平衡常数

1. 以压力表示的平衡常数 K_p

K_p 定义为

$$K_p = \frac{(p_C^{eq})^z(p_D^{eq})^w}{(p_A^{eq})^x(p_B^{eq})^y} = \prod_i (p_B^{eq})^{\nu_i} \tag{6-12}$$

比较式（6-12）和式（6-9）得出

$$K^{\ominus} = \frac{(p_C^{eq})^z(p_D^{eq})^w}{(p_A^{eq})^x(p_B^{eq})^y}\cdot\frac{(p^{\ominus})^x(p^{\ominus})^y}{(p^{\ominus})^z(p^{\ominus})^w} = \prod_i (p_i^{eq})^{\nu_i}\cdot(p^{\ominus})^{-\sum_i \nu_i}$$

$$K^{\ominus} = K_p\cdot(p^{\ominus})^{-\sum_i \nu_i} \tag{6-13}$$

式（6-12）中的压力为各组分的平衡分压。K_p 的量纲并非为 1，仅当 $\sum_i \nu_i = 0$ 时才为 1，当反应中各组分的系数之和不为 0 时，其量纲为 $(\mathrm{Pa})^{\sum_i \nu_i}$ 或 $(\mathrm{kPa})^{\sum_i \nu_i}$。$K_p$ 与反应的温度和压力都有关，当压力不太大时，可以看作只与温度有关。

2. 以摩尔分数表示的平衡常数 K_x

K_x 定义为

$$K_x = \prod_i (x_i^{eq})^{\nu_B} \tag{6-14}$$

x_i^{eq} 表示反应达到平衡时各组分的摩尔分数。K_x 的量纲为 1。

对于理想气体，有 $p_i = px_i$，K_x 与 $K^{\ominus}$、K_p 的关系可以用下面几个关系式表示：

$$K_p = \frac{(px_C^{eq})^z (px_D^{eq})^w}{(px_A^{eq})^x (px_B^{eq})^y} = (p)^{\sum_i \nu_i} K_x \tag{6-15a}$$

$$K_x = K_p (p)^{-\sum_i \nu_i} \tag{6-15b}$$

$$K^\ominus = K_x \left(\frac{p^{eq}}{p^\ominus}\right)^{\sum_i \nu_i} \tag{6-16}$$

3. 以物质的量浓度表示的平衡常数 K_c

K_c 被定义为

$$K_c = \prod_i (c_i^{eq})^{\nu_B} \tag{6-17}$$

c_i^{eq} 表示反应达到平衡时各组分的物质的量浓度。K_c 的量纲为 $[c]^{\sum_i \nu_i}$，c 的单位一般采用 $mol \cdot dm^{-3}$。对于理想气体有

$$pV = nRT \quad 即\ p = cRT$$

所以 K_c 与其他几个平衡常数的关系如下

$$K^\ominus = K_c \left(\frac{RT}{p^\ominus}\right)^{\sum_i \nu_i} \tag{6-18}$$

$$K_p = K_c (RT)^{\sum_i \nu_i} \tag{6-19}$$

$$K_c = K_x \left(\frac{p^{eq}}{RT}\right)^{\sum_i \nu_i} \tag{6-20}$$

对于理想气体而言，K_c 只与反应温度和反应本性有关，而与总压与物质配比无关，且不受标准态 p 选取的影响。

6.3.2　多相反应的标准平衡常数

以上讨论的各类平衡常数均表达的是气相反应，但是实际发生的反应可能有气体、液体和固体的参与，这样就涉及反应物在同一个相和不在同一个相。发生反应的物质能够均匀地混合在一起，且始终在一个相内完成，这种反应称为单相反应或均相反应。只有气体参加的反应或只有液体内各组分之间的反应都是单相反应。多相反应是参与反应的物质不止一相的反应，在实际生产过程中遇到的通常是多相反应。例如，金属在空气中的氧化反应为固-气相反应；炼钢时，钢液与熔渣间的反应为液-液相反应；用适当的溶剂（如酸、碱等）浸出矿石中有用成分的反应为固-液相反应等。

多相反应中，如果除气态之外，还存在液态或固态物质，通常将纯液态或固态物质的平衡含量视为 1，只考虑气相组分的平衡分压及标准压力，这类反应平衡常数为

$$K^\ominus = \prod_{i(g)} \left(\frac{p_i^{eq}}{p^\ominus}\right)^{\nu_i} \tag{6-21}$$

式中，压力为气相组分的平衡分压；ν_i 表示反应系统中气态组分的反应计量数；$K^\ominus$ 为量纲为 1 的物理量，其值取决于反应本性、温度及 $p^\ominus$ 的选取。这类反应用 K_p 计算时，表达式中只需计入气相组分的分压。量纲为 $(Pa)^{\sum_i \nu_i}$ 或 $(kPa)^{\sum_i \nu_i}$。在压力很低时，K_p 只取决于反应本性和温度，与压力及各物质的平衡组成无关。

在多相反应中，有一类是固体的分解反应，因此计算这类反应的平衡常数，能够计算得到反应的分解压力。一般将分解压定义为，若某种纯液态物质或固态物质加热分解时，只生成一种气体，则在一定温度下达到平衡时，气体的分压就是化合物在相同温度下的分解压。液体化合物的饱和蒸气压越大越容易沸腾，因此如果化合物的分解压越大，则该化合物的稳定性小，容易分解。

6.3.3 平衡组成的计算

在恒温、恒压的条件下，已知平衡系统中各物质的浓度或压力，可以计算得出该温度下反应的标准平衡常数 $K^{\ominus}$。同样也可以在已知某化学反应在一定温度下的 $K^{\ominus}$ 的情况下，计算出反应在该温度下的平衡组成，就可以得到相应组分的平衡转化率或产物的最大产率。平衡转化率和最大产率分别由式（6-22）和式（6-23）定义。

$$\text{平衡转化率}=\frac{\text{平衡时已转化的某反应物的量}}{\text{该反应物的投料量}}\times 100\% \tag{6-22}$$

$$\text{最大产率}=\frac{\text{平衡时某产物的量}}{\text{按化学反应式计量该产物的量}}\times 100\% \tag{6-23}$$

式（6-23）中“按化学反应式计量该产物的量”是指反应物按化学反应式反应并全部转化为产物时所得该产物的量。

【例 6-1】 在 1000K 和 151.95kPa 下，2mol 乙烷气体按下式分解

$$CH_3CH_3(g) \longrightarrow CH_2CH_2(g)+H_2(g)$$

已知该反应的 K_p=90.97kPa。求此反应在给定条件下的 $K^{\ominus}$ 和平衡转化率、乙烯的最大产率及各气体的平衡百分含量。

解 根据 $K^{\ominus}=K_p\cdot(p^{\ominus})^{-\sum_i \nu_i}$ 计算：

$$K^{\ominus}=K_p\cdot(p^{\ominus})^{-\sum_i \nu_i}=90.97\text{kPa}\times(100\text{kPa})^{-1}=0.9097$$

设达到平衡时乙烯的量为 x，则通过方程式可分析出反应平衡前后各组分的物质的量等关系

$$CH_3CH_3(g) \longrightarrow CH_2CH_2(g)+H_2(g)$$

	$CH_3CH_3(g)$	$CH_2CH_2(g)$	$H_2(g)$
反应前各组分的量/mol	2	0	0
达平衡后各组分的量/mol	$2-x$	x	x
平衡后各物质的摩尔分数	$\frac{2-x}{2+x}$	$\frac{x}{2+x}$	$\frac{x}{2+x}$
各组分的平衡分压/kPa	$\frac{2-x}{2+x}\times 151.97$	$\frac{x}{2+x}\times 151.97$	$\frac{x}{2+x}\times 151.97$

平衡后系统内物质总量为 2+x。

已知 K_p=90.97kPa，则有

$$K_p=\frac{p_{CH_2CH_2}p_{H_2}}{p_{C_2H_6}}=\frac{\left(\frac{x}{2+x}\times 151.97\right)^2}{\left(\frac{2-x}{2+x}\right)\times 151.97}=\frac{x^2}{4-x^2}\times 151.97=90.97\text{kPa}$$

计算得 x=1.23mol。

若按照化学反应式计算，2mol 乙烷完全反应可得 2mol 乙烯，则

$$\text{乙烷的平衡转化率}=(\text{平衡时乙烷转化的量}/\text{乙烷的投料量})\times 100\%$$
$$=(1.23/2)\times 100\%=61.5\%$$

$$乙烯的最大产率 = (平衡时乙烯的量 / 按化学反应式计算乙烯的量)\times 100\%$$
$$= (1.23 / 2)\times 100\% = 61.5\%$$

平衡时系统内有乙烷为（2–1.23）×30=23.1（g）

平衡时系统内有乙烯为 1.23×28=34.44（g）

平衡时系统内有氢气为 1.23×2=2.46（g）

总计物质为 60g，则有反应平衡时各气体组分的平衡百分含量：用质量分数表示

$$w_{C_2H_6} = \frac{23.1}{60}\times 100 = 38.5\%$$
$$w_{C_2H_4} = \frac{34.44}{60}\times 100 = 57.4\%$$
$$w_{H_2} = \frac{2.46}{60}\times 100 = 4.1\%$$

用摩尔分数表示：

$$x_{C_2H_6} = \frac{2-x}{2+x}\times 100 = \frac{2-1.23}{2+1.23}\times 100 = 23.84\%$$
$$x_{C_2H_4} = \frac{x}{2+x}\times 100 = \frac{1.23}{2+1.23}\times 100 = 38.08\%$$
$$x_{H_2} = \frac{x}{2+x}\times 100 = \frac{1.23}{2+1.23}\times 100 = 38.08\%$$

6.4　温度对标准平衡常数的影响

在化学等温式的讨论中，建立了吉布斯自由能与平衡常数的关系，在第 3 章中已经得知吉布斯自由能是状态函数，温度改变，状态改变，吉布斯自由能就会改变。因此平衡常数也会随之变化。本节首先讨论吉布斯自由能与温度的关系。

6.4.1　吉布斯自由能与温度的关系

从热力学基本方程（见 3.7 节）

$$\mathrm{d}G = -S\mathrm{d}T + V\mathrm{d}p \qquad \left(\frac{\mathrm{d}G}{\mathrm{d}T}\right)_p = -S \qquad \left(\frac{\partial \Delta G}{\partial T}\right)_p = -\Delta S$$

此式表示了反应的 ΔG 在压力固定的条件下随温度的变化率。又有

$$\Delta G = \Delta H - \Delta ST$$

所以

$$\left(\frac{\partial \Delta G}{\partial T}\right)_p = -\frac{\Delta G - \Delta H}{T} \tag{6-24}$$

那么在固定压力下对 $\dfrac{\Delta G}{T}$ 求微分得

$$\left(\frac{\partial\left(\frac{\Delta G}{T}\right)}{\partial T}\right)_p = \frac{1}{T}\left(\frac{\partial \Delta G}{T}\right)_p - \frac{\Delta G}{T^2} = -\frac{\Delta H}{T^2} \tag{6-25}$$

同样利用基本方程 $\mathrm{d}A = -S\mathrm{d}T - p\mathrm{d}V$ 和 $A = U - TS$ 在恒容条件下可以推导出：

$$\left(\frac{\partial \Delta A}{\partial T}\right)_V = -\frac{\Delta A - \Delta U}{T} \tag{6-26}$$

$$\left(\frac{\partial\left(\frac{\Delta A}{T}\right)}{\partial T}\right)_V = -\frac{\Delta U}{T^2} \tag{6-27}$$

式（6-24）～式（6-27）均称为吉布斯-亥姆霍兹方程。式（6-24）和式（6-25）这两个方程表示在固定压力条件下 ΔG 和 $\frac{\Delta G}{T}$ 随 T 的变化关系。式（6-26）和式（6-27）则表示在固定体积的条件下 ΔA 和 $\frac{\Delta A}{T}$ 随 T 的变化关系。

对式（6-25）进行不定积分，得

$$\frac{\Delta G}{T} = -\int \frac{\Delta H}{T^2}\mathrm{d}T + I \tag{6-28}$$

对于在标准状态下进行的化学反应，将式（6-28）与反应中吉布斯自由能和焓的变化结合得到

$$\frac{\Delta_\mathrm{r} G_\mathrm{m}^\ominus}{T} = -\int \frac{\Delta_\mathrm{r} H_\mathrm{m}^\ominus}{T^2}\mathrm{d}T + I$$

式中，I 为积分常数。如 ΔH 与 T 有关，可将其关系式（2-39）代入积分，得

$$\Delta_\mathrm{r} G_\mathrm{m}^\ominus = \Delta_\mathrm{r} H_0 - \Delta a \ln T - \frac{1}{2}\Delta b T^2 - \frac{1}{2}\Delta c' T^{-1} - IT \tag{6-29}$$

如果 ΔH 与 T 无关，近似为常数，则

$$\Delta_\mathrm{r} G_\mathrm{m}^\ominus = \Delta_\mathrm{r} H_\mathrm{m}^\ominus - IT \tag{6-30}$$

式中，$\Delta_\mathrm{r} G_\mathrm{m}^\ominus$ 与 T 为直线关系。

若已知反应在某温度下的 $\Delta_\mathrm{r} G_\mathrm{m}^\ominus$，则式（6-29）和式（6-30）中的积分常数 I 可求得。而 $\Delta_\mathrm{r} H_0$、Δa、Δb 等常数可以通过等压热容 C_p 与 T 的关系求得。

式（6-30）在冶金上应用较广。理论上，这个公式只是一个近似式，但实际应用时，若温度范围不太宽，由它计算的结果与实验结果符合得很好，具体可参见其他参考书。

6.4.2　温度对化学反应平衡的影响

温度变化，则反应的吉布斯自由能可能发生变化，对于参加反应的物质都处于标准态时可将式（6-25）写成

$$\left(\frac{\partial\left(\frac{\Delta_\mathrm{r} G_\mathrm{m}^\ominus}{T}\right)}{\partial T}\right)_p = -\frac{\Delta_\mathrm{r} H_\mathrm{m}^\ominus}{T^2}$$

亦可写作

$$\frac{\mathrm{d}\left(\frac{\Delta_r G_m^\ominus}{T}\right)}{\mathrm{d}T} = -\frac{\Delta_r H_m^\ominus}{T^2} \tag{6-31}$$

再将 $\Delta_r G_m^\ominus = -RT\ln K^\ominus$ 代入式（6-31）得

$$\frac{\mathrm{d}\ln K^\ominus}{\mathrm{d}T} = \frac{\Delta_r H_m^\ominus}{RT^2} \tag{6-32}$$

式中，$\Delta_r H_m^\ominus$ 是各物质在标准状态下，反应进度为 1mol 时的焓变。此式称为范特霍夫等压方程，表明了 T 和 $K^\ominus$ 的关系。

当反应是吸热反应时，$\Delta_r H_m^\ominus > 0$，因此 $\frac{\mathrm{d}\ln K^\ominus}{\mathrm{d}T}$ 为正值，表明 $K^\ominus$ 随温度的升高而增大，则升温对正反应方向有利；反应是放热反应，$\Delta_r H_m^\ominus < 0$，因此 $\frac{\mathrm{d}\ln K^\ominus}{\mathrm{d}T}$ 为负值，表明 $K^\ominus$ 随温度的升高而减小，则升温对正反应方向不利。

因为 $\Delta_r H_m^\ominus$ 可能随温度而变化较大，也可能随温度变化很小，可以近似为常数，因此对式（6-32）进行积分就会有两种情况。

（1）若 $\Delta_r H_m^\ominus$ 随温度变化不大，近似将 $\Delta_r H_m^\ominus$ 看作常数，因此对式（6-32）进行不定积分得

$$\int \mathrm{d}\ln K^\ominus = \int \frac{\Delta_r H_m^\ominus}{RT^2}\mathrm{d}T$$

即

$$\ln K^\ominus = -\frac{\Delta_r H_m^\ominus}{RT} + I \tag{6-33}$$

式（6-33）中的 I 为常数，只要知道某温度下反应的 $K^\ominus$ 和 $\Delta_r H_m^\ominus$ 就能求得。

若对式（6-32）进行定积分得

$$\ln\frac{K^\ominus(T_2)}{K^\ominus(T_1)} = -\frac{\Delta_r H_m^\ominus}{R}\left(\frac{1}{T_2} - \frac{1}{T_1}\right) \tag{6-34}$$

式（6-34）可以称为范特霍夫方程定积分式。运用该式，可以已知一个温度下的 $K^\ominus$ 求解另一温度下的 $K^\ominus$。

（2）若 $\Delta_r H_m^\ominus$ 随温度变化，则根据式（2-29）和式（2-39）：

$$\begin{aligned}\Delta_r H_m^\ominus &= \Delta H_0 + \int \Delta C_p \mathrm{d}T \\ &= \Delta H_0 + \Delta a T + \frac{1}{2}\Delta b T^2 + \frac{1}{3}\Delta c T^3 + \cdots\end{aligned}$$

将其代入式（6-32）作不定积分得

$$\ln K^\ominus = \left(\frac{-\Delta H_0}{R}\right)\frac{1}{T} + \frac{\Delta a}{R}\ln T + \frac{\Delta b}{2R}T + \frac{\Delta c}{6R}T^2 + \cdots + I \tag{6-35}$$

式中，I 为积分常数，可以通过代入某温度下的 $K^\ominus$ 计算得到。结合 C_p 与 T 的关系，求解各常数项，再代入式（6-35）就可以计算一定温度范围内任何温度的 $K^\ominus$ 值，当然这种计算对于高温反应是有利的，因为往往难以用实验直接测定。

再将 $\Delta_r G_m^\ominus = -RT\ln K^\ominus$ 代入式（6-35）得

$$\Delta_r G_m^\ominus = \Delta H_0 - \Delta a T \ln T - \frac{\Delta b}{2}T^2 - \frac{\Delta c}{6}T^3 - \cdots - IRT \tag{6-36}$$

将式（6-36）按照式（6-35）的处理方式可以计算得到不同温度下的 $\Delta_r G_m^\ominus$。

6.4.3　标准摩尔生成吉布斯自由能

无法运用各种物质的标准态的吉布斯自由能的绝对值进行计算，因此规定各物质在相同的条件下取不同的相对值用于计算，是具有实际意义的，而且可操作，为此定义了标准摩尔生成吉布斯自由能。

在标准压力下，由最稳定单质生成某一物质时的标准吉布斯自由能变化值称为该物质的标准摩尔生成吉布斯自由能，用 $\Delta_f G_m^\ominus$ 表示。“f” 表示生成的意思。该定义没有规定温度，因为在不同温度下的值是不同的。一般都给出 298.15K 的值，但是可以利用前面所学的赫斯定律计算得到其他温度的值。按照标准摩尔生成吉布斯自由能的定义，最稳定单质的标准摩尔生成吉布斯自由能都等于零。

以 NH_3 的合成为例

$$\frac{1}{2}N_2(g, p^\ominus) + \frac{3}{2}H_2(g, p^\ominus) \xlongequal{\quad} NH_3(g, p^\ominus)$$

已知在 298.15K 时，合成 1mol $NH_3(g)$的 $\Delta_r G_m^\ominus = -16.635\text{kJ} \cdot \text{mol}^{-1}$，$N_2$ 和 H_2 都为最稳定单质，因此 $NH_3(g)$的标准摩尔生成吉布斯自由能为

$$\Delta_f G_m^\ominus(298.15\text{K}, NH_3, g) = \Delta_r G_m^\ominus = -16.635\text{kJ} \cdot \text{mol}^{-1}$$

在书写标准摩尔生成吉布斯自由能的表示符号时，一般标明温度、物质、状态等信息，如 $\Delta_f G_m^\ominus(298.15\text{K}, C_6H_6, l)$、$\Delta_f G_m^\ominus(1000\text{K}, Al_2O_3, s)$ 等。对于反应式及文字描述清楚的也可略掉温度和状态，只写物质即可。

注意：对于有离子参加的反应，规定 $H^+(aq, b_{H^+} = 1\text{mol} \cdot \text{kg}^{-1})$ 的摩尔生成吉布斯自由能 $\Delta_f G_m^\ominus(H^+, aq, b_{H^+} = 1\text{mol} \cdot \text{kg}^{-1})$ 等于零，从而可以求出其他离子的标准摩尔生成吉布斯自由能。

6.4.4　$\Delta_f G_m^\ominus$ - T 图

在一定条件下，同类型化合物的稳定性可以通过上面讨论的标准摩尔生成吉布斯自由能进行比较，以下面对化合物为例，设反应温度为 1000K

$$\frac{4}{3}Al(l) + O_2(g) \xlongequal{\quad} \frac{2}{3}Al_2O_3(s) \qquad \Delta_r G_{m,1}^\ominus \tag{1}$$

$$\frac{4}{3}Cr(s) + O_2(g) \xlongequal{\quad} \frac{2}{3}Cr_2O_3(s) \qquad \Delta_r G_{m,2}^\ominus \tag{2}$$

上面两个反应均是由最稳定单质生成化合物的反应，因此反应吉布斯自由能等于氧化物的生成吉布斯自由能。用方程式（1）减方程式（2）得

$$\frac{4}{3}Al(l) + \frac{2}{3}Cr_2O_3(s) \xlongequal{\quad} \frac{2}{3}Al_2O_3(s) + 4Cr(s) \qquad \Delta_r G_{m,3}^\ominus = \Delta_r G_{m,1}^\ominus - \Delta_r G_{m,2}^\ominus$$

若 $\Delta_r G_{m,3}^\ominus < 0$，上面的反应能自发进行；若 $\Delta_r G_{m,3}^\ominus > 0$，上面的反应不能自发进行。而方程式（1）和方程式（2）的反应吉布斯自由能为相应的标准生成吉布斯自由能，因此如果 $\Delta_r G_{m,3}^\ominus < 0$，即 $\Delta_f G_{m,1}^\ominus < \Delta_f G_{m,2}^\ominus$，则说明在该温度下 Al 能还原 Cr_2O_3，故 Al_2O_3 比 Cr_2O_3 稳定。因此，化合物的标准摩尔生成吉布斯自由能可以作为比较同类型化合物稳定性的一种方法，但是要注意比较生

成吉布斯自由能时，以氧化物为例，比较时以 1mol 氧为标准，而不是以 1mol 氧化物为标准。

前面讨论了吉布斯自由能与温度的关系，得到了吉布斯-亥姆霍兹方程。在该方程中 $\Delta_r G_m^\ominus$ 随 $\Delta_r H_m^\ominus$ 与温度的变化而变化。由第 3 章的讨论已知 $\dfrac{d\Delta_r G_m^\ominus}{dT} = -\Delta_r S_m^\ominus$，从而知道 $\Delta_r G_m^\ominus$ 随 T 的变化大小由反应的 $\Delta_r S_m^\ominus$ 决定。由 $\Delta_r G_m^\ominus = \Delta_r H_m^\ominus - \Delta_r S_m^\ominus T$ 得出 $\Delta_r G_m^\ominus$ 和 T 近似直线关系，所以也可以将该方程改写成

$$\Delta_f G_m^\ominus = A + BT \tag{6-37}$$

根据式（6-37）可以绘制出不同化合物的 $\Delta_f G_m^\ominus$ 随 T 变化的曲线。对各种氧化物的 $\Delta_f G_m^\ominus$ 随 T 变化的曲线，称为标准生成吉布斯自由能与温度的关系图（简称 $\Delta_f G_m^\ominus$ - T 图），也称氧化势图或埃灵-罕姆（Elling-Ham）图，如图 6-1 所示。

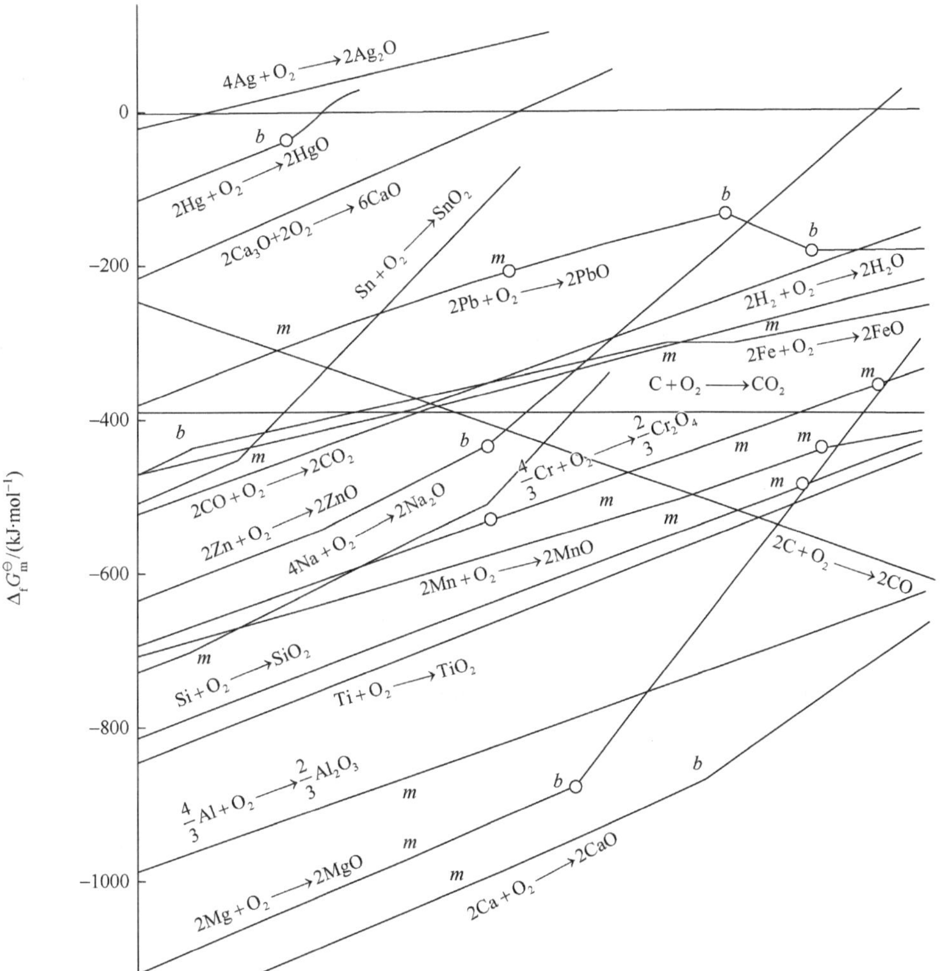

图 6-1　部分金属氧化物标准生成吉布斯自由能与温度关系图

原作者的图中坐标有多种表示，但是此处仅使用纵坐标为$\Delta_f G_m^{\ominus}$和横坐标为T（℃）进行讨论。图中的线表示的反应都进行了注明。这些反应一般是金属与氧反应生成金属氧化物。但是一些金属有不同价态的氧化物，所以有些直线是代表金属的低价氧化物与氧反应生成高价氧化物的。

前面已经讨论了$\Delta_r G_m^{\ominus}$随T的变化大小由反应的$\Delta_r S_m^{\ominus}$决定，所以直线斜率为$-\Delta_r S_m^{\ominus}$，当反应的$\Delta_r S_m^{\ominus}<0$时，$\Delta_r G_m^{\ominus}$随T的升高而变大，表示该反应的直线的斜率为正，因此直线斜向上；当反应的$\Delta_r S_m^{\ominus}>0$时，$\Delta_r G_m^{\ominus}$随T的升高而变小，表示该反应的直线的斜率为负，因此直线斜向下，此类反应甚少，CO 的生成反应是典型的例子；当反应的$\Delta_r S_m^{\ominus}\approx 0$时，$\Delta_r G_m^{\ominus}$随$T$的升高而变化不大，近似为一条平行横坐标的直线，如由 C 生成CO_2的反应。

对于金属氧化物M_xO_y和金属 Me 发生熔化、沸腾、升华和晶形转变等相变过程，因为物质在相关过程中的熵化，所以直线在相变温度处要发生明显的转折（斜率改变）。

$\Delta_f G_m^{\ominus}$-T图主要有以下用途：

（1）判断氧化物的稳定性。对反应金属的氧化反应而言，$\Delta_f G_m^{\ominus}$可以作为氧化物M_xO_y稳定性的量度，也表示金属对氧亲和力的大小。$\Delta_f G_m^{\ominus}$越负，金属对氧的亲和力越大，则氧化物的稳定性也越大。在高温下，不同元素对氧的亲和力大致按 Ag、Cu、Ni、Co、P、Fe、W、Mo、Cr、Mn、V、Si、Ti、Al、Mg、Ca 依次增大。

在$\Delta_f G_m^{\ominus}$-T图下方的金属的氧化物，因为$\Delta_f G_m^{\ominus}$的值很负，所以对氧的亲和力很大，且熔点高，因此在实际工业中常用来制作耐火材料，如 Ca、Mg、Al 等。Fe、Mn 等元素能生成多种价态的氧化物，如 FeO、Fe_2O_3、Fe_3O_4、MnO、MnO_2等，一般规律是同一种金属的低价氧化物在高温下较为稳定，高价氧化物在低温下较为稳定。

（2）确定元素的氧化还原次序。当多种金属共存或金属在粗金属氧化精炼时，其中杂质元素的氧化次序与其氧化物的$\Delta_f G_m^{\ominus}$有密切关系。金属中杂质对氧亲和力大，首先被氧化为金属氧化物。由于各直线的斜率不同，温度的改变也会使氧化次序发生变化。

（3）求出用碳还原氧化物的最低还原温度：在$\Delta_f G_m^{\ominus}$-T上，有一条斜率为负的曲线，为$2C(s)+O_2(g) = 2CO(g)$的反应，随温度的升高，该反应的$\Delta_f G_m^{\ominus}$-T线向下延伸，此时该反应的还原能力逐渐增强，当其与其他金属氧化物的线相交后，碳就能将该金属氧化物还原为金属，因此交点所对应的温度称为碳还原该金属氧化物的最低还原温度。

6.5　其他因素对理想气体反应平衡移动的影响

对于给定的反应系统，温度对平衡的影响是显而易见的，但是对于气相反应，体系的总压力、组分的分压、加入的惰性气体（指不参加反应气体）等都对反应会有一定的影响。

6.5.1　压力对化学平衡的影响

由式（6-13）～式（6-20）的各平衡常数的相互关系，可以推出任何一种平衡常数与系统的体积的关系。以式（6-16）为例：

$$K^{\ominus}=K_x\left(\frac{p^{\mathrm{eq}}}{p^{\ominus}}\right)^{\sum_i \nu_i}$$

取对数得

$$\ln K^{\ominus}=\ln K_x+\sum_i \nu_i(\ln p^{\mathrm{eq}}-\ln p^{\ominus})$$

在定温条件下，对上式求压力的偏微分得

$$\left(\frac{\partial \ln K^{\ominus}}{\partial p}\right)_T=\left(\frac{\partial \ln K_x}{\partial p}\right)_T+\frac{\sum_i \nu_i}{p}$$

因为温度没变，$K^{\ominus}$为常数，与压力无关，所以

$$\left(\frac{\partial \ln K^{\ominus}}{\partial p}\right)_T=0$$

故

$$\left(\frac{\partial \ln K_x}{\partial p}\right)_T=-\frac{\sum_i \nu_i}{p} \tag{6-38}$$

再根据理想气体状态方程

$$\left(\frac{\partial \ln K_x}{\partial p}\right)_T=-\frac{\Delta V}{RT} \tag{6-39}$$

对于气相反应而言，只存在三种情况，反应前后体积不变、反应后体积增大和反应后体积减小。当$\Delta V>0$时，即体积增加时，$\left(\frac{\partial \ln K_x}{\partial p}\right)_T<0$，因此增大压力使$K_x$减小，反应向反应物方向移动，则加压对体积增大的正反应方向不利。例如，$C(s)+CO_2(g) = 2CO(g)$反应后体积增加。当$\Delta V<0$时，体积减小时，$\left(\frac{\partial \ln K_x}{\partial p}\right)_T>0$，因此增大压力使$K_x$增大，反应向产物方向移动，则加压对体积减小的正反应方向有利，如氨的合成反应。当$\Delta V=0$时，$\left(\frac{\partial \ln K_x}{\partial p}\right)_T=0$，因此改变压力对$K_x$无影响，即压力对反应前后体积不变的反应没有影响，如水煤气反应。

【例 6-2】 在 673K、压力为 1MPa 的条件下，氢与氮的体积比为 3∶1 时，使其通过催化剂。反应到达平衡后，测得生成NH_3的体积分数为 3.85，试计算：（1）$K^{\ominus}$值；（2）若总压为 5MPa，NH_3的平衡产率。

解 （1）$3H_2(g) \quad + \quad N_2(g) \quad = \quad 2HN_3(g)$

平衡时 $3-3a$ $\qquad 1-a$ $\qquad 2a$

$n_{总}=\frac{2a}{4-2a}\times 100\%=3.85\%$，解得 a=0.074。

$$K^{\ominus}=\frac{\left(\frac{2a}{4-2a}\times 1\mathrm{MPa}/p^{\ominus}\right)^2}{\left(\frac{3-3a}{4-2a}\times 1\mathrm{MPa}/p^{\ominus}\right)^3\left(\frac{1-a}{4-2a}\times 1\mathrm{MPa}/p^{\ominus}\right)}$$

$$=\frac{\left(\frac{2\times 0.074}{4-2\times 0.074}\times 1\mathrm{MPa}/p^{\ominus}\right)^2}{\left(\frac{3-3\times 0.074}{4-2\times 0.074}\times 1\mathrm{MPa}/p^{\ominus}\right)^3\left(\frac{1-0.074}{4-2\times 0.074}\times 1\mathrm{MPa}/p^{\ominus}\right)}=1.64\times 10^{-4}$$

（2）当总压力变为 5MPa 后

$$K^{\ominus} = \frac{\left(\frac{2a}{4-2a}\times 5\text{MPa}/p^{\ominus}\right)^2}{\left(\frac{3-3a}{4-2a}\times 5\text{MPa}/p^{\ominus}\right)^3\left(\frac{1-a}{4-2a}\times 5\text{MPa}/p^{\ominus}\right)} = 1.64\times 10^{-4}$$

解得 a=0.26。

NH_3的平衡产率为

$$\frac{2a}{4-2a}\times 100\% = \frac{2\times 0.26}{4-2\times 0.26}\times 100\% = 14.9\%$$

从本例可以得出，升高压力对体积减小的反应，正反应方向有利。

6.5.2 惰性气体对化学平衡的影响

需特别指出的是，此处讨论的惰性气体是指不参加反应的气体，其不影响反应的平衡常数，但是会影响系统中平衡时的组成。例如，在生产中，用空气作为氧化剂时，由于空气组成中含有大量的 N_2，而 N_2 不参加反应，因此对于这些氧化反应，N_2 就是惰性气体。

惰性气体的存在虽然不改变反应，但是当系统总压力确定时，惰性气体起到了稀释作用，从而降低了体系中各组分的分压，其作用类似于减小系统压力。

对于理想气体，根据式（6-13）～式（6-20）的关系式：

$$\begin{aligned} K_p &= K_x(p)^{\sum_i \nu_i} = \frac{x_C^z x_D^w\cdots}{x_A^x x_B^y\cdots}(p)^{\sum_i \nu_i} \\ &= \frac{n_C^z n_D^w\cdots}{n_A^x n_B^y\cdots}\left(\frac{p}{n_{总}}\right)^{\sum_i \nu_i} = \prod_i (n_i)^{\nu_B}\left(\frac{p}{n_{总}}\right)^{\sum_i \nu_i} \end{aligned} \tag{6-40}$$

同理可以推出

$$K^{\ominus} = \prod_i (n_i)^{\nu_B}\left(\frac{p}{p^{\ominus}n_{总}}\right)^{\sum_i \nu_i} \tag{6-41}$$

式中，n_i 为达到平衡时各组分的物质的量；$n_{总}$ 为系统中各组分物质的量之和。当反应的 $\sum_i \nu_i > 0$ 时，加入惰性气体使 $n_{总}$ 增大，则 $\left(\frac{p}{n_{总}}\right)^{\sum_i \nu_i}$ 会减小，因为温度没有发生变化，为了维持 K_p 不变，$\prod_i (n_i)^{\nu_B}$ 增大，所以反应向产物方向移动。例如，苯乙烷脱氢制苯乙烯的反应，通入水蒸气，增加了转化率。反之，当反应的 $\sum_i \nu_i < 0$ 时，加入惰性气体使反应向反应物方向移动。

【例 6-3】 已知合成氨的反应

$$\frac{1}{2}N_2(g) + \frac{3}{2}H_2(g) \rightleftharpoons NH_3(g)$$

在 748K、30MPa 时，K_p=6.93×10^{-3}，当原料气不含惰性气体时，氨的产率为 35%，现若以含氮 18%、含氢 72%和惰性气体 10%的原料气进行合成，其产率为多少？

解 题中已给出 K_p，从而可以计算到 K_x，再通过反应式得到 K_x 和各组分平衡时的关系，即可求解本题。根据式（6-15b）得

$$K_x = K_p(p)^{-\sum_i \nu_i} = 6.93\times 10^{-3}(p^{\ominus})^{-1}\times 30\text{MPa} = 2.079$$

	$\frac{1}{2}N_2(g)+\frac{3}{2}H_2(g)$	══	$NH_3(g)$	惰性气体
反应前	0.18	0.72		0.1
反应后	$0.18-0.5a$	$0.72-1.5a$	a	0.1

系统内各组分物质的量总和为

$$(0.18-0.5a)+(0.72-1.5a)+a+0.1=1-a$$

各组分的摩尔分数分别为

$$x_{N_2}=\frac{0.18-0.5a}{1-a} \qquad x_{H_2}=\frac{0.72-1.5a}{1-a} \qquad x_{NH_3}=\frac{a}{1-a}$$

$$K_x=\frac{x_{NH_3}}{x_{N_2}^{\frac{1}{2}}x_{H_2}^{\frac{3}{2}}}=\frac{a(1-a)}{(0.18-0.5a)^{\frac{1}{2}}(0.72-1.5a)^{\frac{3}{2}}}=2.079$$

解得 a=0.2，则氨的产率为

$$\frac{0.2}{1-0.2}\times 100\%=25\%$$

从本例可以看出，加入惰性气体，稀释了反应物和产物。

6.6 同时反应平衡组成的计算

以上所讨论的化学平衡体系都只考虑只有一个化学反应发生，但在实际的生产中基本上都会有两个或多个反应同时发生，且将同时达到平衡态。在这种反应系统中，有些组分将同时满足多个反应，因此要计算这样的反应系统的平衡组成，必须要知道系统中有多少个独立反应，系统达到平衡时，独立反应的平衡态就可以确定系统的平衡状态。

系统中独立反应的数目称为独立反应数，用 R 表示，R 是大于或等于 1 的整数。在判断系统的独立反应数时，一定要将各反应物和生成物的关系确定清楚，将独立反应确定，这样才不易出错。

以 $C(s)$、$O_2(g)$、$H_2(g)$、$H_2O(g)$、$CO(g)$、$CO_2(g)$在反应炉中的反应为例，可能发生的反应有

(1) $C(s)+O_2(g) = CO_2(g)$ $\quad \Delta_r G_{m,1}^{\ominus} \quad K_1^{\ominus}$

(2) $2C(s)+O_2(g) = 2CO(g)$ $\quad \Delta_r G_{m,2}^{\ominus} \quad K_2^{\ominus}$

(3) $2CO(g)+O_2(g) = 2CO_2(g)$ $\quad \Delta_r G_{m,3}^{\ominus} \quad K_3^{\ominus}$

(4) $CO_2(g)+C(s) = 2CO(g)$ $\quad \Delta_r G_{m,4}^{\ominus} \quad K_4^{\ominus}$

(5) $2H_2(g)+O_2(g) = 2H_2O(g)$ $\quad \Delta_r G_{m,5}^{\ominus} \quad K_5^{\ominus}$

(6) $CO(g)+H_2O(g) = H_2+CO_2(g)$ $\quad \Delta_r G_{m,6}^{\ominus} \quad K_6^{\ominus}$

(7) $H_2O(g)+C(s) = CO(g)+H_2(g)$ $\quad \Delta_r G_{m,7}^{\ominus} \quad K_7^{\ominus}$

(8) $2H_2O(g)+C(s) = CO_2(g)+2H_2(g)$ $\quad \Delta_r G_{m,8}^{\ominus} \quad K_8^{\ominus}$

以上的 6 种物质之间发生了 8 个反应，但是分析发现：

（3）=（1）×2–（2）

（4）=（2）–（1）

（6）=（1）–（2）×1/2–（5）×1/2

（7）=（2）×1/2–（5）×1/2

（8）=（1）–（5）

从上面的关系式可以得出，方程式（3）、（4）、（6）、（7）、（8）可以由（1）、（2）、（5）运算得到，因此上面的 8 个反应中独立反应只有 3 个，即 R=3。原则上选取的独立反应必须包含系统中所有的组分，对于选哪几个反应没有规定。

根据第 2 章讨论过的内容，$\Delta_r G_m^\ominus$可以按照反应式的加减关系计算而得，再根据式（6-10）推出相应的平衡常数的关系：

$$\Delta_r G_{m,3}^\ominus = 2\Delta_r G_{m,1}^\ominus - \Delta_r G_{m,2}^\ominus \qquad K_3^\ominus = \frac{(K_1^\ominus)^2}{K_2^\ominus}$$

$$\Delta_r G_{m,4}^\ominus = \Delta_r G_{m,2}^\ominus - \Delta_r G_{m,1}^\ominus \qquad K_4^\ominus = \frac{K_2^\ominus}{K_1^\ominus}$$

$$\Delta_r G_{m,6}^\ominus = \Delta_r G_{m,1}^\ominus - \frac{1}{2}\Delta_r G_{m,2}^\ominus - \frac{1}{2}\Delta_r G_{m,5}^\ominus \qquad K_6^\ominus = \frac{K_1^\ominus}{(K_2^\ominus K_5^\ominus)^{\frac{1}{2}}}$$

$$\Delta_r G_{m,7}^\ominus = \frac{1}{2}\Delta_r G_{m,2}^\ominus - \frac{1}{2}\Delta_r G_{m,5}^\ominus \qquad K_7^\ominus = \left(\frac{K_2^\ominus}{K_5^\ominus}\right)^{\frac{1}{2}}$$

$$\Delta_r G_{m,8}^\ominus = \Delta_r G_{m,1}^\ominus - \Delta_r G_{m,5}^\ominus \qquad K_8^\ominus = \frac{K_1^\ominus}{K_5^\ominus}$$

系统的独立反应数 R 可由下式计算得到

$$R = n - m \tag{6-42}$$

式中，n 为系统中的组分数；m 为系统中的元素数。在上例中 n=6，m=3，所以

$$R = n - m = 6 - 3 = 3$$

但是式（6-42）并不是对所有系统的独立反应数的计算都适用，例如

$$CaCO_3(s) \xlongequal{\quad} CO_2(g) + CaO(s)$$

按照该式计算，R=0。除上面例子之外还有一些反应系统也是这样，按该式计算 R=0，出现明显的错误，因此式（6-42）对这些体系不适用。通过分析发现，$n_O = n_{Ca} + 2n_C$，虽然有三个元素，但是由两个元素的量能确定第三个元素的量，因此独立变化的元素只有两个。为此引入元素间的独立浓度变化关系数 r，此时的独立元素为 m'，则有

$$m' = m - r \tag{6-43}$$

从而修正的独立反应数的计算公式为

$$R = n - m' \tag{6-44}$$

确立了反应系统中的独立反应数，就可以像上例中分析那样找出各反应间的关系，从而计算出$\Delta_r G_m^\ominus$，再由$\Delta_r G_m^\ominus$计算出$K^\ominus$。这样就能计算多种组分达到平衡时，系统中各组分的含量。通过下例具体说明。

例如，系统中有 CaO、SiO_2、$CaSiO_3$、Ca_2SiO_4共 4 种物质，含 3 种元素，讨论独立反应。它们之间存在的物质的量关系：$n_O = n_{Ca} + 2n_{Si}$；所以独立元素数：$m' = m - r = 3 - 1 = 2$；独立反应数：$R = n - m' = 4 - 2 = 2$；因此独立反应为

$$CaO + SiO_2 = CaSiO_3$$
$$2CaO + SiO_2 = Ca_2SiO_4$$

本 章 小 结

本章讨论了化学反应的平衡，需要从化学势的角度理解化学平衡的意义，理解并掌握化学反应等温方程的意义与应用，掌握各种平衡常数的表达式，熟悉各平衡常数之间的关系，熟练平衡常数、平衡组成的计算，理解温度、压力、惰性气体对化学平衡的影响，会利用 Elling-Ham 图判断金属氧化物的还原反应顺序。

1. 化学反应方向和限度的判据

$$\Delta G \leqslant 0$$

2. $\Delta_r G_m^\ominus$ 和 $K^\ominus$ 的关系

$$\Delta_r G_m^\ominus = -RT\ln K^\ominus$$

3. 化学等温方程

$$\Delta_r G_m = -RT\ln K^\ominus + RT\ln Q_p$$

利用化学等温式对化学反应发展的方向和限度进行讨论如下：

（1）当 $K^\ominus > Q_p$ 时，$\Delta_r G_m < 0$，说明化学反应能向正反应方向自发进行。

（2）当 $K^\ominus = Q_p$ 时，$\Delta_r G_m = 0$，说明化学反应已达到平衡状态（也可以可逆方式进行）。

（3）当 $K^\ominus < Q_p$ 时，$\Delta_r G_m > 0$，说明化学反应不能自发向正反应方向进行。

4. 平衡常数的表达式

（1）标准平衡常数：

$$K^\ominus = \frac{\left(\dfrac{p_C^{eq}}{p^\ominus}\right)^z \left(\dfrac{p_D^{eq}}{p^\ominus}\right)^w}{\left(\dfrac{p_A^{eq}}{p^\ominus}\right)^x \left(\dfrac{p_B^{eq}}{p^\ominus}\right)^y} = \prod_i \left(\frac{p_i^{eq}}{p^\ominus}\right)^{\nu_i}$$

$K^\ominus$ 是量纲为 1 的量。$K^\ominus$ 只与反应的温度有关。

（2）以压力表示的平衡常数 K_p：

$$K_p = \frac{(p_C^{eq})^z (p_D^{eq})^w}{(p_A^{eq})^x (p_B^{eq})^y} = \prod_i (p_B^{eq})^{\nu_i}$$

（3）以摩尔分数表示的平衡常数 K_x：

$$K_x = \prod_i (x_i^{eq})^{\nu_B}$$

x_i^{eq} 表示反应达到平衡时各组分的摩尔分数。K_x 的量纲为 1。

（4）以物质的量浓度表示的平衡常数 K_c：

$$K_c = \prod_i (c_i^{eq})^{\nu_B}$$

c_i^{eq} 表示反应达到平衡时各组分的物质的量浓度。K_c 的量纲为 $[c]^{\sum_i \nu_i}$，c 的单位一般采用 $mol \cdot dm^{-3}$。

（5）多相反应的标准平衡常数：

$$K^\ominus = \prod_{i(g)} \left(\frac{p_i^{eq}}{p^\ominus}\right)^{\nu_i}$$

（6）平衡转化率和最大产率：

$$平衡转化率=\frac{平衡时已转化的某反应物的量}{该反应物的投料量}\times 100\%$$

$$最大产率=\frac{平衡时某产物的量}{按化学反应式计量该产物的量}\times 100\%$$

5. 平衡常数与温度的关系

$$\left(\frac{\partial\left(\frac{\Delta G}{T}\right)}{\partial T}\right)=-\frac{\Delta H}{T^2}$$

$$\frac{\Delta G}{T}=-\int\frac{\Delta H}{T^2}\mathrm{d}T+I$$

$$\frac{\mathrm{d}\ln K^{\ominus}}{\mathrm{d}T}=\frac{\Delta_r H_m^{\ominus}}{RT^2}$$

$$\ln\frac{K^{\ominus}(T_2)}{K^{\ominus}(T_1)}=-\frac{\Delta_r H_m^{\ominus}}{R}\left(\frac{1}{T_2}-\frac{1}{T_1}\right)$$

标准摩尔生成吉布斯自由能：在标准压力下，由最稳定单质生成某一物质时的标准吉布斯自由能变化值称为该物质的标准摩尔生成吉布斯自由能，用 $\Delta_f G_m^{\ominus}$ 表示。

6. 同时反应平衡组成的计算

系统的独立反应数 R 可由下式计算得到：

$$R=n-m$$

元素间的独立浓度变化关系数为 r，此时的独立元素为 m'，则有

$$m'=m-r$$

从而修正的独立反应数的计算公式为

$$R=n-m'$$

（1）液态混合物的化学平衡：

$$\Delta_r G_m^{\ominus}=-RT\ln\prod_i a_i=-RT\ln K_a$$

（2）溶液中的化学平衡：

$$\mu_i(T,p,x)=\mu_i^{\ominus}(T,p^{\ominus})+RT\ln a_i$$

习　　题

1. 某容积为 $1.0547\mathrm{dm^3}$ 的石英容器中有 297.0K、24.136kPa 的 NO(g)。现引入 0.7040g 溴，并升温至 323.7K，测得平衡时的系统总压为 30.823kPa，求 323.7K 时下列反应的 $K^{\ominus}$：

$$2NOBr(g)═══2NO(g)+Br_2(g)$$

2. 已知反应 $CO(g)+H_2O(g)═══CO_2(g)+H_2(g)$在 973K 时的 K_p=0.71。

（1）若体系中各气体的分压都是 1.5×10^5Pa，在 973K 时反应能否发生？

（2）若 $p_{CO}=1.0\times10^6$Pa，$p_{H_2O}=5.0\times10^5$Pa，$p_{CO_2}=p_{H_2}=1.5\times10^5$Pa，情况又怎样？

3. 反应 $CO(g)+H_2O(g)═══H_2(g)+CO_2(g)$的标准平衡常数与温度的关系为 $\lg K_p^{\ominus}=215\mathrm{K}/T-2.216$，当 CO、$H_2O$、$H_2$ 和 CO_2 的起初组成的质量分数分别为 0.30、0.30、0.20 和 0.20，总压为 101.3kPa 时，在什么温度以下（或以上）反应才能向生成产物的方向进行？

4. 将氨基甲酸铵放在一抽空的容器中进行如下分解：$NH_2COONH_4(s)═══2NH_3(g)+CO_2(g)$，测得 20.8℃

时容器内的平衡压力为 8.825kPa。现温度不变，先通入氨至压力为 12.443kPa，再加入氨基甲酸铵使之分解，求平衡时各气体的分压及总压。

5. 反应 $C(s)+2H_2(g)═══CH_4(g)$ 的 $\Delta_r G_m^\ominus$ (1000K)=19.29kJ·mol^{-1}。若参加反应气体的摩尔分数分别为 $x(CH_4)$=0.10，$x(H_2)$=0.80，$x(N_2)$=0.10，在 1000K 和 100kPa 压力下，能否有 $CH_4(g)$生成？

6. 甲烷转化反应 $CH_4(g)+H_2O(g)═══CO(g)+3H_2(g)$在 900K 时的 $K^\ominus$=1.280。现取等物质的量的 CH_4 和 H_2O 反应，求 900K、101.325kPa 下系统的平衡组成。

7. 在 298.15K 时，$NH_4HS(s)$在一真空瓶中分解：$NH_4HS(s) \rightleftharpoons NH_3(g)+H_2S(g)$。

（1）达平衡后，测得总压为 66.66kPa，计算标准平衡常数 $K_p^\ominus$，设气体为理想气体。

（2）若瓶中已有 $NH_3(g)$，其压力为 40.00kPa，计算这时瓶中的总压。

8. 由表 6-1 25℃时的标准热力学数据估算在 100kPa 外压下 $CaCO_3(s)$的分解温度（实验值为 895℃）。

表 6-1　25℃时标准热力学数据

物质	$\Delta_f H_m^\ominus$ / (kJ·mol^{-1})	$\Delta_f G_m^\ominus$ / (kJ·mol^{-1})	$S_m^\ominus$ / (J·mol^{-1}·K^{-1})	$C_{p,m}^\ominus$ / (J·mol^{-1}·K^{-1})
$CaCO_3(s)$	−1206.92	−1128.79	92.9	81.88
$CaO(s)$	−635.09	−604.03	39.75	42.80
$CO_2(g)$	−393.51	−394.36	213.74	37.11

9. 在 870K 和 100kPa 时，下列反应达到平衡 $CO(g)+H_2O(g) \rightleftharpoons CO_2(g)+H_2(g)$。若将压力从 100kPa 提高到 50000kPa。

（1）各气体仍作为理想气体处理，其标准平衡常数有无变化？

（2）若各气体的逸度因子分别为 $\gamma(CO_2)$=1.09，$\gamma(H_2)$=1.10，$\gamma(CO)$=1.23，$\gamma(H_2O)$=0.77，则平衡应向何方移动？

10. 合成氨反应 $0.5N_2+1.5H_2═══NH_3$ 在 500K 时的 $K^\ominus$=0.2968，若反应物 N_2 和 H_2 符合化学计量比，试估算压力自 100kPa 到 1000kPa 时的平衡转化率 α。

11. 对某气相反应，证明 $\dfrac{\mathrm{d}\ln K_c^\ominus}{\mathrm{d}T}=\dfrac{\Delta_r U_m^\ominus}{RT^2}$。

12. 在 500℃、30.4MPa 下用体积比 1/3 的 N_2/H_2 原料气合成氨 $0.5N_2+1.5H_2═══NH_3$，$K^\ominus=3.75\times10^{-3}$，求下列情况下的平衡转化率及氨的含量：

（1）原料气只含 1/3 的 N_2/H_2；

（2）原料气除含 1/3 的 N_2/H_2 外，还含 10%的惰性气体（CH_4 和 Ar）。

13. 在上题中，原料气含 10%的惰性气体，但 N_2/H_2 不是 1/3，而是 1/4，求 N_2、H_2 的平衡转化率及氨的含量。

14. 银可能受到 H_2S 气体的腐蚀而发生下列反应：$H_2S(g)+2Ag(s) \rightleftharpoons Ag_2S(s)+H_2(g)$，已知在 298K 和 100kPa 压力下，$Ag_2S(s)$和 $H_2S(g)$的标准摩尔生成吉布斯自由能 $\Delta_f G_m^\ominus$ 分别为−40.26kJ·mol^{-1} 和−33.02kJ·mol^{-1}。在 298K 和 100kPa 压力下：

（1）在 $H_2S(g)$和 $H_2(g)$等体积的混合气体中，Ag 是否会被腐蚀生成 $Ag_2S(s)$？

（2）在 $H_2S(g)$和 $H_2(g)$的混合气体中，$H_2S(g)$的摩尔分数低于多少时便不至于使 Ag 发生腐蚀？

15. 已知反应$(CH_3)_2CHOH(g)═══(CH_3)_2CO(g)+H_2(g)$的 $\Delta C_{p,m}$=16.72J·mol^{-1}·K^{-1}。在 457K 时的 $K_p^\ominus$=0.36，在 298.2K 时的 $\Delta_r H_m^\ominus$=61.5kJ·mol^{-1}。

（1）写出 $\ln K_p^\ominus$-$f(T)$的函数关系式；

（2）计算 500K 时的 $K_p^\ominus$ 值。

16. 甲烷/水蒸气为 1/5 的混合气体在 600℃、100kPa 下通过催化剂生产合成氨用的 H_2，同时有下列反应，试求其平衡组成。

$$CH_4(g)+H_2O(g) = CO(g)+3H_2(g) \qquad K_1^\ominus = 0.589$$
$$CO(g)+H_2O(g) = CO_2(g)+H_2(g) \qquad K_2^\ominus = 2.21$$

17. 计算反应 C(石墨)+CO_2(g) ⟶ 2CO(g)在 298.15K 和 1273.15K 时的标准摩尔吉布斯自由能变化值。

18. 600K 时，CH_3Cl(g)与 H_2O(g)发生反应生成 CH_3OH，继而又生成$(CH_3)_2O$，即同时存在以下两个平衡：

$$(1)\ CH_3Cl(g)+H_2O \longrightarrow CH_3OH(g)+HCl(g)$$
$$(2)\ 2CH_3OH(g) \longrightarrow (CH_3)_2O(g)+H_2O(g)$$

已知在该温度下，$K_{p,1}^\ominus$=0.00154，$K_{p,2}^\ominus$=10.6。今以等量的 CH_3Cl 和 H_2O 开始，求 CH_3Cl 的平衡转化率。

19. 在 448～688K 的温度区间内，用分光光度计研究气相反应：I_2(g)+环戊烯(g) ⟶ 2HI(g)+环戊二烯(g)，得到标准平衡常数与温度的关系式为 $\ln K_p^\ominus = 17.39-51034/4.575T$。

（1）计算在 573K 时反应的 $\Delta_r G_m^\ominus$、$\Delta_r H_m^\ominus$ 和 $\Delta_r S_m^\ominus$；

（2）若开始以等物质的量的 I_2(g)和环戊烯(g)混合，温度为 573K，起始总压为 100kPa，求达平衡时 I_2(g)的分压；

（3）起始总压为 1000kPa，求达平衡时 I_2(g)的分压。

20. 已知合成氨反应

	$0.5N_2$	$+1.5H_2$ =	NH_3
25℃时 $S_m^\ominus/(J\cdot mol^{-1}\cdot K^{-1})$	191.61	130.684	192.45
$\Delta_f H_m^\ominus/(kJ\cdot mol^{-1})$	0	0	−46.11
$C_{p,m}^\ominus/(J\cdot mol^{-1}\cdot K^{-1})$	29.125	28.824	35.06

（1）用 S 判据判断反应在 25℃标准条件下能否自发进行。

（2）用 G 判据判断反应在 25℃标准条件下能否自发进行。

（3）求 350K 时的反应焓 $\Delta_r H_{m,350K}^\ominus$（假设 $C_{p,m}^\ominus$ 为常数）。

（4）求 25℃时的标准平衡常数 $K^\ominus$。

（5）求 350K 时的 $K^\ominus$ 和 $\Delta_r G_m^\ominus$（假设 $\Delta_r H_m^\ominus$ 为常数）。

（6）求 25℃，$p(N_2)$=300kPa，$p(H_2)$=100kPa，$p(NH_3)$=400kPa 时的 $\Delta_r G_m$。

21. CO_2(g)与 H_2S(g)在高温的反应为 $CO_2(g)+H_2S(g) = COS(g)+H_2O(g)$，今在 610K 时将 4.4g 的 CO_2(g)加入体积为 2.5dm^3 的空瓶中，然后充入 H_2S(g)使总压为 1000kPa。达平衡后取样分析，得其中 H_2O(g)的摩尔分数为 0.02。将温度升至 620K，重复上述实验，达平衡后取样分析，得其中 H_2O(g)的摩尔分数为 0.03。视气体为理想气体。

（1）计算 610K 时的 $K_p^\ominus$；

（2）计算 610K 时的 $\Delta_r G_m^\ominus$；

（3）设反应的标准摩尔焓变 $\Delta_r H_m^\ominus$ 不随温度而变，计算反应的 $\Delta_r H_m^\ominus$；

（4）在 610K 时，往该体积的瓶中充入不参与反应的气体直至压力加倍，则 COS(g)的产量有何变化？若充入不参与反应的气体，保持压力不变，而使体积加倍，则 COS(g)的产量又有何变化？

第 7 章　相　平　衡

热力学应用于化学领域，其主要任务是解决三个方面的问题，即热平衡、化学平衡和相平衡问题。也就是说，热平衡、相平衡、化学平衡是化学热力学的主要研究对象。前面介绍了热力学基本原理以及在多组分系统的应用，下面将讨论多相平衡问题。

对多相平衡的研究有重要的实际意义。多相平衡现象在自然界及化工生产中经常遇到。例如，自然界的冰水共存，盐湖中盐块与湖水共存等都是多相平衡；在化工上，溶液的蒸发与蒸馏，固体的升华与融化，气体、固体、液体的相互溶解，原料、产品的分离和提纯、结晶、萃取、凝结等，均涉及多相平衡问题。多相平衡现象虽然种类繁多，但都遵守一个共同的规律——相律。

本章主要讨论的问题是：相律和相图，它们是研究相平衡的主要工具。

7.1　相　　律

相律：描述多相平衡中相数、独立组分数、独立变量数之间的关系，对系统可作出定性的描述。

相图：表示多相系统的状态如何随温度、压力、浓度等条件而改变的几何图形，也称状态图。相图能说明外界条件变化时，状态如何变化；可指出一定条件下，系统有哪些相，各相的组成是什么。

（1）相。系统中物理性质和化学性质完全均匀的部分为一相。在多相系统中，相与相之间有明显的界面，超过界面，物理或化学性质发生突变。系统中所包含的相的总数称为相数，用符号 P 表示。

对于气体，由于任何气体均能无限混合，因此系统中不论有多少种气体，都只有一个气相。对于液体，视其相互溶解的程度不同，可以是一相、两相或三相。对于固体，一般一种固体物质为一相，固体溶液是一相。没有气相的系统称为凝聚系统。相与相之间有明显的界面。同一相不一定连在一起，连在一起的不一定是一相。

（2）自由度。描述多相平衡系统所必需的独立变量数称为自由度，用符号 F 表示。实质：在不引起旧相消失和新相形成的前提下，可以在一定范围内独立变动的强度性质（温度、压力、浓度）。由此得出：其他各参量均是这几个参量的函数形式，可由这几个参数求出；若第 $F+1$ 个参量可任意变动，则平衡将被破坏。

例如，对于单组分液相系统——水，要使液相不消失，又不形成冰和水蒸气，T、p 均可独立变化，$F=2$。对于单组分气-液平衡系统——水-水蒸气两相平衡，T、p 只能变化其中一个，因其具有函数关系，$F=1$。对于单组分气-液-固平衡系统——水、冰、水蒸气三相平衡，$T=273.16\text{K}$，$p=609\text{Pa}$，T、p 均不能改变，$F=0$。又如，对一不饱和的盐水溶液，T、p 及盐浓度 c 可独立变化。但当盐与溶液两相共存时，F 不再为 3，指定了 T、p，盐的浓度 c 就为定值——饱和溶液，一方面不能配制出浓度大于饱和值的溶液，另一方面要使浓度小于饱和值，必定造成固相盐消失，因此，只有 T、p 可独立变动，$F=2$。

（3）物种数与组分数。系统中所含的化学物质数称为物种数，用符号 S 表示。应注意：不同聚集态的同一种物质只能算一种，不能算两种。例如，水和水蒸气，S=1，而不是 2。

足以表示系统中各相组成所需要的最少独立物种数称为组分数，用符号 C 表示。注意：组分数和物种数是两个不同的概念，有时二者是不等的。在多相平衡中，重要的是组分数。若系统中没有化学反应，则就没有化学平衡，这时，一般来说，组分数=物种数，即 $C=S$。若系统中有化学反应，如由 PCl_5、PCl_3、Cl_2 三种物质构成，由于存在化学平衡 $PCl_5 = PCl_3+Cl_2$，虽物种数为 3，但组分数是 2。因此，只要任意确定两种物质，第三种物质必然存在，且其组成可由平衡常数确定，并不在于起始是否放入此物。此时，组分数=物种数−独立化学平衡数。

若用 R 表示独立化学平衡数，每个化学平衡使一个物种不独立，有 $C=S-R$。

应注意“独立”二字，如对由 CO、H_2O、CO_2、H_2、O_2 组成的平衡系统，化学反应有 3 个

$$CO+H_2O = CO_2+H_2$$

$$CO+\frac{1}{2}O_2 = CO_2$$

$$H_2+\frac{1}{2}O_2 = H_2O$$

但只有两个反应是独立的，其 R=2，而不是 3，因此，C=3，有两种物质不独立。

若有独立浓度限制条件 R'，则有 R'个物种不独立。例如，在 $PCl_5 = PCl_3+Cl_2$ 反应中，若起始只有 PCl_5 或指定$[PCl_3]=[Cl_2]$，组成变量又减少 1，$[PCl_3]$、$[Cl_2]$只知其一即可，R'=1，C=1。此时，组分数=物种数−独立化学平衡数−独立浓度关系数，即 $C=S-R-R'$。

注意：①浓度限制条件，只在化学反应系统的同一相中使用，不同相间不能使用，如 $CaCO_3(s) = CO_2(g)+CaO(s)$，$C$=2。②在含有离子的溶液中，电中性条件也提供了一个关系式。例如，HCN 水溶液 S=5（HCN、CN^-、H^+、OH^-、H_2O）R=2，R'=1，C=2。电中性条件（R'=1）：$[H^+]=[OH^-]+[CN^-]$。

（4）物种数随考虑问题的角度不同而不同，但组分数是确定不变的。

例如，NaCl-H_2O 系统，S 可取 2、3、5、6…，但 C=2。若只考虑相平衡，$S=C$=2。

若系统没有固体 NaCl，只有 NaCl 水溶液。考虑 NaCl 的离解，则物种数 S=3，即 H_2O、Na^+、Cl^-，但因溶液电中性条件，必有 R'=1，C=3−1=2；若考虑水的电离平衡，S=5，即 H_2O、H^+、OH^-、Na^+、Cl^-，而 C=5−1−2=2。

若系统有固体 NaCl，则 S=6，即 NaCl、H_2O、H^+、OH^-、Na^+、Cl^-，而 C=6−2−2=2。物种数可变，但组分数不变。

7.1.1　多相系统平衡的一般条件

多相系统是由两个或两个以上相构成的系统。同一系统中，各相之间是敞开的，可以进行物质和能量的交换。对具有 P 个相系统的热力学平衡，实际上包含了四个平衡条件。

（1）热平衡：各相温度相等（α、β，有$\Delta Q_{\alpha\to\beta}$）

$$T^{\alpha} = T^{\beta}$$

（2）压力平衡（力学平衡）：各相压力相等（V，α 膨胀 dV^{α}，β 收缩 dV^{β}）

$$p^{\alpha} = p^{\beta}$$

（3）化学平衡：化学变化达到平衡时，有

$$\sum_{\mathrm{B}} \nu_{\mathrm{B}} \mu_{\mathrm{B}} = 0$$

（4）相平衡：任一种物质在各相化学势均相同

$$\mu_{\mathrm{B}}^{\alpha} = \mu_{\mathrm{B}}^{\beta}$$

多组分多相系统达平衡时，每一组分在各相中的化学势也相等。如果系统中有 α、β、…、ρ 数相，各含 i、j、…、m 等组分，达平衡时则有下列关系：

$$\begin{gathered}\mu_i^{\alpha} = \mu_i^{\beta} = \cdots = \mu_i^{\rho} \\ \mu_j^{\alpha} = \mu_j^{\beta} = \cdots = \mu_j^{\rho} \\ \vdots \\ \mu_m^{\alpha} = \mu_m^{\beta} = \cdots = \mu_m^{\rho}\end{gathered}$$

7.1.2 相律的概念

物种数（S）：系统中的化学物质数，其数值可变。组分数（C）：系统中的独立物种数。自由度（F）：独立变量数。相数以 P 表示。相律或称吉布斯相律，是描述多相平衡系统中相数、独立组分数、独立变量数以及影响物质性质的外界因素之间的关系。在不考虑重力场、电场、磁场等因素，只考虑温度、压力时，相律表示为

$$F=C-P+2 \tag{7-1}$$

相律的推导过程实际上是寻找求自由度。首先找出描述多相系统所有可能的总变量数，再减去平衡时变量之间的关系式数，即

自由度 F=系统总变量数–变量之间关系式数

设某平衡系统组分数为 C，相数为 P，每个组分在所有相中都存在，求独立变量数。

每一相有 C 个组分，要表示每一相的组成，只需任意指定（C–1）个浓度变量，那么，要表示系统所有相 P 的组成，则需要 $P(C-1)$个浓度变量。考虑相平衡时，各相的温度、压力均相等

$$\begin{gathered}T^{\alpha}=T^{\beta}=T^{\gamma}=\cdots \\ p^{\alpha}=p^{\beta}=p^{\gamma}=\cdots\end{gathered}$$

加上 T、p 这两个变量，系统的总变量为

$$P(C-1)+2$$

然而，这些变量之间并不是相互独立的，在多相平衡中，每一种组分在各相中的化学势相等，即 $\mu_{\mathrm{B}}^{\alpha} = \mu_{\mathrm{B}}^{\beta} = \mu_{\mathrm{B}}^{\gamma} = \cdots$。

有一个化学势相等的公式，就相应减少一个浓度变量，C 个组分数、P 个相有多少个化学势相等的式子？就每一组分来说，在 P 个相有（P–1）个关系式，即

$$\begin{gathered}\mu_1^{\mathrm{I}} = \mu_1^{\mathrm{II}} = \cdots = \mu_1^{P} \\ \vdots \\ \mu_{\mathrm{C}}^{\mathrm{I}} = \mu_{\mathrm{C}}^{\mathrm{II}} = \cdots = \mu_{\mathrm{C}}^{P}\end{gathered}$$

现有 C 个组分数，则 C 个组分数在 P 个相共有 $C(P-1)$个化学势相等的公式，化学势是温度、压力、浓度的函数，化学势相等的式子就是浓度变量之间的关系式。很显然，自由度数 F 应为 $P(C-1)+2$ 减去 $C(P-1)$，即

$$F = P(C-1) + 2 - C(P-1)$$
$$= C - P + 2$$

这就是相律的普遍表达式。这表明只受温度、压力影响的多相平衡，自由度等于组分数减去相数再加 2，即自由度随组分数的增加而增加，随相数的增加而减少。

若某一组分在某一相不存在，并不影响相律的正确性。因某相少了一个组分数，则该相就少一个浓度变量，相应也少了化学势相等式，结果相互抵消，相律仍然成立。

相律中的“+2”是指外界影响因素只有温度、压力；若共有 n 个其他因素影响，指定了温度或压力，则“+1”，条件自由度 F^*为

$$F = C - P + n$$

$$F^* = C - P + 1$$

对凝聚系统，压力影响不大，F^*为

$$F^* = C - P + 1$$

若温度、压力均指定，F^*为

$$F^* = C - P$$

相律是根据热力学平衡条件推导而得，因而只能处理真实的热力学平衡体系，不能用于反应动力学（反应速率问题）。相律表达式（$F=C-P+2$）中的“2”代表外界条件温度和压力。如果电场、磁场或重力场对平衡状态有影响，则相律中的“2”应为“3”、“4”、“5”。如果研究的系统为固态物质，可以忽略压力的影响，相律中的“2”应为“1”。必须正确判断独立组分数、独立化学反应式、相数以及限制条件数，才能正确应用相律。只表示系统中组分和相的数目，不能指明组分和相的类型和含量。自由度只取“0”以上的正值，如果出现负值，则说明系统可能处于非平衡态。

【例 7-1】 等温下求 HCN(aq)系统的 S、C、F^*。

解 $$S = 2, C = 2, F^* = C - P + 1 = 2 - 1 + 1 = 2$$

若考虑 HCN 的解离和水的解离，则

$$S = 5, C = 2(R = 2, R' = 1), \quad F^* = 2$$

【例 7-2】 $NH_4HS(s)$和任意量的 $NH_3(g)$及 $H_2S(g)$平衡时，求 S、C、P、F。

解 $$S=3 \quad R=1 \quad R'=0 \quad C=2 \quad P=2$$

$$F=C-P+2=2-2+2=2$$

相律是相平衡的普遍规律，揭示平衡系统相数、组分数、自由度之间的关系。它能指出在某一平衡条件下，系统中出现的相数、自由度，以及最多存在的相数、最大自由度。

例如，单组分系统中，$C=1$，$F=3-P$，而 $F_{min}=0$，$P_{min}=0$，所以有 $P_{max}=3$，$F_{max}=2$。即单组分系统最多只能三相平衡共存，自由度最大为 2（温度、压力）。

相律的用处很大，对研究多相平衡具有指导意义。

7.1.3 杠杆规则

杠杆规则表示多组分系统两相平衡时，两相的数量之比与两相组成、系统组成之间的关系。组成通常用组分的质量分数或摩尔分数表示。以一定温度、一定压力下，A、B 二组分系统呈 α、β 两相平衡为例推导杠杆规则。

1. 杠杆规则推导

杠杆规则是相图分析中一个重要的规则，它可以计算在一定条件下，系统中平衡各相间的数量关系。

假设由 A 和 B 组成的原始混合物（或熔体）的组成为 M，在某一温度下，此混合物分成两个新相，两相的组成分别为 M_1 和 M_2，见图 7-1。

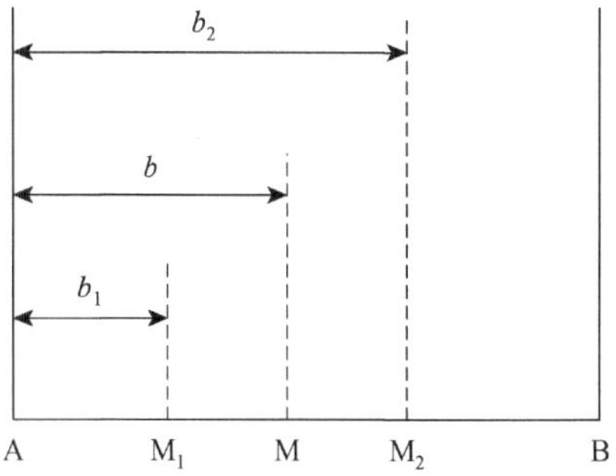

图 7-1 杠杆规则示意图

若组成为 M 的原始混合物含 B 为 b，总质量为 m；新相 M_1 含 B 为 b_1，质量为 m_1；新相 M_2 含 B 为 b_2，质量为 m_2。变化前后的总量不变，所以

$$m=m_1+m_2 \qquad ①$$

原始混合物中 B 的质量为 mb，新相 M_1 中 B 的质量为 m_1b_1，新相 M_2 中 B 的质量为 m_2b_2，则

$$mb=m_1b_1+m_2b_2$$

将式①代入，得

$$(m_1+m_2)b=m_1b_1+m_2b_2$$

$$m_1(b-b_1)=m_2(b_2-b) \qquad ②$$

所以

$$m_1 \cdot M_1M=m_2 \cdot MM_2 \qquad ③$$

两个新相 M_1 和 M_2 在系统中的含量则为

$$m_1=(MM_2/M_1M_2) \qquad ④$$

$$m_2=(M_1M/M_1M_2) \qquad ⑤$$

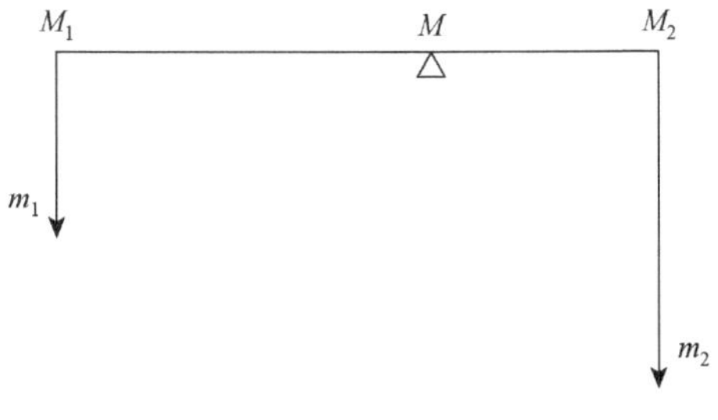

图 7-2 杠杆示意图

上式表明：如果一个相分解为两个相，则生成的两个相的数量与原始相的组成点到两个新生相的组成点之间线段成反比。此关系式与力学上的杠杆很相似，如图 7-2 所示，M 点相当于杠杆的支点，M_1 和 M_2 则相当于两个力点，因此称为杠杆规则。

2. 杠杆规则含义

由以上可以看出，系统中平衡共存的两相的含量与两相状态点到系统总状态点的距离成反比，即含量越多的相，其状态点到系统总状态点的距离越近。

使用杠杆规则的关键是要分清系统的总状态点，呈平衡的两相的状态点，找准在某一温度下它们各自在相图中的位置。在相平衡体系中运用杠杆规则分析问题更加明了简捷。

【例 7-3】 试利用 H_2O-$NaNO_3$ 体系的相图（图 7-3）分析将 $NaNO_3$ 溶液进行恒温蒸发的过程，并求在 60℃时，将 100kg 30% $NaNO_3$ 溶液恒温蒸发至体系组成为 85%时析出和蒸发出来的水分质量。

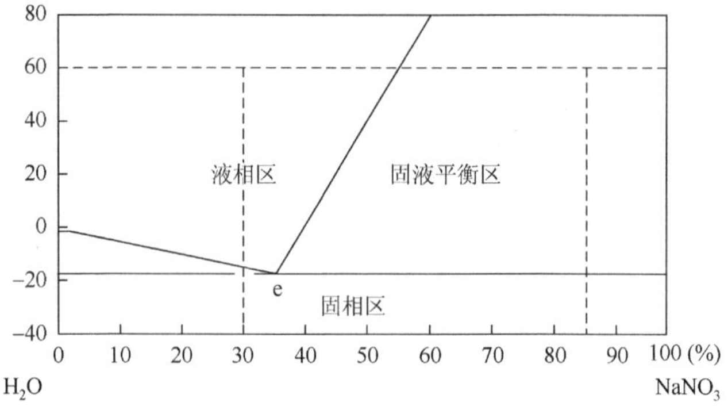

图 7-3　H_2O-$NaNO_3$ 体系的相图

解　本题分为两步求解，第一步是 60℃时先在 $NaNO_3$ 质量不变的情况下将体系从 30%恒温蒸发到 85%。设蒸发掉的水蒸气为 *m*，可得杠杆（图 7-4）

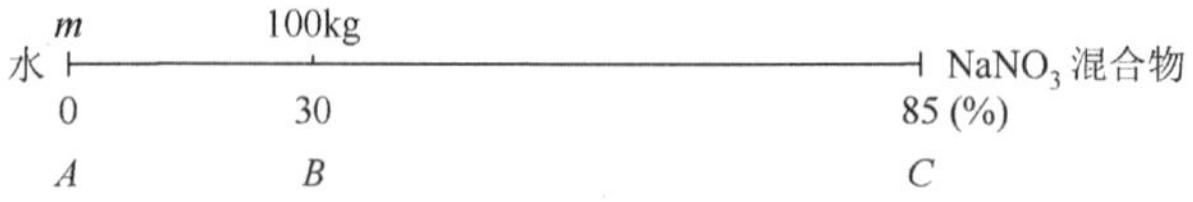

图 7-4　杠杆规则在相平衡中的应用（Ⅰ）

以 *C* 点为支点得关系式

$$m\times(85-0)=100\text{kg}\times(85-30)$$

解得 *m*=64.71kg。则 85% $NaNO_3$ 混合物质量为 100−64.71=35.29（kg）。

第二步是在固液平衡区。由图 7-4 可知，60℃、85%的体系为 $NaNO_3$ 饱和溶液与 $NaNO_3$ 晶体的两相平衡，而 60℃时 $NaNO_3$ 饱和溶液的质量浓度为 56%。设可析出晶体为 *S*。

根据图 7-4 可得杠杆（图 7-5）

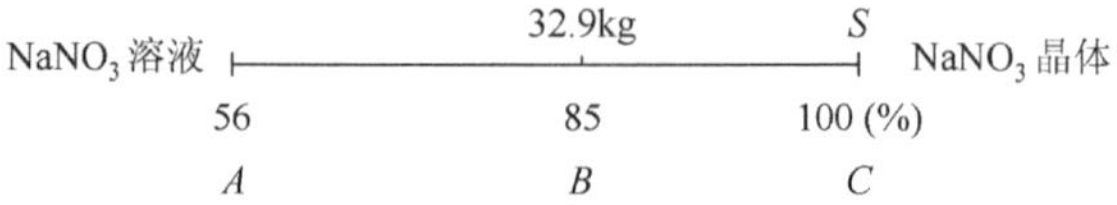

图 7-5　杠杆规则在相平衡中的应用（Ⅱ）

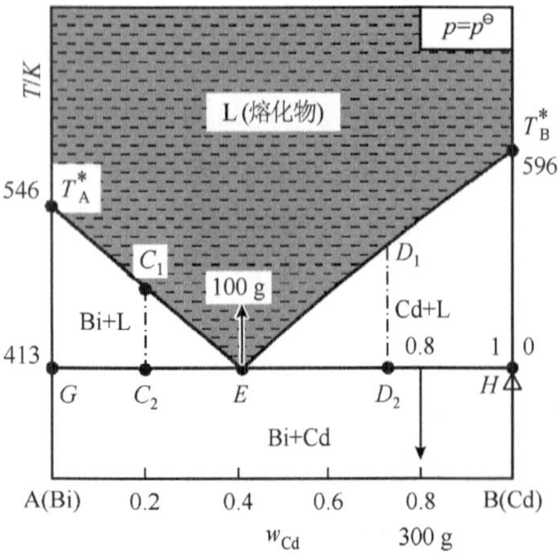

图 7-6　Bi-Cd 相图

以 *A* 为支点得关系式

$$S\times(100-56)=35.29\text{kg}\times(85-56)$$

解得 *S*=23.26kg。

将 30%的 $NaNO_3$ 溶液从 60℃恒温蒸发到 85%时可蒸发水蒸气 64.71g，同时析出 $NaNO_3$ 晶体 23.26g。

从上面的几个例题可以看出，用杠杆规则来解决化学中百分比浓度、溶解度和相平衡的有关计算，比较直观，列式又简单，较容易掌握。

【例 7-4】 试根据 Bi-Cd 相图（图 7-6），回答以下问题：

（1）将 200g 组成比为 1∶1 的合金冷却到略高于 413K，能析出多少克 Cd？

（2）300g w_{Cd}=0.8（质量分数）的合金中，能析出多少克共晶？

解 （1）根据杠杆规则：

$$m_L(0.5-0.4)=m_{Cd}(1-0.5) \quad (1)$$

又

$$m_L+m_{Cd}=200g \quad (2)$$

由（1）、（2）可得 m_{Cd}=33.3g。

（2）

$$m_L(1-0.4)=[300\times(1-0.8)]g$$

$$m_L=100g$$

这是依据力偶矩规则，在图示法中应用不同支点进行2个小题的杠杆规则的计算和比较，显然解（2）法更简便。所以应该根据已知条件选支点，目的是避免列方程组之繁。

7.2 单组分系统相图

相图是多相体系处于相平衡状态时体系的某物理性质（如温度）对体系的某一自变量（如组成）作图所得的图形，图中能反映出相平衡的情况（相对数目及性质等）。二元或多元体系的相图常以组成为自变量，其物理性质则大多取温度。由于相图能反映出多相平衡体系在不同自变量条件下的相平衡情况，因此，研究多相体系的性质以及多相体系相平衡情况的变化都要用到相图。

由相律 $F=C-P+2$ 可以看出，当平衡体系中组分数 C 已确定时，F 与 P 存在着相互制约的关系。体系相数越多时，自由度越少；反之，相数越少时，自由度越多。然而，自由度最少仅为零（无变量体系），故平衡时体系相数有一最大值。而体系最少相数为1，在此条件下自由度最大。因此，当外界条件及体系组分数既定时，可由相律确定应该用多少变量才足以完整地描述体系的平衡性质以及在此体系中达平衡时最多相数可能是多少。

数学上无变量、单变量、二变量和三变量体系分别可以点、线、面和体等几何图形表示，故在特定条件下，由相图的几何特征就可以确定处于某一状态时体系中有多少相保持着平衡。

对于单组分体系(C=1)，根据相律得 $F=C-P+2=3-P$。显然，F=0 时，P=3，即体系中最多只有三相共存。而最多的自由度取决于最少的相数，相数最少为1，而当 P=1，F=2，体系最大自由度为2，这说明只要两个独立变量（如 T、p）就足以完整表征体系的状态。倘若以实验数据为基础作出这些变量之间的图解，或其他变量间关系的图解，即可构成各类的相图，如 p-T、p-V 等相图。对于多组分体系还应引入组成的变量 X（摩尔分数），可作 p-X、T-X、T-p-X 等相图。

相图又称“状态图”，它表明指定条件下体系相的构成及各相的组成。以单组分体系的 T-p 相图为例，其特征与相数、自由度之间的对应关系列于表7-1。

表7-1 相图特征与相数、自由度对应关系

相数 P	自由度 F	体系名称	相图特征
1	2	二变量体系	面
2	1	单变量体系	线
3	0	无变量体系	点

由表7-1可知，单组分体系的相图为二维的，在其中有单相面、两相线、三相点，但这些面、线、点居于何处，属于哪些相构成，却不能从相律里得知，只能通过实验来确定。

7.3　二组分系统理想液态混合物的气-液平衡相图

鉴于理想液体混合物中的组分都遵守拉乌尔定律，压力较低时气相混合物中的组分都服从道尔顿分压定律，故这种混合物的气-液平衡相图是唯一可通过计算得到的，它是各种实际气-液平衡相图研究的基础。

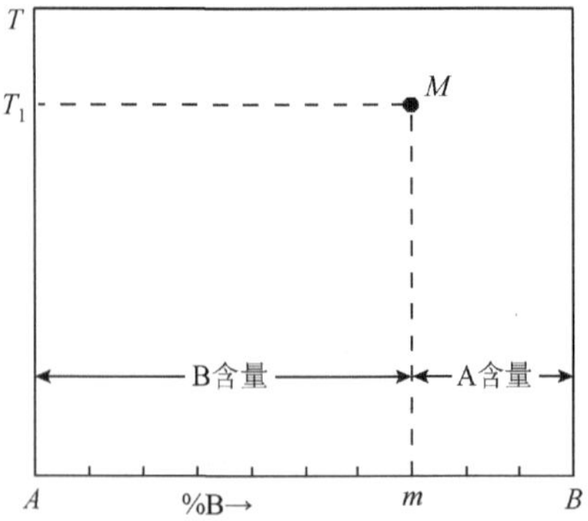

图 7-7　二元系统的温度-组成坐标图

二元系统相图（图 7-7）中横坐标表示系统的组成，因此又称组成轴。组成轴的两个端点分别表示两个纯组元，中间任意一点都表示由这两个组元组成的一个二元系统。假设二元系统由 AB 两组元构成，则两个端点 *A* 和 *B* 分别表示纯 A 和纯 B。

组成轴分为 100 等份，从 *A* 点到 *B* 点，B 的含量由 0%增加到 100%，A 的含量由 100%减少到 0%；从 *B* 点到 *A* 点则相反。AB 之间的任意点都是由 AB 组成的二元系统，如图 7-7 中的 *m* 点是由 30% A 和 70% B 组成的二元系统。在相图中组成可以用质量分数表示，也可以用摩尔分数表示，其图形有明显差别，应加以注意。相图中纵轴表示温度，又称温度轴。

相图中的任意一点既代表一定的组成，又表示系统所处的温度，如 *M* 点表示组成为 30%的 A 和 70%的 B 的系统处于 T_1 温度。在二元凝聚系统中温度和组成一定，系统的状态就确定了，因此相图中的每一点都和系统的一个状态相对应，即为状态点。

7.3.1　相律分析

二元系统是含有两个组元（C=2）的系统，如 $CaO\text{-}SiO_2$ 系统、$Na_2O\text{-}SiO_2$ 系统等。根据相律 $F=C-P+2=4-P$，由于所讨论的系统至少应有一个相，系统最大自由度为 3，即独立变量除温度、压力外，还要考虑组元的浓度。对于三个变量的系统，必须用三个坐标的立体模型来表示。

要作二组分气液平衡相图需要三个坐标，是一个 T、p、x_B 或 y_B 的三维立体图。然而，为了简单和易读，人们通常使其中一个强度性质保持不变而表示其他两者的关系，从而将立体相图变成两个平面相图。例如，在 T 保持不变的条件下，作 x_B 或 y_B 与 p 的关系图，此图称为恒温相图。或者，也可在保持 p 不变的条件下，作 x_B 或 y_B 与 T 的关系图，此图称为恒压相图。因此，所有二组分气液平衡系统都可有两个平面相图。

7.3.2　恒温相图

理想混合物中的所有组分在任意温度和压力下都遵守拉乌尔定律。如果气-液平衡时气相压力较低，则可得总压

$$p = p_A + p_B = p_A^*(1 - x_B) + p_B^* x_B \tag{7-2}$$

$$x_B = \frac{p - p_A^*}{p_B^* - p_A^*} \tag{7-3}$$

式（7-3）是液相组成 x_B 与压力 p 的关系式。式中 p_A^*、p_B^* 分别为两个纯组分的饱和蒸气压，对于确定的系统，在指定的温度下是两个常数。不难看出，式（7-2）是一个线性关系，在图 7-8 所示的恒温相图中是一条直线（如实线所示），称为液相线。

假定蒸气可视为理想气体，则组分的蒸气分压服从道尔顿分压定律：

$$y_B = \frac{p_B}{p} = \frac{p_B^*}{p} \cdot x_B \tag{7-4}$$

将式（7-3）代入式（7-4），可得

$$y_B = \frac{p_B^*(p - p_A^*)}{p(p_B^* - p_A^*)} \tag{7-5}$$

式（7-5）便是气相组成 y_B 与压力 p 的关系式。这是一个非线性关系，故在图 7-8 中是一条曲线，称为气相线。

如图 7-8 所示，当 $p_B^* > p > p_A^*$ 时，气相线在液相线的右侧，这是由于式（7-4）表明，在 $p_B^* > p$ 时，$y_B > x_B$，即组分 B 的气相组成总是大于它的液相组成。反之，如果 $p_A^* > p > p_B^*$，则由式（7-4）可得，$y_B < x_B$，即组分 B 的气相组成小于它的液相组成，此时气相线应在液相线的左侧。总之，易挥发组分在气相中的组成总是大于其在液相中的组成。这为组分的分离和提纯提供了重要的基础。

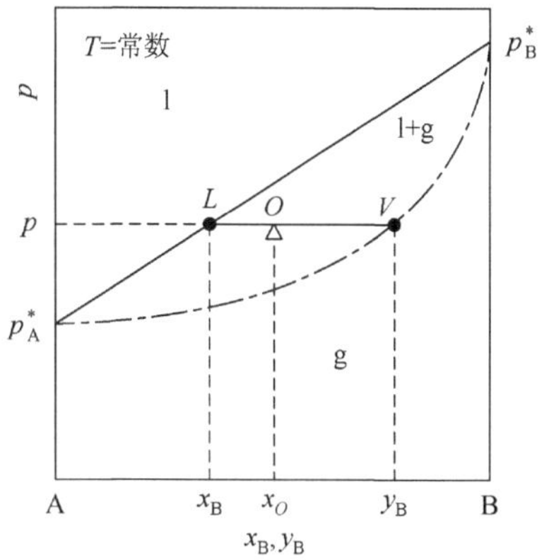

图 7-8 二组分理想混合物的气-液恒温相图

7.3.3 恒压相图

只要知道两个纯组分液体在不同温度下的饱和蒸气压，就不难获得理想混合物的气-液恒压相图。因为据此可在 p - x_B 图中绘得一组直线，如图 7-9 所示，这些直线相当于不同温度的恒温相图中的液相线。现若在图中作一条压力为 p 的恒压线，与各液相线相交，则由交点可得一组 T 与 x_B 的关系数据，如 (T_1,x_1)、(T_2,x_2)、(T_3,x_3)、(T_4,x_4)、… 。由此便可描出恒压相图中的液相线，如图 7-10 中的实线所示。恒压相图中的气相线（曲线）可由式（7-4）计算得到。将 p 和相应温度下的 p_B^* 代入式（7-4），便可计算出相应 x_B 时的 y_B 。

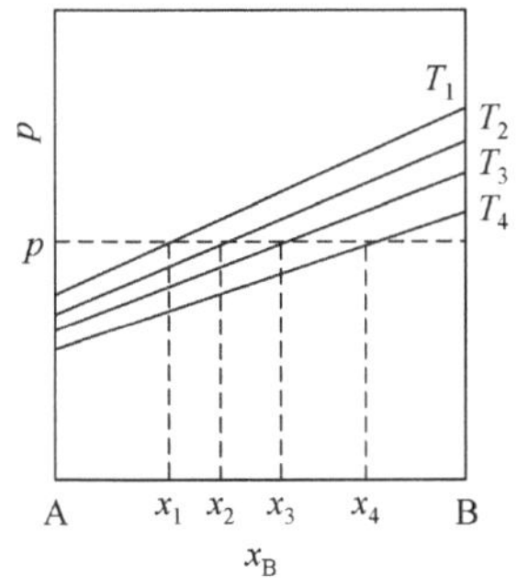

图 7-9 不同温度时理想混合物的液相线

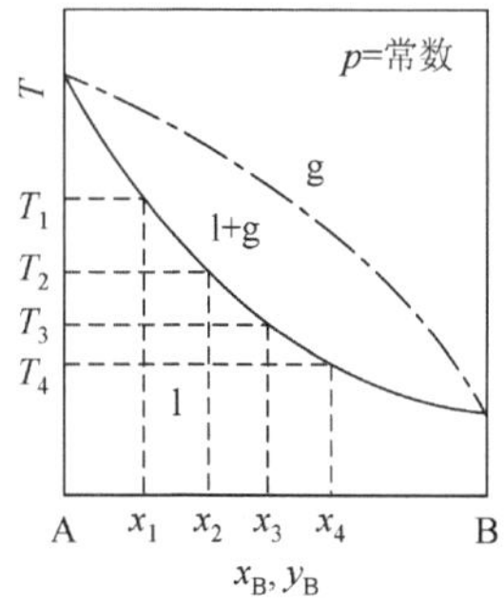

图 7-10 两组分理想混合物的恒压相图

恒压相图中的液相线和气相线也将相图划分成三个区域，但由于恒压相图中的气相线在液相线的上方，这三个区域的位置与恒温相图不同。在气相线的上方是蒸气或气相区，液相线的下方是液相区，介于两条线之间的是气相和液相的共存区。毫无疑问，杠杆规则对恒压相图同样适用。

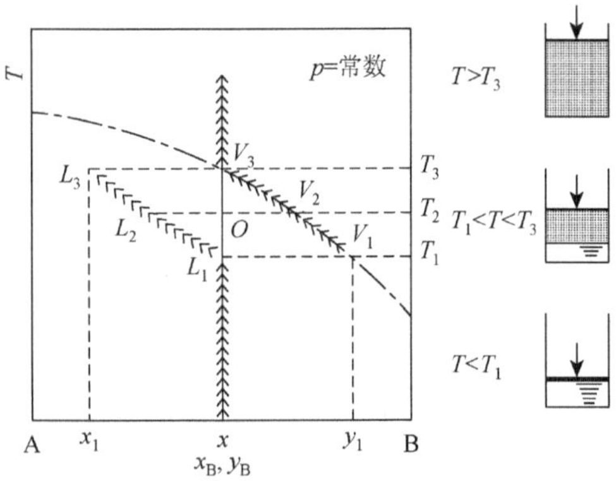

图 7-11　过程在相图中的表达

7.3.4　过程在相图中的表达

相图的一个重要特征是不仅能够清楚地显示系统的强度性质与相态的关系，还能明确地表达相转变的过程以及相间的定量关系。设有一组成为 x 的理想液体混合物，在恒定的压力下加热，则其过程如图 7-11 箭头所示。

在温度低于 T_1 时，加热仅使液体混合物的温度不断升高，此时系统只有液相，且组成保持不变。当加热到 T_1 时，系统开始进入气相和液相的共存区。此时，开始有气泡产生，与液相平衡的气相如 V_1 点所示，它的组成为该点对应的横坐标读数 y_1。继续加热，系统便处于两相共存区，其中液相的组成就会因不断产生气相而改变，因为气相中含有比液相更多的易挥发组 B。随着系统的温度由 T_1 升至 T_3，液相的组成随温度的变化将沿着液相线由 L_1 变到 L_3。与此同时，气相的组成随温度的变化则沿着气相线由 V_1 变到 V_3。液相与气相的物质的量之比始终遵守杠杆规则，如当温度升到 T_2 时，液相与气相的物质的量之比可用下式表示：

$$\frac{n(\mathrm{l})}{n(\mathrm{g})}=\frac{\overline{OV_2}}{\overline{OL_2}} \tag{7-6}$$

按照代数规则，式（7-6）也可表示为

$$\frac{n(\mathrm{l})}{n(\mathrm{l})+n(\mathrm{g})}=\frac{\overline{OV_2}}{\overline{L_2V_2}} \tag{7-7}$$

若已知系统总的物质的量为 $n=n(\mathrm{l})+n(\mathrm{g})$，那么，不仅可知平衡时的气液两相组成，而且它们的物质的量 $n(\mathrm{g})$ 和 $n(\mathrm{l})$ 也可分别算出。当温度升至 T_3 时，因 $\overline{OL_2}$ 增大至 $\overline{L_3V_3}$，而 $\overline{OV_2}$ 减小至零，杠杆规则表明，液相不再存在。此后，继续升温，即 $T>T_3$ 时，系统便只以气相存在。由此可见，该过程能确切地在相图中用箭头表达。

此外，应该指出，恒压相图的液相线又称泡点线，这是基于将液体混合物加热到液相线时便开始有气泡产生。同理，当将气体混合物冷却到气相线时，会开始产生液滴，像露珠一样，因此，气相线又称露点线。

【例 7-5】已知 136.7℃时，纯氯苯（A）的饱和蒸气压为 115.057kPa，纯溴苯（B）的饱和蒸气压为 60.395kPa，A 和 B 的液体混合物可视为理想混合物，蒸气可视为理想气体。现将由 1mol A 和 4mol B 的混合蒸气置于一带有活塞的汽缸中，在恒定的 136.7℃下压缩，试计算：

（1）刚出现液滴时的压力和液滴组成。

（2）蒸气刚消失时的压力和蒸气组成。

（3）蒸气的组成变成 $y_B=0.750$ 时，气相和液相物质的量。

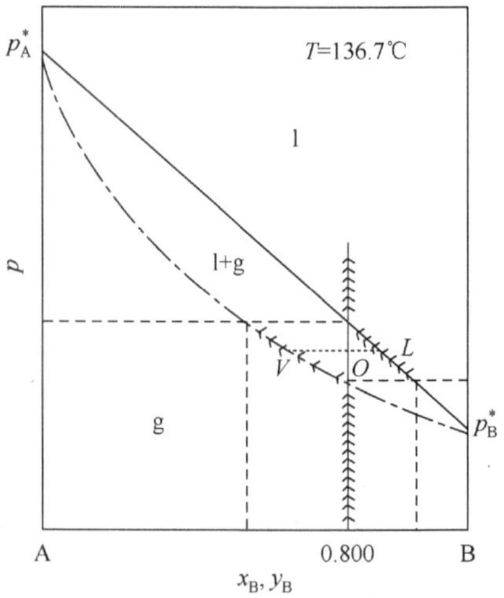

图 7-12　氯苯（A）和溴苯（B）混合物的气-液恒温相图

解　此例用恒温相图图 7-12 示意。因液相线服从式（7-2）

$$p = p_A^*(1-x_B)+p_B^* = p_A^*+(p_B^*-p_A^*)x_B$$

气相线服从式（7-4）

$$y_B = \frac{p_B}{p} = \frac{p_B^*}{p}\cdot x_B$$

（1）将两式联立消去 p，便可解得刚出现液滴时液滴的组成

$$x_B = \frac{p_A^* y_B}{p_B^*-(p_B^*-p_A^*)y_B} = \frac{115.057\times 0.800}{60.395-(60.395-115.057)\times 0.800} = 0.884$$

此时压力由式（7-4）可得

$$p = \frac{p_A^* x_B}{y_B} = \left(\frac{60.395\times 0.884}{0.800}\right)\text{kPa=66.736kPa}$$

（2）由式（7-2）可直接算出蒸气刚消失时的压力。此时 $x_B = 0.800$

$$p = p_A^*+(p_B^*-p_A^*)x_B = [115.057+(60.395-115.057)]\times 0.800]\text{kPa} = 71.327\text{kPa}$$

由式（7-4）可算出此时的蒸气组成

$$y_B = \frac{p_B^*}{p}\cdot x_B = \frac{60.395\times 0.800}{71.327} = 0.677$$

（3）当蒸气组成变为 $y_B = 0.750$ 时，平衡液相组成的计算公式与（1）相同

$$x_B = \frac{p_A^* y_B}{p_B^*-(p_B^*-p_A^*)y_B} = \frac{115.057\times 0.750}{60.395-(60.395-115.057)\times 0.750} = 0.851$$

于是，由杠杆规则可得

$$\frac{n(\text{g})}{n(\text{l})} = \frac{\overline{OL}}{\overline{OV}}$$

$$n(\text{g}) = \frac{\overline{OL}}{\overline{OV}+\overline{OL}}\cdot n = \left[\left(\frac{0.851-0.800}{0.851-0.750}\right)\times 5.000\right]\text{mol=2.525mol}$$

$$n(\text{l}) = n-n(\text{g}) = (5.000-2.525)\,\text{mol} = 2.475\text{mol}$$

7.4 二组分真实液态混合物的气-液平衡相图

极少有真正的理想液态混合物体系，绝大多数二组分完全互溶液态混合物是非理想的，称为真实液态混合物。两者的差别在于，在一定温度下，理想混合物在全部组成范围内每一组分的蒸气压分压均遵循拉乌尔定律，因而蒸气总压与组成（摩尔分数）呈直线关系；真实混合物除了组分的摩尔分数接近于 1 的极小范围内，该组分的蒸气分压近似地遵循拉乌尔定律外，其他组成范围、液相中组分的蒸气分压均对该定律产生明显的偏差，因而蒸气总压与组成并不呈直线关系。

若组分的蒸气压大于按拉乌尔定律计算的值，则称为正偏差，反之，则称为负偏差。通常，真实液态混合物中两种组分或均为正偏差，或均为负偏差，但在某些情况下也可能一个（或两个）组分在某一组成范围内为正偏差，而在另一范围内为负偏差。

7.4.1 蒸气压-液相组成图

根据蒸气总压对理想情况下的偏差程度，真实液态混合物可以分成以下四种类型。

（1）具有较小正偏差的体系：蒸气总压对理想情况为正偏差，但在全部组成范围内，混合物的蒸气总压均介于两个纯组分的饱和蒸气压之间。这类例子如苯-丙酮体系，见图 7-13。图中下面两条虚线为按拉乌尔定律计算的两个组分的蒸气压值，上面一条虚线为按拉乌尔定律计算的蒸气总压值，三条实线各为相应的实验值。

（2）具有较小负偏差的体系：蒸气总压对理想情况为负偏差，但在全部组成范围内，混合物的蒸气总压均介于两个纯组分的饱和蒸气压之间。这类例子如氯仿-乙醚体系，如图 7-14 所示。

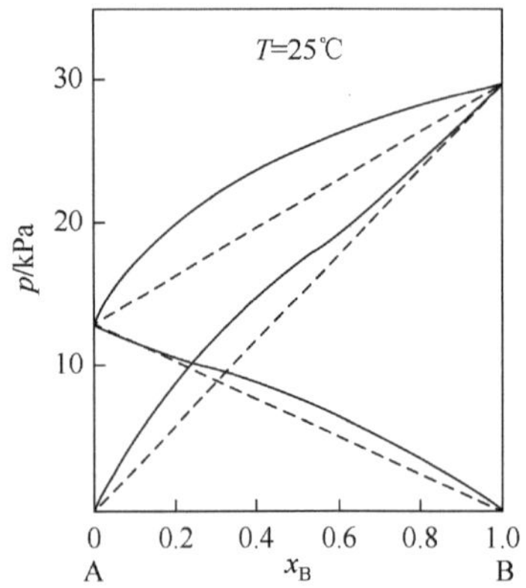

图 7-13　苯（A）-丙酮（B）系统的蒸气压与液相组成关系（一般正偏差）

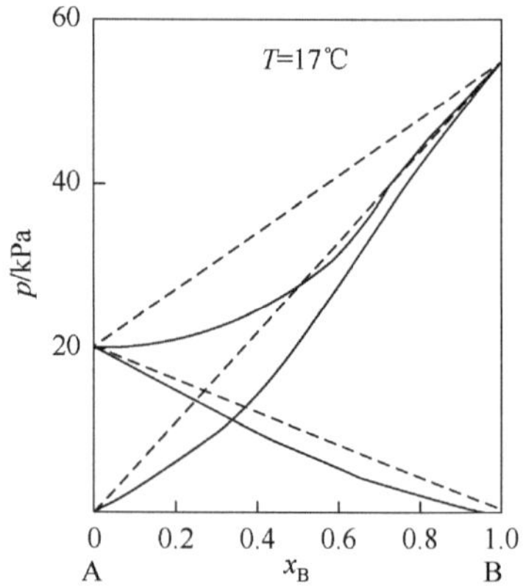

图 7-14　氯仿（A）-乙醚（B）系统的蒸气压与液相组成关系（一般负偏差）

（3）具有最大正偏差的体系：蒸气总压对理想情况为正偏差，但在某一组成范围内，混合物的蒸气总压比易挥发组分的饱和蒸气压还大，因而蒸气总压出现最大值。这类例子如甲醇-氯仿体系，如图 7-15 所示。

（4）具有最大负偏差的体系：蒸气总压对理想情况为负偏差，但在某一范围内，混合物的蒸气总压比不易挥发组分的饱和蒸气压还小，因而蒸气总压出现最小值。这类例子如氯仿-丙酮体系，如图 7-16 所示。

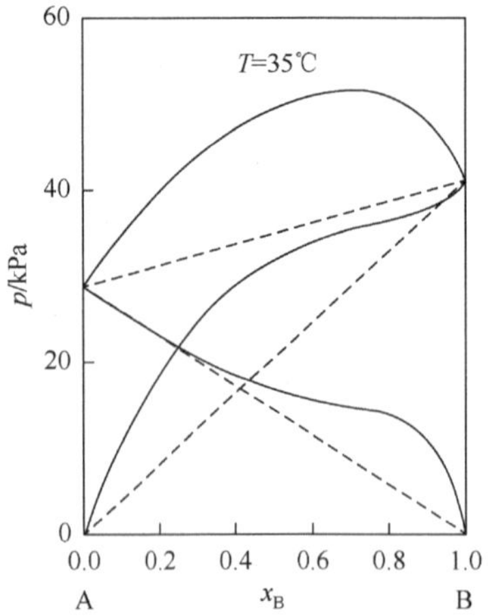

图 7-15　甲醇（A）-氯仿（B）系统的蒸气压与液相组成关系（最大正偏差）

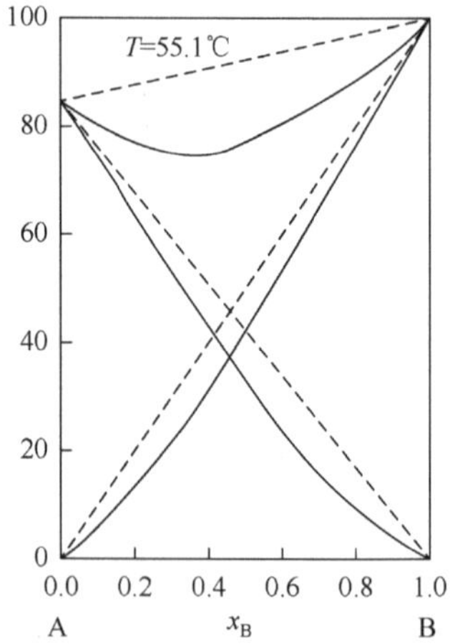

图 7-16　氯仿（A）-丙酮（B）系统的蒸气压与液相组成关系（最大负偏差）

7.4.2　压力-组成图

在一定温度下的压力-组成图，由液相线和气相线将相图分成液相区、气相区和气-液平衡两相区。液相线即液态混合物的蒸气总压曲线。真实体系的液相线和气相线均由实验测定获得。

较小正偏差和较小负偏差体系的压力-组成图与理想体系的（图 7-9）相似，主要的差别是液相线不是直线，而是略向上凸和下凹的曲线。

甲醇-氯仿体系具有最大正偏差，其压力-组成图如图 7-17 所示。此类体系的气相线也具有最高点，此点也就是液相线的最高点，液相线和气相线在最高点处相切。最高点将气-液两相区分成左、右两部分。甲醇-氯仿体系中甲醇是不易挥发的，氯仿是易挥发的。在最高点左侧，易挥发组分在气相中的含量（指相对含量，下同）大于它在液相中的含量；在最高点右侧，易挥发组分在气相中的含量却小于它在液相中的含量。

氯仿-丙酮体系具有最大负偏差，其压力-组成图如图 7-18 所示。这类体系液相线和气相线在最低点处相切。氯仿-丙酮体系中氯仿是不易挥发的，丙酮是易挥发的。在最低点右侧，两相平衡时易挥发组分在气相中的含量大于它在液相中的含量；在最低点左侧，易挥发组分在气相中的含量却小于它在液相中的含量。

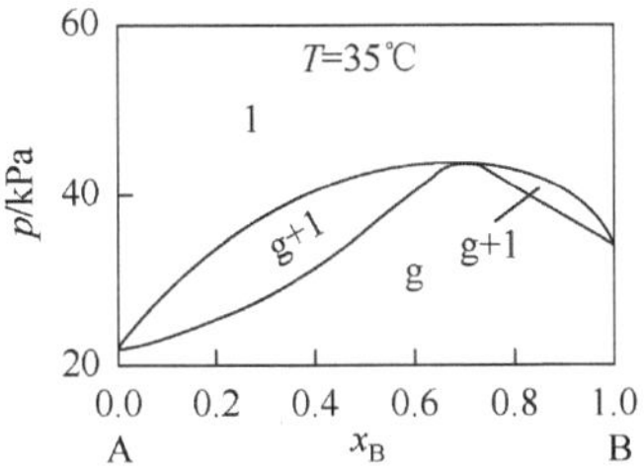

图 7-17 甲醇（A）-氯仿（B）系统的压力-组成图（最大正偏差）

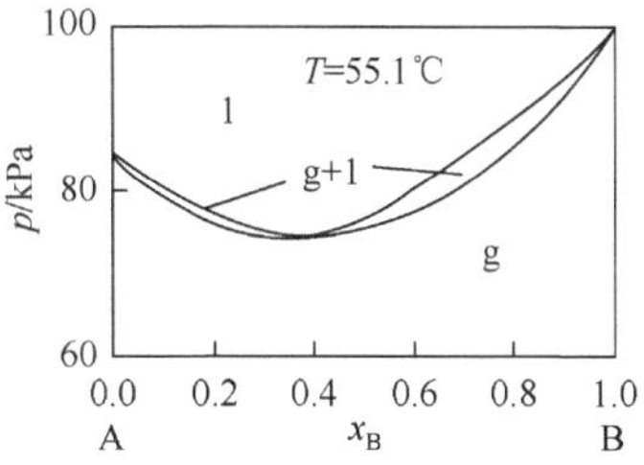

图 7-18 氯仿（A）-丙酮（B）系统的压力-组成图（最大负偏差）

以上两类体系的这些现象可以用柯诺瓦洛夫-吉布斯定律说明。

柯诺瓦洛夫-吉布斯定律：假如在液态混合物中增加某组分后，蒸气总压增加（或在一定压力下液体的沸点下降），则该组分在气相中的含量大于它在平衡液相中的含量，在压力-组成图（或温度-组成图）中的最高点或最低点上，液相和气相的组成相同。

假如气相线和液相线在极值点不相切，则无法解释图 7-18 中所标系统点是处于什么样的相态。

7.4.3 温度-组成图

在恒定压力下，实验测定一系列不同组成液体的沸腾温度及平衡时气、液两相的组成，即可作出该压力下的温度-组成图。

较小正偏差和较小负偏差体系的温度-组成图与理想体系的（图 7-10）类似。

甲醇-氯仿体系和氯仿-丙酮体系的温度-组成图分别见图 7-19 和图 7-20。

最大正偏差体系的温度-组成图上出现最低点，在此点气相线和液相线相切。由于对应于此点组成的液相在该指定压力下沸腾时产生的气相与液相组成相同，故沸腾时温度恒定，且这一温度又是液态混合物沸腾的最低温度，故称为最低恒沸点，该组成的混合物称为恒沸混合物。与此类似，最大负偏差体系的温度-组成图上出现最高点，该点所对应的温度称为最高恒沸点，具有该点组成的混合物也称恒沸混合物。

恒沸混合物的组成取决于压力：压力一定，恒沸混合物的组成一定；压力改变，恒沸混合物的组成改变，甚至恒沸点可以消失。这证明恒沸混合物不是一种化合物。

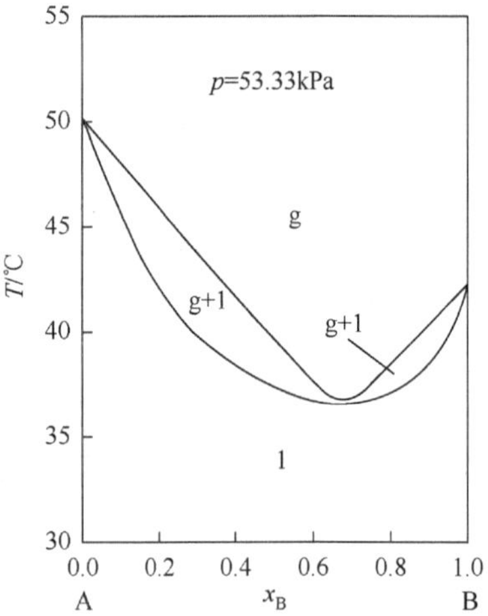

图 7-19　甲醇（A）-氯仿（B）系统的温度-组成图（最大正偏差）

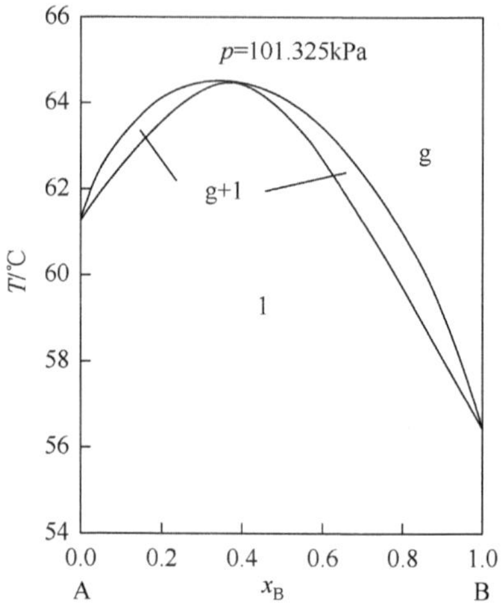

图 7-20　氯仿（A）-丙酮（B）系统的温度-组成图（最大负偏差）

7.5　二组分液态部分互溶系统的气-液平衡相图

7.5.1　部分互溶液体的相互溶解度

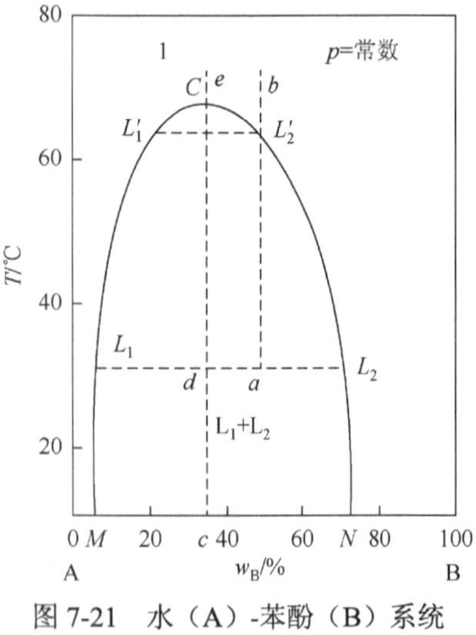

图 7-21　水（A）-苯酚（B）系统溶解度图

两液体间相互溶解多少与它们的性质（如分子结构、亲水亲油基团等）有关。当两液体性质相差较大时，它们只能相互部分溶解。两个部分互溶的液体形成的系统，在一定温度达到平衡时，有两个液相共同存在。例如，水和苯酚（图 7-21），其中一个液相是苯酚在水中的饱和溶液，另一液相则是水在苯酚中的饱和溶液。这两个平衡共存的液层称为共轭溶液（conjugate solution），在限定的条件下，它们不能再互溶。升高温度（对有些共轭溶液是降低温度），两共轭溶液的互溶度增加，直到某一个温度，两共轭溶液开始完全互溶而成为一相，这一温度称为会溶温度（或称临界溶解温度）。在会溶温度以上（或以下）只有一个液相存在。

图中 *MC* 为苯酚在水中的溶解度曲线，*NC* 为水在苯酚中的溶解度曲线。因为随着温度升高，水与苯酚的相互溶解度增大，以致可以完全互溶，所以两条溶解度曲线交于 *C* 点而成一条光滑的曲线。曲线以外为单液相区，曲线以内为液-液两相平衡区。溶解度曲线的最高点 *C* 称为高临界会溶点或高会溶点。对应于 *C* 点的温度 T_c 称为高临界溶解温度或高会溶温度。温度高于高会溶温度时，液体水和液体苯酚可以完全互溶；温度低于高会溶温度时，两液体只能部分互溶。

曲线 *MCN* 内的液-液两相平衡系统在加热过程中的相变化视系统的组成有三种类型。过高会溶点 *C* 作一条恒组成线 *ce*。如果系统点在 *ce* 线右侧，如 *a* 点，两液相平衡。过 *a* 点作一条等温线与溶解度曲线交于 L_1、L_2 两点，L_1、L_2 即两共轭溶液的相点，L_1L_2 线即为结线，按杠杆规则，两液相 L_1、L_2 的质量比（因横坐标为质量分数），即为线段 aL_2、L_1a 长度之比。系统点从 a 升温到达 L_2' 点时两共轭液相的相点分别沿 L_1L_1' 和 L_2L_2' 变化。两液相的相对量也在不断变化。

由杠杆规则可以看出，水层的质量逐渐减少，苯酚层的质量逐渐增加。系统点到达 L_1' 点时，水层消失，系统变为单一液相，最后消失的水层的状态点为 L_1' 点。从 L_2' 点到 b 点的过程为单一液相的升温过程。如果系统点在 ce 线左侧，升温过程中相变化的分析与以上类似，所不同的是，升温到与 MC 线相交时，苯酚层消失。如果系统点正好在 ce 线上，如 d 点，两液相 L_1、L_2 呈平衡。

升温至 C 点的过程中，两液相分别沿 MC 和 NC 线移动，两液相的量均有少量变化。到达 C 点时，两液相的组成变为完全相等，因此两液层间的相界面消失而成为均匀的一个液相，C 点以上是此液相的升温过程。

【例 7-6】 $p^\ominus$、30℃时，有 100g 由 60%（质量分数）H_2O 及 40% ArOH 所组成的液体混合物（图 7-22），平衡时分成上下两层。ArOH 层中含有 H_2O 30%，H_2O 层中含有 8% ArOH，两层的质量分别为多少？

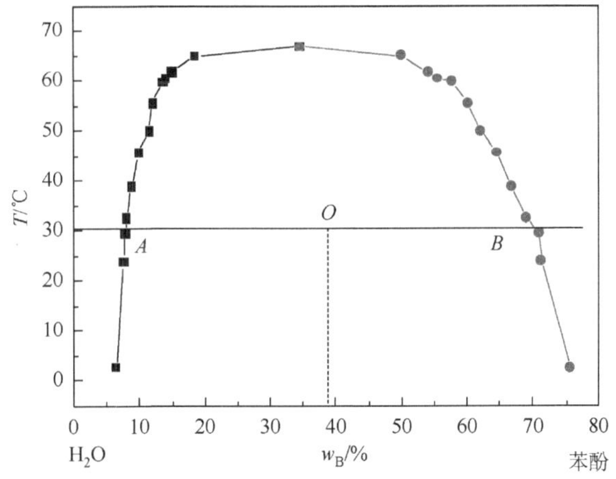

图 7-22 水-苯酚系统的温度-组成图

解 设 30℃时物系点 O 的质量 m=100g，组成为 w=40%。

相点：A(H_2O 层)：m_A，w_A=8%　　　　B(ArOH 层)：m_B，w_B=70%

由质量守恒原理：

$$m = m_A + m_B$$
$$w_W = w_A m_A + w_B m_B$$
$$w(m_A + m_B) = w_A m_A + w_B m_B$$
$$m_A(w - w_A) = m_B(w_B - w)$$

即

$$m_A OA = m_B OB$$

$$\frac{m_A}{m_B} = \frac{OB}{OA}，即 \frac{m_A}{m} = \frac{OB}{AB}，\quad \frac{m_B}{m} = \frac{OA}{AB}$$

所以　H_2O 层质量为：m_A=100×(70%–40%)/(70%–8%)=48.4(g)

ArOH 层质量为：m_B=100×(40%–8%)/(70%–8%)=51.6(g)

7.5.2 共轭溶液的饱和蒸气压

在某恒定温度下，将适量的共轭溶液置于一真空容器中，溶液蒸发的结果使系统内呈气-

液-液三相平衡。根据相律，二组分三相平衡时自由度 $F=C-P+2=2-3+2=1$，表明系统的温度一定时，两液相组成、气相组成和系统的压力均为定值。系统的压力既为这一液层的饱和蒸气压，又为另一液层的饱和蒸气压。换句话说，气相既与这一液相呈平衡，又与另一液相呈平衡，因为这两个液层也是平衡的。

按气、液、液三相组成的关系，可将部分互溶系统分为两类：一类是气相组成介于两液相组成之间；另一类是一个液相组成介于气相组成和另一个液相组成之间。

如果在共轭溶液的饱和蒸气压下，对气-液-液三相平衡系统加热，则将有液体蒸发。由于压力恒定时 $F=2-3+1=0$，可见这时系统的温度及三个相的组成均不改变。因此，由杠杆规则可知，蒸发过程对前一类系统是两共轭溶液按一定比例转化为气相；后一类系统是组成居中间的液相按一定比例一部分蒸发为气相，而其余部分转化为另一液相。这一区别导致存在着两类不同的温度-组成图。

7.5.3　部分互溶系统的温度-组成图

如图 7-23 所示，为一恒压下的温度-组成图，上半部高温为最低恒沸点的气-液平衡曲线，下半部（低温）为部分互溶的液-液平衡曲线。然而，当压力改变（降低）时，对液-液平衡影响甚微，即液-液平衡曲线的位置变动不大，但对气-液平衡线的位置不仅明显下降（泡点随压力的减少而降低），而且其形状也发生变化。当压力降至一定程度时，气-液平衡线可能和液-液平衡线相交而成特殊的气液液平衡相图。

1. 气相组成介于两液相组成之间的系统

水-丁醇的温度-组成图（图 7-24），其上半部如同最低恒沸点气-液平衡体系，但在此温度（94℃）处，溶液中二组分已经不能完全互溶，而分成两个共轭液相层 *M* 和 *N*。*M* 代表丁醇在水中的饱和溶液（简称水相），*N* 代表水在丁醇中的饱和溶液（简称醇相），*E* 点代表气相组成，处于液相组成 *M* 和 *N* 之间，故水平线 *MEN* 即为三相平衡线，即在此线上的各物系点均保持着三相共存。依相律可知：$F^*=C-P+2-n'=2-3+2-1=0$，说明三相线上的物系点的温度（或称共沸温度）和各相的组成不能变化（压力固定 101.352kPa，温度 $T'=94$℃），直到降低温度，气相（*E*）消失，进入 L_1+L_2 的两相液区，此即下半部的部分互溶双液体系。

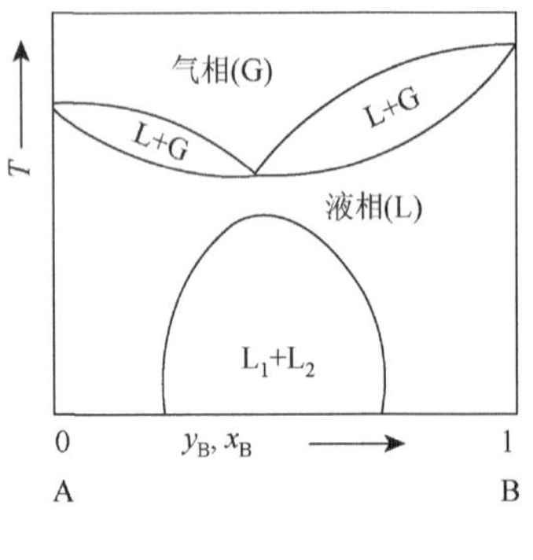

图 7-23　恒压下的温度-组成图

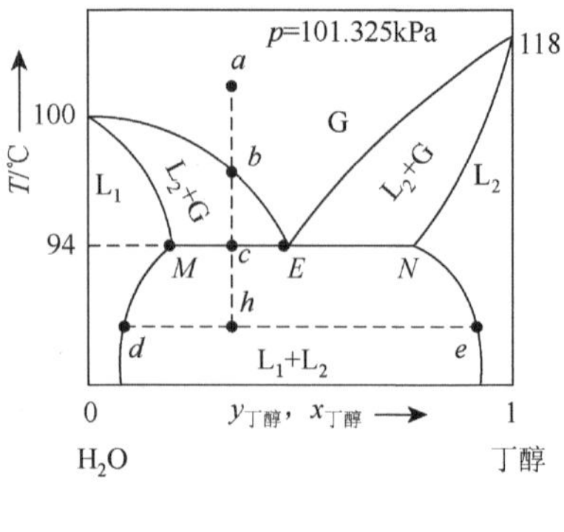

图 7-24　水-丁醇的温度-组成图

总之，此类犹如羊角的沸点-组成图，可视为两种体系的 *T-x* 图的特殊组合。各区域相态也已注明，故降温过程物系点（*a*、*b*、*c*、*h*）的自由度、相数变化情况无需赘述了。

2. 气相组成位于两液相组成的同一侧的系统

水和液态 SO_2 的温度-组成图（图 7-25）可视为部分互溶双液体系与一般正偏差气-液图像叠加的结果。三相平衡时，气相点 E 位于三相平衡线的一端。

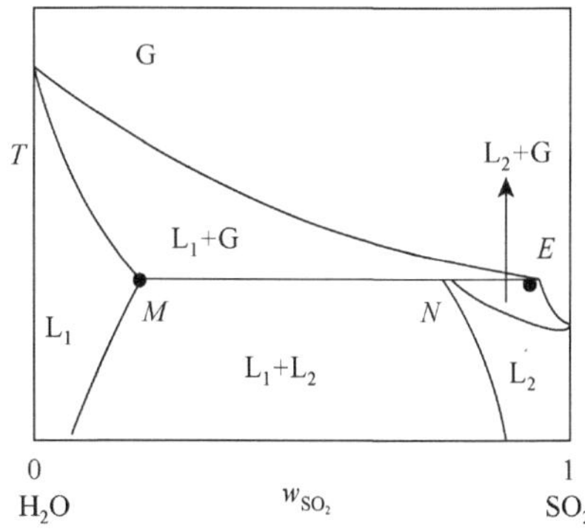

图 7-25 水和液态 SO_2 的温度-组成图

7.6 二组分固态不互溶系统液-固平衡相图

对仅由液相和固相构成的凝聚系统的相平衡关系影响很小，通常不予考虑，因此，在常压下测定的凝聚系统的温度-组成图均不注明压力。讨论这类相图时使用的相律形式为 $F=C-P+1$。与二组分气-液相图相比，二组分凝聚系统相图除了几种最简单的类型外，一般较复杂，有的甚至非常复杂。这是因为两组分不仅液态时部分互溶，固态时也可能有晶形转变，而它们之间还可以生成一种或多种化合物。

这类系统的特点是：两个组元在液态时能以任意比例互溶，形成单相溶液；固相完全不互溶，两个组元各自从液相分别结晶；组元间不生成化合物。这种相图是最简单的二元系统相图。

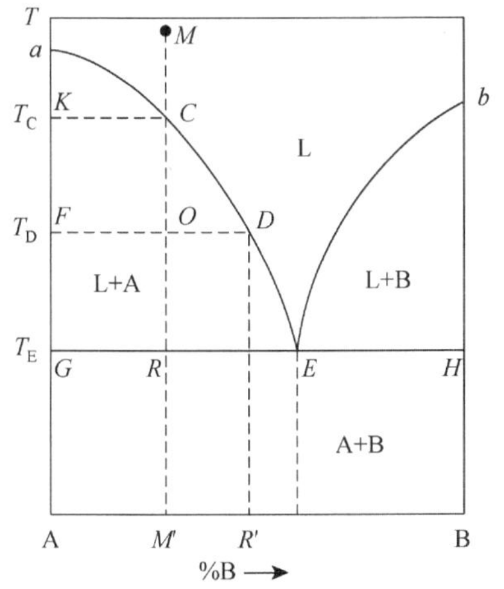

图 7-26 具有一个低共熔点的二元系统相图

图 7-26 是最简单的具有一个低共熔点的二元系统相图。

7.6.1 相图分析

图 7-26 表示最简单的二元系统相图。图中的 a 点是纯组元 A 的熔点，b 点是纯组元 B 的熔点。

aE 线是组成不同的高温熔体在冷却过程中开始析出 A 晶相的温度的连线，在这条线上液相和 A 晶相两相平衡共存。

bE 线是不同组成的高温熔体冷却过程中开始析出 B 晶相的温度的连线，线上液相和 B 晶相两相平衡共存。

aE 线、bE 线都称为液相线，分别表示不同温度下的固相 A、B 和相应的液相之间的平衡，实际上也可以理解为第二组元的加入而使熔点（或凝固点）变化的曲线。

根据相律，在液相线上 $P=2$，$F=1$。通过 E 点的水平线 GH 称为固相线，是不同组成熔体结晶结束温度的连线。

液相线和固相线之间的两相区 aEG 和 bEH 分别为 A 晶相和液相平衡共存以及 B 晶相和液相平衡共存的二相区，两条液相线和固相线把整个相图分为四个相区：液相线以上的区域是液相的单相区，用 L 表示，在单相区内 $P=1$，$F=2$。

相平衡共存（L+A）以及 B 晶相和液相平衡共存（L+B）的二相区，在该两区域内的液相组成可用结线（等温线）与对应曲线的交点决定。

图 7-26 中的 FD 线表示温度在 T_D 时的 A 晶相与该温度下组成为 D 的液相平衡。固相线以下的区域是 A 晶相和 B 晶相平衡共存（A+B）的相区，在两相平衡共存的相区内 $P=2$，$F=1$。

两条液相线与固相线的交点 E 称为低共熔点。在这点上组成为 E 的液相与 A 晶相、B 晶相三相平衡并存，其平衡关系式为 $L_E \rightleftharpoons A+B$。就是说，冷却时在 E 点，按 E' 点的 A、B 比例同时析出 A 晶相和 B 晶相；加热时按 E 点的 A、B 比例。这是系统加热时熔融成液相的最低温度，称为低共熔点，在该点析出的固体混合物称为低共熔混合物。在 E 点相数 $P=3$，自由度 $F=0$，表示系统的温度和液相的组成都不能变，故 E 点是二元无变量点。在此点，当系统被加热或冷却时，只是引起液相对固相的比例的增加或减少，温度和组成没有变化。

7.6.2 熔体的冷却析晶过程

熔体的冷却析晶过程是指将一定组成的二元混合物加热熔化后再将其平衡冷却而析晶的过程。通过对平衡冷却析晶过程的分析可以看出，系统的平衡状态随温度的改变而变化的规律。

以组成为 M' 的熔体的冷却析晶过程为例（图 7-26）。组成为 M' 的二元混合物加热成为高温熔体后处于液相区内的 M 点，将此高温熔体进行平衡冷却。在温度下降到 T_C 以前，系统为双变量，说明在系统组成已确定的情况下，改变系统的温度不会导致新相的出现。由于系统组成已定，故系统的状态点只能沿着等组成线（MM'）变化。

当熔体温度下降到 T_C 时，液相开始对组元 A 饱和，从液相中开始析出 A 晶相（$L \rightarrow A$），系统由单相平衡状态进入二相平衡状态。由于析出的是纯 A，固相的状态点应在 K 点。同时因 A 的析出，液相的组成发生变化。

随着温度的下降，液相组成沿着 aE 线由 C 点向 E 点变化，也就是说，向液相中组 B 含量增加的方向变化。这时，$P=2$，$F=1$。当温度到达 T_E 时，液相组成到 E 点，固相的状态点由 K 点到达 G 点，此时液相不仅对 A 晶相饱和，对 B 晶相也达到饱和，因而将从液相中按 E 点组成中 A 和 B 的比例同时析出 A 晶相和 B 晶相（$L \longrightarrow A+B$）。由于系统中三相平衡共存，$P=3$，$F=0$，因此，系统的温度和液相的组成都不能改变。

但随着析晶过程的进行，液相量不断减少。由于有 B 晶相析出，固相的组成不再停在 G 点，而由 G 点向 R 点变化，当最后一滴液体消失时固相组成达到 R 点，与系统的状态点重合。液相消失，析晶过程结束，析晶产物为 A 和 B 两个晶相。由于系统中只剩下 A、B 两种晶相，$P=2$，$F=1$，温度又可继续下降。

若是加热，则和上述过程相反。当系统温度升高到 T_E 时才出现液相，液相组成为 E。因 $P=3$，$F=0$，系统为无变量，所以系统的温度维持在 T_E 不变，A 和 B 两晶相的量不断减少。E 组成的液相量不断增加。当 B 晶相全部熔融后，系统中两相平衡共存，成为单变量，温度才能继续上升，此时 A 晶相的量继续减少，液相组成沿着 aE 线向 a 点变化。当温度到达 T_C 时，A 晶相完全熔融，系统全部成为熔体。

熔体 M 的冷却析晶过程具有普遍性，只是如果熔点的组成点在 B 点和 E' 点之间时，冷却时首先析出的应是 B 晶相。

由以上的冷却析晶过程可以看出，在这类最简单的二元系统中，凡是组成 AE' 范围的熔体，冷却到析晶温度时首先析出 A 晶相；凡是组成在 BE' 范围内的熔体，冷却到析晶温度时首先析出的是 B 晶相。

所有的二元熔体冷却时都在 E 点结晶结束，产物都是 A 晶相和 B 晶相，只是 A、B 的比例不同而已。在整个析晶过程中，尽管组元 A 和组元 B 在固相和液相间不断转移，但仍在系统内，不会逸出系统外。因而系统的总组成是不会改变的，系统总的状态点是沿着原始熔体的等组成线变化，而且呈平衡的两相的状态点始终与总状态点在一条水平线上，并分别在其左右两边。

7.6.3 冷却析晶过程中各相含量的计算

在图 7-26 所给的最简单的二元系统相图中，M 熔体冷却到 T_D 时，系统中平衡共存两相是 A 晶相和液相。这时，系统的总状态点在 *O* 点，A 晶相的状态点在 *F* 点，液相在 *D* 点。根据杠杆规则

固相（A）量∶液相量=*FO*∶*OD*

系统中

$$A\%=OD/FD\times100\%，L\%=OF/FD\times100\%$$

冷却过程当液相的状态点刚到 *E* 点，固相的状态点为 *G* 点时，由于 B 晶相尚未析出，系统中仍然是 A 晶相和液相两相平衡共存，此时根据杠杆规则

$$A\%=RE/GE\times100\%，L\%=RG/GE\times100\%$$

当液相在 *E* 点消失后，系统中平衡共存的是 A 晶相和 B 晶相，这两相的含量则分别是

$$A\%=M'B/AB\times100\%，L\%=M'/AB\times100\%$$

杠杆规则不反适用于一相分为两相的情况，同样适用于两相合为一的情况，甚至多相系统中都可以利用杠杆规则，根据已知条件计算平衡共存的各相的相对数量及含量。

因此，可以应用相图确定配料组成一定的制品，在不同的状态下所具有的相组成及其相对含量，以预测和估计产品的性能，这对指导生产和研制新产品具有重要的意义。

7.6.4 相图与“热分析”原理

图 7-27 是一种类型的二元简单低共熔物相图，图中 A、B 表示两个组分的名称，纵轴是温度 *T*，横轴是组分 B 的含量 B%，在 *acb* 线的上方体系只有一个相（液相）存在，在 *ecf* 以下，体系有两个相（晶相 A 和 B）存在，在 *ace* 包围的面积中，一个固相（A）和一个液相（A 在 B 中的饱和熔化物）共存，在 *bef* 所包围的面积中，也是一个固相（B）和一个液相（B 和 A 中的饱和熔化物）共存。图中 *C* 是 *ace* 与 *bcf* 两个相区的交点，有三相（晶相 A、晶相 B、饱和熔化物）共存。测绘相图就是要将相图中这些分隔相区的线画出来。常用的方法就是热分析实验法。

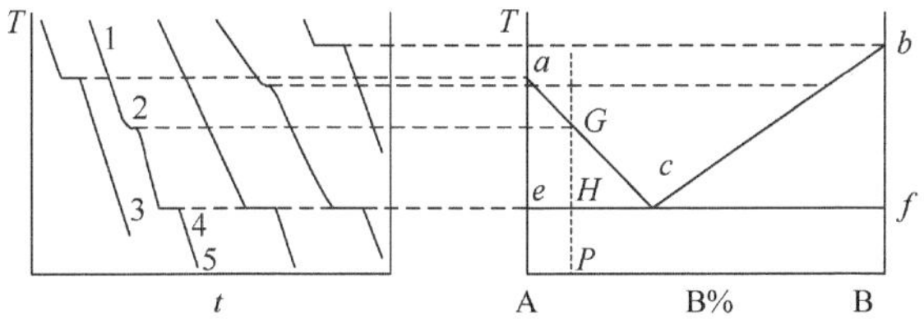

图 7-27 冷却曲线二元低共熔物相图

热分析法所观察的物理性质是被研究体系的温度，将体系加热熔融成一均匀液相，然后

使体系缓慢冷却，并每隔一定时间读体系温度一次，用历次温度值对时间作图，得一曲线，一般称为步冷曲线或冷却曲线。

在冷却过程中，若体系发生相变，就伴随着一定的热效应，因此步冷曲线的斜率发生变化而出现转折点，这些转折点温度就相当于被测体系在相图中分隔线上的点，若左图 1 是右图中组成为 P 的体系步冷曲线，则点 2、3 就分别相当于相图中的点 G、H。因此，取一系列组成不同的体系，作出它们的步冷曲线，求出各转折点，即能画出二元体系的最简单相图（对复杂的相图还必须配合其他方法才能画出）。

从相图定义可知，用热分析法测绘相图的要点有：

（1）被测体系必须时时处于或非常接近于相平衡状态。因此，体系冷却时，冷却速度必须足够慢，以保证上述条件近乎实现。

（2）测定时被测体系的组成必须与原来配制样品时的组成值一致，如果测定过程中样品不均匀或样品发生氧化变质，这一要求就不能实现。

（3）测得的温度值必须能真正反映体系所测时间的温度值，因此，测温仪器的热容必须足够小，它与被测体系的热传导必须足够良好，测温元件必须深入被测体系内部。总之，在实验中必须准确地测出系统在冷却过程中的“温度-时间”曲线即步冷曲线。

对于像锑-铝、铋-镉等合金体系及两种化合物（如 KCl-AgCl、C_6H_6-$CHBr_3$）体系，都可以组成形成低共熔物的固相互不相溶体系，以 Sb-Pb 体系为例，其相图如图 7-28 所示，ME、NE 线分别为金属 Sb（A）和金属 Pb（B）的凝固点曲线，由其斜率可知，各自的熔点都随着第二种组分的增加而降低。

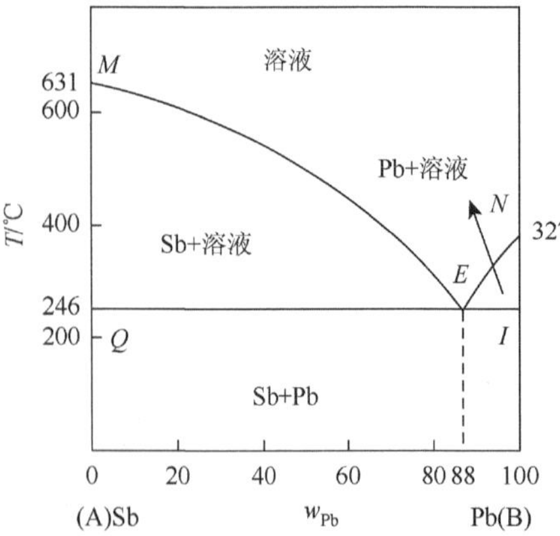

图 7-28　Sb-Pb 体系相图

$$\ln x_A = -\frac{\Delta_{fus}H_m(A)}{R}\left(\frac{1}{T_{A,f}} - \frac{1}{T_{A,f}^*}\right) \qquad (7\text{-}8a)$$

$$\ln x_B = -\frac{\Delta_{fus}H_m(B)}{R}\left(\frac{1}{T_{B,f}} - \frac{1}{T_{B,f}^*}\right) \qquad (7\text{-}8b)$$

式中，x 为组分的摩尔分数；$\Delta_{fus}H_m$ 为纯组分时的溶解焓变；T_f^* 为纯组分熔点；T_f 为某组分当其摩尔分数为 x 时的熔点。

图 7-28 中 E 点是两条熔点曲线的交点，在此点上，固态 Sb 和 Pb 以及溶液三态共存，常称为金属 Sb 和 Pb 的最低共熔点。最低共熔点温度为 246℃，其质量分数为含 Pb 88%、含 Sb 12%，此溶液所析出的固体混合物称为共熔合金（普遍情况下称为最低共熔物）。显然，MQE 为金属溶液和固体金属 Sb 的两相平衡区。NEI 为溶液和固体金属 Pb 的两相平衡区。水平线 QEI 则为纯固体 Sb、纯固体 Pb 和组成 E 的熔液平衡共存的三相线，此线下面则是纯 Sb 和纯 Pb 的两相区。此类相图能提供制备低熔点合金的方法，如在水银中加入铊（Tl），能使水银凝固点（−38.9℃）降低，但通过相图可推断最低只能降到−59℃，若想进一步降低，则需采用更多组分的体系。其他如保险丝、焊锡等低熔点合金均可参照这类相图的实验数据配制。表 7-2 列出一些二组分简单最低共熔型相图体系中低共熔物的熔点与组成（摩尔分数）。

表 7-2　某些简单低共熔型相图体系

组分 A	A 的熔点/℃	组分 B	B 的熔点/℃	低共熔物	
				低共熔点/℃	低共熔物组成 x_B/%
$CHBr_3$	7.5	C_6H_6	5.5	–26	50
$CHCl_3$	–63	$C_6H_5NH_2$	–6	–71	24
苦味酸（NO_2）C_6H_2OH	120	三硝基甲苯（TNT）	80	60	64
Sb	630	Pb	326	246	81
Cd	321	Bi	271	144	55
KCl	790	AgCl	451	306	69
Si	1412	Al	657	578	89
Be	1282	Si	1412	1090	32

热分析法研究固-液平衡体系相图主要是依据体系发生相变时伴随着相变潜热的吸收或放出，导致体系冷却速度的变化来研究相变过程的规律。由实验数据所绘制的温度（T）与时间（t）的曲线，称为步冷曲线，由步冷曲线斜率的变化可提供相的产生、消失和达成相平衡的信息。下面以 Sb-Pb 合金体系为例，讨论绘制步冷曲线及由此确定相应的温度-组成图的方法。

首先配制一定组成的混合物，如含 Pb 量 0.0%、40%、60%、88%、95%、100%六个样品，加热使其全部熔解，然后让其缓慢地自然冷却，分别记录每个样品温度随时间变化的数据，作出如图 7-29（a）的六条步冷曲线，其中样品①是纯 Sb 属单组分。由恒压下凝聚体系相律表达式可得

$$F^*=C-P+2-1=1-P+1=2-P$$

可见，温度若在凝固点以上，则 P=1，F^*=1，体系温度可变化而不影响其单相特征，若仅有降温可得出曲线上部的平滑段。当降温至 Sb 的凝固点（631℃）将有固相析出，固-液两相平衡存在 P=2，F^*=0，此时温度应维持不变，这就出现如曲线上所示的平台线段。直到液体全部凝固，体系又变成单一固相，其自由度 F^*=1，温度可以变化，冷却过程可用曲线下部的平滑段表示。同理，曲线⑥为 Pb 单组分步冷曲线，形状与曲线①类似，而差别在于其凝固点较低（327℃），出现平台段较迟。

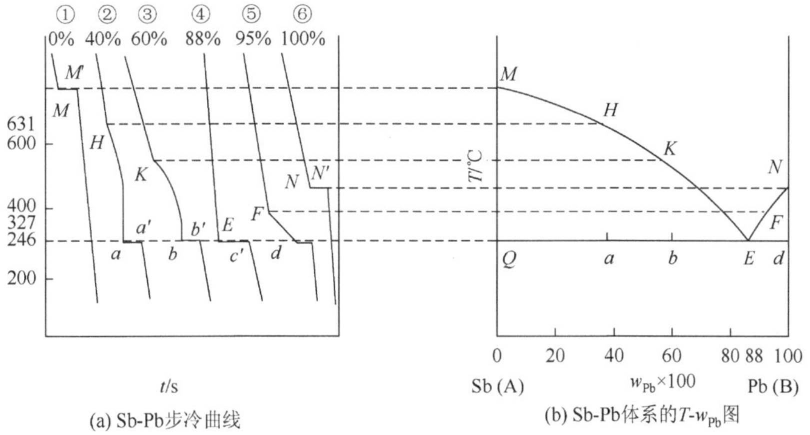

(a) Sb-Pb步冷曲线　　(b) Sb-Pb体系的T-w_{Pb}图

图 7-29　Sb-Pb 系统相图

曲线②为含 Pb 40%的二组分体系，C=2，由相律可知，高温时为熔融液相，温度和组成在一定范围内均可变化而不影响其单相特征。当组成恒定时，温度仍可均匀下降，如曲线的上部平滑线。当温度降 H 点时，熔液中的金属 Sb 达饱和而析出固体 Sb，出现固-液两相平衡，此时，温度仍可不断下降，而平衡液相浓度不断增加，固体析出，所放出的凝固潜热可部分抵偿环境吸走的热，于是冷却速度较缓慢，出现斜率较小的中间平滑线 Ha，步冷线上拐点（或转折点）H 的出现意味着新相的产生。若继续降温至最低共熔点温度 T_E，则第二种金属 Pb 也已饱和，将析出 Sb、Pb 共晶体，此时三相共存，表明体系与环境虽有温差，但体系通过固相析出量的自动调节维持温度为最低共熔点（246℃）不变，故出现平台段 aa'（或称停点）。只有当熔液全部凝固后，体系中仅剩下固体 Sb 和 Pb，即包夹着先前析出 Sb 晶体的共晶混合物，才能继续降温，这一过程可用 a'点以下的平滑线段表示。曲线③、⑤的形状与②类似，不同的只是第一拐点温度高低以及平台线段的长短不同，越接近低共熔点组成的同量样品，达低共熔点温度时剩余的熔液量越多，析出低共熔物的时间也越长，故③的平台线段比②要长，平台段延续的时间常称为停顿时间。自然，曲线⑤最终可得包夹着先前析出 Pb 晶体的共晶混合物。

曲线④形状又独具一格。除上下平滑线外，仅在共熔点处出现平台段，而且都比其他曲线的平台段长。其原因是样品组成刚好等于低共熔物的组成，在降温至 T_E 时并非哪一种金属固体先析出，而是两种同时析出，成为共晶体，即两纯组分微晶组成的机械混合物。此时，体系维持温度不变。

完成不同组成的步冷曲线之后，将各拐点 M、H、K、E、F、N 及同处水平的三相点（或停点）a、b、E、d 平行地转移到温度-组成图上，连接 M、N、K、E 即为 Sb 的凝固点曲线，连接 N、F、E 即为 Pb 的凝固点曲线，通过 a、b、E、d 作水平三相线，至此 Sb-Pb 合金相图完成。

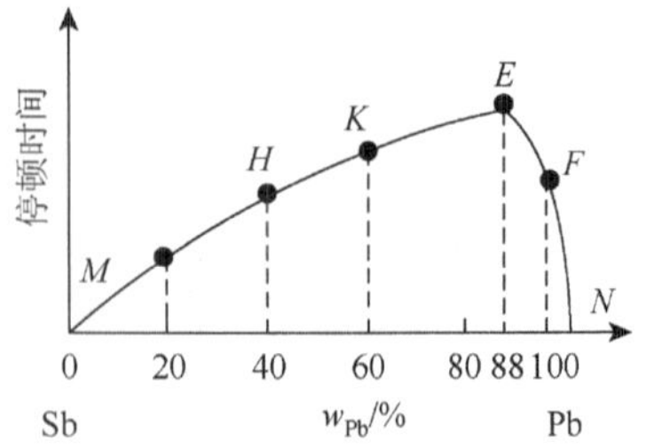

图 7-30　Sb-Pb 体系的停顿时间-组成图

应该指出，前述低共熔物组成（曲线④）往往事先未能得知，需要由实验确定；可利用平台段延续时间（停顿时间）与组成的关系，用内插法求得。如图 7-30 所示，纵坐标代表停顿时间，横坐标代表 Pb 的质量分数，分别由 M、H、K 点连线及 N、F 点连续交于 E 点（88% Pb）就是低共熔物的组成。顶点 M、N 分别代表纯组分 Sb 和 Pb，它们不存在三相点，其步冷曲线在此温度下没有停顿时间，不出现平台段。

7.7　相分离技术及其应用

7.7.1　相分离的概念

相分离就是将同一相中的具有不同性质的物质分开。这种不同性质包括物理性质、化学性质。分离过程是一个从无序到有序的熵减少过程，即$\Delta S<0$ 的过程，所以需要对系统做功来推动该过程的实现。

分离过程可用于提取、澄清或净化、浓缩、干燥和回收有价物质，其根本目的在于提纯或者去除杂质，其实质是一个物质和能量再分配过程，需破坏旧的相平衡，建立新的相平衡。

相平衡需要解决的问题：①在指定条件下，某一分离过程能否进行。若能进行，平衡时目标分离物的纯度或最高得率有多大。改变压力、温度、化学势等因素对过程有何影响。

②若给定条件下，某分离过程根本不能进行或可能向相反的方向进行，能否改变过程条件如压力、温度、化学势等因素使过程朝着既定的方向进行。

相分离常见的情况：①混合不同相，构成新相（多相或一相），如奶粉等冲食食品、饮料及酒等的调配，金属合金的制造。②分离混合组分，如饮料中杂质的分离、去除，矿石中不同矿物及不同品级的分离，从谷物中分离蛋白，从动物体内分离酶。

7.7.2 常用相分离技术及其应用

1. 膜分离技术

膜分离技术是指在分子水平上不同粒径分子的混合物在通过半透膜时实现选择性分离的技术。半透膜又称分离膜或滤膜，膜壁布满小孔，根据孔径大小可以分为：微滤（MF）膜、超滤（UF）膜、纳滤（NF）膜、反渗透（RO）膜等。膜分离都采用错流过滤方式。

膜分离技术是利用膜的选择性（孔径大小），以膜的两侧存在的能量差作为推动力，利用溶液中各组分透过膜的迁移率不同而实现分离的一种技术。膜分离的示意图见图 7-31。

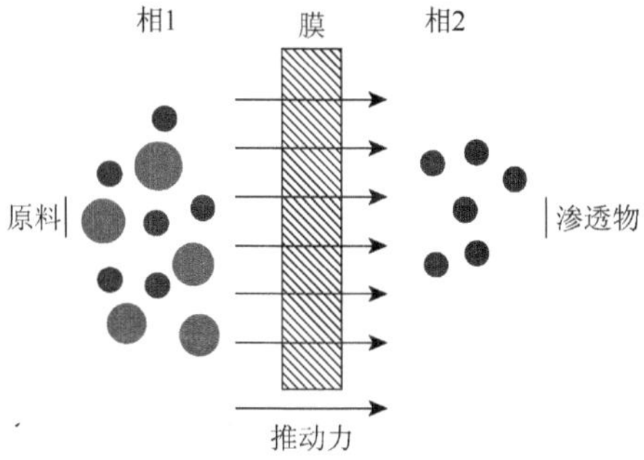

图 7-31 膜分离过程示意图

膜分离技术是一门新兴的分离技术，广泛应用于水处理、食品加工、化工、制药等领域。膜分离技术代表着未来水处理发展的时代潮流，被称为 21 世纪最具发展前景的技术之一。水处理中常用的膜技术包括微滤、超滤、纳滤和反渗透 4 种，通常可针对不同的原水水质选择，因此属于一种严格的、物理的、绿色的分离技术。膜分离过程是以带有极细孔径的膜为分离介质，在膜的一侧加以压力推动时，原料侧组分选择地透过膜，从而达到分离或提纯的目的。在膜分离技术中，超滤技术在市政供水中应用最为广泛。

膜分离过程的种类见表 7-3。

表 7-3 膜分离的种类及特点

种类	膜的功能	分离驱动力	透过物质	被截流物质
微滤	多孔膜、溶液的微滤、脱微粒子	压力差	水、溶剂和溶解物	悬浮物、细菌类、微粒子、大分子有机物
超滤	脱除溶液中的胶体、各类大分子	压力差	溶剂、离子和小分子	蛋白质、各类酶、细菌、病毒、胶体、微粒子
反渗透和纳滤	脱除溶液中的盐类及低分子物质	压力差	水和溶剂	无机盐、糖类、氨基酸、有机物等
透析	脱除溶液中的盐类及低分子物质	浓度差	离子、低分子物、酸、碱	无机盐、糖类、氨基酸、有机物等
电渗析	脱除溶液中的离子	电位差	离子	无机、有机离子
渗透气化	溶液中的低分子及溶剂间的分离	压力差、浓度差	蒸汽	液体、无机盐、乙醇溶液
气体分离	气体、气体与蒸汽分离	浓度差	易透过气体	不易透过液体

表 7-3 中分别给出了按分离原理和按被分离物质的大小区分的分离膜种类，从中可以看出，除了透析膜主要用于医疗用途以外，几乎所有的膜分离技术均可应用于任何分离、提纯和浓缩领域。反渗透和纳滤作为主要的水及其他液体膜分离技术之一，在膜分离领域内占重要地位。

膜分离技术具有高效、节能、工艺过程简单、投资少、污染小等优点，因而在化工、轻工、电子、医药、纺织、生物工程、环境治理、冶金等方面具有广泛的应用前景。

在膜技术发达国家，饮料生产领域 95%以上采用微孔滤膜为分离途径之一。在我国，微滤、超滤技术在饮料生产中都已得到较广泛应用。在饮料行业中要达到净化、澄清的目的，用 0.45μm 的微孔膜过滤元件进行过滤即可满足要求。微孔膜过滤后除去的是饮料中的杂质、悬浮物及生物菌体等，而水中的微量元素和营养物质却毫无损失，因此特别适用于某些需保持特殊成分或风味的饮料的净化过滤。

纳滤膜分离可应用于水质的软化、降低盐浓度、去除色度和有机物。纳滤膜在饮用水领域主要脱除三氯甲烷中间体、低分子有机物（特别是环境荷尔蒙物质）、农药、合成洗涤剂、微生物、异味、色度、硫酸盐、碳酸盐、氟化物、砷、细菌、重金属污染物（大多来源于工业废弃物泄漏和工业废水排放等）、镉、铬（六价）、铜、铅、锰、汞、镍等有害物质。

2. 结晶（沉淀）分离技术

结晶（沉淀）分离技术是化工生产中从溶液中分离化学固体物质的一种单元操作，在湿法冶金过程占有十分重要地位。从湿法冶金溶液中以固体形式分离、回收有价组分常采用结晶、沉淀等操作过程，而又以反应结晶过程居多。

结晶分离过程为一同时进行的多相非均相传热与传质的复杂过程。多年来，众多研究者在结晶热力学、结晶成核、晶体生长动力学、结晶习性、晶体形态及杂质对结晶过程的影响等方面进行了大量基础性研究并提出了描述结晶过程的理论。结晶过程所形成的组织结构主要由结晶过程固液界面的形态、晶体生长特征所决定。近年来，国际上越来越多的研究者认识到，开展对结晶过程晶体形貌结构特征的研究，对控制晶体的微观结构并获得所期望的材料性能具有重要意义。

结晶分离技术近年来发展很快，传统结晶法进一步得到发展与完善，新型结晶技术也正在工业上得到应用或推广。随着国际化工市场的竞争日趋激烈，要求化工产品的质量不断提高而成本则不断降低，因此，人们在研究开发新的结晶技术过程中更加重视结晶方法的选择、新型结晶器的开发及结晶工艺的设计。

（1）降温结晶法：先加热溶液，蒸发溶剂成饱和溶液，此时降低热饱和溶液的温度，溶解度随温度变化较大的溶质就会呈晶体析出，称为降温结晶。

（2）蒸发结晶法：蒸发溶剂，使溶液由不饱和变为饱和，继续蒸发，过剩的溶质就会呈晶体析出，称为蒸发结晶。例如，当 NaCl 和 KNO_3 的混合物中 NaCl 多而 KNO_3 少时，即可采用此法，先分离出 KNO_3，再分离出 NaCl。

可以观察溶解度曲线，溶解度随温度升高而升高得很明显时，这种溶质称为陡升型，反之称为缓升型。当陡升型溶液中混有缓升型时，若要分离出陡升型，可以用降温结晶的方法分离，若要分离出缓升型的溶质，可以用蒸发结晶的方法。例如，硝酸钾属于陡升型，氯化钠属于缓升型，所以可以用蒸发结晶来分离出氯化钠，也可以用降温结晶分离出硝酸钾。

（3）重结晶法：将晶体溶于溶剂或熔融以后，又重新从溶液或熔体中结晶的过程为重结晶，又称再结晶。重结晶可以使不纯净的物质获得纯化，或使混合在一起的盐类彼此分离。重结晶的效果与溶剂选择大有关系，最好选择对主要化合物是可溶性的，对杂质是微溶或不溶的溶剂，滤去杂质后，将溶液浓缩、冷却，即得纯制的物质。混合在一起的两种盐类，如果它们在一种溶剂中的溶解度随温度的变化差别很大，如硝酸钾和氯化钠的混合物，硝酸钾的溶解度随温度上升而急剧增加，而温度升高对氯化钠溶解度影响很小，则可在较高温度下将混合物溶液蒸发、浓缩，首先析出的是氯化钠晶体，除去氯化钠以后的母液在浓缩和冷却后，可得纯硝酸钾。重结晶往往需要进行多次才能获得较好的纯化效果。

（4）升华结晶法：应用物质升华再结晶的原理制备单晶的方法。物质通过热的作用，在熔点以下由固态不经过液态直接转变为气态，而后在一定温度条件下重新再结晶，称为升华再结晶。1891 年，洛伦茨（Lorenz）利用升华再结晶的基本原理生长硫化物小的晶体。物质在升华过程中，外界要对固态物质做功，使其热力学能增加，温度升高。为使物质的分子气化，单位物质所吸收的热量必须大于升华热（熔解热和气化热之和），以克服固态物质的分子与周围分子的亲和力和环境的压强等作用。获得足够能量的分子，其热力学自由能大大增加。当密闭容器的热环境在升华温度以上时，该分子将在容器的自由空间内按布朗运动规律扩散。如果在该容器的另一端创造一个可以释放相变潜热（相变过程中单位物质放出的热量）的环境，则将发生凝华作用而生成凝华核即晶核。在生长单晶的情况下，释放相变潜热，一般使带冷指的锥形体或带冷指的平面处于一定的温度梯度内，并使尖端或平面的一点温度最低，此处形成晶核的概率最大。根据科赛尔结晶生长理论，一旦晶核形成，新的二维核将沿晶核周边阶梯继续进行排列，当生长一层分子后，在其平坦的结晶面上将有新的二维核形成，进而生成另一层新的分子层。决定晶体生长的 3 个基本要素是表征系统自由能变化的临界半径、二维核存在的概率和二维核形成的频度。升华再结晶法可用于熔点下分解压力大的材料，如制备 CdS、ZnS、CdSe 等单晶。其缺点是生成速率慢，生长条件难以控制。

结晶技术过程成本低，设备简单，操作方便，深受生化企业喜爱。近年来，人们虽在结晶机理、结晶分离方法及结晶分离设备等方面的研究取得了较大进展，但仍需深入进行新型结晶分离装置与工艺、工艺的工业化、结晶过程传热传质机理方面的研究。

3. 离子交换技术

离子交换是指利用离子交换剂能吸附溶液中一种离子同时放出另一种相同电荷的离子的特点，使这种交换剂和溶液之间进行的同号离子相互交换现象称为离子交换。离子交换技术是利用离子交换剂与各种离子的作用力强弱差异，选择性地吸附或释放特定的离子，从而达到去除杂质、富集或纯化目标生化物质的目的。

常用的离子交换剂有两类：疏水结构离子交换剂和亲水结构离子交换剂。前者即通常所说的离子交换树脂，主要以苯乙烯等材料为原料，经人工合成固态高分子化合物为疏水性骨架，具有机械强度高、遇水膨胀率低、交换容量大等特点；后者主要以葡聚糖、纤维素、琼脂糖等多糖为亲水性骨架，连接上可以进行离子交换的基团，蛋白质等生物大分子宜选择亲水结构离子交换剂。

离子交换树脂不溶于一般的酸碱和有机溶剂，也不熔融的固态高分子化合物，不但稳定性好，而且具有可离子交换的多功能基团。它由不溶性的三维空间网状骨架、连接在骨架上的功能团和功能团所带的相反电荷的可交换离子等单元结构组成。从酸碱性观点来看，离子交换树脂可视为多功能的高分子多元酸（H^+）或高分子多元碱（OH^-）。

离子交换树脂的分类和性能：离子交换树脂可交换功能团中的活性离子决定此树脂的主要性能。因此，树脂可按照活性离子来分类，活性离子是阳离子的树脂能和阳离子发生交换，称为阳离子交换树脂；同理，活性离子是阴离子的称为阴离子交换树脂。阳离子交换树脂的功能团是酸性基团，而阴离子交换树脂则是碱性基团。功能团的电离程度决定了树脂的酸性或碱性的强弱，按功能团分，通常将树脂分为强酸性、弱酸性阳离子交换树脂和强碱性、弱碱性阴离子交换树脂等四大类，四大类离子交换树脂性能比较见表 7-4。

表 7-4　四大类离子交换树脂性能比较

性质项目	阳离子交换树脂		阴离子交换树脂	
	强酸型（001×7）	弱酸型（DK110）	强碱型（201×4）	弱碱型（D315）
交换基	磺酸基	羧基	季铵盐基	氨基
pH 对交换量的变化	没变化	增大或减小	没变化	减小或增大
水洗盐型树脂	稳定	加水分解	稳定	加水分解
再生	需过量强酸	用稀酸易再生	需过量强碱	用稀碱易再生
交换反应速率	快	在 H 型时很慢	快	在 OH 型时很慢

离子交换过程包括三个步骤：外部扩散（经过液膜的扩散）、内部扩散（在颗粒内部的扩散）和化学交换反应。一般地说，离子间的交换反应速率是很快的，有时甚至快到难以测定。所以除极个别的场合外，化学交换反应不是控制步骤，而扩散是控制步骤。

当液相体系浓度越浓，颗粒越大，或动态处理时过柱速度越快，或静态处理时搅拌越剧烈，则吸附越弱，越趋向于内部扩散控制；当液相体系流速慢，浓度小，颗粒细，则吸附强，越趋向于外部扩散控制。

目前，离子交换主要用于水处理（软化和纯化），溶液（如糖液）的精制和脱色，从矿物浸出液中提取铀和稀有金属，从发酵液中提取抗生素，以及从工业废水中回收贵金属等。

（1）水处理：水处理系统普遍采用离子交换技术，离子交换树脂在水处理领域的用量约占总产量产量的 90%，用于水中的各种阴阳离子的去除。

（2）食品工业：离子交换设备可用于制糖、味精、酒的精制、生物制品等工业装置上。例如，高果糖浆的制造是由玉米中萃出淀粉后，再经水解反应，产生葡萄糖与果糖，而后经离子交换处理，可以生成高果糖浆。离子交换树脂在食品工业中的使用仅次于水处理。

（3）制药行业：离子交换技术在制药工业的应用对发展新一代的抗菌素及对原有抗菌素的质量改良具有重要作用。链霉素的开发成功即是突出的例子。近年来还在中药提纯等方面有所应用。

（4）合成化学和石油化学工业：在有机合成中常用酸和碱作催化剂进行酯化、水解、酯交换、水合等反应。用离子交换技术代替无机酸、碱，同样可进行上述反应，且优点更多，如离子交换树脂可反复使用，产品容易分离，反应器不会被腐蚀，不污染环境，反应容易控制等。

（5）湿法冶金：离子交换技术可以从贫铀矿里分离、浓缩、提纯铀及提取稀土元素和贵金属。

随着科学技术的不断发展，离子交换树脂、离子交换设备性能将不断提高，其应用于更广泛的领域。

4. 分子蒸馏技术

分子蒸馏是一种在高真空（<10Pa，通常 1～0.01Pa）条件下，在加热面上被蒸发的分子

经过尽可能短的距离到达冷凝面进行冷凝，从而实现液-液分离的蒸馏过程。它具有蒸馏温度低、蒸馏真空度高、受热时间短、分离程度高等优点，是一种较新的尚未广泛运用于工业化生产的分离技术。

分子蒸馏不同于一般的蒸馏技术。它是运用不同物质分子运动平均自由程的差别而实现物质的分离，因而能够实现在远离沸点下操作。根据分子运动理论，液体混合物的分子受热后运动会加剧，当接受到足够能量时，就会从液面逸出而成为气相分子，随着液面上方气相分子的增加，有一部分气体就会返回液体，在外界条件保持恒定情况下，就会达到分子运动的动态平衡，从宏观上看达到了平衡。

液体混合物为达到分离的目的，首先进行加热，能量足够的分子逸出液面，轻分子的平均自由程大，重分子平均自由程小，若在离液面小于轻分子的平均自由程而大于重分子平均自由程处设置一冷凝面，使得轻分子不断被冷凝，从而破坏了轻分子的动平衡而使混合液中的轻分子不断逸出，而重分子因达不到冷凝面很快趋于动态平衡，不再从混合液中逸出，这样，液体混合物便达到了分离的目的。

低沸点组分首先获得足够的能量从液膜表面蒸发，径直飞向中间冷凝器并被冷凝成液相，并在重力作用下沿冷凝器壁面向下流动，进入馏出组分接收瓶，未能到达冷凝面的重组分沿加热面流下，进入残留组分接收瓶。如图 7-32 所示，分子蒸馏过程主要分为以下五个步骤：

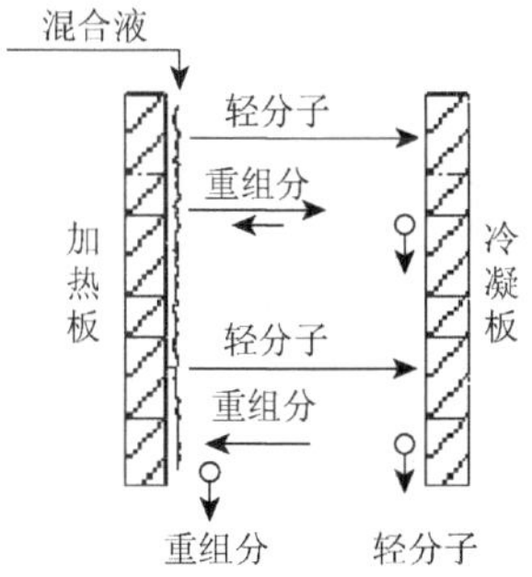

图 7-32 分子蒸馏原理

（1）分子从液相主体向蒸发表面扩散。通常，液相中的扩散速度是控制分子蒸馏速度的主要因素，所以应尽量减小液层厚度及强化液层的流动。

（2）分子在液层表面上自由蒸发。蒸发速度随着温度的升高而上升，但分离因素有时却随着温度的升高而降低，所以，应以被加工物质的热稳定性为前提，选择经济合理的蒸馏温度。

（3）分子从蒸发表面向冷凝面飞射。蒸发分子从蒸发面向冷凝面飞射的过程中，可能彼此相互碰撞，也可能和残存于两面之间的空气分子发生碰撞。由于蒸发分子远重于空气分子，且大都具有相同的运动方向，所以它们自身碰撞对飞射方向和蒸发速度影响不大。而残气分子在两面间呈杂乱无章的热运动状态，故残气分子数目的多少是影响飞射方向和蒸发速度的主要因素。

（4）分子在冷凝面上冷凝。只要保证冷热两面间有足够的温度差（一般为 70～100℃），冷凝表面的形式合理且光滑则认为冷凝步骤可以在瞬间完成，所以选择合理冷凝器的形式相当重要。

（5）馏出物和残留物的收集。由于重力作用，馏出物在冷凝器底部收集。没有蒸发的重组分和返回到加热面上的极少轻组分残留物由于重力或离心力作用，滑落到加热器底部或转盘外缘。

分子蒸馏是一项应用广泛的高科技分离技术，早在 20 世纪 60 年代国外一些工业比较发达的国家就已经开展分子蒸馏技术的研究与开发，我国在 20 世纪 90 年代才开展刮膜式分子蒸馏装置和工艺的应用研究。由于分子蒸馏真空度高，操作温度低和受热时间短，能极好地保证物料的天然品质，不仅能有效地去除液体中的有机溶剂和臭味剂等低分子物质，而且可以分离沸点相近而相对分子质量有差异的混合物，因此可被广泛应用于科学研究和工业化生产中。例如，用分子蒸馏法从大豆油、小麦胚芽油等油脂及其脱臭物中提取高纯度维生素 A、维生素 E，在石油化工中还用于再生废旧润滑油、分离石油渣及其类似物、提纯表面活性剂、制造高黏度润滑油等。

分子蒸馏是高真空下的短程蒸馏，特别适用于高沸点、热敏、高黏度物质的提取、分离和精制，其最大特点是能最大限度地保证物系中的有效成分。尽管分子蒸馏较常规蒸馏具有许多优点，但也有使用局限性，当混合物内各组分的分子平均自由程相近时，如同分异构体，则可能分离不开，因此主要用于不同组分、分子平均自由程相差较大的混合物的分离。分子蒸馏作为一种高效、温和的分离技术，有利于清洁生产和环境保护，能够满足人们对高品质、绿色产品的追求，在各行业中具有广泛的应用前景。

本 章 小 结

运用热力学方法推导相平衡系统共同遵守的规律——相律；介绍单组分或多组分系统内达平衡时的状态图——相图的绘制、相图的分析和相图的应用。通过本章的学习，可以应用相律判断各类相平衡系统中的相数、组分数和自由度；了解各类相图的绘制方法，正确分析相图中各点、线、面的意义，解释外界条件变化时系统经历的相变，并能根据所给条件粗略画出相图；能应用杠杆规则计算相平衡系统中各相的相对数量，明确蒸馏、精馏、结晶、萃取等工业过程分离、提纯物质的基本原理和最佳途径。

1. 相变

在聚集态内部能与其他物质区分的均匀系称为相。相的特征是：宏观物理性质与化学性质均匀一致；其物质的数量可以任意改变（量变）；相与相之间不强求明显的物理界面。例如，水池中插板、冰被破碎，并不改变原有相数的平衡状态。相变则标志质（物理性质和化学性质）的飞跃，根据物性的不同，有一级相变和二级相变之分，一级相变广为存在，其特征是物质在两相平衡时化学势的一级偏微商不相等，$\Delta V\neq0$，$\Delta H\neq0$，$\Delta S\neq0$，曲线变化呈现明显折点（有两条切线）。这类相变符合克拉佩龙方程：$\dfrac{\mathrm{d}p}{\mathrm{d}T}=\dfrac{\Delta H}{T\Delta V}$。二级相变的特征是物质在二相平衡时化学势的一级偏微商相等，曲线变化呈现圆滑过渡（只有一条切线）。而二级偏微商不等，C_p、α（等压热膨胀系数）、β（等温压缩系数）在相变温度时曲线的变化不连续。二级相变因 $\Delta H=0$，不适用克拉佩龙方程而适用埃伦菲斯方程 $\dfrac{\mathrm{d}p}{\mathrm{d}T}=\dfrac{\Delta C_p}{TV\Delta\alpha}$。某些金属的铁磁→顺磁转变，低温下超导性能的转变等属于此类。

2. 相律

相律的表述与数学表达式及其中各参量 C、P、F、n 等的意义。系统达热力学平衡时，若有 C 种组分、P 个相，通常仅将温度与压力 2 个强度性质考虑进去，组成一个全部是独立变量的以自由度 F 表达的函数关系式：$F=C-P+2$。此即为吉布斯相律公式。如有磁场、重力场以及有渗透压等其他因素影响，则应将常数 2 改为 n。

3. 相图

相图是一些描述相平衡规律的图形。将吉布斯相律与相图相结合，可以了解多相平衡系统在不同 T、p、x 条件下的相态变化。系统的组分数不同，相图的绘制方法及相图的形貌也不尽相同。

1）单组分系统，重点研究 p-T 图

单组分系统 $C=1$，$F=C-P+2$ 单相（面积区）时，$P=1$，$F=2$，温度和压力均可变，称为双变量系统；在

汽化、凝固和升华时两相平衡的三条线上，P=2，F=1，即温度与压力只有 1 个可变，称为单变量系统；而相平衡的三相点（O 点），P=3，F=0，称为无变量系统，意味着状态确定，相关因素即温度、压力和组成都是定值，没有变量。所以单组分系统最多有 2 个自由度，最多三相平衡共存。

单组分二相平衡时，符合克拉佩龙方程式；其中有气相存在时还符合克劳修斯-克拉佩龙方程式。

2）二组分系统相图，重点研究 T-x 图

二组分系统 C=2，若给予恒温条件，可作 p-x 图；给予恒压条件，可作 T-x 图，T 或 p 一定时也可称为条件自由度（F^*），因为自由度 $F^*=2+1-P=3-P$，意味着最多三相共存。

（1）气-液平衡相图。

相图类型及其特征：理想液态混合物（a）与实际液态混合物（b），在 p-x 图上差别明显。

完全互溶(c)、(d)，部分互溶（e），具最低恒沸点的完全互溶系统与部分互溶系统的组合，液相 l_1、l_2 是共轭溶液。

实验用沸点仪作气-液平衡系统的 T-x 相图。

相律应用：恒压下，单相区 F^*=2；二相（梭形、三角）区 F^*=1；最高、最低恒沸点时 F^*=0。

相图形成及其应用：①根据相似相溶原理寻找理想液态混合物，p-x 相图上，理想液态混合物的蒸气总压 $p = p_A^* + (p_B^* - p_A^*)x_B$ 符合线性的特征。②实际液态混合物对拉乌尔定律的正、负偏差过大，则导致 T-x 图上出现最高、最低恒沸点。③应用完全互溶双液系相图进行蒸馏与分馏，也可结合选择加压或减压蒸馏。④部分互溶系统出现共轭溶液，高、低会溶点过渡至完全互溶，可利用气-液、液-液平衡的组合设计双塔分馏。⑤完全不互溶双液系统，通常研究它的 p-T 相图应用于水蒸气蒸馏。

（2）固-液平衡相图。

绘制固-液平衡相图常用热分析法或溶解度法，前者用于熔点较高的合金系统，后者用于常温下呈液态的系统，主要是水盐系统。

利用差热分析可求物理的、化学的反应温度，相变、晶变、脱水、分解等过程的热效应值。

相图的类型及其特征：

（ⅰ）固态完全不互溶的固液平衡 T-x 相图：有简单低共熔混合物；形成稳定化合物（又称具有相同熔点的化合物）；形成不稳定化合物（又称具有不相同熔点的化合物）。

（ⅱ）固液部分互溶的固液平衡相图：存在固溶体单相区；存在转熔温度。

二组分系统 T-x 相图还有以下共同特征：

（ⅰ）图中的水平线都是三相线。

（ⅱ）图中垂线都表示纯物质（单质或化合物），垂线顶端与曲线相交者是稳定化合物；与水平线相交成“T”字形者则是不稳定化合物。

（ⅲ）固溶体的特征：围成固溶体的不规则图形内无任何水平线。

（ⅳ）杠杆规则只适用于二相区。

利用二组分固-液平衡相图应明确以下问题：金属的分离和提纯；结合退火、淬火等工艺控制合金的内部结构；盐类的分离和粗盐精制以及在现代材料制造方面的应用。

习　　题

1. 试计算在 272.65K 下欲使冰融化需施加的最小压力。已知水和冰的密度分别为 $0.9998\text{g}\cdot\text{cm}^{-3}$ 和 $0.9168\text{g}\cdot\text{cm}^{-3}$，$\Delta_{\text{fus}}H=333.5\text{J}\cdot\text{g}^{-1}$。

2. 根据表 7-5 所列数据作出部分互溶液体 A 和 B 所形成的相图。

表 7-5　习题 2 的数据

T/℃	0	10	20	30	40
w_1(B)	30	37	45	53	64
w_2(B)	94	90	87	84	80

（1）确定最高会溶温度。

（2）在 10℃时，往 100g A 中慢慢地加入 B，加入多少克 B 时，体系开始变浑浊？

（3）在 10℃时，往 100g A 中加入 B 的质量为 100g 时，两共轭溶液的组成和质量各为多少？

（4）在 10℃时，至少应在 100g A 中加入多少克 B，才能使 A 层消失？

（5）将 100g A 和 150g B 的混合液加热至 30℃时，计算此时两共轭溶液的组成和质量之比[m（A 层）：m（B 层）]。

（6）若将（5）中的混合液在恒定压力下继续加热，加热到什么温度时体系由浑浊变澄清？

3. 甲醇、乙醚和水形成部分互溶的三元体系，用下列方法绘制相图。取一组不同配比的乙醚和水的混合液，在二组分混合液中乙醚的摩尔分数为 $x_{乙}$，20℃时，在各个混合液中逐步滴加甲醇，直至体系完全溶成一相，记下甲醇的摩尔分数 $x_{甲}$，实验数据列于表 7-6。

表 7-6　习题 3 的实验数据

$x_{乙}$（乙醚，水）	0.1	0.2	0.3	0.4	0.5	0.6	0.7	0.8	0.9
$x_{甲}$（甲醇，乙醚，水）	0.20	0.27	0.30	0.28	0.26	0.22	0.17	0.12	0.07

设有 5g 甲醇、30g 乙醚、50g 水在 20℃下混合。改变该体系的相数，需除去多少克水或加入多少克水？（试卷上需给三角坐标纸）

4. 由实验得酚-水体系的数据列于表 7-7。

表 7-7　酚-水体系的数据

T/K	275.8	302.8	312.0	323.2	333.0	335.0	339.2
w_1	0.069	0.075	0.078	0.115	0.136	0.150	0.185
w_2	0.413	0.707	0.666	0.620	0.577	0.540	0.500

表中 w_1、w_2 分别代表酚在水层和酚层中的质量分数。

（1）根据表中数据绘制 T-x 图；

（2）确定临界溶解温度和临界浓度；

（3）若在 312.0K 时，将 50g 水和 50g 酚混合，达平衡后水层和酚层的质量各为多少？水层中水和酚的质量各为多少？

5. 用热分析法测得对二甲苯和间二甲苯的步冷曲线转折点如表 7-8 所示。

表 7-8　对二甲苯和间二甲苯的步冷曲线转折点

x（间二甲苯）	x（对二甲苯）	第一转折点/℃	最低共熔点/℃
1.00	0	−47.9	—
0.90	0.10	−50	−52.8
0.87	0.13	−52.8	−52.8
0.30	0.70	−4	−52.8
0	1.00	13.3	—

（1）绘制对二甲苯和间二甲苯的熔点-组成图；

（2）若有 100kg 含对二甲苯的摩尔分数为 0.70 的溶液由 10℃冷至−15℃时，能析出对二甲苯多少？

（3）当继续降温时，可析出纯对二甲苯最多能有多少千克？此时液相的质量为多少？

6. 试求下列体系的自由度，并指出此变量是什么。

（1）在标准压力下，水与水蒸气达平衡；

（2）水与水蒸气达平衡；

（3）在标准压力下，在无固体 I_2 存在时，I_2 在水和 CCl_4 中的分配已达平衡；

（4）在 25℃时，NaOH 和 H_3PO_4 的水溶液达平衡；

（5）在标准压力下，H_2SO_4 水溶液与 $H_2SO_4 \cdot 2H_2O(s)$已达平衡。

7. 液体 A 与 B 形成非理想溶液，在一定温度下，蒸气总压与溶液组成的关系图如图 7-33 所示：

（1）粗略画出 p_A-x_B、p_B-x_B 线；

（2）粗略画出 T-x_B 和 T-y_B 线（沸点-组成线）。

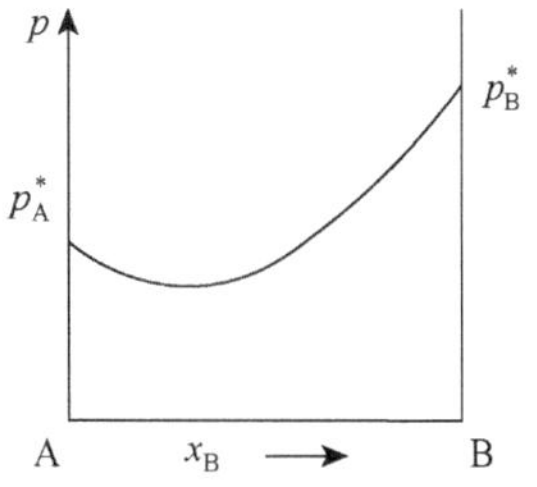

图 7-33　蒸气总压与溶液组成的关系图

8. 在 16～78℃之间，液态汞的蒸气压公式为

$$\lg(p/p^{\ominus})=7.648-3328/T-0.848\lg(T/\text{K})$$

汞的三相点温度为 243.3K，摩尔熔融热为 2320J·mol^{-1}，试求固态汞在−78℃时的蒸气压。

9. 下面是两组分凝聚体系相图，注明每个相图中相态，并指出三相平衡线。

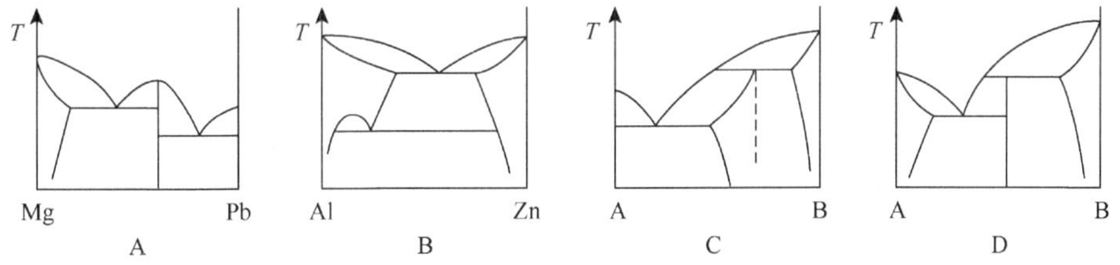

10. Ni 与 Mo 形成化合物 MoNi，在 1345℃时分解成 Mo 与含 53% Mo 的液相，在 1300℃有唯一最低共熔点，该温下平衡相为 MoNi，含 48% Mo 的液相和含 32% Mo 的固熔相，已知 Ni 的熔点 1452℃，Mo 的熔点为 2535℃，画出该体系的粗略相图[T-c 图]。

11. AgCl 与 LiCl 体系不形成化合物，固态部分互溶，在 480℃时，熔融体与分别含 15%及 30% AgCl 的固熔体呈平衡，AgCl 与 LiCl 的熔点分别为 455℃与 610℃，试绘制其相图。

12. 如图 7-34 所示，是 NaCl-$(NH_4)_2SO_4$-H_2O 在 298K、101.325kPa 时的相图。现有 NaCl 与$(NH_4)_2SO_4$ 混合盐 100g，其中$(NH_4)_2SO_4$ 含量为 25%，物系点为图中 f 点，利用相图计算可以最多提纯得到多少克 NaCl 晶体。

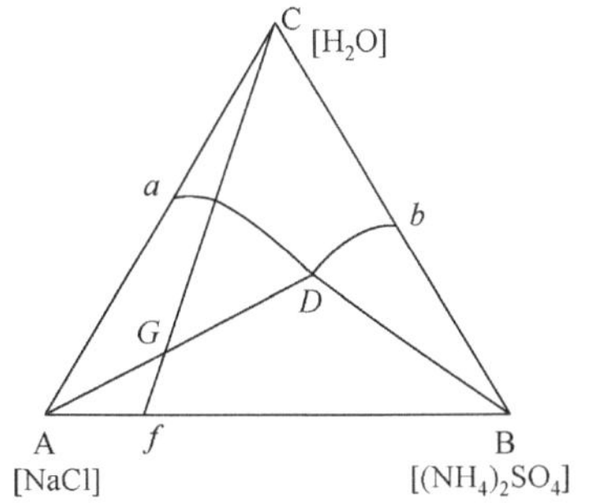

图 7-34　NaCl-$(NH_4)_2SO_4$-H_2O 在 298K、101.325kPa 时的相图

13. $CaCO_3$ 在高温分解为 CaO 和 CO_2。

（1）由相律证明可以把 $CaCO_3$ 在保持固定压力的 CO_2 气流中加热到相当的温度而不使 $CaCO_3$ 分解；

（2）证明当 $CaCO_3$ 与 CaO 的混合物与一定压力的 CO_2 共存时有且仅有一个平衡温度。

14. 在 101.325kPa 下，$CaCO_3$ 分解成 CaO(s)和 CO_2(g)，在 1169K 时达到分解平衡。

（1）画出两组分 CaO-CO_2 在 101.325Pa 时的等压相图；

（2）标出各个相区的相态。

15. NaCl-H_2O 二组分体系的低共熔点为–21.1℃，此时冰、NaCl·2H_2O（s）和浓度为 22.3%（质量分数）的 NaCl 水溶液平衡共存，在–9℃时有一不相同熔点，在该熔点温度时，不稳定化合物 NaCl·2H_2O 分解成无水 NaCl 和 27%的 NaCl 水溶液，已知无水 NaCl 在水中的溶解度受温度的影响不大（当温度升高时，溶解度略有增加）。

（1）绘制相图，并指出图中线、面的意义。

（2）若在冰水平衡体系中加入固体 NaCl 作制冷剂可获得最低温度是多少？

（3）若有 1000g 28% NaCl 溶液，由 160℃冷却到–10℃，此过程中最多能析出多少纯 NaCl?

16. 现有处于 263K 的 1mol 过冷水，假定水自发地结晶，结晶过程一直延续到体系平衡。

（1）体系达到最终温度为多少？

（2）平衡时有几相共存？

（3）计算平衡时各相的量。

（4）计算结晶过程的 ΔS_m。

已知 $C_{p,m}[H_2O(l)]=75.31J\cdot mol^{-1}\cdot K^{-1}$；$C_{p,m}[H_2O(s)]=37.66J\cdot mol^{-1}\cdot K^{-1}$；熔化热 $\Delta H_m[H_2O(s)]=6.02kJ\cdot mol^{-1}$。

第8章　电　化　学

电化学是研究化学现象与电现象之间关系的学科。更具体地说，电化学主要研究化学能与电能的相互转换及转换时应遵循的规律。化学能与电能的相互转换可在电化学系统中实现。电化学系统分为电池和电解池两类。前者可将化学能转变为电能，而后者可将电能转换为化学能。电化学系统不论是电池还是电解池，都由两个电极和电解质溶液组成。

物理化学中的电化学主要介绍电化学的基础理论部分，用热力学的方法来研究化学能与电能之间相互转换的规律。其中主要包括两方面的内容：一是利用化学反应来产生电能，将能够自发进行的化学反应放在原电池装置中使化学能转化为电能；二是利用电能来驱动化学反应，将不能自发进行的反应放在电解池装置中输入电流使反应得以进行。

电化学在国民经济中起着重要的作用。电解法是许多有色金属（如铜、铅、锌、镁、钾、钠、锂和锆等）和基本化工产品（如烧碱、氯酸钠和过氧化氢等）的主要工业生产方法。有机电合成是合成许多有机化合物简便、少污染的新途径。研究金属的电化学腐蚀和防腐可以减少物资的损失。化学电池与人们的日常生活和工作密切相关，而新型燃料电池的研制可以满足尖端科学技术新的要求。电化学不仅有广泛的实用价值，而且是电解、电镀、电冶金、电合成、化学电源和金属防腐及电化学分析等的理论基础。近年来，电化学与其他学科交叉发展，形成了生物电化学、光谱电化学和环境电化学等新学科分支。

8.1　电极过程、电解质溶液及法拉第定律

8.1.1 电极过程

按导电机理，导电体可分为两类。金属、合金和石墨等物质靠自由电子在电场作用下的定向运动来导电，称为第一类导体或电子导体。这类导体导电时可能出现温度变化，但本身不会发生化学变化。电解质溶液和熔融电解质靠离子在电场中的迁移和电极上发生得失电子的电化学反应来导电，称为第二类导体或离子导体。通常第二类导体的导电过程包括溶液中离子的迁移和电极与溶液界面处的电化学反应。以电解 $CuCl_2$ 溶液为例来说明。图 8-1 是一个电解池，插入 $CuCl_2$ 溶液的两个惰性电极 Pt 与外电源连接。电解池的阴极与电源的负极相连，阳极与电源的正极相连。通电后溶液中的正离子 Cu^{2+} 向阴极迁移，负离子 Cl^- 向阳极迁移。电流在溶液中的流通正是靠正、负离子向相反方向的迁移来实现。为了使电流在整个回路中连续流过，还必须使电流穿越电极与溶液的界面，这就要靠离子在电极上的电化学反应来实现。阴极极板与溶液界面处的 Cu^{2+} 从电极上获得电子，发生还原反应：

阴极　　　　　　$Cu^{2+}+2e^- \longrightarrow Cu$

而在阳极极板与溶液的界面处，Cl^- 向电极放出电子，发生氧化反应：

阳极　　　　　　$2Cl^- \longrightarrow Cl_2+2e^-$

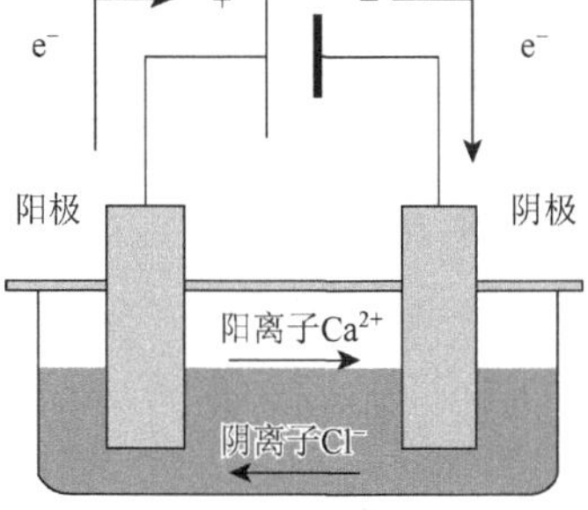

图 8-1　电解质溶液的导电机理

阴、阳极上得失电子的反应使电流穿越界面而连续通过回路。

在电化学中规定发生氧化反应的电极称为阳极，发生还原反应的电极称为阴极。电极上发生的电化学反应统称电极反应。另外，习惯上还按电势高低将电极电势较高的电极称为正极，而电极电势较低的电极称为负极。这两种定义对电解池和电池都是适用的。不过在电解池中与电源负极相连的电极上发生还原反应，与电源正极相连的电极上发生氧化反应，所以，电解池的负极是阴极，正极是阳极。而在电池中则相反，正极是阴极，负极是阳极。

上面的例子说明，当电解池中有电流通过时，外电源消耗了电功，$W=QV$（Q 为通过的电量，V 为外电压）。电解池则发生化学反应：

阴极反应：　$\frac{1}{2}Cu^{2+} + e^- \longrightarrow \frac{1}{2}Cu$

阳极反应：　$Cl^- \longrightarrow \frac{1}{2}Cl_2 + e^-$

电解反应：　$\frac{1}{2}Cu^{2+} + Cl^- = \frac{1}{2}Cu + \frac{1}{2}Cl_2$

电解过程生成了新的化学物质，电解池将电能转变成了化学能。

8.1.2　法拉第定律

1883 年，法拉第（Faraday）等通过实验发现，当电流通过电解质溶液时，电极上发生化学变化物质的物质的量与通过的电量成正比，与电极反应中转移的电荷数成反比，这个规律就是法拉第定律。其数学表达式为

$$\xi = \frac{Q}{zF} \tag{8-1}$$

式中，ξ 为电池反应的进度；z 为电极反应中的电子的化学计量数绝对值，即每摩尔电极反应转移的电荷数，总取正值；F 为法拉第常量，是 1mol 元电荷所带的电量，即

$$\begin{aligned} F = Le &= (6.02214179\times10^{23}\times1.602176487\times10^{-19})\mathrm{C\cdot mol^{-1}} \\ &= 96485.340\mathrm{C\cdot mol^{-1}} \end{aligned}$$

式中，L 为阿伏伽德罗常量；e 为元电荷的电量。通常近似取 $F = 9.65\times10^4\ \mathrm{C\cdot mol^{-1}}$。

式（8-1）还可以表示为

$$m = \frac{QM}{zF} \tag{8-2}$$

式中，m 为物质发生变化的质量；M 为物质的摩尔质量，其值随所取物质的基本单元而定。例如，当 9.65×10^4 C 的电量通过图 8-1 的电解池时，若铜的基本单元取为（1/2）Cu，阴极反应写为 $1/2Cu^{2+} + e^- \longrightarrow Cu$，则 $z(1/2Cu^{2+}) = 1$，$M(1/2Cu) = 1/2\times63.5\times10^{-3}\mathrm{kg\cdot mol^{-1}} = 31.8\times10^{-3}\mathrm{kg}$。析出铜的质量为

$$\begin{aligned} m(\mathrm{Cu}) &= \frac{Q}{z(1/2\mathrm{Cu})F}M(1/2\mathrm{Cu}) \\ &= \frac{9.65\times10^4\mathrm{C}}{1\times9.65\times10^4\mathrm{C\cdot mol^{-1}}}\times31.8\times10^{-3}\mathrm{kg\cdot mol^{-1}} \\ &= 31.8\times10^{-3}\mathrm{kg} \end{aligned}$$

若铜的基本单元取为 Cu，阴极反应写为 $Cu^{2+} + 2e^- \longrightarrow Cu$，$z(Cu^{2+})=2$，$M(Cu)=63.5\times 10^{-3}kg\cdot mol^{-1}$。析出铜的质量为

$$\begin{aligned} m(\mathrm{Cu}) &= \frac{Q}{z(\mathrm{Cu})F}M(\mathrm{Cu}) \\ &= \frac{9.65\times10^4\mathrm{C}}{2\times9.65\times10^4\mathrm{C}\cdot\mathrm{mol}^{-1}}\times63.5\times10^{-3}\mathrm{kg}\cdot\mathrm{mol}^{-1} \\ &= 31.8\times10^{-3}\mathrm{kg} \end{aligned}$$

可见，基本单元的选取虽不同，但析出物质质量的计算结果是一样的。需要强调指出，物质基本单元的选取虽有随意性，但为了讨论问题方便和公式形式简单，人们常以相当于元电荷所带电量的电解质作为基本单元，这样，相同物质的量的不同物质便具有相同的电学关系。例如，1mol H^+、Ag^+、$1/2Cu^{2+}$和 $1/3Au^{3+}$等都带有 1mol 电子的电量，即约 9.65×10^4C 的电量。反过来，当 1mol 电子的电量分别通过含上述离子的各电解质溶液（用惰性电极）时，在相应的阴极上析出物质的物质的量将分别为 1mol $1/2H_2$、1mol Ag、1mol 1/2Cu 和 1mol 1/3Au。

法拉第定律是最准确的自然科学定律之一。它不仅适用于任何温度和压力，而且适用于水、非水溶液和熔融盐中的电解；不仅适用于电解池，也适用于电池。电化学中常用的银电量计和铜电量计等正是根据电解时电极析出的物质与通电量之间的准确关系而制成的。应当注意的是，在实际电解过程中，电极上常伴随着副反应的发生。此时，按法拉第定律计算的理论电量往往比实际所消耗的电量要少，二者之比称为电流效率 η

$$\eta = \frac{Q_\mathrm{t}}{Q_\mathrm{r}}\times100\% \tag{8-3}$$

式中，Q_t 和 Q_r 分别为按法拉第定律计算的理论电量和实际消耗的电量。

【例 8-1】 通电于 $Au(NO_3)_3$ 溶液，电流强度 I=0.025A，析出 Au(s)1.20g。已知 $M(Au)=197.0g\cdot mol^{-1}$。求：

（1）通入电量 Q；

（2）通电时间 t；

（3）阳极上放出氧气的物质的量。

解 （1）计算与电极反应的写法有关，电极反应写为

阴极 $$\frac{1}{3}\mathrm{Au}^{3+} + \mathrm{e}^- \longrightarrow \frac{1}{3}\mathrm{Au(s)}$$

阳极 $$\frac{1}{2}\mathrm{H_2O} - \mathrm{e}^- \longrightarrow \frac{1}{4}\mathrm{O_2(g)} + \mathrm{H}^+$$

$$\begin{aligned} Q &= \frac{m_\mathrm{Au}}{M_\mathrm{Au}\nu_\mathrm{Au}}\cdot zF \\ &= \frac{1.20\mathrm{g}}{197.0\mathrm{g}\cdot\mathrm{mol}^{-1}\times\frac{1}{3}}\times1\times96500\mathrm{C}\cdot\mathrm{mol}^{-1} \\ &= 1763.5\mathrm{C} \end{aligned}$$

（2）

$$
\begin{aligned}
t &= \frac{Q}{I} \\
&= \frac{1763\mathrm{C}}{0.025\mathrm{C}\cdot\mathrm{s}^{-1}} \\
&= 7.05\times10^{4}\mathrm{s}
\end{aligned}
$$

（3）由于都是取带元电荷的物质为基本单元，阴、阳极上析出物质的量应当相等。

$$
\begin{aligned}
n_{\mathrm{O_2}} &= \nu_{\mathrm{O_2}}\cdot\frac{Q}{zF} \\
&= \frac{1}{4}\times\frac{1763\mathrm{C}}{1\times96500\mathrm{C}\cdot\mathrm{mol}^{-1}} \\
&= 4.57\times10^{-3}\mathrm{mol}
\end{aligned}
$$

8.2　离子的迁移数

8.2.1　离子的电迁移现象

当电流通过电解质溶液时，在电极上将发生电极反应，相应地在溶液中将发生正、负离子分别向阴、阳极的移动。这种在电场作用下发生的正、负离子的定向移动称为离子的电迁移。电解质溶液的导电任务正是由正、负离子的电迁移共同分担的。下面以 1-1 型电解质为例讨论离子的电迁移现象。

图 8-2 中示意的电解装置由两个惰性电极和电解质溶液组成，溶液中有两个假想的平面 AA 和 BB，将它分为三个部分：阳极区、阴极区和中间区。设通电之前各部分均含有 6mol 的电解质，图 8-2（a）用+或－号分别表示 1mol 正离子和 1mol 负离子。

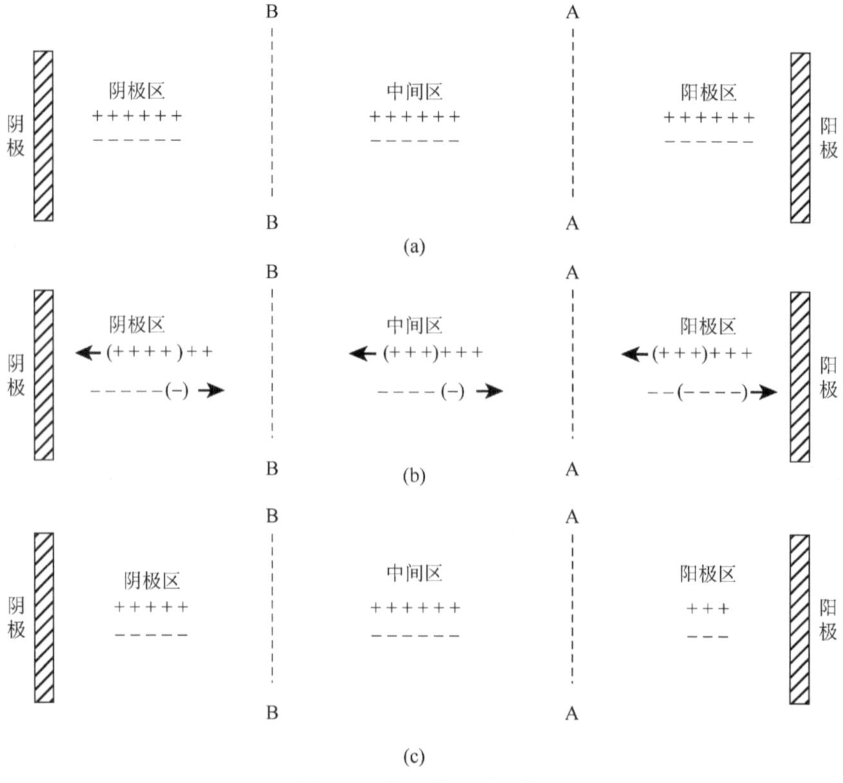

图 8-2　离子的迁移现象

当有 4mol 电子的电量通过之后，根据法拉第定律，在阳极上应有 4mol 负离子发生氧化反应并析出，同时在阴极上也应有 4mol 正离子发生还原反应并析出。溶液中的离子同时也发生电迁移。若正、负离子的迁移速率不同，则迁移的电量也不相同。

设正离子的迁移速率 v_+ 是负离子的迁移速率 v_- 的三倍，即 $v_+=3v_-$。由于通过溶液的电量是由正、负离子共同分担的，所以，通电后溶液中任一平面上将有 3mol 正离子和 1mol 负离子通过[图 8-2（b）]。显然，向阴、阳两极迁移的正、负离子的物质的量的总和与用电子的物质的量表示的总电量正好相等，而且有

$$\frac{Q_+}{Q_-}=\frac{n_+}{n_-}=\frac{v_+}{v_-} \tag{8-4}$$

式中，Q_+和 Q_-分别为正、负离子迁移的电量；n_+和 n_-分别为正离子迁出阳极区的物质的量和负离子迁出阴极区的物质的量。通电结束后[图 8-2（c）]，中间区溶液的浓度仍保持不变，但两极区的浓度发生了变化。阴极区电解质减少的物质的量等于负离子迁出阴极区的物质的量，而阳极区电解质减少的物质的量等于正离子迁出阳极区的物质的量。

上面讨论的是惰性电极的情况，如电极本身也参加反应，情况虽复杂一些，但仍遵守上述规律。

8.2.2　离子的迁移数和电迁移率

通过电解质溶液的总电量是由正、负离子向相反方向迁移来输送的。由于正、负离子的迁移速率不同，所带电荷不同，因此它们所输送电量的分数也是不同的。定义离子 B 的迁移数为该离子所运载的电流占总电流的分数，以符号 t 表示，其量纲为一。当溶液中只有一种阳离子和一种阴离子时，它们的迁移数分别以 t_+和 t_-表示，有

$$t_+=\frac{I_+}{I_++I_-},\quad t_-=\frac{I_-}{I_++I_-} \tag{8-5}$$

显然

$$t_++t_-=1 \tag{8-6}$$

对于一个含有多种离子的电解质溶液，则有 $t_B=I_B/I$，$\sum t_B=1$。

离子的迁移数与温度和浓度有关。电场强度影响离子的迁移速率，但不影响离子的迁移数，因为当场强发生变化时，正、负离子的速率按相同比例变化。

离子的迁移速率除了与离子本性、介质条件（温度、浓度和溶剂性质等）有关外，还与电场强度有关。在一定的温度和浓度下，离子在电场中的迁移速率与电场强度成正比。单位场强下离子 B 的迁移速率称为离子的电迁移率，用符号 u_B 表示：

$$u_B=\frac{v_B}{E} \tag{8-7}$$

式中，E 为电场强度，单位为 $V·m^{-1}$；u_B 的单位为 $m^2·V^{-1}·s^{-1}$。

对于只有一种正离子和一种负离子的电解质溶液，有

$$t_+=\frac{I_+}{I},\quad t_-=\frac{I_-}{I} \tag{8-8}$$

由于 $t_B=I_B/I=Q_B/Q$，结合式（8-4）和式（8-7），可得

$$t_+=\frac{u_+}{u_++u_-} \tag{8-9}$$

$$t_- = \frac{u_-}{u_+ + u_-} \tag{8-10}$$

应当指出，电场强度虽影响离子运动速度，但并不影响离子迁移数，因为当电场强度改变时，阴、阳离子运动速度按相同比例改变。由于离子的电迁移率是单位场强下离子的迁移速率，因而它是直接反映离子运动本性的物理量。

8.3 电导、电导率和摩尔电导

8.3.1 电导和电导率

导体的导电能力常以电导 G 表示，电导是电阻 R 的倒数

$$G = \frac{1}{R} \tag{8-11}$$

电导的单位是西门子 S，$S=\Omega^{-1}$。

若导体具有均匀截面，则其电导与截面积 A_S 成正比，与长度 l 成反比，比例系数用 κ 表示，有

$$G = \kappa \cdot \frac{A_S}{l} \tag{8-12}$$

κ 称为电导率（以前称为比电导），其单位为 $S \cdot m^{-1}$。显然，导体的电导率为单位截面积、单位长度时的电导，即电阻率的倒数。

对电解质溶液而言，其电导率则为相距单位长度、单位面积的两个平行板电容器充满电解质溶液时的电导，也可理解为在由两个 $1m^2$ 的电极组成的 $1m^3$ 正立方体的电导池中充满电解质溶液时的电导。它与电解质的浓度 c 有关。对于强电解质，溶液较稀时电导率近似与浓度成正比；随着浓度的增大，因离子之间的相互作用，电导率的增加逐渐缓慢；浓度很大时电导率经一极大值，然后逐渐下降。对于弱电解质溶液，起导电作用的只是解离了的那部分离子，故当浓度从小到大时，虽然单位体积中弱电解的物质的量增加，但因解离度减小，离子的数量增加不多，故弱电解质溶液的电导率均很小。

由于电导 G 与极板面积 A_S 和极间距 l 有关，所以，用电导难以比较不同电解质溶液的导电能力。电导率 κ 的大小与 A_S 和 l 无关，可用来比较不同溶液的导电能力。

8.3.2 摩尔电导

电解质溶液的电导率与温度、电解质种类和溶液浓度有关，为了比较不同浓度电解质溶液的导电能力，定义摩尔电导率 Λ_m 为单位浓度电解质溶液的电导率，即

$$\Lambda_m = \kappa / c \tag{8-13}$$

c 的单位为 $mol \cdot m^{-3}$，因此，Λ_m 的单位应为 $S \cdot m^2 \cdot mol^{-1}$。也可以这样来理解摩尔电导率的含义，即相当于把含有 1mol 电解质的溶液置于极板间距为单位距离的电导池中所具有的电导。由于浓度为 c（单位为 $mol \cdot m^{-3}$）并含有 1mol 电解质的溶液的体积 V_m 为 $1/c$，因此，Λ_m 可用下式计算：

$$\Lambda_m = V_m \kappa \tag{8-14}$$

摩尔电导率涉及了物质的量浓度，其值与物质的基本单元的选取有关。例如，$\Lambda_m(CuSO_4)=2\Lambda_m(1/2CuSO_4)$。因此，在提到 Λ_m 时必须指明物质的基本单元。

【例 8-2】某电导池内装有两个直径为 4.0×10^{-2}m 并相互平行的圆形银电极，电极之间的距离为 0.12m。若在电导池内盛满浓度为 $0.1\text{mol}\cdot\text{dm}^{-3}$ 的 $AgNO_3$ 溶液，施以 20V 电压，则所得电流强度为 0.1976A。试计算电导池常数、溶液的电导、电导率和 $AgNO_3$ 的摩尔电导率。

解 $K_{cell}=l/A=0.12/3.14\times(2.0\times10^{-2})^2=95.54(\text{m}^{-1})$

$G=I/U=0.1976/20=9.88\times10^{-3}(\Omega^{-1})$

$\kappa=G\ K_{cell}=9.88\times10^{-3}\times95.54=0.944(\Omega^{-1}\cdot\text{m}^{-1})$

$\Lambda_m=\kappa/c=0.944/100=9.44\times10^{-3}(\Omega^{-1}\cdot\text{m}^2\cdot\text{mol}^{-1})$

8.3.3　电导的测定、电导率的计算及摩尔电导率与浓度的关系

1. 电导的测定和电导率的计算

电导与电阻互为倒数，因此测定电解质溶液的电导实际上是测定它的电阻。溶液电阻的测定也采用惠斯顿（Wheatsone）电桥法。不过，为了避免测定过程中发生电解作用而导致溶液浓度和电极性质的变化，不采用直流电源，而采用较高频率的交流电源。

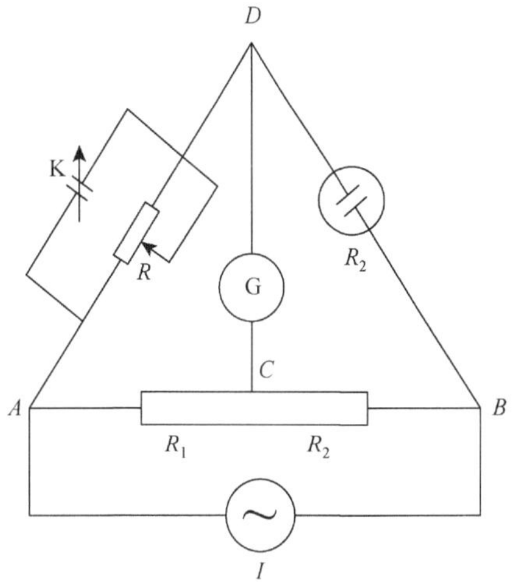

图 8-3　电导的测定

图 8-3 中 I 是交流电源，AB 是均匀滑线电阻，R 是电阻箱，R_x 为待测溶液的电阻，G 为检零器（如耳机、阴极示波器、检流计等），K 是可变电容器，用来抵消电导池的电容。测定时，接通电源，选定 R 值，滑动接触点 C，直到检零器中电流为零。此时，C、D 两点电位相等，电桥达到平衡，则有

$$\frac{R_x}{R_2}=\frac{R}{R_1}$$

R_1、R_2 分别为滑线电阻 AC、CB 段的电阻，它们与 AC、CB 段的长度之间的关系为 $R_2/R_1=\overline{CB}/\overline{AC}$。所以

$$R_x=(R_2/R_1)R=(\overline{CB}/\overline{AC})R$$

实验测得 R 的阻值和 AC、CB 的长度后，即可求得溶液的电导：

$$G=1/R_x=(\overline{AC}/\overline{CB})R^{-1}$$

测得电导后，根据式（8-12）可计算电导率 κ，再根据式（8-13）即可求得溶液的摩尔电导率 Λ_m。可改写为

$$\kappa=G(l/A_S) \tag{8-15}$$

$$\kappa=GK_{cell} \tag{8-16}$$

或

$$\kappa=(1/R)G \tag{8-17}$$

式中，$K_{cell}=l/A_S$，称为电导池常数。由式（8-16）可知，为了求得 K_{cell}，须先准确测定电导池的 l 和 A_S，即测得 K_{cell}，但这是很难的。通常是先用一个电导率 κ 已知的标准溶液（如一定浓度的 KCl 溶液）装入电导池，测定其电导。然后根据式（8-16）就可算得电导池常数 K_{cell}。若要测定待测溶液的电导率，可将溶液装入已测得 K_{cell} 的电导池中，测得电导后，即可按式（8-16）计算电导率 κ，再根据式（8-13）可算得该溶液的摩尔电导率 Λ_m。KCl 溶液的电导率的精确测定值列于表 8-1。

表 8-1　几种浓度 KCl 水溶液的电导率（298K 和 $p^{\ominus}$）

$c/(\mathrm{mol\cdot dm^{-3}})$	$c/(\mathrm{mol\cdot m^{-3}})$	$\kappa/(\mathrm{S\cdot m^{-1}})$
1	10^3	11.19
0.1	10^2	1.289
0.01	10	0.1413
0.001	1	0.01469
0.0001	10^{-1}	0.001489

【例 8-3】 25℃时在一电导池中盛以浓度为 $0.02\mathrm{mol\cdot dm^{-3}}$ 的 KCl 溶液，测得其电阻为 82.4Ω。若在同一电导池中盛以浓度为 $0.0025\mathrm{mol\cdot dm^{-3}}$ 的 K_2SO_4 溶液，测得其电阻为 326.0Ω。已知 25℃时 $0.02\mathrm{mol\cdot dm^{-3}}$ 的 KCl 溶液的电导率为 $0.2768\mathrm{S\cdot m^{-1}}$。试求：（1）电导池常数；（2）$0.0025\mathrm{mol\cdot dm^{-3}}$ 的 K_2SO_4 溶液的电导率和摩尔电导率。

解　（1）电导池常数

$$K_{\mathrm{cell}}=l/A_{\mathrm{S}}=\kappa(\mathrm{KCl})\times R(\mathrm{KCl})=0.2768\mathrm{S\cdot m^{-1}}\times 82.4\Omega=22.81\mathrm{m^{-1}}$$

（2）$0.0025\mathrm{mol\cdot dm^{-3}}$ 的 K_2SO_4 溶液的电导率

$$\begin{aligned}\kappa(\mathrm{K_2SO_4})&=K_{\mathrm{cell}}/R(\mathrm{K_2SO_4})=22.81\mathrm{m^{-1}}/326.0\Omega\\&=0.06997\mathrm{S\cdot m^{-1}}\end{aligned}$$

$0.0025\mathrm{mol\cdot dm^{-3}}$ 的 K_2SO_4 的溶液的摩尔电导率

$$\begin{aligned}\Lambda_{\mathrm{m}}(\mathrm{K_2SO_4})&=\kappa(\mathrm{K_2SO_4})/c(\mathrm{K_2SO_4})\\&=0.06997\mathrm{S\cdot m^{-1}}/2.5\mathrm{mol\cdot m^{-3}}\\&=0.02799\mathrm{S\cdot m^{2}\cdot mol^{-1}}\end{aligned}$$

2. 摩尔电导率与浓度的关系

科尔劳施（Kohlrausch）曾对电解质溶液的电导与浓度的关系进行过广泛而深入的实验研究。根据电导与浓度的关系可将电解质分为强电解质和弱电解质两大类。

（1）强电解质如 HCl、NaOH、$AgNO_3$ 等，它们的电导率较高，且随溶液的稀释而缓慢地增大。1900 年科尔劳施从实验数据得出：在浓度较低时，强电解质摩尔电导率与它的物质的量浓度的平方根呈直线关系。在浓度小于 $0.001\mathrm{mol\cdot dm^{-3}}$ 的溶液中，这一关系可用经验式概括为

$$\Lambda_{\mathrm{m}}=\Lambda_{\mathrm{m}}^{\infty}-A\sqrt{c} \tag{8-18}$$

式中，A 为与温度和溶剂性质有关的常数；$\Lambda_{\mathrm{m}}^{\infty}$ 为溶液无限稀释时的摩尔电导率，称为无限稀释摩尔电导率。

强电解质摩尔电导率随浓度降低而增大，其原因是，根据阿伦尼乌斯电离理论，强电解质是全部电离的。但是离子间的引力却随溶液稀释而减小，离子运动速度随之增大，因此，溶液导电能力增大。若将图 8-4 中强电解质的 Λ_{m} - $\sqrt{c}$ 直线外推至 $\sqrt{c}\to 0$，即可求得无限稀释摩尔电导率 $\Lambda_{\mathrm{m}}^{\infty}$。

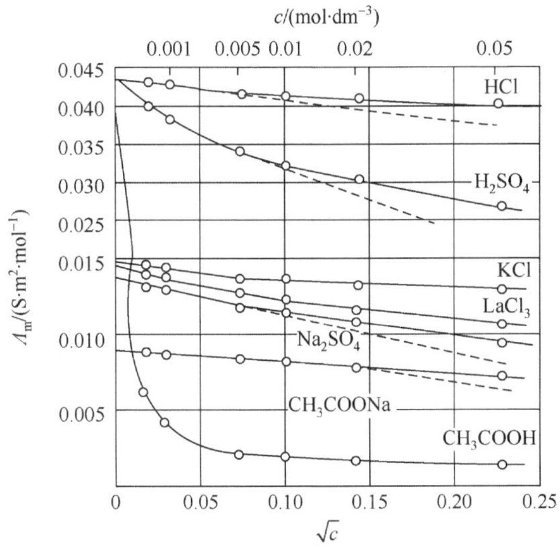

图 8-4 强电解质的 Λ_m 与浓度 c 的关系

（2）弱电解质如乙酸和其他有机酸等，它们的摩尔电导率较低，而且在一定的稀释范围内随浓度降低而急剧增大。按阿伦尼乌斯电离理论，弱电解质是部分电离的，其解离度随溶液稀释而增大。在较稀的溶液中，有较多的可导电离子，因而溶液的导电能力明显增大。弱电解质的 Λ_m 与 $\sqrt{c}$ 的关系不服从式（8-18），它们的 Λ_m^∞ 无法用外推法求得。但是，科尔劳施的离子独立运动定律提供了解决这一问题的途径。

【例 8-4】在某电导池中先后充以浓度均为 $0.001 mol \cdot dm^{-3}$ 的 HCl、NaCl 和 $NaNO_3$ 溶液，分别测得电阻为 468Ω、1580Ω 和 1650Ω。已知 $NaNO_3$ 溶液的摩尔电导率为 $\Lambda_m(NaNO_3)=1.21\times10^{-2} S \cdot m^2 \cdot mol^{-1}$，设这些都是强电解质，其摩尔电导率不随浓度而变。试计算：

（1）浓度为 $0.001 mol \cdot dm^{-3}$ 的 $NaNO_3$ 溶液的电导率；

（2）电导池常数 K_{cell}；

（3）此电导池如充以浓度为 $0.001 mol \cdot dm^{-3}$ 的 HNO_3 溶液时的电阻及该 HNO_3 溶液的摩尔电导率。

解 （1）$\kappa_{NaNO_3} = \Lambda_{m,NaNO_3} c_{NaNO_3} = 1.21\times10^{-2} S \cdot m^2 \cdot mol^{-1} \times 0.001\times10^3 mol \cdot m^{-3} = 0.0121 S \cdot m^{-1}$

（2）$K_{cell} = \kappa_{NaNO_3} R_{NaNO_3} = 1.21\times10^{-2} S \cdot m^{-1} \times 1650\Omega = 19.97 m^{-1}$

（3）$\kappa_{HNO_3} = \kappa_{HCl} + \kappa_{HNO_3} - \kappa_{NaCl}$

$$\kappa_{HCl} = \frac{K_{cell}}{R} = \frac{19.97 m^{-1}}{468\Omega} = 0.0427 S \cdot m^{-1}$$

$$\kappa_{NaCl} = \frac{K_{cell}}{R} = \frac{19.97 m^{-1}}{1580\Omega} = 0.0126 S \cdot m^{-1}$$

$$R_{HNO_3} = \frac{K_{cell}}{\kappa_{HNO_3}} = \frac{19.97 m^{-1}}{0.0422 S \cdot m^{-1}} = 473.2\Omega$$

$$\Lambda_{m,HNO_3} = \frac{\kappa_{HNO_3}}{c} = \frac{0.0422 S \cdot m^{-1}}{0.001\times10^3 mol \cdot m^{-3}} = 0.0422 S \cdot m^2 \cdot mol^{-1}$$

8.3.4 离子独立运动定律

科尔劳施在研究了大量强电解质溶液的无限稀释摩尔电导率之后发现，具有相同负离子的钾盐和锂盐，其无限稀释摩尔电导率 Λ_m^∞ 之差相等且与负离子的种类无关（表 8-2），例如：

$$\Lambda_m^\infty(KCl) - \Lambda_m^\infty(LiCl) = \Lambda_m^\infty(KNO_3) - \Lambda_m^\infty(LiNO_3) = 0.00349 S \cdot m^2 \cdot mol^{-1}$$

同样，具有相同正离子的氯化物和硝酸盐，其无限稀释摩尔电导率 Λ_m^∞ 之差相等且与正离子种类无关，例如：

$$\Lambda_m^\infty(HCl) - \Lambda_m^\infty(HNO_3) = \Lambda_m^\infty(KCl) - \Lambda_m^\infty(LiNO_3) = 0.00049 S \cdot m^2 \cdot mol^{-1}$$

表 8-2　一些强电解质的无限稀释摩尔电导率（298K）

电解质	电导率 Λ_m^∞ /($S \cdot m^2 \cdot mol^{-1}$)	差值/($S \cdot m^2 \cdot mol^{-1}$)
KCl	0.014986	34.83×10^{-4}
LiCl	0.011503	
$KClO_4$	0.014004	35.06×10^{-4}
$LiClO_4$	0.010598	
KNO_3	0.01450	34.9×10^{-4}
$LiNO_3$	0.01101	
KCl	0.042616	4.9×10^{-4}
HNO_3	0.04213	
KCl	0.014986	4.9×10^{-4}
KNO_3	0.014496	
LiCl	0.011503	4.9×10^{-4}
$LiNO_3$	0.01101	

根据以上实验结果，科尔劳施提出了离子独立运动定律：在无限稀释的溶液中，无论强电解质还是弱电解质都是全部电离的，离子间的相互作用力可忽略不计，离子的运动彼此独立，互不影响。此时，电解质的无限稀释摩尔电导率为正、负离子无限稀释摩尔电导率之和。对 M_{ν_+}、M_{ν_-} 型电解质，离子独立运动定律的数学表达式为

$$\Lambda_m^\infty = \nu_+ \Lambda_{m,+}^\infty + \nu_- \Lambda_{m,-}^\infty \tag{8-19}$$

式中，$\Lambda_{m,+}^\infty$ 和 $\Lambda_{m,-}^\infty$ 分别表示正、负离子 M^{z+} 和 X^{z-} 的无限稀释摩尔电导率。

需强调指出，与电解质的摩尔电导率类似，离子的摩尔电导率与它们的基本单元的选取密切相关。例如，Mg^{2+} 与 $1/2Mg^{2+}$ 以及 Al^{3+} 与 $1/3Al^{3+}$ 的摩尔电导率是不同的。本书取带元电荷电量的离子为基本单元。

离子的无限稀释摩尔电导率可以通过实验测定，一些离子的无限稀释摩尔电导率列于表 8-3。

表 8-3　一些离子的无限稀释摩尔电导率（298K）

阳离子	$\Lambda_{m,+}^\infty$ /($S \cdot m^2 \cdot mol^{-1}$)	阴离子	$\Lambda_{m,-}^\infty$ /($S \cdot m^2 \cdot mol^{-1}$)
H^+	349.65×10^{-4}	OH^-	198×10^{-4}
Li^+	38.66×10^{-4}	Cl^-	76.31×10^{-4}
Na^+	50.08×10^{-4}	Br^-	78.1×10^{-4}
K^+	73.48×10^{-4}	I^-	76.8×10^{-4}
NH_4^+	73.5×10^{-4}	NO_3^-	71.42×10^{-4}
Ag^+	61.9×10^{-4}	CH_3COO^-	40.9×10^{-4}

续表

阳离子	$\Lambda^{\infty}_{m,+}$ /(S·m²·mol⁻¹)	阴离子	$\Lambda^{\infty}_{m,-}$ /(S·m²·mol⁻¹)
$1/2Mg^{2+}$	53.0×10^{-4}	ClO_4^-	64.3×10^{-4}
$1/2Ca^{2+}$	59.47×10^{-4}	$\frac{1}{2}SO_4^{2-}$	80.0×10^{-4}
$1/2Sr^{2+}$	59.4×10^{-4}		
$1/2Ba^{2+}$	63.6×10^{-4}		
$1/2Fe^{3+}$	68×10^{-4}		
$1/2La^{3+}$	69.7×10^{-4}		

根据离子独立运动定律，弱电解质的 Λ^{∞}_{m} 可由强电解质的 Λ^{∞}_{m} 求得。例如，乙酸的无限稀释摩尔电导率可如下计算：

$$\begin{aligned}\Lambda^{\infty}_{m}(CH_3COOH) &= \Lambda^{\infty}_{m}(H^+) + \Lambda^{\infty}_{m}(CH_3COO^-)\\ &= \Lambda^{\infty}_{m}(H^+) + \Lambda^{\infty}_{m}(Cl^-) + \Lambda^{\infty}_{m}(Na^+) + \Lambda^{\infty}_{m}(CH_3COO^-) - [\Lambda^{\infty}_{m}(Cl^-) + \Lambda^{\infty}_{m}(Na^+)]\\ &= \Lambda^{\infty}_{m}(HCl) + \Lambda^{\infty}_{m}(CH_3COONa) - \Lambda^{\infty}_{m}(NaCl)\\ &= (0.04263 + 0.0091 - 0.01265)\,S\cdot m^2\cdot mol^{-1}\\ &= 0.03908\,S\cdot m^2\cdot mol^{-1}\end{aligned}$$

8.3.5 电导测定的应用

通过电导的测定可获得电解质溶液的多种性质。

1. 计算电解质的解离度和解离常数

一定浓度下，弱电解质的摩尔电导率反映了该电解质部分解离且离子间存在一定相互作用时的导电能力；而无限稀释摩尔电导率 Λ^{∞}_{m} 则是电解质全部解离且离子间没有相互作用情况下的导电能力。一般浓度下弱电解质解离度小，离子浓度低，离子间相互作用力可以忽略不计。因此，Λ_{m} 与 Λ^{∞}_{m} 的差别可近似地看成是电解质部分解离与全部解离所产生的离子数目不同而造成的，即解离度不同而造成的，解离度可表示为

$$\alpha = \frac{\Lambda_m}{\Lambda^{\infty}_m} \tag{8-20}$$

以 1-1 型电解质为例，设 CH_3COOH 的初始浓度为 c，解离度为 α，当达到解离平衡时，有如下关系：

$$\begin{array}{ccc} CH_3COOH = & H^+ + & CH_3COO^- \\ c(1-\alpha) & c\alpha & c\alpha \end{array}$$

其解离常数为

$$K_c^{\ominus} = \frac{[c(H^+)/c^{\ominus}][c(CH_3COO^-)/c^{\ominus}]}{[c(CH_3COOH)/c^{\ominus}]} = \frac{(\alpha c/c^{\ominus})^2}{(1-\alpha)c/c^{\ominus}}$$

$$K_c^{\ominus} = \frac{\alpha^2}{1-\alpha}\cdot\frac{c}{c^{\ominus}} \tag{8-21}$$

将式（8-20）代入式（8-21），得

$$K_c^{\ominus}=\frac{\Lambda_m^{\ 2}}{\Lambda_m^{\infty}(\Lambda_m^{\infty}-\Lambda_m)}\cdot\frac{c}{c^{\ominus}} \tag{8-22}$$

此式称为奥斯特瓦尔德（Ostwald）稀释定律。测定一定浓度下弱电解质的 Λ_m，由表 8-1 的数据算得 Λ_m^{∞} 后，再根据式（8-20）和式（8-22）即可计算该电解质的 α 和 $K_c^{\ominus}$。

式（8-22）也可改写为

$$\frac{1}{\Lambda_m}=\frac{1}{\Lambda_m^{\infty}}+\frac{\Lambda_m c/c^{\ominus}}{K_c^{\ominus}(\Lambda_m^{\infty})^2} \tag{8-23}$$

若以 $1/\Lambda_m$ 对 $\Lambda_m c$ 作图，应得一直线，由直线的截距和斜率可求得 Λ_m^{∞} 和 $K_c^{\ominus}$。

2. 计算难溶盐的溶解度

一些难溶盐如 AgCl、$BaSO_4$ 等的溶解度很小，难以用普通滴定法准确测定，但可用电导法方便地测得。

【例 8-5】 25℃时 $0.05mol\cdot dm^{-3}$ CH_3COOH 溶液的电导率为 $3.68\times10^{-2}S\cdot m^{-1}$。已知：$\Lambda_m^{\infty}(CH_3COO^-)=40.9\times10^{-4}\ S\cdot m^2\cdot mol^{-1}$，$\Lambda_m^{\infty}(H^+)=349.82\times10^{-4}\ S\cdot m^2\cdot mol^{-1}$。试计算 CH_3COOH 的解离度 α 和解离平衡常数 $K_c^{\ominus}$。

解　　$CH_3COOH \rightleftharpoons CH_3COO^- + H^+$

平衡时　　$c(1-\alpha)$　　$c\alpha$　　$c\alpha$

$$\Lambda_m(CH_3COOH)=\frac{\kappa}{c}=7.36\times10^{-4}S\cdot m^2\cdot mol^{-1}$$

$$\Lambda_m^{\infty}(CH_3COOH)=\Lambda_m^{\infty}(CH_3COO^-)+\Lambda_m^{\infty}(H^+)=390.72\times10^{-4}S\cdot m^2\cdot mol^{-1}$$

$$\alpha=\frac{\Lambda_m(CH_3COOH)}{\Lambda_m^{\infty}(CH_3COOH)}=0.01884$$

$$K_c^{\ominus}=\frac{(c\alpha/c^{\ominus})^2}{c(1-\alpha)/c^{\ominus}}=1.809\times10^{-5}$$

【例 8-6】 18℃时，测得难溶盐 CaF_2 的饱和水溶液的电导率为 $38.6\times10^{-4}S\cdot m^{-1}$，配溶液所用水的电导率为 $1.5\times10^{-4}S\cdot m^{-1}$，已知 $CaCl_2$、NaCl、NaF 在 18℃无限稀释时的摩尔电导率分别为 $0.02334S\cdot m^2\cdot mol^{-1}$、$0.01089S\cdot m^2\cdot mol^{-1}$、$0.00902S\cdot m^2\cdot mol^{-1}$，则在 18℃时，$CaF_2$ 的溶解度为多少？

解　$\kappa(溶液)=\kappa(CaF_2)+\kappa(水)$

$$\kappa(CaF_2)=\kappa(溶液)-\kappa(水)=38.6\times10^{-4}S\cdot m^{-1}-1.5\times10^{-4}S\cdot m^{-1}=37.1\times10^{-4}S\cdot m^{-1}$$

$$\begin{aligned}\Lambda_m(CaF_2)\approx\Lambda_m^{\infty}(CaF_2)&=\Lambda_m(Ca^{2+})+2\Lambda_m(F^-)\\&=[\Lambda_m(Ca^{2+})+2\Lambda_m(Cl^-)]+[2\Lambda_m(Na^+)+2\Lambda_m(F^-)]-[2\Lambda_m(Na^+)+2\Lambda_m(Cl^-)]\\&=\Lambda_m(CaCl_2)+2\Lambda_m(NaF)-2\Lambda_m(NaCl)\\&=0.0196S\cdot m^2\cdot mol^{-1}\end{aligned}$$

3. 电导滴定

利用滴定过程中溶液电导率（或电导）变化的转折点来确定终点的方法称为电导滴定法。以 NaOH 滴定 HCl 为例，其中和反应为

$$HCl+NaOH=\!=\!=NaCl+H_2O$$

滴定开始时，溶液中只有 H^+和 Cl^-，由于 H^+的电导率很大，溶液的电导率也很大。逐渐加入 NaOH 溶液后，溶液中的 H^+与 OH^-反应生成几乎不导电的 H_2O，Cl^-没变化，而电导率很大的 H^+被电导率较小的 Na^+所取代，所以随着滴定的进行，溶液的电导迅速

减小。到达终点时，溶液的电导变为最小。越过终点后，即加入过量的 NaOH，由于 OH^-的电导率也很大，溶液的电导又急剧增大。图 8-5 表示这种滴定过程，转折点就是滴定终点。

通常，只要滴定终点前、后溶液的电导有明显变化的反应，如沉淀反应、氧化还原反应等，都可以采用电导滴定。

电导测定的应用还很多，如在化学动力学中常通过测定反应系统电导随时间的变化来建立动力学方程和测定反应速率常数等。

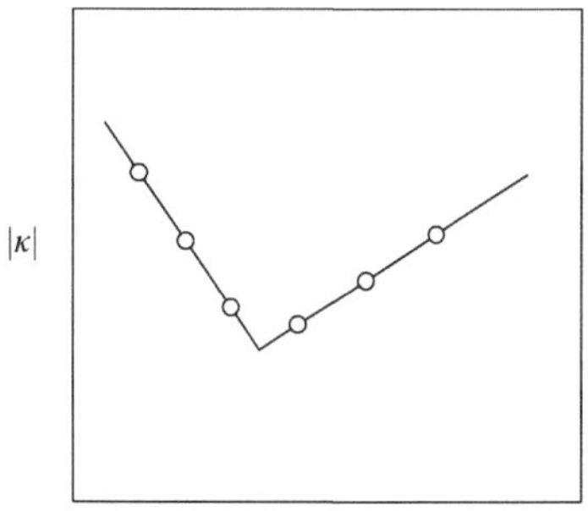

图 8-5 强酸强碱的电导滴定

8.4 电解质溶液的活度、活度因子及德拜-休克尔极限公式

在原电池和电解池中使用的电解质溶液通常都具有较高浓度，所以很多有关热力学计算中需要使用活度来代替浓度。电解质溶液的活度表示法与前面所讲的非电解质溶液的活度表示没有本质上的不同，只是电解质溶液的整体活度是电解质电离后阴、阳离子的共同贡献。本节将介绍关于电解质溶液的活度及活度因子的表示方法。

8.4.1 电解质溶液的活度和活度因子

活度与活度因子的概念是在前面介绍真实溶液化学势表达式时引出的。理想稀溶液的化学势随所采用的浓度表示法不同有不同的形式。电解质溶液的化学势可表示为

$$\mu_B = \mu_B^\ominus + RT\ln a_B \tag{8-24}$$

这里是像非电解质溶液那样，将电解质溶液作为一个整体来考虑它与理想稀溶液的偏差，a_B 称为电解质的整体活度。

设强电解质 B 的化学式为 $M_{\nu_+}X_{\nu_-}$，在溶液中完全解离，即

$$M_{\nu_+}X_{\nu_-} = \nu_+M^{z+} + \nu_-X^{z-}$$

电离后生成的正、负离子也应当有各自的化学势 μ_+、μ_- 和活度 a_+、a_-。可分别表示为

$$\mu_+ = \mu_+^\ominus + RT\ln a_+ \tag{8-25}$$

$$\mu_- = \mu_-^\ominus + RT\ln a_- \tag{8-26}$$

式中，$\mu_+^\ominus$ 和 $\mu_-^\ominus$ 分别表示为正、负离子的标准化学势。

a_+和 a_-可表示为

$$a_+ = \frac{\gamma_+ b_+}{b^\ominus} \tag{8-27}$$

$$a_- = \frac{\gamma_- b_-}{b^\ominus} \tag{8-28}$$

式中，γ_+ 和 γ_- 分别表示正、负离子的活度因子；b_+ 和 b_- 分别表示正、负离子的质量摩尔浓度；$b^\ominus$ 为标准质量摩尔浓度，而且

$$b_+ = \nu_+ b_B$$
$$b_- = \nu_- b_B$$

整体电解质的化学势可由组成它的正、负离子的化学势之和表示，即

$$\mu_{\rm B}=\nu_{+}\mu_{+}+\nu_{-}\mu_{-}$$

$$\mu_{\rm B}=(\nu_{+}\mu_{+}^{\ominus}+\nu_{-}\mu_{-}^{\ominus})+RT\ln(a_{+}^{\nu_{+}}a_{-}^{\nu_{-}}) \tag{8-29}$$

将式（8-29）与式（8-24）比较可得到电解质的整体活度：

$$\mu_{\rm B}^{\ominus}=\nu_{+}\mu_{+}^{\ominus}+\nu_{-}\mu_{-}^{\ominus} \tag{8-30}$$

$$a_{\rm B}=a_{+}^{\nu_{+}}a_{-}^{\nu_{-}} \tag{8-31}$$

这就是电解质的整体活度与各离子活度间的关系。

由于溶液中正、负离子总是相伴而存的，目前还无法分离出只含单种离子的溶液，因此，不能通过实验方法测得正离子或负离子的活度，而只能测得正、负离子共存时的平均行为。为此，引入平均活度 $a_{\pm}$、平均活度因子 $\gamma_{\pm}$ 和平均质量摩尔浓度 $b_{\pm}$ 的概念。它们的定义分别为

$$a_{\pm}^{\nu}\overset{\rm def}{=\!=}a_{+}^{\nu_{+}}a_{-}^{\nu_{-}} \tag{8-32}$$

$$\gamma_{\pm}^{\nu}\overset{\rm def}{=\!=}\gamma_{+}^{\nu_{+}}\gamma_{-}^{\nu_{-}} \tag{8-33}$$

$$b_{\pm}^{\nu}\overset{\rm def}{=\!=}b_{+}^{\nu_{+}}b_{-}^{\nu_{-}} \tag{8-34}$$

其中，$\nu=\nu_{+}+\nu_{-}$

将式（8-30）和式（8-32）代入式（8-29），则得

$$\mu_{\rm B}=\mu_{\rm B}^{\ominus}+RT\ln a_{\rm B} \tag{8-35}$$

将式（8-27）和式（8-28）代入式（8-32），则得

$$a_{\pm}=(a_{+}^{\nu_{+}}a_{-}^{\nu_{-}})^{\frac{1}{\nu}}=\left[\left(\frac{\gamma_{+}b_{+}}{b^{\ominus}}\right)^{\nu_{+}}\left(\frac{\gamma_{-}b_{-}}{b^{\ominus}}\right)^{\nu_{-}}\right]^{\frac{1}{\nu}}$$

$$=(\gamma_{+}^{\nu_{+}}\gamma_{-}^{\nu_{-}})^{\frac{1}{\nu}}(b_{+}^{\nu_{+}}b_{-}^{\nu_{-}})^{\frac{1}{\nu}}\left(\frac{1}{b^{\ominus}}\right)$$

即

$$a_{\pm}=\frac{\gamma_{\pm}b_{\pm}}{b^{\ominus}} \tag{8-36}$$

此式表示 $a_{\pm}$、$\gamma_{\pm}$ 和 $b_{\pm}$ 之间的关系。

将式（8-36）代入式（8-35），得

$$\mu_{\rm B}=\mu_{\rm B}^{\ominus}+RT\ln\left(\frac{\gamma_{\pm}b_{\pm}}{b^{\ominus}}\right)^{\nu} \tag{8-37}$$

由式（8-31）和式（8-32）可得 $a_{\rm B}$ 与 $a_{\pm}$ 的关系：

$$a_{\rm B}=a_{\pm}^{\nu} \tag{8-38}$$

将式（8-36）代入式（8-38），得

$$a_{\rm B}=\gamma_{\pm}^{\nu}\left(\frac{b_{\pm}}{b^{\ominus}}\right)^{\nu} \tag{8-39}$$

这样，利用式（8-36）和式（8-39）就能计算强电解质的平均活度 $a_{\pm}$ 和活度 $a_{\rm B}$。通常，$\gamma_{\pm}$ 可由实验测定，$b_{\pm}$ 则需按式（8-34）计算。表 8-4 列出了某些电解质的平均活度因子的实验数值。

表 8-4 一些电解质的平均活度因子（298.15K）

$b/(mol\cdot kg^{-1})$	0.001	0.002	0.005	0.010	0.020	0.050	0.100	0.200	0.500	1.00	2.00
HCl	0.966	0.952	0.928	0.904	0.875	0.830	0.796	0.767	0.758	0.809	1.01
HNO_3	0.965	0.951	0.927	0.902	0.871	0.823	0.785	0.748	0.715	0.720	0.783
H_2SO_4	0.830	0.757	0.639	0.544	0.453	0.340	0.265	0.209	0.154	0.130	0.124
NaOH	—	—	—	—	—	0.82	—	0.73	0.69	0.68	0.70
$AgNO_3$	—	—	0.92	0.90	0.86	0.79	0.72	0.64	0.51	0.40	0.28
$CaCl_2$	0.89	0.85	0.785	0.725	0.66	0.57	0.515	0.48	0.52	0.71	—
$CuSO_4$	0.74	—	0.53	0.41	0.31	0.21	0.16	0.11	0.068	0.047	—
KCl	0.955	0.952	0.927	0.901	—	0.815	0.769	0.719	0.651	0.606	0.576
KBr	0.965	0.952	0.927	0.903	0.872	0.822	0.777	0.728	0.665	0.625	0.602
KI	0.965	0.951	0.927	0.905	0.88	0.84	0.80	0.76	0.71	0.68	0.69
LiCl	0.963	0.948	0.921	0.89	0.86	0.82	0.78	0.75	0.73	0.76	0.91
NaCl	0.966	0.953	0.929	0.904	0.875	0.823	0.780	0.730	0.68	0.66	0.67
$ZnSO_4$	0.734	0.610	0.477	0.387	—	0.202	0.148	0.110	0.063	0.043	0.035

总的来说，电解质的化学势可以用式（8-24）、式（8-35）和式（8-37）等形式来表示，即

$$\mu_B = \mu_B^\ominus + RT\ln a_B$$

$$\mu_B = \mu_B^\ominus + RT\ln a_\pm^\nu$$

$$\mu_B = \mu_B^\ominus + RT\ln\left(\frac{\gamma_\pm b_\pm}{b^\ominus}\right)^\nu$$

【例 8-7】 计算 298K 时，下列各电解质溶液的平均活度。

（1）$0.2mol\cdot kg^{-1}$ HBr 溶液，该溶液中电解质的 $\gamma_\pm$ =0.782；

（2）$0.02mol\cdot kg^{-1}$ Na_2SO_4 溶液，该溶液中电解质的 $\gamma_\pm$ =0.641；

（3）$1.0mol\cdot kg^{-1}$ $Al_2(SO_4)_3$ 溶液，该溶液中电解质的 $\gamma_\pm$ =0.0175。

解 （1）先求正、负离子的浓度。

$b_+ = 0.2mol\cdot kg^{-1}$

$b_- = 0.2mol\cdot kg^{-1}$

$b_\pm = (b_+b_-)^{1/2} = (0.2\times 0.2)^{1/2}mol\cdot kg^{-1} = 0.2mol\cdot kg^{-1}$

由于 $a_\pm = \frac{\gamma_\pm b_\pm}{b^\ominus}$，$b^\ominus = 1mol\cdot kg^{-1}$，所以

$$a_\pm = \frac{\gamma_\pm b_\pm}{b^\ominus} = 0.782\times 0.2mol\cdot kg^{-1} \div 1mol\cdot kg^{-1} = 0.156$$

（2）$b_+ = 2\times 0.02mol\cdot kg^{-1} = 0.04mol\cdot kg^{-1}$

$b_- = 1\times 0.02mol\cdot kg^{-1} = 0.02mol\cdot kg^{-1}$

$b_\pm = (b_+^2 b_-)^{1/3} = [(0.04)^2\times 0.02]^{1/3}mol\cdot kg^{-1} = 0.0318mol\cdot kg^{-1}$

$$a_\pm = \frac{\gamma_\pm b_\pm}{b^\ominus} = 0.614\times 0.0318mol\cdot kg^{-1} \div 1mol\cdot kg^{-1} = 0.0195$$

（3）$b_+ = 2\times 1.0mol\cdot kg^{-1} = 2.0mol\cdot kg^{-1}$

$b_- = 3 \times 1.0 mol \cdot kg^{-1} = 3.0 mol \cdot kg^{-1}$

$b_\pm = (b_+^2 b_-^3)^{1/5} = [2.0^2 \times 3.0^3]^{1/5} mol \cdot kg^{-1} = 2.55 mol \cdot kg^{-1}$

$a_\pm = \dfrac{\gamma_\pm b_\pm}{b^\ominus} = 0.0175 \times 2.55 mol \cdot kg^{-1} \div 1 mol \cdot kg^{-1} = 0.0446$

8.4.2　离子强度

由表 8-4 所列数据可以看出：

（1）电解质平均离子活度因子 $\gamma_\pm$ 与溶液的质量摩尔浓度有关。在稀溶液范围内，$\gamma_\pm$ 随质量摩尔浓度降低而增加。溶液无限稀释时，$\gamma_\pm$ 趋近于 1。

（2）在稀溶液范围内，对相同价型的电解质而言，当质量摩尔浓度相同时，其 $\gamma_\pm$ 近乎相等，而不同价型的电解质，虽质量摩尔浓度相同，其 $\gamma_\pm$ 并不相同，高价型电解质的 $\gamma_\pm$ 比低价型电解质的 $\gamma_\pm$ 小。

上述事实表明，在稀溶液中，影响 $\gamma_\pm$ 大小的主要因素是浓度和价型两个因素。离子强度 I 的概念正是为反映这两个因素而提出的，其定义如下

$$I = \frac{1}{2}\sum b_B z_B^2 \tag{8-40}$$

即将溶液中每种离子的质量摩尔浓度 b_B 乘以该离子电荷数 z_B 的平方，所得诸项之和的一半称为离子强度。

在此基础上，路易斯根据实验结果总结出在稀溶液范围内一定价型电解质的平均离子活度因子 $\gamma_\pm$ 与离子强度 I 的关系：

$$\lg \gamma_\pm \propto \sqrt{I}$$

该经验式与后来根据德拜-休克尔理论所导出的计算 $\gamma_\pm$ 的德拜-休克尔极限公式一致。

【例 8-8】 计算下列各电解质溶液的离子强度。

（1）$0.1 mol \cdot kg^{-1}$ KCl 溶液；

（2）$0.01 mol \cdot kg^{-1}$ $BaCl_2$ 溶液；

（3）含 $0.1 mol \cdot kg^{-1}$ KCl 和 $0.01 mol \cdot kg^{-1}$ $BaCl_2$ 的溶液。

解　（1）$I = \frac{1}{2}[0.1 \times 1^2 + 0.1 \times (-1)^2] mol \cdot kg^{-1} = 0.1 mol \cdot kg^{-1}$

（2）$I = \frac{1}{2}[0.01 \times 2^2 + 2 \times 0.01 \times (-1)^2] mol \cdot kg^{-1} = 0.03 mol \cdot kg^{-1}$

（3）该溶液中 Cl^- 的浓度应当是 KCl 和 $BaCl_2$ 两者所含 Cl^- 浓度的总和，即

$$b(Cl^-) = (0.1 + 2 \times 0.01)\ mol \cdot kg^{-1} = 0.12 mol \cdot kg^{-1}$$

故

$$I = \frac{1}{2}[0.1 \times 1^2 + 0.01 \times 2^2 + 0.12 \times (-1)^2] mol \cdot kg^{-1} = 0.13 mol \cdot kg^{-1}$$

8.4.3　强电解质溶液理论

人们在早期研究电解质溶液时发现，强电解质溶液不符合阿伦尼乌斯提出的部分电离理论，该理论只适用于弱电解质溶液。德拜-休克尔（Debye-Huckel）极限公式的导出是建立在德拜和休克尔提出的强电解质离子互吸理论（也称非缔合式电解质理论）基础上的。德拜-休克尔的电解质溶液理论和后面将提到的能斯特方程极大地促进了电化学理论及实验的发展，在电化学以

至物理化学中都占有重要地位。该理论的主要思想是：①强电解质在稀溶液范围是完全电离的，电离后的离子间的主要相互作用力是静电库仑力，这也是引起强电解质溶液与理想溶液偏差的主要原因；②提出了离子氛的概念，将离子间相互作用的库仑力归结为各中心离子与它周围的离子氛之间的静电引力；③在适当假设的基础上，利用静电学理论和统计力学方法，推导出德拜-休克尔极限公式。下面简要介绍离子氛的概念和德拜-休克尔极限公式。

1. 离子氛

溶液中阴、阳离子共存，根据库仑定律，同性离子相斥，异性离子相吸。离子在静电作用力的影响下，趋向于如同离子晶体那样规则地排列，而离子的热运动则力图使它们均匀地分散在溶液中。这两种力相互作用的结果是在一定的时间间隔内平均来看，在任意一个离子（可称为中心离子）的周围，异性离子分布的平均密度大于同性离子分布的平均密度。可以设想，中心离子好像是被一层异号电荷包围着，这层异号电荷的总电荷在数值上等于中心离子的电荷。综合来看，这层异号电荷是球形对称的。这层电荷所构成的球体称为离子氛。任意一个离子的周围，可设想均存在一个异号离子构成的离子氛，即中心离子是任意选择的。如果选择离子氛中任意一个离子作为新的中心离子，则原来的中心离子就成为新的中心离子的离子氛中的一员。这种情况在一定程度上可以与离子晶体中的单位晶格相比拟。但与晶格不同，由于离子的热运动，离子在溶液中所处的位置经常发生变化，因而离子氛是瞬息万变的。

中心离子与离子氛的电荷大小相等、符号相反，将它们作为一个整体来看是电中性的，这个整体与溶液中的其他部分之间不再存在静电作用。因此，根据球形对称的离子氛，就可以形象化地将溶液中的静电作用完全归结为中心离子与离子氛之间的作用。这样，所研究的问题及理论推导就简化了。

2. 德拜-休克尔极限公式

德拜-休克尔正是通过上述的简化处理，并引入一些适当的假设，推导出了稀溶液中的单个离子活度因子公式：

$$\lg \gamma_i = -Az_i^2\sqrt{I} \tag{8-41a}$$

整体电解质的平均离子活度因子公式为

$$\lg \gamma_\pm = -Az_+|z_-|\sqrt{I} \tag{8-41b}$$

式中，A 为与溶剂性质、温度等有关的常数。在 25℃水溶液中

$$A=0.509(\text{mol}\cdot\text{kg}^{-1})^{-1/2}$$

式（8-41a）即为德拜-休克尔极限公式。之所以称为极限公式，是因为在推导过程中的一些假设只有在溶液非常稀释时才能成立，故该公式只适用于稀溶液。

由式（8-41b）可知，当温度、溶剂确定后，电解质的平均离子活度因子 $\gamma_\pm$ 只与所带电荷数以及溶液的离子强度有关。若以 $\lg\gamma_\pm$ 对 $\sqrt{I}$ 作图，应得一条直线，这是检验离子互吸理论的依据。图 8-6 中虚线是德拜-休克

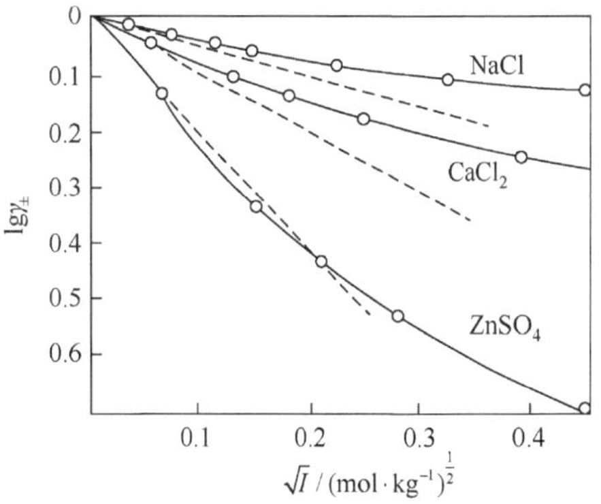

图 8-6 德拜-休克尔极限公式的验证

尔极限式预期的结果，实线是实验测定的结果。由图可以看出，在稀溶液范围内，虚线与实线能较好地相符。

8.5 可逆电池及其电动势的测定

8.5.1 可逆电池和电池表达式

原电池是利用电极上的氧化还原反应自发地将化学能转化为电能的装置。恒温恒压下，在可逆过程中，电池反应的 $\Delta G = W_r'$，即为可逆电功，因此可通过测定可逆电池的电动势，求取电池反应的ΔG，并进一步获得 ΔS、ΔH 等热力学函数变。可见，研究可逆电池具有重要的理论意义。

物理化学中主要介绍电池在理想状态，也就是在可逆条件下的工作原理和基本热力学性质。

1. 可逆电池

由于热力学研究的对象必须是平衡系统，对一个过程来说，平衡就意味着可逆，所以在用热力学的方法研究电池时，要求电池是可逆的。可逆电池是指电池充、放电时进行的任何反应与过程都必须是可逆的这样一类的电池。具体来讲，不仅要求电极反应具有热力学上的可逆性，而且反应应在无限接近电化学平衡条件下进行，此外电池中进行的其他过程也必须是可逆的。

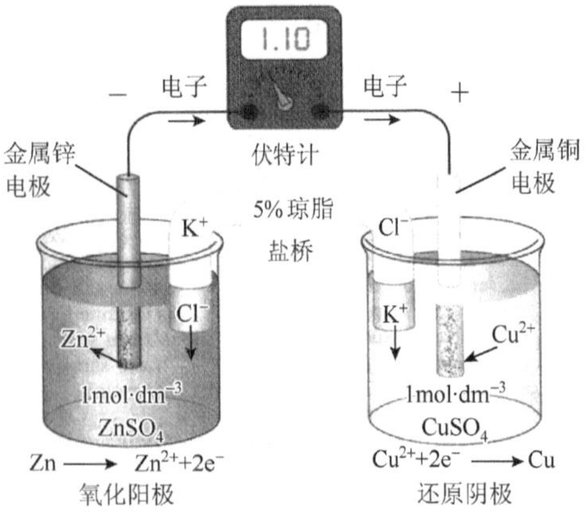

图 8-7 铜-锌电池

下面结合两个具体的电池加以分析。

1）丹尼尔电池

丹尼尔（Daniel）电池铜-锌电池，是一种典型的原电池，如图 8-7 所示。该电池是由锌电极（将锌片插入 $ZnSO_4$ 水溶液中）作为阳极，由铜电极（铜片插入 $CuSO_4$ 水溶液中）作为阴极，其电极和电池反应如下

阳极：　$Zn \longrightarrow Zn^{2+} + 2e^-$

阴极：　$Cu^{2+} + 2e^- \longrightarrow Cu$

电池反应：　$Zn + Cu^{2+} = Zn^{2+} + Cu$

这种把阳极和阴极分别置于不同溶液中的电池称为双液电池。为防止两种溶液直接混合，其间用只允许离子通过的多孔隔板隔开。

为了书写方便，该电池可用电池图式表示如下

$$Zn|ZnSO_4(aq)||CuSO_4(aq)|Cu$$

阳极 Zn 氧化成 Zn^{2+}，失去的电子由 Zn 板通过导线转移到阴极 Cu 板上，使 Cu^{2+}还原，Zn 极电势低于 Cu 极电势，电流由 Cu 极流向 Zn 极，即电子由 Zn 极流向 Cu 极，故原电池的阳极为负极，阴极为正极。该电池电极反应虽具可逆性，但因在液体接界处的扩散过程是不可逆的，故严格地讲双液电池均为不可逆电池。但若不考虑液体接界处的不可逆性，在可逆充、放电的条件下，可将丹尼尔电池近似按可逆电池处理。

对于一些单液电池，如 $Pt|H_2(p)|HCl(aq)|AgCl(s)|Ag$ 电池，由于电池中只有一种电解质存在，又不存在着液体接界处离子的不可逆扩散，满足可逆电池必须具备的条件，因而它是一个可逆电池。

不是任何原电池都具有化学可逆性。如果将丹尼尔电池中的 Zn 和 Cu 电极直接插在硫酸水溶液中组成电池，虽然是一个单液电池，却不是一个可逆电池，因为它不具有化学可逆性。当电池充电时，电极与电池反应如下

Zn 极：　$2H^+ + 2e^- \longrightarrow H_2$

Cu 极：　$Cu \longrightarrow Cu^{2+} + 2e^-$

电池反应：　$Cu + 2H^+ = Cu^{2+} + H_2$

而当电池工作放电时，电极与电池反应如下

Zn 极：　$Zn \longrightarrow Zn^{2+} + 2e^-$

Cu 极：　$2H^+ + 2e^- \longrightarrow H_2$

电池反应：　$Zn + 2H^+ = Zn^{2+} + H_2$

由于电池在充电时所进行的电极和电池反应并不等于放电时的逆反应，所以这个电池不是一个可逆电池。

2）韦斯顿标准电池

测定电池电动势时，要求配备一个电动势精确已知和稳定不变的标准电池。韦斯顿（Weston）标准电池就是能满足这种要求的常用电池。韦斯顿标准电池是一个高度可逆的电池。它是镉-汞电池。其装置如图 8-8 所示。电池的阳极是 Cd 的质量分数为 12.5%的镉汞齐，将其浸于硫酸镉溶液中，该溶液为 $CdSO_4 \cdot \frac{8}{3}H_2O$ 晶体的饱和溶液。阴极为汞与硫酸亚汞的糊状体，此糊状体也浸在硫酸镉的饱和溶液中。为了使引出的导线与糊状体接触紧密，电极下部放少许汞。韦斯顿标准电池图式如下

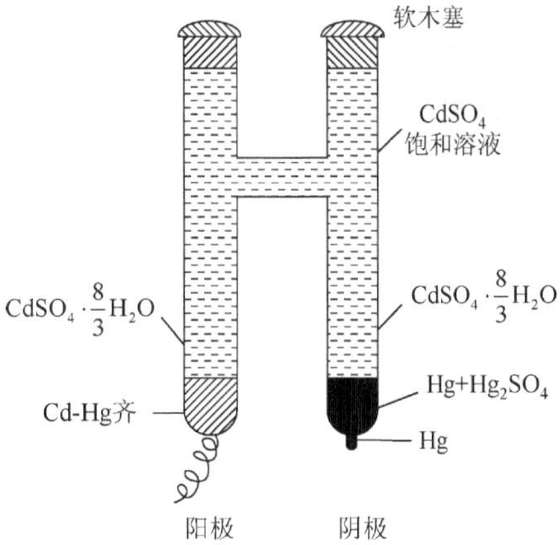

图 8-8　韦斯顿标准电池

$$Cd(Hg)(12.5\%)\,|\,CdSO_4 \cdot \frac{8}{3}H_2O(s)\,|\,CdSO_4(饱和)|Hg_2SO_4(s)|Hg(l)$$

该电池放电时的反应为

$$Cd(Hg) + Hg_2SO_4(s) + \frac{8}{3}H_2O(l) = CdSO_4 \cdot \frac{8}{3}H_2O(s) + 2Hg(l)$$

韦斯顿标准电池的最大优点是电动势稳定，随温度改变很小。

除了上述饱和的韦斯顿标准电池外，还有不饱和的韦斯顿标准电池，其电动势受温度影响更小。

韦斯顿标准电池的主要用途是配合电位计测定原电池的电动势。

2. 电池表达式

可以用电池表达式方便地表示电池的组成和结构，其书写方法如下：

（1）左边写出发生氧化反应的阳极，即负极，右边写出发生还原反应的阴极，即正极。

气体作电极时，要写出代替它作导体的惰性金属（通常为 Pt）。

（2）从左到右依次写出构成电池各物质的化学式并注明它们的相态。例如，以 s、1 和 g 分别表示固态、液态和气态。常见金属如 Cu、Zn 等可不注明相态。对溶液和气体要分别注明活度（或浓度）和逸度（或压力）。还须注明电池的温度和压力，若未注明，一般指的是 298K 和标准压力 $p^{\ominus}$。

（3）用单竖线“|”表示各相间的接界面（有时也用逗号“，”表示），包括电极与溶液间的界面及两种性质不同的溶液间的界面。用双竖线“||”（或双虚线⁞⁞）表示盐桥（用于消除液体接界电势，见 8.7 节）。

【例 8-9】 有下列电池，写出各电池的电极反应和电池反应。

（1） $Pt|H_2(p_{H_2})|H^+(a_{H^+}) \parallel Ag^+(a_{Ag^+})|Ag(s)$

（2） $Ag(s)|AgI(s)|I^-(a_{I^-})\parallel Cl^-(a_{Cl^-})|AgCl(s)|Ag(s)$

（3） $Pt|H_2(p_{H_2})|NaOH(a)|HgO(s)|Hg(l)$

（4） $Pt|Fe^{3+}(a_1),Fe^{2+}(a_2)\parallel Ag^+(a_{Ag^+})|Ag(s)$

解 （1）阳极： $H_2(p_{H_2})\longrightarrow 2H^+(a_{H^+})+2e^-$

阴极： $2Ag^+(a_{Ag^+})+2e^-\longrightarrow 2Ag(s)$

电池反应： $H_2(p_{H_2})+2Ag^+(a_{Ag^+}) = 2H^+(a_{H^+})+2Ag(s)$

（2）阳极： $Ag(s)+I^-(a_{I^-})\longrightarrow AgI(s)+e^-$

阴极： $AgCl(s)+e^-\longrightarrow Ag(s)+Cl^-(a_{Cl^-})$

电池反应： $AgCl(s)+I^-(a_{I^-}) = AgI(s)+Cl^-(a_{Cl^-})$

（3）阳极： $H_2(p_{H_2})+2OH^-(a_{OH^-})\longrightarrow 2H_2O(l)+2e^-$

阴极： $HgO(s)+H_2O(l)+2e^-\longrightarrow 2OH^-(a_{OH^-})+Hg(l)$

电池反应： $H_2(p_{H_2})+HgO(s) = H_2O(l)+Hg(l)$

（4）阳极： $Fe^{2+}(a_2)\longrightarrow Fe^{3+}(a_1)+e^-$

阴极： $Ag^+(a_{Ag^+})+e^-\longrightarrow Ag(s)$

电池反应： $Fe^{2+}(a_2)+Ag^+(a_{Ag^+}) = Fe^{3+}(a_1)+Ag(s)$

8.5.2 电动势的测定

电池的电动势是当通过电池的电流趋于无限小时电池两极的电势差，因此电动势是电池进行可逆过程时表现出的特性。如果用伏特计测量电池两极间的电势差，只有当适量电流通过时才能显示，也就是说伏特计测得的结果不是可逆电池的电动势，而是不可逆电池的端电压，因此不能用伏特计测量电动势。通常测电动势是用根据波根多夫（Poggendorff）对消法原理设计的电位差法。

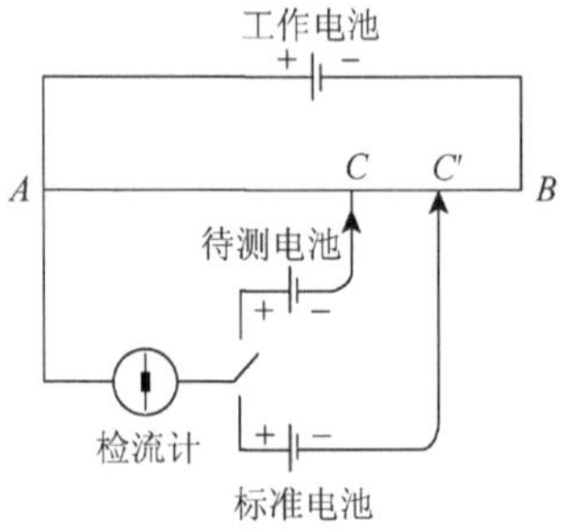

图 8-9 对消法测电动势原理图

波根多夫对消法是人们常采用的测量电池电动势的方法，其原理是用一个方向相反但数值相同的电动势，对抗待测电池的电动势，使电路中并无电流通过。具体线路如图 8-9 所示。工作电池经 *AB* 构成一个通路，在均匀电阻 *AB* 上产生均匀电势降。待测电池的正极连接电钥，经过检流计和工作电池的正极相连。负极连接到一个滑动接触点 *C* 上。这样，就在待测电池的外电路中加上了一个方向相反的电势差，它的大小由滑动接触点的位置决定。改变滑动接触点的位置，找到 *C* 点，若电钥闭合时，检流计中无电流通过，则待测电池的电动势恰为

AC 段的电势差完全抵消。

为了求得 AC 段的电势差，可换用标准电池与电钥相连。标准电池的电动势 E_N 是已知的，而且保持恒定。用同样方法可以找出检流计中无电流通过的另一点 C'，AC' 段的电势差就等于 E_N，因电势差与电阻线的长度成正比，故待测电池的电动势为

$$E_x = E_N \frac{\overline{AC}}{\overline{AC'}}$$

8.6 原电池热力学

8.6.1 计算摩尔吉布斯函数、电池反应的摩尔熵变、摩尔焓变、反应热

原电池热力学建立了可逆电池的电动势与相应的电池反应的热力学函数变之间的关系，因而可以通过对前者的精确测量来确定后者。

1. 由可逆电动势计算电池反应的摩尔吉布斯函数变

电池反应为两电极反应之和，电极反应的转移电子数 z，即为电池反应的转移电子数。若电池可逆放电时，可逆电功等于电池的电动势 E 与电量的乘积。

根据法拉第定律，电量 $dQ = zFd\xi$，故可逆电功为

$$\delta W_r' = -(zFd\xi)E \qquad (8\text{-}42)$$

因电池对外做功，其值为负，故式（8-42）中右边添加一负号。因恒温恒压下电池反应的 $\Delta_r G = W_r'$，故

$$d\Delta_r G = \delta W_r' = -zFEd\xi \qquad (8\text{-}43)$$

式（8-43）除以反应进度微变 $d\xi$，即得电池反应的摩尔吉布斯函数变：

$$\Delta_r G_m = \left(\frac{\partial \Delta_r G}{\partial \xi}\right)_{T,p} = -zFE \qquad (8\text{-}44)$$

式（8-44）表明，可逆电池的电能来源于化学反应的吉布斯函数变$\Delta_r G_m$，若一化学反应$\Delta_r G_m <$ 0，则 $E > 0$，在恒温恒压可逆条件下，吉布斯函数的减少量全部转变为对环境做的电功。

式（8-44）告诉我们，测定一定温度、压力下原电池的可逆电动势即可计算电池反应的吉布斯函数变。同一原电池，若电池反应计量式写法不同，转移电子数不同，但该电池的电动势不变，而与计量式对应的摩尔反应吉布斯函数变则不同，故电池反应的摩尔吉布斯函数变应与电池反应计量式相对应。

2. 由原电池电动势的温度系数计算电池反应的摩尔熵变

因$\left(\frac{\partial \Delta_r G_m}{\partial T}\right)_p = -\Delta_r S_m$，将式（8-44）代入此式中得

$$\Delta_r S_m = zF\left(\frac{\partial E}{\partial T}\right)_p \qquad (8\text{-}45)$$

式中，$\left(\frac{\partial E}{\partial T}\right)_p$ 称为原电池电动势的温度系数，它表示恒压下电动势随温度的变化率，单位为 $V \cdot K^{-1}$，其值可通过实验测定一系列不同温度下的电动势求得。实际上这也是实验测定化学反应熵变的方法之一。

3. 由电池电动势及电动势的温度系数计算电池反应的摩尔焓变

将式（8-44）及式（8-45）代入吉布斯-亥姆霍兹方程$\Delta_r G_m = \Delta_r H_m - T\Delta_r S_m$即得

$$\Delta_r H_m = -zFE + zFT\left(\frac{\partial E}{\partial T}\right)_p \tag{8-46}$$

由于焓是状态函数，依式（8-46）计算出的$\Delta_r H_m$是该反应在没有非体积功的情况下进行时的恒温恒压反应热。由于能够精确地测量电池的电动势，按式（8-46）计算出来的$\Delta_r H_m$往往比用量热法测得的更为准确。但要注意的是，反应在电池中进行时做非体积功，因此此时的$\Delta_r H_m$不等于反应的恒压反应热Q_p。

4. 计算原电池可逆放电时的反应热

原电池可逆放电时，化学反应热为可逆热Q_r，在恒温下，$Q_r = T\Delta S$，将式（8-45）代入，得

$$Q_r = zFT\left(\frac{\partial E}{\partial T}\right)_p \tag{8-47}$$

由式（8-47）可知，在恒温下电池可逆放电时：

若$\left(\frac{\partial E}{\partial T}\right)_p=0$，$Q_r=0$，电池不吸热也不放热；

若$\left(\frac{\partial E}{\partial T}\right)_p>0$，$Q_r>0$，电池从环境吸热；

若$\left(\frac{\partial E}{\partial T}\right)_p<0$，$Q_r<0$，电池向环境放热。

注意：电池反应的可逆热，不是该反应的恒压反应热，因为通常所说的反应热要求过程无非体积功，电池可逆热是有非体积功的过程热。

【例 8-10】 电池 $Pb(s)|PbSO_4(s)|Na_2SO_4\cdot 10H_2O$ 饱和溶液$|Hg_2SO_4(s)|Hg(s)$，在 25℃时 E=0.9647V，$(\partial E/\partial T)_p=1.47\times 10^{-4}V\cdot K^{-1}$。

（1）写出电极反应和电池反应；

（2）计算时该电池反应的$\Delta_r H_m$、$\Delta_r G_m$和$\Delta_r S_m$以及电池可逆放电时的热Q_r。

解　（1）阳极反应：$Pb + SO_4^{2-} - 2e^- \longrightarrow PbSO_4(s)$

阴极反应：$HgSO_4(s) + 2e^- \longrightarrow Hg(l) + SO_4^{2-}$

电池反应：$Pb + HgSO_4(s) \longrightarrow PbSO_4(s) + Hg(l)$

（2）$\Delta_r H_m = -zFE + zF\left(\frac{\partial E}{\partial T}\right)_p$

$$= -2\times 96500\times 0.9647 + 2\times 96500\times 0.9647\times 1.47\times 10^{-4}$$
$$= -186.2(kJ\cdot mol^{-1})$$

$\Delta_r G_m = -zEF$

$$= -2\times 96500\times 0.9647$$
$$= -186.2(kJ\cdot mol^{-1})$$

$$\Delta_r S_m = zF\left(\frac{\partial E}{\partial T}\right)_p$$
$$= 2\times 96500\times 1.74\times 10^{-4}$$
$$= 19.3(J\cdot mol^{-1}\cdot K^{-1})$$
$$Q_r = T\Delta_r S_m$$
$$= (25+273)\times 19.3$$
$$= 5751.4(J\cdot mol^{-1})$$

8.6.2　电动势与各反应组分活度的关系

结合化学平衡一章中曾讲到的等温方程，如对于下列反应：

$$\sum_B \nu_B B = 0$$

有
$$\Delta_r G_m = \Delta_r G_m^\ominus + RT\ln\prod_B (p_B/p^\ominus)^{\nu_B} \qquad \text{（气相反应）}$$

或
$$\Delta_r G_m = \Delta_r G_m^\ominus + RT\ln\prod_B a_B^{\nu_B} \qquad \text{（凝聚相反应）}$$

上式普遍适用于各类反应，当然也适用于电池反应。式中 $\Delta_r G_m^\ominus$ 为标准摩尔吉布斯函数变，根据式（8-44）有

$$\Delta_r G_m^\ominus = -zFE^\ominus \qquad (8\text{-}48)$$

式中，$E^\ominus$ 为原电池的标准电动势，它等于参加电池反应的各物质均处在各自标准态时电池的电动势。

将式（8-44）及式（8-48）代入等温方程式，得

$$E = E^\ominus - \frac{RT}{zF}\ln\prod_B a_B^{\nu_B} \qquad (8\text{-}49)$$

式（8-49）称为电池的能斯特方程，是原电池的基本方程式，表示一定温度下可逆电池的电动势与参加电池反应的各组分的活度或逸度之间的关系，反映各组分的活度或逸度对电池电动势的影响。

25℃时

$$\frac{RT}{F}\ln 10 = \frac{8.314J\cdot mol^{-1}\cdot K^{-1}\times 298.15K}{9.65\times 10^4 C\cdot mol^{-1}}\times 2.3026$$
$$= 0.0592V$$

于是式（8-49）可表示成

$$E = E^\ominus - \frac{0.0592V}{z}\ln\prod_B a_B^{\nu_B} \qquad (8\text{-}50)$$

当电池反应达到平衡时，$\Delta_r G_m$=0，E=0，根据 $\Delta_r G_m^\ominus = -RT\ln K^\ominus$ 可得

$$E^\ominus = -\frac{RT}{zF}\ln K^\ominus \qquad (8\text{-}51)$$

式中，$K^\ominus$ 为电池反应的标准平衡常数。由式（8-51）可知，如能求得原电池的标准电动势 $E^\ominus$，即可求得该电池反应的标准平衡常数。

【例 8-11】已知反应 $Cu^{2+} + Cu = 2Cu^+$，在 298.15K 时，标准平衡常数为 1.2×10^{-6}，Cu^{2+} 的 $\Delta_f G_m^\ominus$ = 64.98kJ·mol^{-1}，试求下列标准电极电势 $\varphi^\ominus_{Cu^+/Cu}$。

解　$\Delta_r G_m^\ominus = -RT\ln K^\ominus$

$= -8.314\times 298.15\ln(1.2\times 10^{-6}) = 33.78(\text{kJ}\cdot\text{mol}^{-1})$

$\Delta_r G_m^\ominus = 2\Delta_f G_m^\ominus(\text{Cu}^+) - \Delta_f G_m^\ominus(\text{Cu}^{2+})$

$\Delta_f G_m^\ominus(\text{Cu}^+) = \left[\Delta_r G_m^\ominus + \Delta_f G_m^\ominus(\text{Cu}^{2+})\right]/2$

$= (33.78 + 64.98)/2$

$= 49.38(\text{kJ}\cdot\text{mol}^{-1})$

$-\Delta_f G_m^\ominus(\text{Cu}\longrightarrow\text{Cu}^+) = \Delta_r G_m^\ominus(\text{Cu}^+\longrightarrow\text{Cu}) = -zFE\varphi_{\text{Cu}^+/\text{Cu}}^\ominus$

$$\varphi_{\text{Cu}^+/\text{Cu}}^\ominus = \frac{\Delta_f G_m^\ominus(\text{Cu}\longrightarrow\text{Cu}^+)}{zF} = \frac{49380}{96500} = 0.5118(\text{V})$$

8.7　电极电势和液体接界电势

8.7.1　电极电势和标准电极电势

前面有关电动势的概念是从化学能与电能之间的转换关系来认识的。下面将从电池内部的结构来探讨电动势产生的原因。仍以图 8-7 的丹尼尔电池为例，进行电池电动势测定时，一般要用两根铜线将其两极与电位差计相连，上述电池实际上应写为

$$\text{Cu(L)}\,|\,\text{Zn}\,|\,\text{ZnSO}_4(a_1)|\text{CuSO}_4(a_2)\,|\,\text{Cu}|\text{Cu(R)}$$

L 和 R 分别表示左方电极和右方电极，以下同此。由此电池表达式可见，丹尼尔电池内部包括三种类型相界面，即金属/溶液（如 Zn^{2+}/Zn 和 Cu^{2+}/Cu）、金属/金属（如 Cu/Zn）和溶液/溶液（如 Zn^{2+}/Cu^{2+}）界面，相应地产生三种类型的界面电势差，现分别介绍如下。

1. *金属/溶液电势差*

金属 M 插入含该金属离子 M^{z+}的溶液中时，将发生金属的离子进入溶液和离子从溶液中沉积到金属上的化学过程。当这个过程达到平衡时，金属与溶液之间产生的电势差就是金属/溶液电势差，简称电极的电势差，用 $\Delta_{M^{z+}}^{M}\varphi$ 表示。例如，丹尼尔电池中两个电极的电势差为

$$\varphi = \varphi(\text{Zn}) - \varphi(\text{ZnSO}_4,\text{aq})$$

和

$$\Delta_{\text{CuSO}_4(\text{aq})}^{\text{Cu}}\varphi = \varphi(\text{Cu}) - \varphi(\text{CuSO}_4,\text{aq})$$

电极的电势差是由电化学过程引起的，它的数值不仅与电极种类有关，而且与溶液中金属的浓度有关。

2. *接触电势*

当两种金属接触时，相互逸入的电子数不相同，界面两侧将出现相对过剩的正、负电荷，从而产生电势，这种电势差称为接触电势，以 $\Delta_M^N\varphi$ 表示（N 和 M 代表相互接触的两种电极）。例如，丹尼尔电池中，铜导线与锌电极接触处有 $\Delta_{\text{Cu}}^{\text{Zn}}\varphi = \varphi(\text{Zn}) - \varphi(\text{Cu})$。接触电势是由物理作用引起的，通常很小，可忽略不计。

3. *液接电势*

液接电势是指两种不同电解质的溶液或同一电解质而浓度不同的两种溶液相接触时在界面上产生的电势差。在丹尼尔电池内，两种电解质溶液接触处存在的液接电势为

$$\Delta_{\text{ZnSO}_4}^{\text{CuSO}_4}\varphi = \varphi(\text{CuSO}_4,\text{aq}) - \varphi(\text{ZnSO}_4,\text{aq})$$

液接电势的产生是由离子迁移速率不同引起的。图 8-10（a）表示由浓度相同的 $ZnSO_4$ 和 $CuSO_4$ 溶液接触形成的界面。在这个界面上，每种溶液中的阳离子都向对方扩散，由于 Cu^{2+}的扩散速率比 Zn^{2+}的扩散速率大，所以，界面上 $ZnSO_4$ 一侧的正电荷过剩，而 $CuSO_4$ 一侧的负电荷过剩，界面上产生了电势。这个电势差加速了 Zn^{2+}的扩散而减缓了 Cu^{2+}的扩散，直至两者扩散速率相等时即达到平衡。平衡时界面上形成的稳定的电势差就是液接电势。图 8-10（b）是两种浓度不同的 HCl 溶液界面上形成液接电势的示意图。因为 H^+的扩散速率比 Cl^-大，所以界面两侧的 H^+和 Cl^-相互扩散并达到平衡后，在稀 HCl 溶液一侧（左侧）将有过剩的 H^+，而浓 HCl 溶液一侧（右侧）则将有过剩的 Cl^-，从而在液-液界面处产生电势差，即为液接电势。

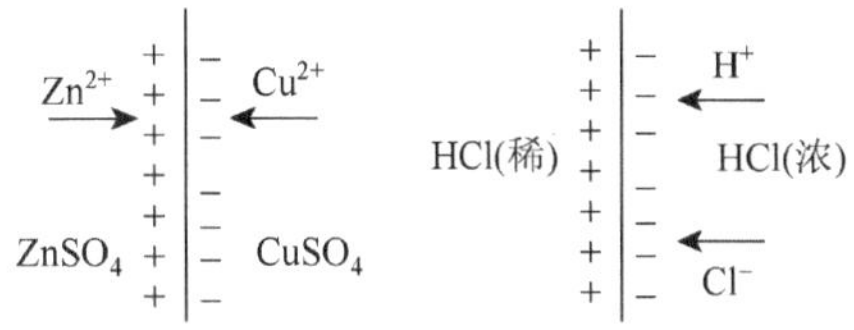

(a) 浓度相同的液接电势　(b) 浓度不同的液接电势

图 8-10　液接电势示意图

液接电势的数值一般为 10～20nV，而对消法测电动势可精确到 0.1mV，所以不能忽略。在实际测定中对液接电势不够重视，理论上又难以精确计算。因此，在精确测定电动势时总是避免使用有液体接触界面的电池，无法避免时应尽量减少液接电势。通常采用的方法是在两个溶液之间加一个盐桥，盐桥是在一个倒置的 U 形管内装入用凝胶固定的饱和 KCl 溶液而构成。由于盐桥中 KCl 浓度高，它与两个溶液形成的新界面上的液接电势主要由 K^+和 Cl^-的扩散所决定。又由于 K^+和 Cl^-的电迁移率几乎相等，它们以相等的速率向溶液扩散，在新界面上产生的接触电势很小。而且这两个界面上液接电势的符号相反，彼此抵消。液接电势的数值进一步减少，以致可以忽略不计。盐桥中选用的电解质要求其正、负离子的电迁移率尽可能接近，但所用电解质不能与电池的溶液发生反应，当溶液中含有能与 KCl 作用的物质（如 Ag^+）时，应考虑使用其他物质（如 NH_4NO_3 或 KNO_3）构成的盐桥。

电池的电动势是电池中各界面处电势差的代数和，对丹尼尔电池来说

$$E=\lim_{I\to 0}(\Delta_{\mathrm{Cu}}^{\mathrm{Zn}}\varphi+\Delta_{\mathrm{Zn}}^{\mathrm{ZnSO_4,aq}}\varphi+\Delta_{\mathrm{ZnSO_4,aq}}^{\mathrm{CuSO_4,aq}}\varphi+\Delta_{\mathrm{CuSO_4,aq}}^{\mathrm{Cu}}\varphi) \tag{8-52}$$

上式也可改为

$$E=\lim_{I\to 0}(\Delta_{\mathrm{Cu}}^{\mathrm{Zn}}\varphi-\Delta_{\mathrm{ZnSO_4,aq}}^{\mathrm{Zn}}\varphi+\Delta_{\mathrm{ZnSO_4,aq}}^{\mathrm{CuSO_4,aq}}\varphi+\Delta_{\mathrm{CuSO_4,aq}}^{\mathrm{Cu}}\varphi) \tag{8-53}$$

若使用饱和 KCl 盐桥消除了液接电势并忽略接触电势，则式（8-53）可简化为

$$E=\lim_{I\to 0}(\Delta_{\mathrm{CuSO_4,aq}}^{\mathrm{Cu}}\varphi-\Delta_{\mathrm{ZnSO_4,aq}}^{\mathrm{Zn}}\varphi) \tag{8-54}$$

略去 $\lim\limits_{I\to 0}$ 并改写成通式，则为

$$E=\Delta\varphi(\mathrm{R})-\Delta\varphi(\mathrm{L}) \tag{8-55}$$

4. 标准氢电极

根据式（8-55），在消除了液接电势和忽略接触电势的情况下，电池的电动势应当等于左、右两个电极电势差的差值。虽然单个电极电势差的数值（可称为绝对电极电势）无法测得，但只要任意选定一个标准电极作为统一的比较基准，把所有其他电极的电势差与标准电极的电势差比较，即得各种电极的相对电极电势差，简称电极电势。由电池两个电极的相对电极电势差就可以计算出电池的电动势。用 E(R)和 E(L)分别代表电池表达式中右方电极和左方电极的电极电势，并用以代替式（8-55）中电极的电势差，则式（8-55）成为

$$E=E(\mathrm{R})-E(\mathrm{L}) \tag{8-56}$$

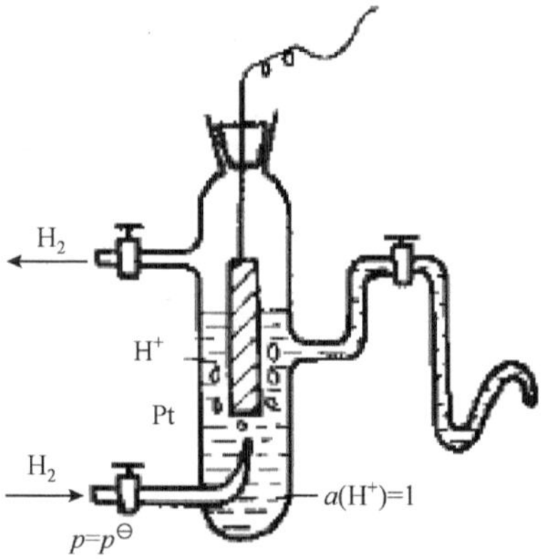

图 8-11　标准氢电极

按国际纯粹与应用化学联合会（IUPAC）规定，采用标准氢电极作为标准电极。标准氢电极的结构（图 8-11）是将镀铂黑的铂片插入含 H^+且 $a(H^+)=1$ 的溶液中，不断通入压力为 $p^\ominus$ 的纯 H_2 拍打在铂黑片，其电极反应为

$$2H^+\left[a(H^+)=1\right]+2e^-\longrightarrow H_2(g,p^\ominus)$$

人为地规定：标准氢电极的电极电势 $E^\ominus[H^+/H_2(g)]=0$。其他电极的电极电势均是与标准氢电极的电极电势相比较而得到的相对值。

5. 电极的电极电势

关于电极的电极电势，按国际惯例是这样规定的：将待测电极与标准氢电极构成电池，在其表达式中，将待测电极放在右边（假设为阴极，发生还原反应），而将标准氢电极放在左边（假设为阳极，发生氧化反应），即

标准氢电极||待测电极

由于标准氢电极的电极电势为零，在消除了液接电势后，该电池的电动势就是待测电极的电极电势，用 E(电极，还原)表示，可简写为 E(电极)。若该待测电极的还原倾向大于氢电极，即该电极实际上进行的是还原反应，则 E(电极)为正；反之，若该待测电极的氧化倾向大于氢电极，即该电极实际上进行的是氧化反应，则 E(电极)为负。若构成待测电极的各种物质均处于标准态，则此时确定的电极电势就是该电极的标准电极电势，用 $E^\ominus$(电极，还原)表示，简写为 $E^\ominus$(电极)。例如，为了确定锌电极 $Zn^{2+}[a(Zn^{2+})]/Zn$ 的电极电势，可组成如下电池：

$$Pt|H_2(g,p^\ominus)\left|H^+\left[a(H^+)=1\right]\right\|Zn^{2+}\left[a(Zn^{2+})\right]\Big|Zn$$

电池内的反应为

阳极：　$H_2(g,p^\ominus)\longrightarrow 2H^+[a(H^+)=1]+2e^-$

阴极：　$Zn^{2+}[a(Zn^{2+})]+2e^-\longrightarrow Zn$

电极：　$H_2(g,p^\ominus)+Zn^{2+}\left[a(Zn^{2+})\right]=\!=\!=2H^+\left[a(H^+)=1\right]+Zn$

根据式（8-49），该电池的电动势为

$$E=E^\ominus-\frac{RT}{zF}\ln\frac{a(H^+)^2a(Zn)}{\left[p(H_2)/p^\ominus\right]a(Zn^{2+})}$$

因标准氢电极中 $a(H^+)=1$，$p=p^\ominus=100kPa$，纯固体 $a(Zn)=1$，故

$$E=E^\ominus-\frac{RT}{zF}\ln\frac{1}{a(Zn^{2+})}$$

按规定，该电池的电动势 E 就是锌电极的电极电势 E（$Zn^{2+}|Zn$）。若锌电极中 $a(Zn^{2+})=1$，则该电池的电动势 E 等于标准电动势 $E^\ominus$，也就是锌电极的标准电极电势 $E^\ominus(Zn^{2+}|Zn)$。因此，锌电极的电极电势可表示为

$$E(Zn^{2+}|Zn)=E^\ominus(Zn^{2+}|Zn)-\frac{RT}{zF}\ln\frac{1}{a(Zn^{2+})}$$

将上述方法推广到任意电极，待定电极的电极反应均规定为还原反应，以 O 表示氧化态，R 表示还原态，其电极反应通式总是写为

$$\nu_{\mathrm{O}}\mathrm{O} + z\mathrm{e}^- \longrightarrow \nu_{\mathrm{R}}\mathrm{R}$$

由此可得电极的能斯特方程的通式

$$E(\text{电极}) = E^{\ominus}(\text{电极}) - \frac{RT}{zF}\ln\frac{[a(\mathrm{R})]^{\nu_{\mathrm{R}}}}{[a(\mathrm{O})]^{\nu_{\mathrm{O}}}} \quad (8\text{-}57)$$

298.15K 下：

$$\varphi(\text{电极}) = \varphi^{\ominus}(\text{电极}) - \frac{0.0592}{z}\lg\frac{[a(\mathrm{R})]^{\nu_{\mathrm{R}}}}{[a(\mathrm{O})]^{\nu_{\mathrm{O}}}} \quad (8\text{-}58)$$

式中，$E^{\ominus}$(电极)为电极的标准电极电势；a 为物质的活度。对纯固体和纯液体，a=1；对气体，a 为相对分压 $p/p^{\ominus}$。式（8-57）和式（8-58）称为电极反应的能斯特方程。

例如，$\mathrm{MnO_4^-}$、$\mathrm{Mn^{2+}}$/Pt 电极的反应为

$$\mathrm{MnO_4^-} + 8\mathrm{H^+} + 5\mathrm{e^-} \longrightarrow \mathrm{Mn^{2+}} + 4\mathrm{H_2O}$$

其电极电势的计算为

$$E\left(\mathrm{MnO_4^-}\,|\,\mathrm{Mn^{2+}}\right) = E^{\ominus}\left(\mathrm{MnO_4^-}\,|\,\mathrm{Mn^{2+}}\right) - \frac{RT}{5F}\ln\frac{a(\mathrm{Mn^{2+}})}{a(\mathrm{MnO_4^-})a(\mathrm{H^+})^8}$$

表 8-5 是一些常用电极在 298.15K 和 $p^{\ominus}$=100kPa 下水溶液中的标准电极电势。

表 8-5　298.15K 时在水溶液中一些电极的标准电极电势（标准态压力 $p^{\ominus}$=100kPa）

氧化态的氧化能力	还原态的还原能力	氧化态/还原态	电极反应	φ^{*} / V	$\frac{\mathrm{d}\varphi^{*}}{\mathrm{d}T}$ / (mV·K^{-1})
增强	减弱	Na^+/Na	Na^+(氧化态)+e^- ⟶ Na(还原态)	−2.713	−0.772
		Zn^{2+}/Zn	Zn^{2+}(氧化态)+2e^- ⟶ Zn(还原态)	−0.763	+0.091
		Fe^{2+}/Fe	Fe^{2+}(氧化态)+2e^- ⟶ Fe(还原态)	−0.440	+0.052
		H^+/H_2，Pt	H^+(氧化态)+e^- ⟶ $\frac{1}{2}H_2$ (还原态)	0	0
		Cu^{2+}/Cu	Cu^{2+}(氧化态)+2e^- ⟶ Cu(还原态)	+0.337	+0.008
		Ag^+/Ag	Ag^+(氧化态)+e^- ⟶ Ag(还原态)	+0.799	−1.000
		Cl_2/Cl^-	Cl_2(氧化态)+2e^- ⟶ 2Cl^-(还原态)	+1.359	−1.250

由于规定了标准电极电势对应的反应均为还原反应，所以若 $E^{\ominus}$(电极)为正值，则表明当各反应组分均处在标准态时，电池反应能自发进行，也就是说，电池放电时，进行

还原反应。

由此可见，还原电极电势的高低，反映了电极氧化态物质获得电子变成还原态物质趋向的大小。随电势的升高，氧化态物质获得电子变为还原态物质的能力在增强；而反过来，随电势的降低，还原态物质失去电子变成氧化态物质的趋势在增强。

显然，由任意两个电极构成的原电池，其电动势是两个电极电势之差，即 E=E(右)−E(左)，这样计算出的 E 若为正值，则表示在该条件下电池反应能自发进行。原电池的标准电动势计算方法类似。

8.7.2　原电池电动势的计算

【例 8-12】 298K 时，已知如下电池的标准电动势 $E^{\ominus}=0.2680\text{V}$：

$$\text{Pt}\left|\text{H}_2(p^{\ominus})\right|\text{HCl}(0.08\text{mol}\cdot\text{kg}^{-1},\gamma_{\pm}=0.809)\left|\text{Hg}_2\text{Cl}_2(\text{s})\right|\text{Hg(l)}$$

（1）写出电极反应和电池反应；

（2）计算该电池的电动势；

（3）计算甘汞电极的标准电极电势。

解　（1）阳极反应：$\text{H}_2(p_{\text{H}_2})\longrightarrow 2\text{H}^+(a_{\text{H}^+})+2\text{e}^-$

阴极反应：$\text{Hg}_2\text{Cl}_2(\text{s})+2\text{e}^-\longrightarrow 2\text{Hg(l)}+2\text{Cl}^-(a_{\text{Cl}^-})$

电池反应：$\text{H}_2(p_{\text{H}_2})+\text{Hg}_2\text{Cl}_2(\text{s})\longrightarrow 2\text{H}^+(a_{\text{H}^+})+2\text{Hg(l)}+2\text{Cl}^-(a_{\text{Cl}^-})$

（2）$E=E^{\ominus}-\dfrac{RT}{zF}\ln\prod a_{\text{B}}^{\nu_{\text{B}}}$

$$=E^{\ominus}-\frac{RT}{zF}\ln\frac{a_{\text{Cl}^-}^2\cdot a_{\text{H}^+}^2}{p_{\text{H}_2}/p^{\ominus}}$$

$$=E^{\ominus}-\frac{RT}{zF}\ln a_{\pm}^4$$

$$=0.2680\text{V}-\frac{RT}{zF}\ln(0.809\times0.08)^2=0.4086\text{V}$$

（3）因为标准氢电极的电极电势等于零，所以 $\varphi^{\ominus}_{\text{Cl}^-|\text{Hg}_2\text{Cl}_2(\text{s})|\text{Hg(l)}}=E^{\ominus}=0.2680\text{V}$。

【例 8-13】 写出下列电池电动势的表示式，并利用电池的能斯特方程计算 25℃下 $b(\text{HCl})=0.1\text{mol}\cdot\text{kg}^{-1}$ 时的电池电动势。

$$\text{Pt}\,|\,\text{H}_2(\text{g},100\text{kPa})\,|\,\text{HCl}(b)\,|\,\text{AgCl(s)}\,|\,\text{Ag}$$

解　阳极反应：$\dfrac{1}{2}\text{H}_2(\text{g},100\text{kPa})\longrightarrow\text{H}^+(b)+\text{e}^-$

阴极反应：$\text{AgCl(s)}+\text{e}^-\longrightarrow\text{Ag}+\text{Cl}^-(b)$

电池反应：$\dfrac{1}{2}\text{H}_2(\text{g},100\text{kPa})+\text{AgCl(s)}=\!=\!=\text{Ag}+\text{H}^+(b)+\text{Cl}^-(b)$

根据电池反应，可由电池的能斯特方程计算电池的电动势

$$E=E^{\ominus}-\frac{RT}{F}\ln\frac{a(\text{Ag})a(\text{H}^+)a(\text{Cl}^-)}{\left[p(\text{H}_2)/p^{\ominus}\right]^{1/2}a(\text{AgCl})}$$

查表知 $E^{\ominus}\{\text{AgCl(s)|Ag}\}=0.22216\text{V}$，$E^{\ominus}\{\text{H}^+|\text{H}_2(\text{g})\}=0\text{V}$，电池的标准电动势为

$$E^{\ominus}=E^{\ominus}\{\text{AgCl(s)|Ag}\}-E^{\ominus}\{\text{H}^+|\text{H}_2(\text{g})\}=0.22216\text{V}$$

由于 $a(\text{Ag})=1$，$a(\text{AgCl})=1$，$p(\text{H}_2)/p^{\ominus}=1$，所以

$$a(\text{H}^+)a(\text{Cl}^-)=a_{\pm}^2=\gamma_{\pm}^2(b_{\pm}/b^{\ominus})^2=\gamma_{\pm}^2(b/b^{\ominus})^2$$

查表知 25℃下 $b=0.1\text{mol}\cdot\text{kg}^{-1}$ 的 HCl 水溶液的 $\gamma_{\pm}=0.796$，代入上面的能斯特方程可得

$$E = E^{\ominus} - \frac{RT}{F}\ln a(H^+)a(Cl^-) = E^{\ominus} - \frac{RT}{F}\ln a_{\pm}^2$$
$$= E^{\ominus} - \frac{2RT}{F}\ln a_{\pm} = E^{\ominus} - \frac{2RT}{F}\ln(\gamma_{\pm} b / b^{\ominus})$$
$$= 0.22216\text{V} - 2\times 0.05916\text{V}\times \lg(0.796\times 0.1)$$
$$= 0.3522\text{V}$$

8.8 电极的种类

虽然任何电极上进行的反应从本质上说都是电子得失的氧化还原反应，但通常根据电极材料和与它相接触的溶液将电极分为以下三类。

8.8.1 第一类电极

这类电极的特点是电极直接与它的离子溶液相接触，参与反应的物质存在于两个相中，电极有一个相界面。第一类电极又可分为金属电极和非金属电极：金属电极是由 0 价金属和它的离子溶液组成的电极；非金属电极则除了 0 价非金属及其离子溶液外，还需借助惰性金属电极（如铂电极、钯电极等）来共同组成电极，惰性金属电极不参加电极反应，只起电子传输作用。常见的非金属电极有氢电极、氧电极和卤素电极。

1. 金属电极和卤素电极

金属电极和卤素电极的电极反应均较简单。例如

$Zn^{2+}|Zn$：　　$Zn^{2+} + 2e^- \longrightarrow Zn$

$Cl^- | Cl_2(g) | Pt$：　　$Cl_2(g) + 2e^- \longrightarrow 2Cl^-$

2. 氢电极

标准氢电极是最重要的参比电极，它是定义标准电极电势的基础。氢电极为典型的非金属气体电极。即将镀有铂黑的铂片浸入含有 H^+的溶液中，并不断通入 H_2，如图 8-12 所示。该电极的电极反应为

$$2H^+ + 2e^- \longrightarrow H_2(g)$$

标准电极电势为

$$E^{\ominus}\{H^+ | H_2(g)\} = 0$$

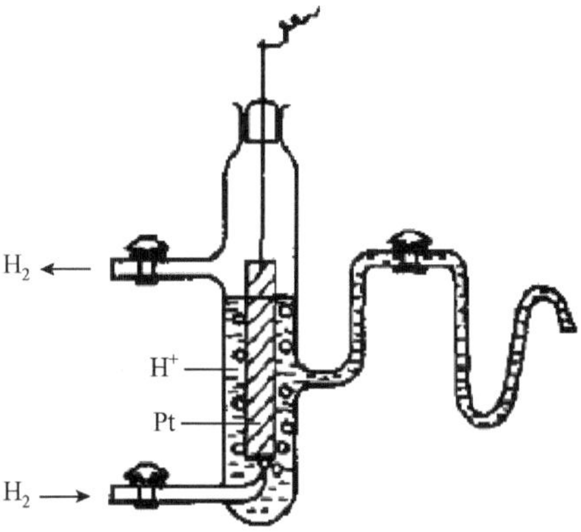

图 8-12 氢电极构造简图

氢电极的最大优点是其电极电势随温度改变很小。但它的使用条件比较苛刻，既不能用在含有氧化剂的溶液中，也不能用在含有汞或砷的溶液中。

通常所说的氢电极是在酸性溶液中，但也可将镀有铂黑的铂片浸入碱性溶液中并通入 H_2，此时即构成碱性溶液中的氢电极，其电极表示为

$$H_2O, OH^- | H_2(g) | Pt$$

其电极反应为

$$2H_2O + 2e^- \longrightarrow H_2(g) + 2OH^-$$

25℃下标准电极电势为 $E^{\ominus}\{H_2O, OH^- | H_2(g)\} = -0.0828\text{V}$，它可通过水的离子积计算得出，见例 8-14。

【例 8-14】写出下列电池电动势的能斯特方程，并计算 $E^\ominus\{H_2O,OH^-|H_2(g)\}$。

$Pt|H_2(g,100kPa)|H^+||H_2O,OH^-|H_2(g,100kPa)|Pt$

解 该电池由酸性氢电极作阳极，碱性氢电极作阴极，其电极反应如下

阳极反应：$\frac{1}{2}H_2(g,100kPa) \longrightarrow H^+ + e^-$

阴极反应：$H_2O + e^- \longrightarrow \frac{1}{2}H_2(g,100kPa) + OH^-$

电池反应：$H_2O = OH^- + H^+$

由能斯特方程有

$$E = E^\ominus - \frac{RT}{F}\ln\frac{a(H^+)a(OH^-)}{a(H_2O)}$$

其中

$$E^\ominus = E^\ominus\{H_2O,OH^-|H_2(g)\} - E^\ominus\{H^+|H_2(g)\}$$

电池反应达到平衡时 E=0，则

$$E^\ominus = \frac{RT}{F}\ln K_w$$

即

$$E^\ominus\{H_2O,OH^-|H_2(g)\} = E^\ominus\{H^+|H_2(g)\} + \frac{RT}{F}\ln K_w$$

因 $E^\ominus\{H^+|H_2(g)\}=0$，且 25℃时水的离子积 $K_w = 1.008\times10^{-14}$，代入得

$$\begin{aligned}E^\ominus\{H_2O,OH^-|H_2(g)\} &= \frac{RT}{F}\ln K_w \\ &= 0.05916V\times\lg(1.008\times10^{-14}) \\ &= -0.828V\end{aligned}$$

3. 氧电极

氧电极在结构上与氢电极类似，也是将镀有铂黑的铂片浸入酸性或碱性（常见）溶液中，只是通入的气体是 $O_2(g)$。

酸性氧电极：　$H_2O,H^+|O_2(g)|Pt$

电极反应：　$O_2(g) + 4H^+ + 4e^- \longrightarrow 2H_2O$

25℃下：　$E^\ominus\{H_2O,H^+|O_2(g)\} = 1.229V$

碱性氧电极：　$H_2O,OH^-|O_2(g)|Pt$

电极反应：　$O_2(g) + 2H_2O + 4e^- \longrightarrow 4OH^-$

25℃下：　$E^\ominus\{H_2O,OH^-|O_2(g)\} = 0.401V$

碱性氧电极与酸性氧电极的标准电极电势之间的关系与氢电极的类似：

$$E^\ominus\{H_2O,OH^-|O_2(g)\} = E^\ominus\{H_2O,H^+|O_2(g)\} + \frac{RT}{F}\ln K_w$$

8.8.2 第二类电极

第二类电极包括金属-难溶盐电极和金属-难溶氧化物电极，这类电极的特点是参与反应的物质存在于三个相中，电极有两个相界面。

1. 金属-难溶盐电极

这类电极是在金属上覆盖一层该金属的难溶盐，然后将它浸入含有与该难溶盐具有相同负离子的溶液中而构成的。最常用的有银-氯化银电极和甘汞电极。

甘汞电极中，金属为 Hg，难溶盐为 $Hg_2Cl_2(g)$，易溶盐溶液为 KCl 溶液，因而电极可表示为 $Cl^-|Hg_2Cl_2(s)|Hg$，电极反应：

$$Hg_2Cl_2(s)+2e^- \longrightarrow 2Hg+2Cl^-$$

甘汞电极的电极电势在温度恒定下只与 Cl^- 的活度有关，按 KCl 溶液浓度的不同，常用的甘汞电极有三种，见表 8-6。

表 8-6 不同浓度甘汞电极的电极电势

KCl 溶液浓度/($mol \cdot dm^{-3}$)	E(298.15K)/V
0.1	0.3337
1.0	0.2807
饱和溶液	0.2415

甘汞电极的优点是容易制备，电极电势稳定。在测量电池电动势时，常用甘汞电极作为参比电极。

【例 8-15】 已知 25℃时，下列电池的电动势 E=0.6095V，试计算待测溶液的 pH。

$$Pt\,|\,H_2(g,100kPa)\,|\,待测溶液\,||\,0.1mol \cdot dm^{-3}\ KCl|Hg_2Cl_2(s)\,|\,Hg$$

解 查表知

$$E_{右}=E\{Cl^-\,|\,Hg_2Cl_2(s)\,|\,Hg\}=0.3335V$$

$$E_{左}=E\{H^+\,|\,H_2(g)\}=E^{\ominus}\{H^+|H_2(g)\}-\frac{RT}{2F}\ln\frac{p(H_2)/p^{\ominus}}{a(H^+)^2}$$

因 $E^{\ominus}\{H^+|H_2(g)\}=0$，$p(H_2)/p^{\ominus}=1$，$-\lg a(H^+)=pH$，故

$$E_{左}=-0.0592pH$$

因 $E=E_{右}-E_{左}$，已知 E=0.6095V，故

$$0.6095=0.3335-(-0.0592pH)$$

解得 $$pH=4.67$$

2. 金属-难溶氧化物电极

以锑-氧化锑电极为例。在锑棒上覆盖一层三氧化二锑，将其浸入含有 H^+ 或 OH^- 的溶液中就构成了锑-氧化锑电极。此电极对 H^+ 和 OH^- 可逆。

酸性溶液中： $H_2O,H^+\,|\,Sb_2O_3(s)\,|\,Sb$

电极反应： $Sb_2O_3(s)+6H^++6e^- \longrightarrow 2Sb+3H_2O$

碱性溶液中： $H_2O,OH^-\,|\,Sb_2O_3(s)\,|\,Sb$

电极反应： $Sb_2O_3(s)+3H_2O+6e^- \longrightarrow 2Sb+6OH^-$

酸性电极为对 H^+ 的可逆电极，电极电势取决于 H^+ 的活度；碱性电极为对 OH^- 的可逆电极，电极电势取决于 OH^- 的活度。

锑-氧化锑电极为固体电极，应用起来很方便，可用于测定溶液的 pH，但注意不能将其应用于强酸性溶液中。

8.8.3 第三类电极

第三类电极又称氧化还原电极。任何电极均可发生氧化还原反应，但这里所说的氧化还

原电极专指如下一类电极：电极极板（Pt）只起输送电子的作用，不参加电极反应，电极只有一个相界面。如电极 $Fe^{3+},Fe^{2+}|Pt$；电极 $MnO_4^-,Mn^{2+},H^+,H_2O|Pt$。

两电极的电极反应分别为

$$Fe^{3+} + e^- \longrightarrow Fe^{2+}$$

$$MnO_4^- + 8H^+ + 5e^- \longrightarrow Mn^{2+} + 4H_2O$$

氧化还原电极以前一般多以贵金属作为电极材料，如铂和金等，但现在许多材料可用作惰性电极，如玻璃碳、碳纤维、石墨、炭黑以及半导体氧化物等，只要电极材料既可传输电子，又在所应用的电势范围内不发生反应就可以。

8.9　原电池的设计

前面讲的是如何由电池的图式得出电极反应、电池反应以及有关热力学量。理论上为了说明问题，有时需要使一些物理化学过程在原电池中进行，这就遇到将过程设计成原电池的问题。原电池设计是原电池部分的一个重要内容。本节将通过一些实例说明如何将一些物理化学反应与过程设计成原电池，进而加深对电池热力学的理解。

设计原电池的方法是将给定反应分解成两个电极反应，使两个电极反应的总和等于该反应。然后按顺序从左到右依次列出阳极板至阴极板间各个相，相与相之间用垂线隔开，若为双液电池，在两溶液间用双虚垂线表示用盐桥。

对于明显的氧化还原反应，电池设计较容易，但对于某些反应和过程，如中和反应、沉淀反应、扩散反应等，表面上看不出氧化还原反应，要设计成原电池就困难些。下面通过一些例子加以说明。

1. 氧化还原反应

这类反应从总反应式很容易看出哪些物质发生了氧化反应，哪些物质发生了还原反应。例如将氢气和氧气的反应设计成电池，反应为

$$H_2(g) + \frac{1}{2}O_2(g) \xlongequal{\quad} H_2O(l)$$

先写出较容易的阳极反应

$$H_2(g) \longrightarrow 2H^+ + 2e^-$$

再由总反应减去阳极反应可得阴极反应

$$\frac{1}{2}O_2(g) + 2H^+ + 2e^- \longrightarrow H_2O(l)$$

电池表示为

$$Pt|H_2(g)|H^+(aq)|O_2(g)|Pt$$

该反应还可以设计成碱性的氢氧电池。

一些化合物的生成反应如能设计成电池，则可通过测定电池的电动势、温度系数，得到反应的摩尔生成吉布斯函数、反应的摩尔生成焓、反应的平衡常数等热力学数据。

例如，AgCl 的生成反应为

$$Ag + \frac{1}{2}Cl_2(g) \xlongequal{\quad} AgCl$$

设计成电池，阳极反应为

$$Ag + Cl^- \longrightarrow AgCl + e^-$$

阴极反应为

$$\frac{1}{2}Cl_2(g) + e^- \longrightarrow Cl^-$$

电池表示为

$$Ag \mid AgCl(g) \mid Cl^-(a) \mid Cl_2(g) \mid Pt$$

测定该电池在 25℃、标准状态下的电动势 $E^\ominus$，即可得到 AgCl 的标准摩尔生成吉布斯函数 $\Delta_f G_m^\ominus(AgCl) = -zFE^\ominus$，以及标准平衡常数 $K^\ominus = \exp\left[zFE^\ominus/(RT)\right]$；测定电池的温度系数，可得到反应的标准摩尔熵变 $\Delta_r S_m^\ominus = zF(\partial E^\ominus/\partial T)_p$，进而得到反应的标准摩尔生成焓 $\Delta_f H_m^\ominus = -zFE^\ominus + zFT(\partial E^\ominus/\partial T)_p$。

2. 中和反应

此类反应从表面看来为酸碱中和反应

$$H^+ + OH^- = H_2O$$

反应的始终态氧和氢的价态都未发生变化，但要使之在电池中进行，必须使电极上发生氧化还原反应。可先写出较容易的阴极反应

$$H^+ + e^- \longrightarrow \frac{1}{2}H_2$$

再由总反应减去阴极反应可得阳极反应

$$\frac{1}{2}H_2 + OH^- \longrightarrow H_2O + e^-$$

电池表示为

$$Pt \mid H_2(g,p) \mid OH^-, H_2O \parallel H^+(aq) \mid H_2(g,p) \mid Pt$$

注意此电池要求两电极的氢气压力要相等。

该电池也可设计成用氧气作为电极的电池

$$Pt \mid O_2(g,p) \mid OH^- \parallel H^+(aq) \mid O_2(g,p) \mid Pt$$

此时要求两电极的氢气压力要相等。

3. 沉淀反应

此类反应从表面看来为沉淀反应，例如

$$Ag^+ + Cl^- = AgCl(s)$$

因有难溶盐 AgCl 生成，所以有一个电极应为 $Cl^-|AgCl(s)|Ag$ 二类电极，电极反应为

阳极：$$Ag + Cl^- \longrightarrow AgCl + e^-$$

阴极：$$Ag^+ + e^- \longrightarrow Ag$$

电池表示为

$$Ag \mid AgCl(s) \mid Cl^- \parallel Ag^+ \mid Ag$$

利用这一电池可求难溶盐的溶度积。

4. 扩散过程——浓差电池

这类电池从表面上看并没有发生化学反应，只是物质从高浓度向低浓度发生了扩散，如气体的扩散、离子的扩散。例如，以下两个过程

① $$H_2(g,p_1) \longrightarrow H_2(g,p_2) \qquad (p_1>p_2)$$

② $$Ag^+(a_1) \longrightarrow Ag^+(a_2) \qquad (a_1>a_2)$$

对于氢气扩散过程，可设计电池

阳极：　$H_2(g,p_1) \longrightarrow 2H^+(a)+2e^-$

阴极：　$2H^+(a)+2e^- \longrightarrow H_2(g,p_2)$

两个电极的活度应一致，否则相加后无法消掉。为此两个电极可共用一个酸溶液，组成一个单液电池：

$$Pt\,|\,H_2(g,p_1)\,|\,H^+(a)\,|\,H_2(g,p_2)\,|\,Pt$$

由于电池的两个电极相同，电池的$E^{\ominus}=0$，由能斯特方程有

$$E=-\frac{RT}{2F}\ln\frac{p_1}{p_2}$$

$p_1>p_2$时，$E>0$，扩散过程能自发进行。

第二个银离子扩散过程，可设计电池如下

阳极：　$Ag \longrightarrow Ag^+(a_2)+e^-$

阴极：　$Ag^+(a_1)+e^- \longrightarrow Ag$

电池为

$$Ag\,|\,Ag^+(a_2)\,||\,Ag^+(a_1)\,|\,Ag$$

同样，由于两电极相同，电池的$E^{\ominus}=0$，电动势为

$$E=-\frac{RT}{F}\ln\frac{a_1}{a_2}$$

$a_1>a_2$时，$E>0$，扩散过程能自发进行。

以上两个电池均是利用阴、阳两电极上反应物的浓度（或气体压力）的差别来工作的，故称为浓差电池。浓差电池按照电极物质浓度不同[如 $H_2(g)$]或电解质溶液浓度不同，又可进一步分为电极浓差电池和电解质浓差电池。但无论哪种浓差电池，其标准电池电动势都为零，即$E^{\ominus}=0$。

【例 8-16】已知浓差电池：$Ag(s)|AgCl(s)|KCl(b_1=0.5mol\cdot kg^{-1},\gamma_{\pm}=0.649)|KCl(b_1=0.5mol\cdot kg^{-1},\gamma_{\pm}=0.812)|AgCl(s)|Ag(s)$ 在 25℃时的电动势为 0.0523V，试计算：

（1）在假定无液接时的浓差电动势；

（2）两种 KCl 溶液的接界电势。

解　（1）因为假定无液接电势，所以电池反应为

$$Cl^-(a_{\pm,1}) \longrightarrow Cl^-(a_{\pm,2}),\ z=1$$

浓差电动势为

$$E_c=\frac{RT}{zF}\ln\frac{a_{\pm,1}}{a_{\pm,2}}=0.0533V$$

（2）因为有液接时电池电动势 E 已知，所以

$$E_J = E - E_c = 0.0523\text{V} - 0.0533\text{V} = -0.001\text{V}$$

5. 化学电源

虽然$\Delta G<0$的反应原则上都可设计成原电池，但并不是所有的原电池都具有实际应用价值，可作为化学电源来使用。理想的化学电源应具有电容量大、输出功率范围广、工作温度限制小、使用寿命长、安全、可靠、廉价等优点。当然完美的化学电源是不存在的，人们根据不同用途选择不同的电池。

与其他电源相比，化学电源具有能量转换效率高、使用方便、安全可靠、易于携带等优点，因此它在人们的日常生活、工业生产以及军事航天等方面都有广泛的用途。下面简单介绍一些实际作为化学电源应用的电池。

化学电源按其工作性质可分为一次电池、二次电池和燃料电池三大类。一次电池又称原电池或干电池；二次电池又称可充电电池或蓄电池，它们都是将化学能储存在电池中，因而是能量储存装置；而燃料电池则是能量转化装置。虽然不同的电池在结构、形状上有所不同，但基本上都是由正、负电极和将两电极隔开的隔膜以及电解液和外壳组成。

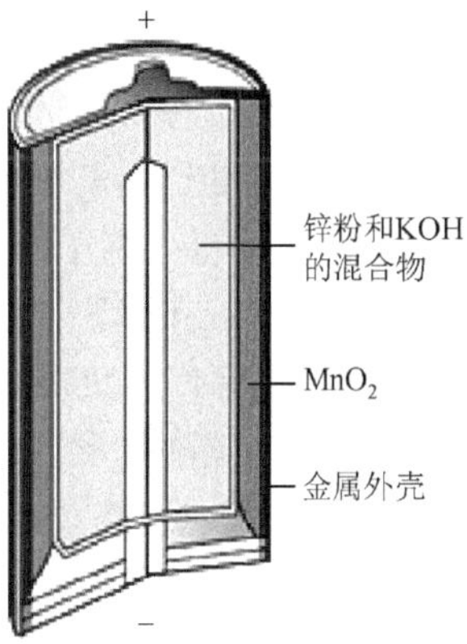

图 8-13 碱性锌锰电池

一次电池是人们最早使用的电池，这类电池只能一次性使用，不可通过充电的方式使其复原，即反应是不可逆的。它的特点是小型、廉价、携带方便、使用简单，不需要维修。但放电电流不大，一般用于低功率到中功率放电，多用于仪器及各种电子器件。其形状多为圆柱形、纽扣形或扁圆形等。目前常用的一次电池有碱性锌锰电池、锌-氧化汞电池、锌-氧化银电池等。碱性锌锰电池的示意图如图 8-13 所示，简化的电池表示为

$$(-)\text{Zn} \mid 浓\ \text{KOH} \mid \text{MnO}_2(+)$$

阳极反应： $Zn+4OH^- \longrightarrow [Zn(OH)_4]^{2-}+2e^-$

阴极反应： $MnO_2+2H_2O+2e^- \longrightarrow Mn(OH)_2+2OH^-$

电池反应： $Zn+MnO_2+2H_2O+2OH^- \longrightarrow [Zn(OH)_4]^{2-}+Mn(OH)_2$

碱性锌锰电池是目前市场占有率最高的一次电池，具有自放电小、内阻小、电容量高、放电电压稳定、价格便宜等优点，已基本代替了以前所使用的盐类锌锰电池和具有污染性的锌汞电池。

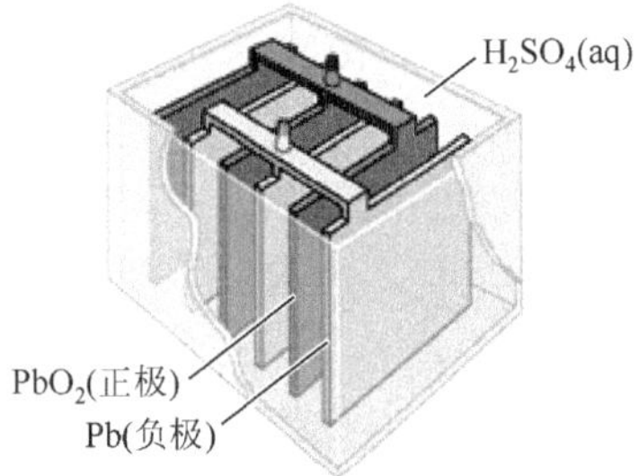

图 8-14 铅酸蓄电池

二次电池的应用已有 100 多年的历史。1859 年布兰特研制出了第一个铅酸蓄电池，开始了人们对二次电池的使用，该电池仍是目前使用最广泛的二次电池。二次电池在放电时通过化学反应产生电能，充电时则使电池恢复到原来状态，即将电能以化学能的形式重新储存起来，从而实现电池电极的可逆充放电反应，可循环使用。常用的蓄电池有铅酸、镍镉、镍铁、镍氢、锂电池等。铅酸蓄电池的示意图如图 8-14 所示，简化的电池表示为

$$(-)Pb \mid H_2SO_4(aq) \mid PbO_2(+)$$

阳极反应：　$Pb+SO_4^{2-} \longrightarrow PbSO_4(s)+2e^-$

阴极反应：　$PbO_2(s)+SO_4^{2-}+4H^++2e^- \longrightarrow PbSO_4(s)+2H_2O$

电池反应：　$Pb+PbO_2(s)+2H_2SO_4 \longrightarrow 2PbSO_4(s)+2H_2O$

镍氢电池是 20 世纪 80 年代随着储氢合金研究而发展起来的一种新型二次电池。它的工作原理是在充放电时氢在正负极之间传递，电解液不发生变化。例如，MH_x-Ni 电池，其中 MH_x 为储氢合金，如 $LaNi_5H_6$，氢可以原子状态镶嵌于其中，其简化的电池表示为

$$(-)MH_x \mid KOH(aq) \mid NiOOH(+)$$

阳极反应：　$MH_x+xOH^- \longrightarrow M+xH_2O+xe^-$

阴极反应：　$xNiOOH+xH_2O+xe^- \longrightarrow xNi(OH)_2+xOH^-$

电池反应：　$MH_x+xNiOOH \longrightarrow xNi(OH)_2+M$

镍氢电池的优点是容量高、体积小、无污染、使用寿命长、可快速充电，所以一经问世就受到人们的广泛关注，发展迅速，目前已基本取代了传统的有污染的镍镉充电电池。不过镍氢电池是一种有记忆的充电电池，使用时应将电池的电全部用完后再进行充电。

锂电池是日本索尼公司 1990 年开发推出的新型可充电电池，在此基础上人们很快又研制出性能更好的锂离子二次电池。锂离子二次电池以嵌有锂的过渡金属氧化物如 $LiCoO_2$、$LiNiO_2$、$LiMn_2O_4$ 等作为正极，以可嵌入锂化合物的各种碳材料如天然石墨、合成石墨、微珠碳、碳纤维等作为负极。电解质一般采用 $LiPF_6$ 的乙烯碳酸脂、丙烯碳酸脂与低黏度二乙基碳酸酯等烷基碳酸酯混合的非水溶剂体系。隔膜多采用聚乙烯、聚丙烯等聚合微多孔膜或它们的复合膜。该类电池内所进行的不是一般电池中的氧化还原反应，而是 Li^+ 在充放电时在正、负极之间的转移。如图 8-15 所示，电池充电时，锂离子从正极中脱嵌，到负极中嵌入，放电时反之。人们将这种靠锂离子在正负极之间转移来进行充放电工作的锂离子电池形象地称为“摇椅式电池”，俗称“锂电”。以典型的液态锂离子为例，当以石墨为负极材料，以 $LiCoO_2$ 为正极材料时，其充放电原理为

正极反应：　$LiCoO_2 = Li_{1-x}CoO_2+xLi^++xe^-$

负极反应：　$6C+xLi^++xe^- = Li_xC_6$

电池反应：　$LiCoO_2+6C = Li_{1-x}CoO_2+Li_xC_6$

放电时发生上述反应的逆反应。

充电时，Li^+ 从 $LiCoO_2$ 中发生脱嵌，释放一个电子，C^{3+} 被氧化为 C^{4+}，与此同时，Li^+ 经过隔膜和电解液迁移到负极石墨表面，进而插入石墨结构中，石墨结构同时得到一个电子，形成锂-碳层间化合物 Li_xC_6，放电时过程则相反，Li^+ 从石墨结构脱插，嵌入正极 $LiCoO_2$ 中。

与同样大小的镍镉电池、镍氢电池相比，锂离子电池电量储备最大、质量最轻、寿命最长、充电时间最短，且自放电率低、无记忆效应，因此非常适合用于笔记本电脑、手机、液晶数码相机等小型便携式精密仪器，是目前性能最好的可充电电池。

燃料电池与一、二次电池不同，它不是能量储存装置，而是一种不经过燃烧而将燃料和氧化剂（如氢气和氧气）反应的化学能直接转化为电能的发电装置。它的最大特点是燃料和氧化剂是从电池外部连续注入电池的，是继水利、火力和核能发电之后的第四类发电技术。燃料电池自从 20 世纪 60 年代被用于宇宙飞船的空间电源后，国际上很快开始了地面用燃料

电池的研究。燃料电池的工作原理如图 8-16 所示，氢气在阳极被氧化，氧气在阴极被还原，其产物为没有污染性的水。

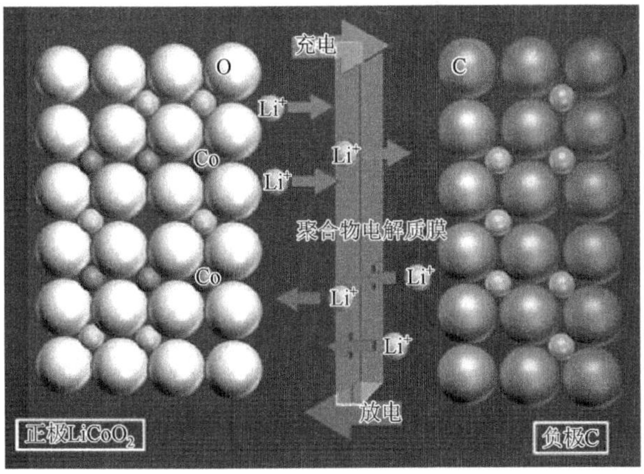

图 8-15　锂离子电池的工作原理

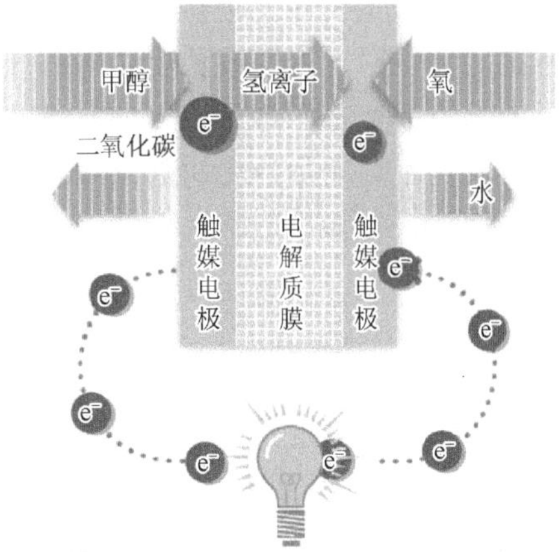

图 8-16　燃料电池工作原理示意图

近二三十年来，由于一次能源的匮乏和环境保护问题的突出，国际上要求开发利用新的清洁可再生性能源的呼声日渐高涨。燃料电池由于具有能量转换效率高、对环境污染小且不使用化石燃料等优点而受到世界各国的普遍重视。

燃料电池的基本组成为电极、电解质（可以是水溶液或熔融盐，也可以是固体的）、燃料和氧化剂。燃料电池多采用高度分散的贵金属 Pt 或 Ni 等作为电极材料或电极催化材料。燃料可以是气体或液体，人们最早使用的燃料是氢气，而后又开发研制出其他燃料如 CO、碳氢化合物以及液体甲醇等。相对于燃料的选择，氧化剂则较为简单，纯氧或空气都可使用。燃料电池常按电解质性质分为五大类：碱性燃料电池、磷酸燃料电池、熔融碳酸盐燃料电池、固体氧化物燃料电池和质子交换膜燃料电池。

燃料电池的研究及技术近年来已获得很大发展，在美国、日本等先进国家也已研制成功从几瓦小功率的电池到兆瓦级的发电站。但由于燃料电池的成本较高，燃料气特别是氢气的储存运输较为困难，所以要使燃料电池达到大规模的使用还有很多工作要做。氢能是一种清洁能源，可同时满足资源、环境和可持续发展的要求，利用氢能来替代日渐枯竭的石油、煤炭等化石燃料，是人们寻找开发新能源的探索之一，有人认为 21 世纪将是氢能的世纪。燃料电池作为氢能利用的重要手段，其发展将会对氢能时代的到来产生重要的影响。

8.10　金属的电化学腐蚀及电化学保护

金属表面与外界介质发生化学作用或电化学作用而遭到破坏的过程称为金属的腐蚀。金属的腐蚀分为化学腐蚀和电化学腐蚀两种类型。化学腐蚀是金属表面与非电解质溶液或干燥的气体发生化学作用而引起的，其特点是腐蚀过程无电流通过。电化学腐蚀是金属与潮湿空气、电解质溶液等发生电化学作用而引起的腐蚀。金属发生电化学腐蚀时有局部电流通过。金属因腐蚀而遭受的损失是惊人的。全世界每年由于腐蚀报废大量的金属材料和设备，因此研究金属的腐蚀和防腐是一项很有意义的工作。金属的腐蚀以电化学腐蚀情况最为严重，本书只讨论电化学腐蚀机理与防腐措施。

8.10.1 金属的电化学腐蚀

当两种或两种以上的金属制件相接触，同时又与其他介质（如潮湿的空气、水或电解质溶液）相接触时，就形成了一个电池（腐蚀电池），并发生电化学作用。例如，铜板上的铁铆钉，若长期暴露在潮湿的空气中，其表面会凝结一层薄薄的水膜，O_2、CO_2、SO_2和 NaCl 等溶解到这一水膜中形成电解质溶液，从而构成了一个以 Fe 为阳极（－）、Cu 为阴极（＋）的腐蚀电池，进行如下电极反应：

阳极： $$Fe \longrightarrow Fe^{2+} + 2e^-$$

阴极： $$\frac{1}{2}O_2 + 2H^+ + 2e^- \longrightarrow H_2O$$

铁与铜紧密相连，形成短路，电池反应不断地进行，Fe 变成 Fe^{2+}溶入水膜，放出的电子移向铜板而被 O_2 所消耗，生成水。Fe^{2+}又与溶液中的 OH^-结合生成 $Fe(OH)_2$，然后又与潮湿的空气作用，最后生成铁锈：

$$4Fe(OH)_2+O_2+2H_2O \longrightarrow 4Fe(OH)_3$$

这样铁就遭到了腐蚀。

又如，金属 Zn 中含有杂质 Fe 时，Zn 和杂质 Fe 可构成许多微小的电池，在 Zn 上进行氧化反应，$Zn \longrightarrow Zn^{2+}+2e^-$，在 Fe 上进行还原反应，$2H^++2e^- \longrightarrow H_2$。这样 Zn 作为阳极不断溶解而被腐蚀。

总之，金属的电化学腐蚀实际上是形成了许多微小电池（微电池），发生电化学作用而引起的。

根据氧化还原的原理，在金属起氧化作用被腐蚀时，必有另一个与之共轭的氧化剂起还原作用，该氧化剂称为去极剂。显然，不管金属多么活泼，如果没有去极剂的存在，金属是不会遭到腐蚀的。在金属腐蚀时，常遇到的去极剂是溶液中的氢离子或溶解的氧。

8.10.2 电化学保护

1. 金属的钝化

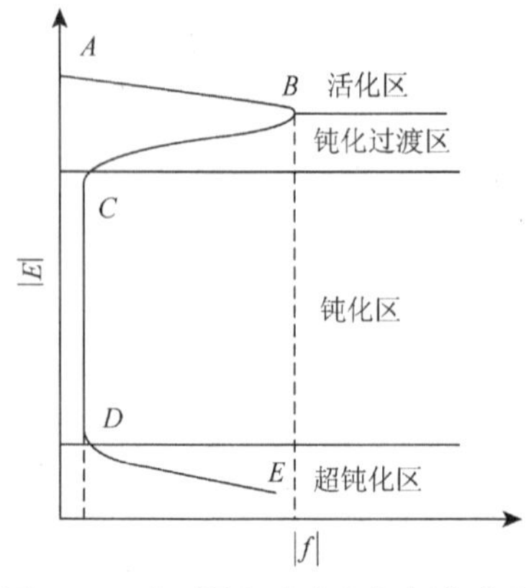

图 8-17 典型的恒电位阳极极化曲线

金属由易腐蚀的活性状态变为耐腐蚀的钝化状态，称为金属的钝化。图 8-17 是金属的阳极极化曲线，它反映了金属钝化的一些特征。曲线可分为四段，*AB* 是活化区，在此阶段阳极电流密度 J_a 随电极电势 E_a 增大而增大，金属因阳极溶解而遭腐蚀；*BC* 段为钝化过渡区，J_a 随 E_a 增大突然减小，以致几乎停止溶解，出现钝化现象；*CD* 段的 J_a 几乎不随 E_a 而变化，金属完全处于钝化状态，为金属的钝化区；*DE* 段表示，J_a 又开始随 E_a 增大而增大，金属又发生氧化作用，此为超钝化区。从图 8-17 可以看出，只要金属的电极电势维持在钝化区（*CD* 段），金属就处于稳定的钝化状态。

2. 金属的电化学防腐

金属的防腐蚀通常有三种方法：制备非金属表面覆盖层、电化学保护（包括阴极保护和阳极保护）和缓蚀剂保护。下面仅简单介绍电化学保护法。

电化学保护是防止或减少金属腐蚀的一种有效措施，它包括阴极保护法和阳极保护法。阴极保护法又可分为外加电流法和牺牲阳极法。外加电流法是把直流电源的负极与被保护的金属相接（阳极为不溶性辅助电极），利用外加电流使阴极极化，从而使被保护金属的电极电势变得更负，金属由溶解状态进入电化学稳定状态，部分或完全地抑制金属的腐蚀，以达到保护金属的目的。牺牲阳极法是在被保护的金属上连接一块电极电势更负的金属，它与被保护金属构成电池时将作为阳极而被腐蚀，原来的金属则作为阴极而受到保护。例如，为了保护船体不受海水腐蚀，可把 Zn 块焊在船体外壳上作为牺牲阳极。这样，船体的钢板得到保护，而被腐蚀的 Zn 块可以随时更换。牺牲阳极法的优点是不用外加电流。

阳极保护法是让被保护的金属作为阳极与外加电源的正极相连，辅助电极作为阴极与外加电源的负极相连，通电后被保护金属进行阳极极化，到达钝化区。由于钝化后金属的电极电势升高，变得稳定，其腐蚀速度明显降低。

本 章 小 结

（1）法拉第定律：当电流通过电解质溶液时，电极上发生化学变化物质的物质的量与通过的电量成正比，与电极反应中转移的电荷数成反比。其数学表达式为：$\xi=\dfrac{Q}{zF}$或$Q=zF\xi$ 。

（2）当电流通过电解质溶液时，在电极上将发生电极反应，相应地在溶液中将发生正、负离子分别向阴、阳极的移动。这种在电场作用下发生的正、负离子的定向移动称为离子的电迁移。

（3）导体的导电能力常以电导 G 表示，电导是电阻 R 的倒数：

$$G=\frac{1}{R}=\kappa\frac{A_{\rm S}}{l}$$

电导的单位是西门子 S，S=Ω^{-1}。κ 称为电导率（以前称为比电导），其单位为 $\rm S{\cdot}m^{-1}$。

（4）摩尔电导率 $\Lambda_{\rm m}$ 为单位浓度电解质溶液的电导率，即 $\Lambda_{\rm m}=\kappa/c$ 。$\Lambda_{\rm m}$ 的单位为 $\rm S{\cdot}m^2{\cdot}mol^{-1}$。即相当于把含有 1mol 电解质的溶液置于极板间距为单位距离的电导池中所具有的电导。$\Lambda_{\rm m}$ 可用 $\Lambda_{\rm m}=V_{\rm m}\kappa$ 计算，摩尔电导率涉及了物质的量浓度，其值与物质的基本单元的选取有关。

（5）离子独立运动定律：在无限稀释的溶液中，无论强电解质还是弱电解质都是全部电离的，离子间的相互作用力可忽略不计，离子的运动彼此独立，互不影响。此时电解质的无限稀释摩尔电导率为正、负离子无限稀释摩尔电导率之和。对 $\rm M_{\nu_+}$ 、$\rm M_{\nu_-}$ 型电解质，离子独立运动定律的数学表达式为 $\Lambda_{\rm m}^{\infty}=\nu_+\Lambda_{\rm m,+}^{\infty}+\nu_-\Lambda_{\rm m,-}^{\infty}$ 。

（6）电解质的整体活度与各离子活度间的关系：

$$\mu_{\rm B}^{\ominus}=\nu_+\mu_+^{\ominus}+\nu_-\mu_-^{\ominus}$$

$$\alpha_{\rm B}=a_+^{\nu_+}a_-^{\nu_-}$$

平均活度 $a_\pm$： $a_\pm^{\nu}\overset{\rm def}{=\!=}a_+^{\nu_+}a_-^{\nu_-}$

平均活度因子 $\gamma_\pm$： $\gamma_\pm^{\nu}\overset{\rm def}{=\!=}\gamma_+^{\nu_+}\gamma_-^{\nu_-}$

平均质量摩尔浓度 $b_\pm$： $b_\pm^{\nu}\overset{\rm def}{=\!=}b_+^{\nu_+}b_-^{\nu_-}$ ，其中 $\nu=\nu_++\nu_-$ 。

$a_\pm$ 、$\gamma_\pm$ 和 $b_\pm$ 之间的关系为 $a_\pm=\dfrac{\gamma_\pm b_\pm}{b^{\ominus}}$

强电解质的平均活度 $a_\pm$ 和活度 $a_{\rm B}$ 即为 $a_{\rm B}=\gamma_\pm^{\nu}\left(\dfrac{b_\pm}{b^{\ominus}}\right)^{\nu}$

电解质的化学势：$\mu_B = \mu_B^{\ominus} + RT\ln a_B$

$$\mu_B = \mu_B^{\ominus} + RT\ln a_{\pm}^{\nu}$$

$$\mu_B = \mu_B^{\ominus} + RT\ln\left(\frac{\gamma_{\pm}b_{\pm}}{b^{\ominus}}\right)^{\nu}$$

（7）离子强度 $I = \frac{1}{2}\sum b_B z_B^2$ 。

（8）德拜-休克尔极限式。

稀溶液中的单个离子活度因子公式：$\lg\gamma_i = -Az_i^2\sqrt{I}$

整体电解质的平均离子活度因子公式：$\lg\gamma_{\pm} = -Az_{+}|z_{-}|\sqrt{I}$

式中，A 为与溶剂性质、温度等有关的常数。在 25℃水溶液中：A=0.509$(\mathrm{mol\cdot kg^{-1}})^{-1/2}$，该公式只适用于稀溶液。

（9）电池反应的摩尔吉布斯函数变：$\Delta_r G_m = \left(\frac{\partial \Delta_r G}{\partial \xi}\right)_{T,p} = -zFE$ 。

电池反应的摩尔熵变：$\Delta_r S_m = zF\left(\frac{\partial E}{\partial T}\right)_p$ ，式中 $\left(\frac{\partial E}{\partial T}\right)_p$ 称为原电池电动势的温度系数，它表示恒压下电动势随温度的变化率，单位为 $\mathrm{V\cdot K^{-1}}$。

电池反应的摩尔焓变：$\Delta_r H_m = -zFE + zFT\left(\frac{\partial E}{\partial T}\right)_p$ ，要注意的是此时的$\Delta_r H_m$不等于恒压反应热 Q_p 。

原电池可逆放电时的反应热：$Q_r = zFT\left(\frac{\partial E}{\partial T}\right)_p$ ，在恒温下电池可逆放电时：

若 $\left(\frac{\partial E}{\partial T}\right)_p = 0$，$Q_r = 0$ ，电池不吸热也不放热；

若 $\left(\frac{\partial E}{\partial T}\right)_p > 0$，$Q_r > 0$，电池从环境吸热；

若 $\left(\frac{\partial E}{\partial T}\right)_p < 0$，$Q_r < 0$，电池向环境放热。

（10）电池的能斯特方程：$E = E^{\ominus} - \frac{RT}{zF}\ln\prod_B a_B^{\nu_B}$ ，是原电池的基本方程式，它表示一定温度下可逆电池的电动势与参加电池反应的各组分的活度或逸度之间的关系，反映了各组分的活度或逸度对电池电动势的影响。25℃时，该式可表示成 $E = E^{\ominus} - \frac{0.0592\mathrm{V}}{z}\ln\prod_B a_B^{\nu_B}$，当电池反应达到平衡时，可以得到 $E^{\ominus} = -\frac{RT}{zF}\ln K^{\ominus}$，式中 $K^{\ominus}$ 为电池反应的标准平衡常数。如能求得原电池的标准电动势 $E^{\ominus}$，即可求得该电池反应的标准平衡常数。

（11）液接电势是指两种不同电解质的溶液或同一电解质而浓度不同的两种溶液相接触时在界面上产生的电势差。液接电势产生的原因是离子迁移速率不同。

（12）电极的能斯特方程的通式为

$$E(\text{电极}) = E^{\ominus}(\text{电极}) - \frac{RT}{zF}\ln\frac{\{a(\mathrm{R})\}^{\nu_R}}{\{a(\mathrm{O})\}^{\nu_O}}$$

298.15K 下：

$$E(\text{电极}) = E^{\ominus}(\text{电极}) - \frac{0.0592}{z}\ln\frac{\{a(\mathrm{R})\}^{\nu_R}}{\{a(\mathrm{O})\}^{\nu_O}}$$

式中，$E^{\ominus}$(电极)为电极的标准电极电势。a 为物质的活度。对纯固体和纯液体，a=1；对气体，a 为相对分压 $p/p^{\ominus}$ 。

（13）根据电极材料和与它相接触的溶液将电极分为三类：第一类电极可分为金属电极和非金属电极。这类电极的特点是电极直接与它的离子溶液相接触，参与反应的物质存在于两个相中，电极有一个相界面。第二类电极包括金属-难溶盐电极和金属-难溶氧化物电极，这类电极的特点是参与反应的物质存在于三个相中，电极有两个相界面。第三类电极又称氧化还原电极。但这里所说的氧化还原电极专指如下一类电极：电极极板（Pt）只起输送电子的作用，不参加电极反应，电极只有一个相界面。

（14）设计原电池的方法是将给定反应分解成两个电极反应，使两个电极反应的总和等于该反应。然后按顺序从左到右依次列出阳极板至阴极板间各个相，相与相之间用垂线隔开，若为双液电池，在两溶液间用双虚垂线表示用盐桥。

（15）金属的防腐蚀通常有三种方法：制备非金属表面覆盖层、电化学保护（包括阴极保护和阳极保护）和缓蚀剂保护。

阴极保护法又可分为外加电流法和牺牲阳极法。前者是把直流电源的负极与被保护的金属相接（阳极为不溶性辅助电极），利用外加电流使阴极极化，从而使被保护金属的电极电势变得更负，金属由溶解状态进入电化学稳定状态，部分或完全地抑制金属的腐蚀，以达到保护金属的目的。后者是在被保护的金属上连接一块电极电势更负的金属，它与被保护金属构成电池时将作为阳极而被腐蚀，原来的金属则作为阴极而受到保护。

阳极保护法是让被保护的金属作为阳极与外加电源的正极相连，辅助电极作为阴极与外加电源的负极相连，通电后被保护金属进行阳极极化，到达钝化区。由于钝化后金属的电极电势升高，变得稳定，其腐蚀速度明显降低。

习 题

1. 以 2.00A 的电流电解 $CuSO_4$ 溶液，10.0min 后在阴极上能析出多少质量的 Cu？在 Pt 阳极上能析出多少体积的 $O_2(g)$（298.15K，100kPa）？

2. 用电流强度为 5A 的直流电来电解稀 H_2SO_4 溶液，在 300K、101325Pa 压力下如欲获得氧气和氢气各 $1dm^3$，需分别通电多长时间？已知在该温度下水的蒸气压力为 3565Pa。

3. 当 $CuSO_4$ 溶液中通过 1930C 电量后，在阴极上有 0.009mol Cu 沉积出来，试问在阴极上析出 $H_2(g)$的物质的量。

4. 已知 25℃时 $0.02mol \cdot dm^{-3}$ KCl 溶液的电导率为 $0.2768S \cdot m^{-1}$。在电导池中充以此溶液，25℃时测知其电阻为 453Ω，在同一电导池中盛入同样体积的浓度为 $0.555g \cdot dm^{-3}$ 的 $CaCl_2$ 溶液，测得电阻为 1050Ω。计算：

（1）电导池常数；

（2）$CaCl_2$ 溶液的电导率；

（3）$CaCl_2$ 溶液的摩尔电导率。

5. 在 298K 时 NaCl 溶液的无限稀释摩尔电导率为 $\Lambda_m^\infty = 0.012639S \cdot m^2 \cdot mol^{-1}$，$Na^+$的迁移数为 $t_{Na^+} = 0.396$。试计算 $\Lambda_m^\infty(Na^+)$和 $\Lambda_m^\infty(Cl^-)$。

6. 已知 298.15K 时 NaCl、NaOH 和 NH_4Cl 的 Λ_m^∞ 分别为 $108.6 \times 10^{-4}S \cdot m^2 \cdot mol^{-1}$、$217.2 \times 10^{-4}S \cdot m^2 \cdot mol^{-1}$ 和 $129.8 \times 10^{-4}S \cdot m^2 \cdot mol^{-1}$；$0.1mol \cdot dm^{-3}$ 和 $0.01mol \cdot dm^{-3}$ 的 $NH_3 \cdot H_2O$ 的 Λ_m^∞ 分别为 $3.09 \times 10^{-4}S \cdot m^2 \cdot mol^{-1}$ 和 $9.62 \times 10^{-4}S \cdot m^2 \cdot mol^{-1}$。试根据上述数据，求 $NH_3 \cdot H_2O$ 的两种不同浓度溶液的解离度和解离常数。

7. 某电导池中充入 $0.02mol \cdot dm^{-3}$ KCl 溶液，在 25℃时电阻为 250Ω，如改充入 $6 \times 10^{-5}mol \cdot dm^{-3}$ $NH_3 \cdot H_2O$ 溶液，其电阻为 105Ω。已知 $0.02mol \cdot dm^{-3}$ KCl 溶液的电导率为 $0.227S \cdot m^{-1}$，而 NH_4^+ 及 OH^-的摩尔电导率分别为 $73.4 \times 10^{-4}S \cdot m^2 \cdot mol^{-1}$、$198.3S \cdot m^2 \cdot mol^{-1}$。试计算 $6 \times 10^{-5}mol \cdot dm^{-3}$ $NH_3 \cdot H_2O$ 溶液的解离度。

8. 25℃时，质量摩尔浓度 b=0.20mol·kg^{-1} $K_4Fe(CN)_6$ 水溶液正、负离子的平均活度因子（系数）$\gamma_\pm$ =0.099，试求此水溶液中正负离子的平均活度 $a_\pm$ 及 $K_4Fe(CN)_6$ 的电解质活度 a_B。

9. 在标准压力和 298.15K 时，已知纯水的电导率 $\kappa_{H_2O}=5.5\times10^{-6}S\cdot m^{-1}$，水的密度 $\rho_{H_2O}=997.09kg\cdot m^{-3}$，$\Lambda_m^\infty(H^+)=3.498\times10^{-2}S\cdot m^2\cdot mol^{-1}$，$\Lambda_m^\infty(OH^-)=1.980\times10^{-2}S\cdot m^2\cdot mol^{-1}$。计算纯水的解离度和离子活度积常数 $K_w^\ominus$。

10. 计算由 NaCl、Na_2SO_4 和 $MgSO_4$ 各 1.00×10^{-3}mol 溶于 1kg 水中所形成的溶液的离子强度；利用德拜-休克尔极限公式分别计算 298.15K 时该溶液中三种电解质的平均离子活度因子 $\gamma_\pm(Na_2Cl)$、$\gamma_\pm(Na_2SO_4)$、$\gamma_\pm(MgSO_4)$及各离子的活度因子 $\gamma(Na^+)$、$\gamma(Mg^{2+})$、$\gamma(Cl^-)$、$\gamma(SO_4^{2-})$。

11. 写出下列电池所对应的化学反应。

（1）$(Pt)H_2(g)|HCl(b)|Cl_2(g)(Pt)$

（2）$Ag\text{-}AgCl(s)|CuCl_2(b)|Cu(s)$

（3）$Cd(s)|Cd^{2+}(b_1)|HCl(b_2)|H_2(g)(Pt)$

（4）$Cd(s)|CdI_2(b)|AgI\text{-}Ag(s)$

（5）$Pb\text{-}PbSO_4(s)|K_2SO_4(b_1)\parallel KCl(b_2)|PbCl_2(s)\text{-}Pb(s)$

（6）$Ag\text{-}AgCl(s)|KCl(b)|Hg_2Cl_2(s)\text{-}Hg(l)$

（7）$(Pt)|Fe^{2+}, Fe^{3+}\parallel Hg_2^{2+}|Hg(l)$

（8）$(Pt)H_2(g)|NaOH(b)|HgO(s)\text{-}Hg(l)$

12. 试将下列化学反应设计成电池。

（1）$Zn(s)+H_2SO_4(aq) = ZnSO_4(aq)+H_2(g)$

（2）$Pb(s)+2HCl(aq) = PbCl_2(s)+H_2(g)$

（3）$H_2(g)+I_2(s) = 2HI(aq)$

（4）$Fe^{2+}+Ag^+ = Fe^{3+}+Ag(s)$

（5）$Pb(s)+Hg_2SO_4 = PbSO_4(s)+2Hg(l)$

（6）$AgCl(s)+I^- = AgI(s)+Cl^-$

（7）$0.5H_2(g)+AgCl(s) = Ag(s)+HCl(aq)$

（8）$Ni(s)+H_2O(l) = NiO(s)+H_2(g)$

13. 分别写出下列两个电池在作为原电池和电解池时的电池反应，并判断是否可能成为可逆电池。

（1）$Zn(s)|H_2SO_4(aq)|Cu(s)$

（2）$Pt|H_2(p)|HCl(aq)|AgCl(s)|Ag$

14. 在 298.15K 时，有下述电池：

$$Ag(s)|AgBr(s)|Br^-(a_{Br^-}=0.01)\parallel Cl^-(a_{Cl^-}=0.01)|AgCl(s)|Ag(s)$$

试计算电池的电动势 E，并判断该电池反应能否自发进行。已知 $E^\ominus_{Cl^-|AgCl|Ag}=0.2223V$，$E^\ominus_{Br^-|AgBr|Ag}=0.0713V$。

15. 计算化学电池：$Zn(s)|Zn^{2+}(a=0.1)\|Cu^{2+}(a=0.01)|Cu(s)$在 25℃时的电动势。

16. 有一原电池 $Ag(s)|AgCl(s)|Cl^-(a=1)\|Cu^{2+}(a=0.01)|Cu(s)$。

（1）写出上述原电池的反应式；

（2）计算该原电池在 25℃时的电动势；

（3）25℃时，原电池反应的吉布斯函数变（Δ_rG_m）和标准平衡常数 $K^\ominus$ 各为多少？

17. 已知：$E^\ominus(Cu^{2+}|Cu)$=0.3402V，$E^\ominus(AgCl(s)|Ag(s)|Cl^-)$=0.2223V。

25℃时，电池 Ag-AgCl(s)|KCl(b)|Hg_2Cl_2(s) - Hg(l) 的电动势 $E = 0.0455V$ ，$\left(\frac{\partial E}{\partial T}\right)_p = 3.38\times10^{-4} V\cdot K^{-1}$ 。写出该电池的电池反应式，并求该温度下的 $\Delta_r G_m$、$\Delta_r S_m$、$\Delta_r H_m$、Q_R 。

18. 电池 Zn(s)|$ZnCl_2$(0.05mol·kg^{-1}) | AgCl(s)|Ag(s) 的电动势与温度的关系为

$$E / V = 1.015 - 4.92\times10^{-4}(T/K - 298.15)$$

试计算：在 298.15K，电极反应的电子计量系数等于 2 时，电池反应的 $\Delta_r G_m$、$\Delta_r H_m$、$\Delta_r S_m$ 和可逆热效应 Q_R 。

19. 在 25℃下，有反应

$2AgBr(s)+H_2(p^\ominus) \xlongequal{\quad} 2Ag(s) + 2HBr(0.11mol\cdot kg^{-1}, \gamma_\pm = 0.910)$ 。已知 $\varphi^\ominus_{AgBr-AgBr^-} = 0.0711V$ 。

（1）将上述反应设计成一电池，写出电池表示式、电极反应、电池反应。

（2）求上述电池的 E、$\Delta_r G_m$ 、$K^\ominus$，并判断此反应能否自发。

（3）将上述反应写成 $AgBr(s) + \frac{1}{2}H_2(p^\ominus) \xlongequal{\quad} Ag(s) + HBr(0.11mol\cdot kg^{-1}, \gamma_\pm = 0.910)$ ，求算 E、$\Delta_r G_m$ 、$K^\ominus$ ，并与（2）求出的 E、$\Delta_r G_m$ 、$K^\ominus$ 进行比较，说明其原因。

20. 已知电极 Ti^{3+},Ti^+ | Pt 的还原电极电势 $E^\ominus_{Ti^{3+},Ti^+} = 1.250V$ ，电极 Ti^+ | Ti(s) 的还原电极电势 $E^\ominus_{Ti^+|Ti} = -0.336V$ 。试计算电极 Ti^{3+} | Ti(s) 的还原电极电势 $E^\ominus_{Ti^{3+}|Ti}$ 的值。

21. 298.15K 下，电池：Pt(s)|H_2(g, $p^\ominus$)|HCl[b(HCl)=0.08mol·kg^{-1}, $\gamma_\pm$ =0.809]|Hg_2Cl_2(s)|Hg(l)的标准电动势 $E^\ominus_{MF}$=0.2680V，计算电池电动势及甘汞电极的标准电极电势 $E^\ominus$ (Cl^-|Hg_2Cl_2|Hg)。

22. 已知 $E^\ominus_{Fe^{3+}|Fe} = -0.036V$ ，$E^\ominus_{Fe^{3+},Fe^{2+}} = 0.771V$ 。试计算：

（1） $E^\ominus_{Fe^{2+}|Fe}$ 的值。

（2）反应 $Fe(s)+2Fe^{3+} \rightleftharpoons 3Fe^{2+}$ 的标准平衡常数。

23. 电池 Zn(s)|$ZnCl_2$(b=0.555mol·kg^{-1})|AgCl(s)|Ag(s)，测得 25℃时电动势 E_{MF}=1.015V。已知：$E^\ominus$ (Zn^{2+}|Zn)=−0.763V，$E^\ominus$ (Cl^-|AgCl|Ag)=0.2223V。

（1）写出电极及电池反应（得失电子数为 2）；

（2）求上述反应的标准平衡常数 $K^\ominus$；

（3）求溶液 $ZnCl_2$ 的平均离子活度因子 $\gamma_\pm$ 。

24. （1）在含有 $FeCl_3$(2.0mol·kg^{-1})和 $FeCl_2$(1.0×10^{-4}mol·kg^{-1})的烧杯中插入铂电极，当与标准氢电极组成电池时，计算该电池的电动势的值。已知 $E^\ominus_{Fe^{3+},Fe^{2+}} = 0.771V$ 。

（2）在含有 KBr(3.0mol·kg^{-1})和 Br_2(1.0×10^{-4}mol·kg^{-1})的烧杯中插入铂电极，当与标准氢电极组成电池时的电动势为多少？已知 $E^\ominus_{Br_2|Br^-} = 1.065V$ 。

（3）当将上面两个烧杯中的溶液混合时，根据上述反应，判断将发生什么反应。（设活度因子均等于 1）

25. 25℃时，电池 Pt(s)|H_2($p^\ominus$)|HCl(0.1mol·kg^{-1})|AgCl(s)|Ag(s)的电动势为 0.3522V，

（1）求反应 $H_2(g, p^\ominus)+2AgCl(s) \xlongequal{\quad} 2Ag+2H^++2Cl^-$，在 25℃的标准平衡常数。已知 0.11mol·kg^{-1} HCl 的 $\gamma_\pm$=0.798。

（2）求金属银在 1mol·kg^{-1} HCl 溶液中产生 H_2 的平衡压力。

已知 $E^\ominus$[Ag(s)|AgCl(s)|Cl]=0.2223V，25℃时 1mol·kg^{-1}HCl 的 $\gamma_\pm$=0.809。

26. 在 298.15K 时，电极反应为 $Cu^{2+}(a_{Cu^{2+}}) + I^-(a_{I^-}) + e^- \xlongequal{\quad} CuI(s)$ 的标准还原电极电势为 0.860V，电极反应为 $Cu^{2+}(a_{Cu^{2+}}) + e^- \longrightarrow Cu^+(a_{Cu^+})$ 的标准还原电极电势为 0.153V，计算 CuI(s) 的标准活度积常数 $K^\ominus_{sp}$ 。

27. 原电池 Pt|H_2($p^\ominus$)|H_2SO_4(b=0.01mol·kg^{-1})|O_2($p^\ominus$)|Pt 在 298.15K 时的 E_{MF}=1.229V，液态水的 $\Delta_f H^\ominus_m$(298.15K)=−285.84kJ·mol^{-1}，求该电池电动势的温度系数及 273.15K 时的电动势。（设在此温度范围内 $\Delta_r H^\ominus_m$ 为常数）

28. 在 298.15K 时，已知电极 $Ag^+|Ag(s)$ 的还原电极电势 $E^{\ominus}_{Ag^+|Ag}=0.7991V$，电极 $Cl^-|AgCl|Ag$ 的电极电势 $E^{\ominus}_{Cl^-|AgCl|Ag}=0.2224V$，试计算：

（1）$AgCl(s)$ 在浓度为 $0.01mol\cdot dm^{-3}$ KNO_3 溶液中的饱和溶液的浓度。已知在该溶液中，AgCl 的平均活度因子 $\gamma_{\pm}=0.889$。

（2）反应 $AgCl(s) \rightleftharpoons Ag^+(a_{Ag^+})+Cl^-(a_{Cl^-})$ 的标准摩尔反应吉布斯自由能 $\Delta_r G^{\ominus}_m$。

（3）从计算结果说明，反应 $AgCl(s) \rightleftharpoons Ag^+(a_{Ag^+})+Cl^-(a_{Cl^-})$ 自发进行的方向。写出这两个电极在 298.15K 和标准状态下，组成自发电池的表示式。

29. 25℃时，对电池 $Pt|Cl_2(p^{\ominus})|Cl^-(a=1)||Fe^{3+}(a=1)$，$Fe^{2+}(a=1)|Pt$：

（1）写出电池反应；

（2）计算电池反应的 $\Delta_r G_m$ 及 $K^{\ominus}$ 值；

（3）当 Cl^-的活度改变为 $a(Cl^-)=0.1$ 时，E 值为多少？

已知 $E^{\ominus}(Cl^-|Cl_2|Pt)=1.3583V$，$E^{\ominus}(Fe^{3+}, Fe^{2+}|Pt)=0.771V$。

30. 有电池 $Cu(s)|Cu(Ac)_2(0.1mol\cdot kg^{-1})|AgAc(s)|Ag(s)$，已知 298.15K 时该电池的电动势 $E(298.15K)=0.372V$，在 308K 时，$E(308K)=0.374V$，设电动势 E 随温度的变化是均匀的。又知 298.15K 时，$E^{\ominus}_{Ag^+|Ag}=0.799V$，$E^{\ominus}_{Cu^{2+}|Cu}=0.337V$。

（1）写出电极反应和电池反应。

（2）当电池反应中电子的得失数为 2 时，求反应进度为 1mol 时的 $\Delta_r G_m$、$\Delta_r H_m$ 和 $\Delta_r S_m$。

（3）求乙酸银 AgAc(s)的活度积常数 $K^{\ominus}_{sp}$（设活度因子均为 1）。

第 9 章 胶体与界面现象

胶体与界面化学是研究胶体分散体系和界面现象的一门科学，与能源、材料、生物、化学制造和环境科学有着密切的关系，并渗透到国民经济的各个领域中。所涉及其中的一些重大科学问题，如土壤改良、功能与复合材料、三次采油、浆体的管道运输、人造代血浆、药物缓释与定向、摩擦与润滑和油漆涂料等，与国家安全、能源开发、环境保护和人民生活等方面密切相关，因此在社会与经济可持续发展中具有重要地位。

本章介绍气-液、气-固和液-液界面上发生的界面现象，讨论附加压力及其引起的现象、吸附和润湿等。

9.1 胶体及结构

9.1.1 分散系统的分类

把一种或几种物质分散在另一种物质中所构成的系统称为分散系统，被分散的物质称为分散相，而另一种呈连续分布的物质称为分散介质。当分散相以分子、原子或离子为基本单元均匀地分散在液态分散介质中形成的系统是溶液或液态混合物。这类系统一般不列入分散系统中研究。分散系统的含义比胶体系统更广泛。根据分散相粒子的大小，分散系统可分为真溶液（d<1nm）、胶体系统（1nm<d<1000nm）和粗分散系统（d>1000nm）。分散相以分子形式溶于介质中形成的分散系统是均相系统，称为溶液。被分散的物质不溶于介质时形成的分散系统是多相系统。无论胶体或粗分散系统，其分散颗粒与分散介质之间有相的界面，所以这些分散系统都是多相系统。而溶液或液态混合物则达到分子程度的均匀分散、无相的界面，是均相系统。许多高分子化合物的溶液虽然溶质的基本单元也是分子，但是一个分子的尺寸往往已经达到或超过 1nm～1μm 的范围，因此高分子溶液往往表现出许多胶体的性质，过去曾将高分子溶液称为亲液溶胶。而将胶体称为憎液溶胶。实际上高分子溶液的溶质和溶剂之间无相的界面，是热力学稳定的均相系统。而胶体的分散介质与分散介质间有相的界面，且因分散颗粒很细，表面吉布斯函数很高，有分散颗粒合并导致胶体被破坏的趋势，所以胶体是热力学不稳定的非均相系统。这是胶体与高分子溶液本质上的区别。

为了便于比较，依据分散相分散程度分离情况以列表形式予以列出（表 9-1）。

表 9-1 分散系统分类（按分散相粒子大小）

类型		分散相粒子直径	分散相	性质	实例
真溶液	分子溶液、离子溶液等	<1nm	小分子、离子、原子	均相，热力学稳定系统，扩散快、能透过半透膜，形成真溶液	氯化钠或蔗糖的水溶液，混合气体等
胶体分散系统	溶胶	1～1000nm	胶体粒子	多相，热力学不稳定系统，扩散慢、不能透过半透膜，形成胶体	金溶胶，氢氧化铁溶胶
	高分子溶液	1～1000nm	高（大）分子	均相，热力学稳定系统，扩散慢、不能透过半透膜	聚乙烯醇水溶液
	缔合胶体	1～1000nm	胶束	均相，热力学稳定系统，胶束扩散慢、不能透过半透膜	表面活性剂水溶液（c>CMC）

续表

类型		分散相粒子直径	分散相	性质	实例
粗分散系统	乳状液 泡沫 悬浮液	＞1000nm	粗颗粒	多相，热力学不稳定系统，扩散慢或不扩散、不能透过半透膜或滤纸，形成悬浮液或乳状液	浑浊泥水，牛奶，豆浆等

另外，也可依据分散相和分散介质聚集状态的不同，将溶胶分为气溶胶（分散介质为气体）、液溶胶（分散介质为液态）和固溶胶（分散介质为固态）；而粗分散系统则可分为泡沫、乳状液、悬浮液等，详见表 9-2。

表 9-2　分散系统分类（按聚集状态）

分散介质	分散相	名称	实例
气	液固	气溶胶	云，雾，喷雾烟，粉尘
液	气液固	泡沫 乳状液 液溶胶或悬浮液	肥皂泡沫 牛奶，含水原油 金溶胶，油墨，泥浆
固	气液固	固溶胶	泡沫塑料 珍珠，蛋白石 有色玻璃，某些合金

胶体分散系统在生物界和非生物界都普遍存在，在实际生活和生产中也占有重要的地位。例如，在石油、冶金、造纸、橡胶、塑料、纤维、肥皂等工业部门，以及如生物学、土壤学、医学、生物化学、气象学、地质学等其他学科中都广泛地接触到与胶体分散系统有关的问题。由于实际的需要，也由于本身具有丰富的内容，因此胶体分散系统的研究得到了迅速的发展，已经成为一门独立的学科。

9.1.2　胶团的结构

由分子、原子或离子形成的固态微粒，称为胶核。胶核常具有晶体结构。具有晶体结构的固体颗粒可以从周围的介质中选择性地吸附某种离子而使之带电。一旦胶核因吸附带电后，介质中的反离子一部分分布在滑动面以内，另一部分呈扩散状态分布于介质之中。若分散介质为水，所有的反离子都应当是水化的。滑动面所包围的带电体，称为胶体粒子（简称胶粒）。整个扩散层及其所包围的胶体粒子，则构成电中性的胶团。

例如，在稀的 $AgNO_3$ 溶液中，缓慢地滴加少量的 KI 稀溶液，可得到 AgI 的正溶胶，过剩的 $AgNO_3$ 则起到稳定剂的作用。由 m 个 AgI 分子形成的固体微粒的表面上吸附 n 个 Ag^+，即形成带正电荷的 AgI 溶胶粒子，其胶团结构式可以表示为

$$\underbrace{\overbrace{[\underbrace{(AgI)_m}_{\text{胶核}} nAg^+(n-x)NO_3^-]^{x+}}^{\text{胶粒}} \overset{\text{滑动面}}{\vdots} \cdot xNO_3^-}_{\text{胶团}}$$

若在稀的 KI 溶液中，滴加少量的 $AgNO_3$ 稀溶液，KI 过量。AgI 微粒表面将吸附 I^-，胶核表面则带负电荷，K^+为反离子，生成 AgI 的负溶胶，这时胶团结构则应表示为

$$[(AgI)_m \cdot nI^- \cdot (n-x)K^+]^{x-} \cdot xK^+$$

胶团颗粒带负电（负溶胶）

在同一个溶胶中，每个固体微粒所含的分子个数 m 可以大小不等，其表面上所吸附的离子的个数 n 也不尽相等。在滑动面两侧，过剩的反离子所带的电荷量应与固体微粒表面所带的电量大小相等而符号相反，即 $(n-x)+x=n$。KI 为稳定剂的 AgI 溶胶的胶团剖面图，如图 9-1 所示。图中的小圆圈表示 AgI 微粒；AgI 微粒连同其表面上的 I^- 则为胶核；第二个圆圈表示滑动面；最外边的圆圈则表示扩散层的范围，即整个胶团的大小。

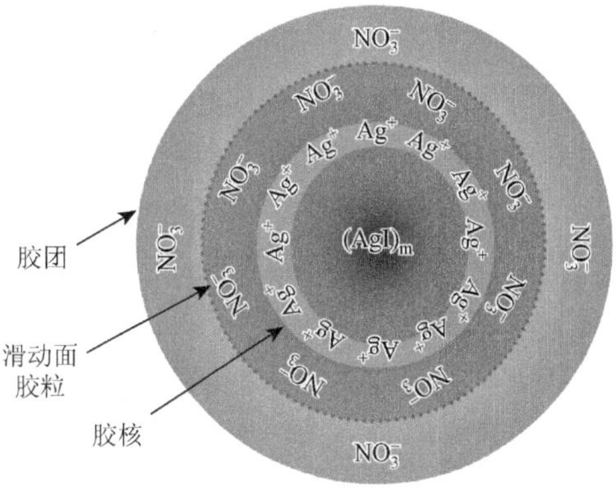

图 9-1　AgI 胶团剖面图

SiO_2 在适当的条件下水解可生成 SiO_2 溶胶，反应过程可表示为

$$SiO_2 + H_2O \longrightarrow H_2SiO_3 \rightleftharpoons 2H^+ + SiO_3^{2-}$$

反应所生成的是 SiO_2 负溶胶，胶团结构式为

$$[(SiO_2)_m \cdot n\,SiO_3^{2-} \cdot 2(n-x)H^+]^{2x-} \cdot 2xH^+$$

9.2　胶体的制备及性质

胶体化学是物理化学的一个重要分支。它所研究的领域是化学、物理学、材料科学、生物化学等诸学科的交叉与重叠，它已成为这些学科的重要基础理论。

9.2.1　胶体的制备

胶体的制备方法分两大类：分散法和凝聚法。

1. 分散法

利用机械设备，将粗分散的物料分散成为胶体，分散过程所消耗的机械功或电功远大于系统的表面吉布斯函数变，大部分能量则以热的形式传导给环境，分散法常采用下列设备和方法。

（1）胶体磨。具体操作时有干法与湿法之分，一般来说，湿法操作的粉碎程度更高。粉碎时常加入少量的表面活性剂，作为稳定剂，以防止分散相的微粒聚集成块。

（2）气流粉碎机（又称喷射磨）。由于旋转的离心作用，较大的粒子被抛向周边而继续被粉碎，细小微粒则随气流走向中心，受到挡板的拦截而落入布袋之中。气流粉碎机是一种能够进行连续操作的高效率的粉碎设备，粉碎程度可达 1μm 以下，这是任何其他干磨设备无法达到的。

以上两种机械粉碎设备，通常适用于那些脆且易碎物质的加工，对于柔韧性的物质应先硬化后再分散。

（3）电弧法。该法是将欲分散的金属作为电极，浸入水中，通入直流电，调节两电极间的距离，使其产生电弧。电弧的温度很高，而使电极表面的金属气化，金属蒸气遇冷却水而冷凝成胶体系统。在制备时，如果先加入少量的碱作为稳定剂，可得到较为稳定的水溶胶。此法实际上包括分散与凝聚两个过程。

2. 凝聚法

与分散法相反，凝聚法是由分子（或原子、离子）的分散状态凝聚为胶体分散状态的一种方法。通常可分为以下两种。

（1）物理凝聚法。将蒸气状态的物质或溶解状态的物质凝聚为胶体状态的方法。

①蒸气凝聚法：其方法是先在两管内分别装入苯与金属钠，将苯冷冻至凝固再抽成真空。在抽气条件下，分别加热苯和钠使之气化，两物质的蒸气在另一用液态空气冷却的容器的器壁上凝固。钠与苯不能形成固溶体，而是形成微小的晶体粒子，停止冷冻，温度升高，固体苯熔化而成液态，连同钠微粒形成钠的苯溶胶。可能是钠离子或钠的氧化物对该溶胶起到稳定剂的作用。

②过饱和法：改变溶剂或用冷却的方法使溶质的溶解度降低，由于过饱和，溶质从溶剂中分离出来凝聚成溶胶。用此法可制得难溶于水的树脂、脂肪等水溶胶，也可制备难溶于有机溶剂的物质的有机溶胶。

最简单的冷却法制备溶胶的例子是用冰急剧冷却苯的饱和水溶液，或用液态空气冷却硫的乙醇溶液。前者得到苯的水溶胶，后者是硫的醇溶胶。

（2）化学凝聚法。利用生成不溶性物质的化学反应控制析晶过程，使其停留在胶核尺度的阶段，而得到溶胶的方法，称为化学凝聚法。一般采用较大的过饱和浓度、较低的操作温度以利于晶核的大量形成而减缓晶体长大的速率，防止难溶性物质的聚沉，即可得到溶胶。

9.2.2 胶体的基本性质

1. 胶体的光学性质

1869 年，丁铎尔（Tyndall）发现，若令一束会聚的光通过溶胶，则从侧面（与光束前进方向垂直的方向）可以看到在溶胶中有一个发光的圆锥体，这就是丁铎尔效应。其他分散系统也会产生这种现象，但是远不如溶胶显著，因此丁铎尔效应实际上就成为判别溶胶与真溶液的最简便的方法。

当光线射入分散系统时可能发生三种情况，即发生光的反射或折射、光的散射以及光的吸收。

（1）若分散相的粒子大于入射光的波长，则主要发生光的反射或折射现象，粗分散系统就属于这种情况。

（2）若是分散相的粒子小于入射光的波长，则主要发生光的散射。此时光波绕过粒子而向各个方向散射出去（波长不发生变化），散射出来的光称为散射光，也称乳光。由于胶体颗粒的尺寸通常小于可见光的波长（400～760nm），所以当可见光射入胶体时，发生光散射作用而出现丁铎尔效应。

（3）许多溶胶是无色的，这是由于它们对可见光的各波段的光吸收都很弱，并且吸收大致相同。如果溶胶对可见光中某一波长的光有较强的选择性吸收，则透过光中该波长段将变弱，这时透射光将呈该波长光的补色光。则透过光中该波长段将变弱，这时透射光将呈该波长光的补色光。例如，红色金溶胶对 500～600nm 波长的绿色光有较强的吸收，而透过金溶胶后，光的颜色为其补色，所以呈红色。

当入射光的波长比分散颗粒的尺寸大时，入射光（电磁波）使分散颗粒中的电子做与入射光同频率的强迫振动，于是分散颗粒像一个新光源一样，向各方向发出与入射光相同频率的散射光。1871 年，瑞利（Rayleigh）首先导出了稀薄气溶胶散射光强度的计算公式，即瑞利公式，后经其他学者推广到稀的液溶胶系统。瑞利公式如下

$$I=\frac{9\pi^2Vc}{2\lambda^4l^2}\left(\frac{n^2-n_0^2}{n^2+2n_0^2}\right)(1+\cos^2\alpha)I_0 \tag{9-1}$$

式中，I_0 和 I 分别为入射光强度和散射光强度；λ 为入射光的波长；n 和 n_0 分别为分散颗粒的折射率和分散介质的折射率；V 为每个分散颗粒的体积，c 为单位体积内分散颗粒的数目；α 为散射角，即观察散射光的方向与入射光方向的夹角；l 为观察点与散射中心的距离。

瑞利公式表明：散射光的强度正比于入射光的强度，与入射光波长的 4 次方成反比。在其他条件相同的条件下，波长越短的光，产生的散射光越强。

2. 胶体的动力学性质

1827 年，植物学家布朗（Brown）在显微镜下，看到了悬浮于水中的花粉粒子处于不停息的、无规则的运动状态。由于这种现象是布朗首先发现的，故称为布朗运动，如图 9-2 所示。

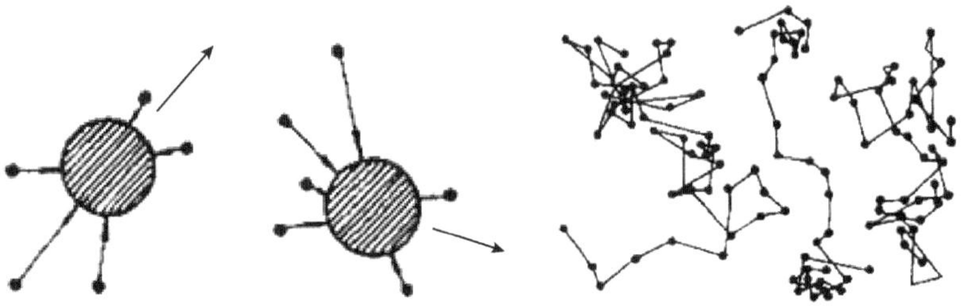

(a) 颗粒收介质分子冲击示意图　(b) 显微镜下胶粒的布朗运动

图 9-2　布朗运动

胶体产生布朗运动的原因是：在分散系统中，分散介质的分子皆处于无规则的热运动状态，它们从四面八方连续不断地撞击分散相的粒子。对于接近或达到胶体大小的粒子，它们所受到的撞击次数要小得多，在各个方向上所遭受的撞击力完全相互抵消的概率甚小，以致在不同时刻，这些合力将胶体推向不同方向，因此造成胶体颗粒的无序曲折运动，如图 9-2（b）所示。布朗运动是分子热运动的必然结果，是胶体粒子的热运动。

多相分散系统中的粒子因受重力作用而下沉的过程，称为沉降。胶体也会发生沉降，但由于胶体颗粒总是不停地进行着布朗运动，从而能阻止胶体颗粒因重力作用而下沉，所以布朗运动是胶体具有动力学稳定性的原因。

3. 胶体的电学性质

溶胶的电学性质包括电泳、电渗、流动电势和沉降电势，产生这些电学性质的原因是胶体颗粒（简称胶粒）是带电的。在外电场的作用下，固、液两相可发生相对运动；反过来，在外力的作用下，迫使固、液两相进行相对运动时，又可产生电势差。溶胶这种与电势差有关的相对运动称为电动现象。

在外电场的作用下，胶体粒子在分散介质中定向移动的现象，称为电泳。中性粒子在外电场中不会发生定向移动，电泳现象说明胶体粒子是带电的。

图 9-3 是一种测定电泳速度的实验装置。以 $Fe(OH)_3$ 溶胶为例，实验时先在 U 形管中装入适量的 NaCl 溶液［或 $Fe(OH)_3$ 溶胶的超离心滤液］，再通过支管从 NaCl 溶液的下面缓慢地压入棕红色的 $Fe(OH)_3$ 溶胶，使其与 NaCl 溶液之间有清楚的界面存在，通入直流电后可以观察到电泳管中阳极一端界面下降，阴极一端界面上升，$Fe(OH)_3$ 溶胶向阴极方向移动。这说明 $Fe(OH)_3$ 胶体粒子带正电。

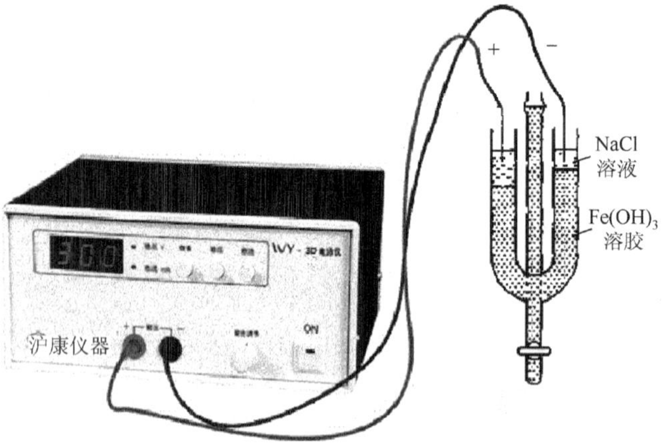

图 9-3　电泳装置

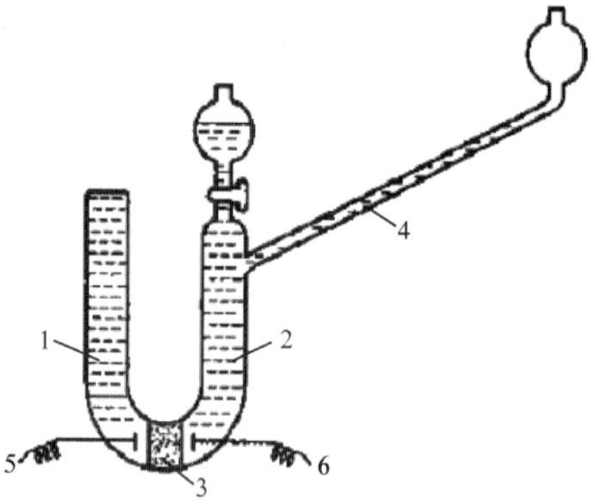

图 9-4　电渗管

1，2. 盛液管；3. 多孔塞；4. 毛细管；5，6. 电极

若在多孔膜（或毛细管）的两端施加一定电压，液体将通过多孔膜而定向流动，这种现象称为电渗。用图 9-4 的仪器可以直接观察到电渗现象。图中 3 为多孔塞（其作用相当于多孔膜），1，2 中盛液体，当在电极 5、6 上施以适当的外加电压时，从刻度毛细管 4 中液体弯月面的移动可以观察到液体的移动。实验表明，液体移动的方向因多孔塞的性质而异。例如，当用滤纸、玻璃或棉花等构成多孔塞时，则水向阴极移动，这表示此时液相带正电荷；而当用氧化铝、碳酸钡等物质构成多孔塞时，则水向阳极移动，显然此时液相带负电荷。与电泳一样，外加电解质对电渗速度的影响很显著，随电解质浓度的增加，电渗速度降低，甚至会改变液体流动的方向。

在外力作用下（主要是重力）分散相粒子在分散介质中迅速沉降，则在液体介质的表面层与其内层之间会产生电势差，称之为沉降电势。沉降电势是电泳的逆过程。

在外力作用下（如加压）使液体在毛细管中经毛细管或多孔塞时（后者是由多种形式的毛细管所构成的管束），液体介质相对于静止带电表面流动而产生的电势差，称为流动电势。流动电势是电渗的逆过程，胶体可产生电渗现象。

9.2.3　双电层理论

处在溶液中的带电固体表面，由于静电吸引力的作用，必然要吸引等电量的、与固体表面上带有相反电荷的离子（这种离子可简称反离子或异电离子）环绕在固体粒子的周围，这样便在固、液两相之间形成了双电层。双电层理论目前主要有亥姆霍兹模型、古依-查普曼模型、斯特恩-古依模型等，下面简单介绍斯特恩-古依双电层模型（简称斯特恩模型）。

1924 年，斯特恩对古依-查普曼的扩散双电层理论进行了修正，并提出一种更加接进实际的双电层模型，即斯特恩-古依扩散双电层模型（图 9-5）。他认为离子是有一定大小的，而且离子与质点表面除了静电作用外，还有范德华吸引力。所以在靠近表面 1～2 个分子厚的区域内，反离子受到强烈的吸引，会牢固地结合在表面，形成一个紧密的吸附层，称为固定吸附层或斯特恩层；其余反离子扩散地分布在溶液中，构成双电层的扩散部分。在斯特恩层中，除反离子外，还有一些溶剂分子同时被吸附。反离子的电性中心所形成的假想面，称为斯特恩面。在斯特恩面内，电势变化与亥姆霍兹平板模型相似，电势呈直线下降，由表面的 φ_0 直线下降到斯特恩面的 φ_δ，φ_δ 称为斯特恩电势。在扩散层中，电势由 φ_δ 降至零，其变化情况与古依-查普曼的扩散双电层模型完全一致。所以说斯特恩模型是亥姆霍兹平板模型和古依-查普曼扩散双电层模型的结合。

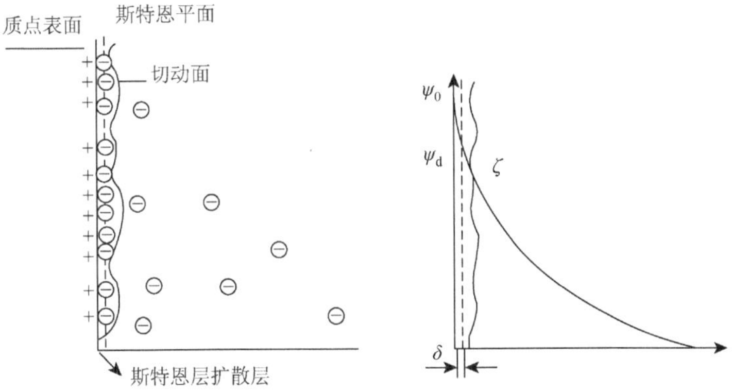

图 9-5　斯特恩-古依双电层模型

当固、液两相发生相对移动时，紧密层中吸附在固体表面的反离子和溶剂分子与质点作为一个整体一起运动，其滑动面在斯特恩面稍靠外一些。滑动面与溶液本体之间的电势差，称为 ζ 电势。由图可以看出，ζ 电势与 φ_δ 电势在数值上相差甚小，但却具有不同的含义。应当指出，只有在固、液两相发生相对移动时，才能呈现出 ζ 电势。斯特恩模型给出了 ζ 电势明确的物理义，很好地解释了溶胶的电动现象，并且可以定性地解释电解质浓度对溶胶稳定性的影响，使人们对双电层的结构有了更深入的认识。

9.3　胶体的稳定性和聚沉

前面已指出溶胶是热力学上的不稳定系统，粒子间有相互聚结而降低其表面能的趋势，即具有易于聚沉的不稳定性，因此在制备溶胶时必须有稳定剂存在。另外，由于溶胶的粒子小，布朗运动剧烈，因此在重力场中不易沉降，即具有动力稳定性。稳定的溶胶必须同时兼备不易聚沉的稳定性和动力稳定性。但其中以不易聚沉的稳定性更为重要，因为布朗运动固然使溶胶具有动力稳定性，但也促使粒子之间不断地相互碰撞，如果粒子一旦失去抗聚沉的稳定性，则互碰后就会引起聚结，其结果是粒子增大，布朗运动速度降低，最终也会成为动力不稳定的系统。粒子聚集由小变大的过程称为聚集过程，由胶体粒子聚集而成为大粒子称为聚集体，如聚集的最终结果导致粒子从溶液中沉淀析出，则称为聚沉过程。为了加速聚沉，可以外加其他物质作为聚沉剂，如电解质等。此外，某些物理因素也有可能促使溶胶聚沉，如光、电、热等效应。

能促使溶胶聚沉的措施有：外加电解质，变化温度，增大溶胶的浓度，加聚成剂和混入不同电性的溶胶等。通常促使溶胶聚沉最有效的措施是外加电解质。往溶胶中添加与双电层中反离子相同电性的离子时，添加的离子可以压缩双电层的扩散层，使更多的反离子进入紧密层，导致 ζ 电势下降，从而减小胶粒间的电排斥作用。一般 ζ 电势下降到约 30mV 时，胶粒的热运动便足以克服胶粒间的静电斥力而发生聚结。当电解质溶液的浓度足够大时，可使 ζ 电势降为零，此时的状态称为等电态。处于等电态的胶体质点不带电，因此不会发生电泳现象，电泳、电渗速度也必然为零，这时的溶胶非常容易聚沉。

使一定量溶胶在一定时间内发生明显的聚沉所需电解质的最小浓度，称为该电解质的聚沉值或凝结值，常用的单位是 $mol \cdot m^{-3}$ 或 $mmol \cdot dm^{-3}$。某电解质的聚沉值越小，表明其聚沉能力越大，因此，将聚沉值的倒数定义为聚沉能力。

从实践中总结出外加电解质聚沉溶胶的几条经验规律。

（1）电解质中主要起聚沉作用的是与胶粒所带电荷电性相反的离子，而且这种离子的价数越高，聚沉能力越大。一、二、三价离子的聚沉能力之比约为 $1:2^6:3^6$。这一规律称为叔采-哈迪价数规则。

（2）价数相同离子的聚沉能力相近，但也有差别，特别是一价离子的聚沉能力相差较大。部分一价正离子的聚沉能力顺序为

$$H^+ > Cs^+ > Rb^+ > NH_4^+ > K^+ > Na^+ > Li^+$$

这个顺序表明，除 H^+ 外，同价正离子的半径越小，其聚沉能力越小。这是因为正离子的水化作用越强，离子半径越小，水化能力越大，水化层越厚，而使聚沉能力减弱，H^+ 是个例外。

对于一价负离子，聚沉能力的次序为

$$F^- > IO_3^- > H_2PO_4^- > BrO_3^- > Cl^- > ClO_3^- > Br^- > NO_3^- > I^- > CNS^-$$

这个顺序表明，同价负离子的聚沉能力随着离子半径的增大而减小，这是因为负离子很少水化，因此较小的离子有较强的聚沉能力。这种将带有相同电荷的离子，按聚沉能力大小排列的顺序，称为溶胶离子序。

（3）有机离子的聚沉能力很强，特别是一些表面活性剂（如脂肪酸盐）及聚酰胺类高聚物破坏溶胶更为有效，被称为高分子凝结剂。

9.4　界 面 张 力

自然界中的物质一般以气、液、固三种相态存在。三种相态相互接触可以产生五种界面：气-液、气-固、液-液、液-固、固-固界面。界面即两相的接触面。发生在界面处的现象称为界面现象。对界面现象的研究是从化学领域开始的，所以研究界面现象的学科称为界面化学。一般常把与气体接触的界面称为表面，如气-液界面常称为液体表面，气-固界面常称为固体表面；界面并不是两相接触的几何面，它有一定的厚度，故有时又将界面称为界面相。发生在这些界面处的现象称为表面现象。

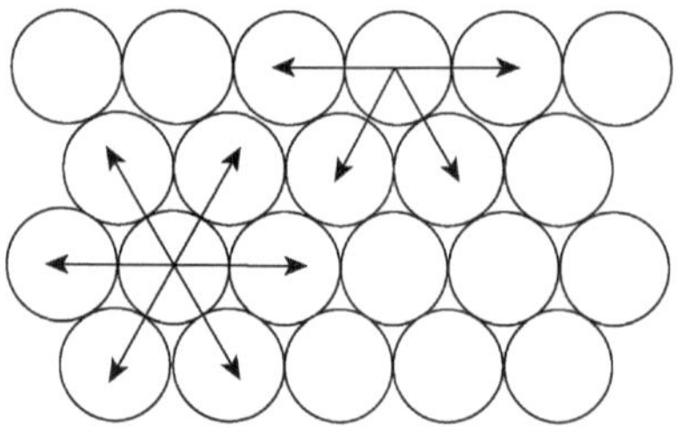

图 9-6　液体表面分子与内部分子受力情况差别示意图

9.4.1　表面张力和比表面吉布斯函数

物质表面层中的分子与体相中的分子二者所处的力场是不同的。以与饱和蒸气相接触的液体表面分子与内部分子受力情况为例，如图 9-6 所示。

在液体内部的任一分子，皆处于同类分子的包围之中，平均来看，该分子与其周围分子间的吸引力是球形对称的，各个相反方向上的力彼此相互抵消，其合力为

零，故液体内部的分子可以无规则地运动而不消耗功。然而表面层中的分子，则处于力场不对称的环境中。液体内部分子对表面层中分子的吸引力，远远大于液面上蒸气分子对它的吸引力，使表面层中的分子恒受到指向液体内部的拉力，因而液体表面的分子总是趋于向液体内部移动，力图缩小表面积。液体表面就如同一层绷紧了的富于弹性的橡皮膜。这就是小液滴总是呈球形，肥皂泡要用力吹才能变大的原因：因为球形表面积最小，扩张表面就需要对系统做功。

假如用细钢丝制成一个框架，如图 9-7 所示，其一边是可自由活动的金属丝。将此丝固定后使框架蘸上一层肥皂膜。若放松金属丝，肥皂膜会自动收缩以减小表面积。这时欲使膜维持不变，需在金属丝上施加一相反的力 F，其大小与金属丝的长度 l 成正比，比例系数以 γ 表示，因膜有两个表面，故可得

$$\gamma = \frac{F}{2l} \tag{9-2}$$

γ 即表面张力，它可看成是引起液体表面收缩的单位长度上的力，其单位为 $N \cdot m^{-1}$。

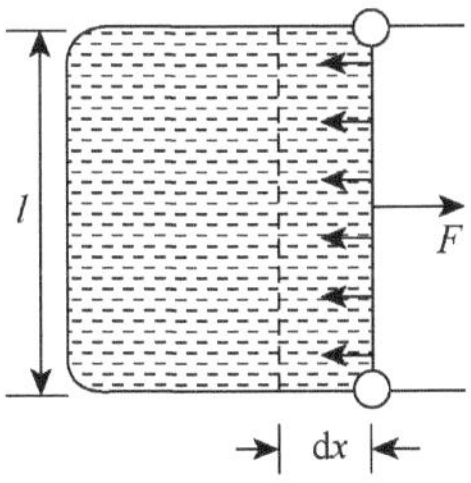

图 9-7　表面功示意图

我们也可以从另一角度来看 γ。若使图 9-7 中液膜的面积增大 dA_S，则需抵抗力 F 使金属丝向右移动 dx 距离而做非体积功——表面功。在可逆条件下应忽略摩擦力，故可逆表面功为

$$\delta W_r' = F dx = 2\gamma l dx = \gamma dA_S \tag{9-3}$$

式中，$dA_S = 2l dx$，为增大的液体表面积，式（9-3）可改写为

$$\gamma = \delta W_r' / dA_S \tag{9-4}$$

所以 γ 亦表示为使液体增加单位表面时环境所需做的可逆功，单位为 $J \cdot m^{-2}$。

由于恒温恒压下，可逆非体积功等于系统的吉布斯函数变，即

$$\delta W_r' = dG_{T,p} = \gamma dA_S \tag{9-5}$$

$$\gamma = \left(\frac{\partial G}{\partial A_S} \right)_{T,p} \tag{9-6}$$

由式（9-6）可知，γ 又等于系统增加单位面积时所增加的吉布斯函数，所以 γ 也称为表面吉布斯函数，单位为 $J \cdot m^{-2}$。

表面张力、单位面积的表面功、单位面积的表面吉布斯函数三者虽为不同的物理量，但它们的数值和量纲却是等同的，三者的单位皆可化为 $N \cdot m^{-1}$。

上面讲的是液体的表面张力。与之类似，其他界面如固体表面、液-液界面、液-固界面等由于界面层分子受力不对称，也同样存在着界面张力。

9.4.2　考虑相界面情况下的热力学公式

一般情况下，由于系统的比表面不是特别大，在推导热力学公式中并没有考虑到界面量热力学量对系统总热力学量的贡献。对于比表面很大的系统，如胶体、多孔催化剂等由于界面相很大，就不能不在热力学公式中添加有关界面相的热力学量。如果推广到比表面很大的多组分系统，必须将表面张力引起的非体积功（表面功）考虑进去，则相应的热力学公式为

$$dG = -SdT + Vdp + \sum_B \mu_B dn_B + \gamma dA_S \tag{9-7}$$

$$dU = TdS - pdV + \sum_{B} \mu_B dn_B + \gamma dA_S \tag{9-8}$$

$$dH = TdS + Vdp + \sum_{B} \mu_B dn_B + \gamma dA_S \tag{9-9}$$

$$dA = -SdT - pdV + \sum_{B} \mu_B dn_B + \gamma dA_S \tag{9-10}$$

由以上四式可以得到

$$\gamma = \left(\frac{\partial G}{\partial A_S}\right)_{T,p,n_B} = \left(\frac{\partial U}{\partial A_S}\right)_{S,V,n_B} = \left(\frac{\partial H}{\partial A_S}\right)_{S,p,n_B} = \left(\frac{\partial A}{\partial A_S}\right)_{T,V,n_B} \tag{9-11}$$

式中，下角标 n_B 表示各相中各物质的物质的量均不变，即系统的组成恒定。式（9-11）是表面张力的广义定义式。

在恒温恒压、各相中各物质的物质的量不变时，由式（9-7）得

$$dG^s = \gamma dA_S \tag{9-12}$$

此式表明在上述条件下由于相界面面积变化而引起系统的吉布斯函数变，因这一变化反映在界面上，也称为界面吉布斯函数变，并用 dG^s 表示。

9.4.3　表面张力及其影响因素

表面张力与物质的本性有关。纯液体的表面张力通常是指液体与饱和了该液体蒸气的空气接触时所表现出的表面张力。表面张力的大小取决于液相分子间作用力与气相分子间作用力的差别。由于通常气相分子间的作用力远小于液相分子间的作用力，所以表面张力主要取决于液体分子间的作用力。一般来讲，液体分子间相互作用力越大，其表面张力越大。表 9-3 为 20℃时一些液体的表面张力。

表 9-3　20℃时一些液体的表面张力

物质	水	甲醇	乙醇	乙酸	丙酮	四氯化碳
$\gamma \times 10^3/(N \cdot m^{-1})$	72.75	22.6	22.75	27.6	23.7	26.8
物质	苯	甲苯	正己烷	正辛烷	正辛酮	汞
$\gamma \times 10^3/(N \cdot m^{-1})$	28.88	28.43	18.4	21.8	27.5	470

温度升高时，通常液体的表面张力减小。这是因为随着温度升高，分子间的距离加大，使分子间的相互作用力减弱，因此大多数液体的表面张力随温度升高而下降。当温度升至临界温度时，由于液态分子间的作用力与气态分子间的作用力差别的消失，表面张力将降至零。少数液体，如熔融的 Cd、Fe、Cu 及其合金，液态的某些硅酸盐等的表面张力却随温度升高而增大，这种反常现象目前尚无满意的解释。此外，压力和分散度等因素也对表面张力有一定的影响。

9.5　弯曲液面的附加压力及蒸气压

9.5.1　附加压力

一般情况下液体表面是水平的，而液滴、水中的气泡的表面则是弯曲的。液面可以是凸的，也可以是凹的。

在一定外压下，水平液面下的液体所承受的压力就等于外界压力，但凸液面下的液体，不仅要承受外界的压力，还要受到因液面弯曲而产生的附加压力 Δp，通过图 9-8 所示的凸液面来说明产生附加压力的原因。

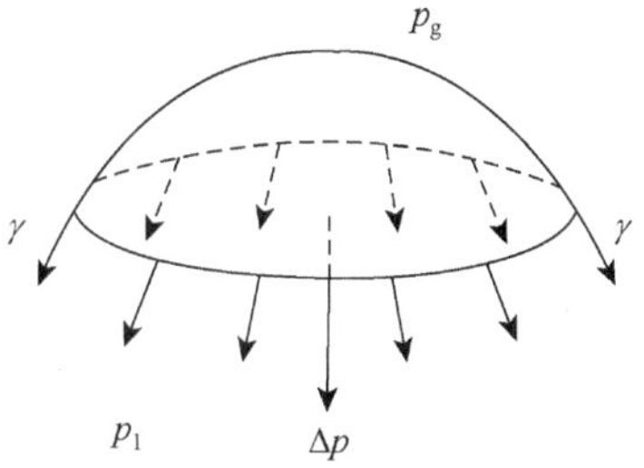

图 9-8　弯曲液面的附加压力

图中绘出球形液滴的任一球缺，凸液面上方为气相，其压力为 p_g，凸液面下方为液相，其压力为 p_l。球缺底面与圆球形液滴相交成一圆周。沿此圆周界外的液体对此球缺的表面张力 γ 的作用点在周界线上，其方向垂直于周界且与液滴的表面相切，圆周界线上表面张力的合力在底面的垂直方向上的分力并不为零，而是对底面下面的液体造成额外的压力。即凸液面使液体所承受的压力 p_l 大于液面外大气的压力 p_g。我们将任何弯曲液面凹面一侧的压力以 $p_内$ 表示，凸面一侧的压力以 $p_外$ 表示，将弯曲液面内外的压力差 Δp 称为附加压力，即

$$\Delta p = p_内 - p_外 \tag{9-13}$$

平液面、凸液面和凹液面的受压情况可从图 9-9 看出。在平液面上观察一小块面积 *AB*，*AB* 以外的液体的表面张力对 *AB* 面周边起作用，作用力的方向与 *AB* 面平行且四周的作用力相互抵消，合力为零，$\Delta p=0$。*AB* 若为凸面，则周围液体的表面张力方向与 *AB* 面相切，合力向下，表现为指向液体内部的附加压力，$\Delta p>0$，$p = p_0 + \Delta p > p_0$。*AB* 若为凹面，则周围液体的表面张力方向仍与 *AB* 面相切，但合力向上，表现为指向液体外部的附加压力，$\Delta p<0$，$p = p_0 + \Delta p < p_0$。

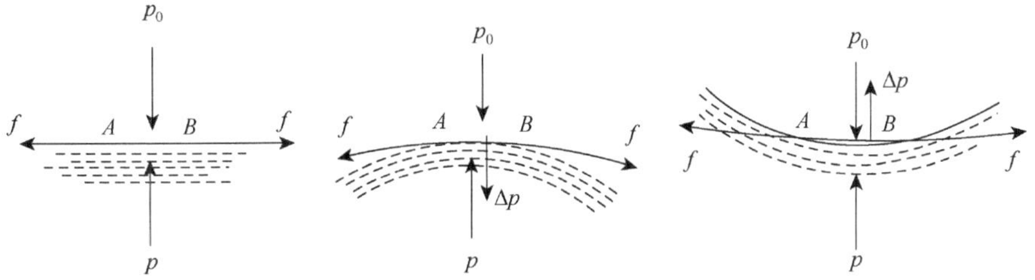

图 9-9　不同液面的附加压力

弯曲液面附加压力的大小与液体的表面张力和液体的曲率半径有关。在任意曲面上某点作两个相互垂直的截面，这两个截面割曲面的两条曲线的曲率半径分别为 r_1 和 r_2。拉普拉斯首先导出拉普拉斯方程：一定温度下，弯曲液面的附加压力与液体的表面张力成正比，与曲率半径成反比，即

$$\Delta p = \gamma\left(\frac{1}{r_1} + \frac{1}{r_2}\right) \tag{9-14}$$

若弯曲液面为球面的一部分，球体的半径为 r。由于 $r_1 = r_2 = r$，则拉普拉斯方程成为

$$\Delta p = \frac{2\gamma}{r} \tag{9-15}$$

对于凸液面，r 为正值；凹液面，r 为负值；平液面，$r = \infty$。

9.5.2 弯曲液面的蒸气压

在一定温度和外压下，纯液体有一定的饱和蒸气压，这只是对平液面而言。实验表明，微小液滴上的饱和蒸气压要高于相应平液面上的饱和蒸气压，这不仅与物质的本性、温度及外压有关，还与液滴的大小、即曲率半径有关。其推导如下：

设有物质的量为 dn 的微量液体，由平液面转移到半径为 r 的小液滴的表面上，使小液滴的半径由 r 增加到 r+dr，面积由 $4\pi r^2$ 增加到 $4\pi(r+\mathrm{d}r)^2$，面积的增量为 $8\pi r\mathrm{d}r$，此过程表面吉布斯函数增加了 $8\pi r\gamma\mathrm{d}r$。如果这一过程是由于 dn 的液体从具有 p 蒸气压的平液面转移到具有 p_r 蒸气压的小液滴上而引起的，则吉布斯函数的增量为$(\mathrm{d}n)RT\ln(p_r/p)$（假设蒸气为理想气体）。两过程的始态及终态均相同，吉布斯函数的增量相等，有

$$(\mathrm{d}n)RT\ln\frac{p_r}{p}=8\pi r\gamma\mathrm{d}r$$

由于

$$\mathrm{d}n=4\pi r^2(\mathrm{d}r)\rho/M$$

则

$$RT\ln\frac{p_r}{p}=\frac{2\gamma M}{\rho r}=\frac{2\gamma V_\mathrm{m}}{r} \tag{9-16}$$

式中，ρ、M 和 V_m 分别为液体的密度、摩尔质量和摩尔体积，式（9-16）就是著名的开尔文公式。对于在一定温度下的某液态物质而言，式中的 T、M、γ 及 M 皆为定值，此时 p_r 只是 r 的函数。

运用开尔文公式可以说明许多表面效应。例如，在毛细管内，某液体若能润湿管壁，管内液面将呈凹液面，在某温度下，蒸气对平液面尚未达到饱和，但对在毛细管内的凹液面来讲，可能已经达到过饱和状态，这时蒸气在毛细管内将凝结成液体，这种现象称为毛细管凝结。硅胶是一种多孔性物质，具有很大的内表面，可自动地吸附空气中的水蒸气，在毛细管内发生凝结现象，而达到使空气干燥的目的。

开尔文公式也可用于气-固界面的计算，此时式（9-16）中的 γ 是固体的表面张力，ρ 是固体的密度。同样，颗粒半径越小的固体具有越高的饱和蒸气压。不过，由于固体很难成为严格的球形，而且不同晶面的表面张力有所不同，所以将开尔文公式用于固体颗粒大小与饱和蒸气压关系只能作粗略的计算。

9.6 固 体 表 面

固体表面与液体表面有一个重要的共同点，即表面层分子受力是不对称的，因此固体表面也有表面张力及表面吉布斯函数存在。但固体表面又与液体表面有一个重要的不同，即固体表面上分子几乎是不可移动的。这使得固体不能像液体那样收缩表面以降低表面吉布斯函数。但固体可以从表面的外部空间吸引气体分子到表面，以减小表面分子受力不对称的程度，降低表面张力及表面吉布斯函数。在恒温恒压下，吉布斯函数降低的过程是自发过程。所以固体表面会自发地将气体富集到其表面，使气体在固体表面的浓度（或密度）不同于气相中的浓度（或密度）。这种在相界面上某种物质的浓度不同于体相浓度的现象称为吸附。具有吸附能力的固体物质称为吸附剂，被吸附的物质称为吸附质。例如，用活性炭吸附甲烷气体，活性炭是吸附剂，甲烷是吸附质。

吸附是表面效应，即固体吸附气体后，气体只停留在固体表面，并不进入固体内部。如果气体进入固体内部，则称为吸收。吸收不在本节讨论的范围内。

9.6.1　气-固界面上的吸附

按吸附剂与吸附质作用本质的不同，吸附可分为物理吸附与化学吸附。物理吸附时，吸附剂与吸附质分子间以范德华引力相互作用；而化学吸附时，吸附剂与吸附质分子间发生化学反应，以化学键相结合。由于物理吸附与化学吸附在分子间作用力上有本质的不同，所以表现出许多不同的吸附性质，见表 9-4。

表 9-4　物理吸附与化学吸附的区别

性质	物理吸附	化学吸附
吸附力	范德华力	化学键力
吸附层数	单层或多层	单层
吸附热	小（接近于液化热）	大（接近于反应热）
选择性	无或很差	较强
可逆性	可逆	不可逆
吸附平衡	易达到	不易达到

因物理吸附作用力是范德华力，它是普遍存在于所有分子之间的，所以当吸附剂表面吸附了气体分子之后，被吸附的分子还可以再吸附气体分子，因此物理吸附可以是多层的。而气体分子在吸附剂表面上依靠范德华力形成多层吸附时，犹如气体凝结成液体一样，故吸附热与气体的凝结热具有相同的数量级，它比化学吸附热小得多。又由于物理吸附力是分子间力，所以吸附基本上是无选择性的，不过临界温度高的气体，也就是易于液化的气体，比较易于被吸附。此外，由于吸附力弱，物理吸附也容易解吸（或脱附），吸附速率快，易于达到吸附平衡。

与物理吸附不同，产生化学吸附的作用力是化学键力，化学键力很强。在吸附剂表面与被吸附的气体之间形成了化学键以后，就不再会与其他气体分子成键，故吸附是单分子层的。化学吸附过程发生键的断裂与形成，故化学吸附热的数量级与化学反应相当，比物理吸附热大得多。化学吸附由于在吸附剂与吸附质之间形成化学反应，所以化学吸附选择性很强，这点非常重要。因为很多气相反应速率很慢，往往需要催化剂来加速。在反应物之间可发生众多反应的情况下，使用选择性强的催化剂就可以使所期望的反应进行。此外，一般来说化学键的生成与破坏是比较困难的，故化学吸附平衡较难建立。

物理吸附与化学吸附不是截然分开的，两者有时可同时发生，并且在不同的情况下，吸附性质也可以发生变化。例如，CO(g)在 Pd 上的吸附，低温下是物理吸附，高温时则表现为化学吸附；而氢气在许多金属上的化学吸附则是以物理吸附为前奏的，故吸附活化能接近零。

9.6.2　等温吸附

当气体在固体表面被吸附时，固体称为吸附剂，被吸附的气体称为吸附质。研究指定条件下的吸附量是人们十分关心的重要课题。吸附量的大小，一般用单位质量吸附剂所吸附气体的物理的量 n 或其在标准状况下（0℃，101.325kPa）所占有的体积 V 来表示：

$$n^{a}=\frac{n}{m} \tag{9-17}$$

$$V^{a}=\frac{V}{m} \tag{9-18}$$

单位分别为 $mol \cdot kg^{-1}$ 和 $m^3 \cdot kg^{-1}$。

固体对气体的吸附量是温度和气体压力的函数。为了便于找出规律，在吸附量、温度、压力这三个变量中，通常固定一个变量，测定其他两个变量之间的关系，这种关系可用曲线表示。在恒压下，反映吸附量与温度之间关系的曲线称为吸附等压线；吸附量恒定时，反映吸附的平衡压力与温度之间关系的曲线称为吸附等量线；在恒温下，反映吸附量与平衡压力之间关系的曲线称为吸附等温线。如果吸附温度在气体的临界温度以下，吸附等温线也可表示为 V^a 与 p/p^* 之间关系的曲线，p^* 为吸附质的饱和蒸气压。

上述三种吸附曲线中最重要、最常用的是吸附等温线。三种曲线之间具有相互联系，如测定一组吸附等温线，可以分别求算出吸附等压线和吸附等量线。

吸附等温线大致可归纳为五种类型，如图 9-10 所示，其中除第 I 种为单分子层吸附等温线外，其余四种皆为多分子层吸附等温线。

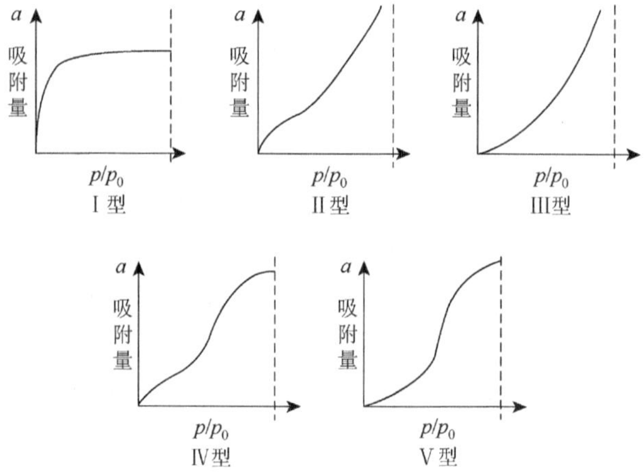

图 9-10　五种类型的吸附等温线

根据大量的实验结果，人们曾提出过许多描述吸附的物理模型及等温线方程，下面介绍几种较为重要、应用较广泛的吸附等温线方程。

9.6.3　吸附经验式——弗罗因德利希公式

弗罗因德利希提出了含有两常数项的指数方程来描述第 I 类吸附等温线。弗罗因德利希公式如下

$$V^{a}=kp^{n} \tag{9-19}$$

式中，n 和 k 是两个经验常数，对于指定的吸附系统，它们是温度的函数。k 值可视为单位压力时的吸附量，一般来说，k 随温度的升高而降低。n 的数值一般为 0～1。它的大小反映出压力对吸附量影响的强弱。弗罗因德利希公式一般适用于中压范围。

对式（9-19）取对数，可得

$$\lg V^{a}=\lg k+n\lg p \tag{9-20}$$

式（9-20）表明，若以 $\lg V^a$ 对 $\lg p$ 作图，可得一直线，由直线的斜率和截距可求出 n 和 k。

弗罗因德利希公式的形式简单，计算方便，应用相当广泛。但经验式中的常数没有明确的物理意义，在此式适用的范围内，只能概括地表达一部分实验事实，而不能说明吸附作用的机理。

9.6.4　朗缪尔单分子层吸附理论及等温吸附式

1916 年，朗缪尔根据大量的实验事实，从动力学的观点出发，提出固体对气体的吸附理论，一般称为单分子层吸附理论，该理论的基本假设如下：

（1）吸附是单分子层的。因为固体表面上存在的剩余力场的作用范围与分子直径相近，吸附剂表面盖满一层分子后该力场即达饱和，所以固体表面对气体分子只能发生单分子层吸附。

（2）在一定条件下，吸附和解吸之间建立动态平衡。此时，吸附速率和解吸速率相等。

（3）固体表面是均匀的，即固体表面各处的吸附能力都相等，吸附不受吸附位置和覆盖度的影响，吸附热是常数。

（4）被吸附的分子之间没有相互作用，互不影响。

以 k_1 及 k_{-1} 分别代表吸附与解吸的速率常数，A 代表气体，M 代表固体表面，AM 代表吸附状态，则吸附的始终状态可以表示为

$$\mathrm{A(g)+M(表面)} \underset{k_{-1}}{\overset{k_1}{\rightleftharpoons}} \mathrm{AM}$$

设 θ 为任一瞬间固体表面被覆盖的分数，称为覆盖率，即

$$\theta = \frac{\text{已被吸附质覆盖的固体表面积}}{\text{固体总的表面积}}$$

$1-\theta$ 则代表固体表面上空白面积的分数。

若以 N 代表固体表面上具有吸附能力的总的晶格位置数，可简称为吸附位置数，则吸附速率应与 A 的压力 p 及固体表面上的空位数 $(1-\theta)N$ 成正比，所以吸附速率

$$v_{\text{吸附}}=k_1p(1-\theta)N$$

解吸速率应与固体表面上被覆盖的吸附位置数，或者说是与被吸附分子的数目 θN 成正比，所以解吸速率

$$v_{\text{解吸}}=k_{-1}\theta N$$

达到吸附平衡时，这两个速率应相等，即

$$k_1p(1-\theta)N=k_{-1}\theta N$$

由上式可得朗缪尔吸附等温式：

$$\theta = \frac{bp}{1+bp} \tag{9-21}$$

式中，$b=k_1/k_{-1}$，单位为 Pa^{-1}。从本质上看，b 为吸附作用的平衡常数，也称吸附系数，其大小与吸附剂、吸附质的本性及温度有关。b 值越大，则表示吸附能力越强。

现以 V^{a} 代表覆盖率为 θ 时的平衡吸附量。在较低的压力下，θ 应随平衡压力的上升而增加，在压力足够高的情况下，气体分子在固体表面挤满整整一层时，θ 应趋于 1，这时吸附量不再随气体压力的上升而增加，达到吸附饱和的状态。对应的吸附量称为饱和吸附量，以 $V_{\mathrm{m}}^{\mathrm{a}}$ 表示。由于每个具有吸附能力的位置上只能吸附一个气体分子，故

$$\theta = V^{\mathrm{a}}/V_{\mathrm{m}}^{\mathrm{a}} \tag{9-22}$$

因此，朗缪尔吸附等温式还可以写成下列形式：

$$V^{a} = V_{m}^{a} \frac{bp}{1+bp} \tag{9-23}$$

或

$$\frac{1}{V^{a}} = \frac{1}{V_{m}^{a}} + \frac{1}{V_{m}^{a}b} \cdot \frac{1}{p} \tag{9-24}$$

由式（9-24）可知，若以 $1/V^{a}$ 对 $1/p$ 作图，应得一直线，由直线的斜率和截距可求出 V_{m}^{a} 和 b。

如果已知饱和吸附量 V_{m}^{a} 及每个被吸附分子的截面积 a_{m}，便可用下式来计算吸附剂的比表面积 a_{s}：

$$a_{s} = \frac{V_{m}^{a}}{V_{b}} L a_{m} \tag{9-25}$$

式中，V_{b} 为 1mol 气体在标准状况（0℃，101.325kPa）下的体积；L 为阿伏伽德罗常量。反之，若已知 V_{m}^{a} 及 a_{s} 也可由式（9-25）来求每个吸附分子的截面积 a_{m}。

朗缪尔吸附等温式适用于单分子层吸附，它能较好地描述 I 型吸附等温线在不同压力范围内的吸附特征。

式（9-21）表明：低压下或弱吸附时，$bp \ll 1$，$\theta = bp$，此时覆盖度与压力成正比。高压下或强吸附时，$bp \gg 1$，$\theta = 1$，此时固体表面完全被一层吸附质分子所覆盖，吸附达到饱和，吸附量不再随压力而改变。在中压或中等吸附强度时，θ 为 0～1。许多气-固吸附系统的行为都与式（9-21）相符，如 NH_3 在炭粒上的吸附，但是也有许多气-固系统的吸附行为不符合式（9-21），这主要是由于朗缪尔理论的模型比较简单。无论肉眼看起来多么光滑平整的固体表面实际上都是凹凸不平的，表面各处的吸附能力也不可能完全相同。朗缪尔假定已被吸附的分子之间没有相互作用也与事实不符。更重要的是，有许多气-固系统的吸附并非是单分子层吸附，吸附可以是多分子层的，而且各吸附位所吸附的分子层数也不相同。此时，朗缪尔吸附等温式不再适用。

9.6.5　多分子层吸附理论

朗缪尔吸附等温式能较好地说明图 9-10 中第 I 种类型的吸附等温线，但对后四种类型的等温线却无法解释。因此很多人都曾尝试以其他理论来解释这些曲线，其中最成功的是布鲁诺尔、埃米特和特勒三人在 1938 年提出的多分子层吸附理论，又称 BET 理论。该理论是在朗缪尔理论基础上提出的。他们接受了朗缪尔提出的吸附作用是吸附与解吸两个相反过程达到动态平衡的结果，以及固体表面是均匀的，各处的吸附能力相同，被吸附分子横向之间没有相互作用的假设。但他们认为被吸附的分子与碰撞在其上面的气体分子之间仍可发生吸附作用，也就是说可以形成多分子层吸附，如图 9-11 所示。

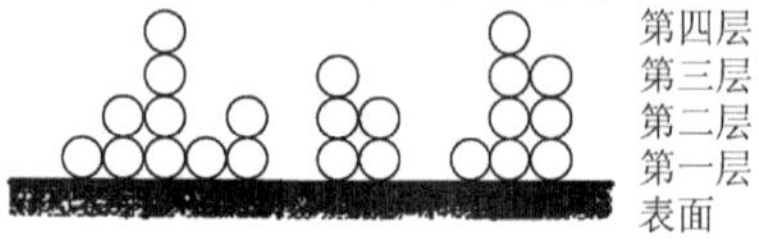

图 9-11　多分子层吸附示意图

在吸附过程中，不一定待第一层吸附满了之后再吸附第二层，而是从一开始就表现为多层吸附，且吸附达到平衡时，每一层上的吸附速率与解吸速率相等。因第二层以上的各层为相同分子间的相互作用，故他们假定除第一层吸附热外，以上各层的吸附热都相等，且等于被吸附气体的凝结热。

实验表明，BET 公式只适用于 p/p^*=0.05～0.35 的范围，超出这个范围，在压力较低或较高的情况下，都会产生较大的偏差。理想化的假设，是导致产生偏差的主要原因。实际上，固体表面总是不均匀的，各点的吸附能力是不同的，最初的吸附总是发生在能量最有利的位置上。另外，假定同一吸附层的分子间无相互作用力，上下层的分子间却存在吸引力，这本身就是矛盾的。再有，在低温、高压下，在吸附剂的毛细孔中，可能发生毛细凝结效应等因素也未考虑。多年来，许多人想建立一个包括表面不均匀性和分子间有相互作用的吸附理论，但至今还没有取得满意的结果。BET 理论尽管还有种种缺点，但它仍是现今应用最广、最成功的吸附理论。

9.6.6 吸附热力学

如前面所述，吸附是一个自发过程，是吉布斯函数下降的过程，即$\Delta G<0$。而在吸附过程中，气体分子由三维空间被吸附到二维表面，自由度减少了，分子的平动受到了限制。所以吸附过程是熵减小的过程。根据热力学公式$\Delta G=\Delta H-T\Delta S$，吸附过程的$\Delta H$是负值，即$\Delta H<0$，所以吸附通常为放热过程。

吸附热可以直接用量热计测定，也可利用吸附等量线，用热力学方法计算。因物理吸附过程中，气态分子变到吸附态分子的过程与气体的液化很相似，所以公式的推导过程与克劳修斯-克拉佩龙方程的导出过程非常相似。

在温度 T、压力 p 下达到吸附平衡的系统，吸附质在吸附相（a）和气相（g）的吉布斯函数 G_a 与 G_g 必定相等，$G_a=G_g$。

在维持吸附量不变的条件下，使温度改变 dT 至 $T+dT$，同时使压力改变 dp 至 $p+dp$，达到新的吸附平衡。这时吸附质在吸附相和气相的吉布函数也分别改变 dG_a 和 dG_g，达到 G_a+dG_a 和 G_g+dG_g，两者也必然相等。即

$$G_a+dG_a=G_g+dG_g$$

因 $G_a=G_g$，故

$$dG_a=dG_g \tag{9-26}$$

根据热力学基本方程

$$dG_a=-S_a dT+V_a dp$$
$$dG_g=-S_g dT+V_g dp$$

代入式（9-26），整理得

$$\left(\frac{\partial p}{\partial T}\right)_n=\frac{S_a-S_g}{V_a-V_g} \tag{9-27}$$

下标 n 代表吸附量恒定不变。

平衡状态下的吸附过程为可逆过程，故

$$S_a-S_g=\frac{H_a-H_g}{T}=\frac{\Delta_{ads}H}{T} \tag{9-28}$$

$\Delta_{ads}H$ 即吸附焓，在量值上等于吸附热。

因吸附质在气相的体积远大于在吸附相的体积 $V_g \gg V_a$，再假定气相为理想气体，则

$$V_a-V_g=-\frac{nRT}{p} \tag{9-29}$$

把式（9-28）和式（9-29）代入式（9-27）得

$$\left(\frac{\partial p}{\partial T}\right)_n=-\frac{\Delta_{\text{ads}}H}{nRT^2/p} \tag{9-30}$$

或

$$\left(\frac{\partial \ln p}{\partial T}\right)_n=-\frac{\Delta_{\text{ads}}H_{\text{m}}}{RT^2} \tag{9-31}$$

式中，$\Delta_{\text{ads}}H_{\text{m}}=\Delta_{\text{ads}}H/n$，为吸附质在吸附剂上的摩尔吸附焓。

假定吸附焓不随温度变化，将上式积分，可有

$$\Delta_{\text{ads}}H=-\frac{RT_2T_1}{T_2-T_1}\ln\frac{p_2}{p_1} \tag{9-32}$$

p_1 和 p_2 分别是在 T_1 和 T_2 下达到某一相同吸附量时的平衡压力，它们可由不同温度下的吸附等温线得出，也可直接从等量线得出。温度升高时要想维持同样的吸附量，必然要增大气体的压力，即若 $T_2>T_1$，必然 $p_2>p_1$。由式（9-32）可以看出$\Delta_{\text{ads}}H_{\text{m}}<0$，可知吸附为放热过程。

吸附热一般会随吸附量的增加而下降，这说明固体表面的能量是不均匀的。吸附总是首先发生在能量较高、活性较大的位置上，然后依次发生在能量较低、活性较小的位置上。从吸附热的数据可以使我们更多地了解吸附的性质以及固体表面的性质。

9.7　固-液界面

9.7.1　润湿和铺展

润湿是发生在液-固和液-液界面上的常见现象。当液体与固体接触时，原有的气-固表面或气-液表面自动地被液-固界面所代替的现象称为润湿。等温等压下，润湿过程中系统的表面吉布斯函数降低，即 $\Delta G_{\text{s}}<0$。

润湿是日常生活中经常遇到的现象，在工农业生产中也有广泛的应用，如矿物浮选、注水采油、机械润滑和农药喷洒等都利用了润湿作用。

不同的液-固系统，润湿的程度不同。等温等压下，润湿过程的表面吉布斯函数变 ΔG_{s} 越负，固体被润湿的趋势越大，因此可用 ΔG_{s} 来衡量润湿的程度。按润湿的程度，润湿分为沾湿、浸湿和铺展，如图 9-12 所示。

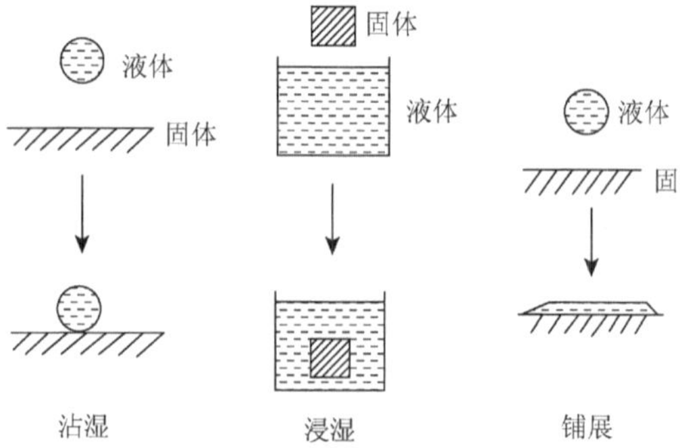

图 9-12　湿润的三种形式

液体和固体接触后，原有的气-固表面和一部分气-液表面转变成液-固界面的现象称为沾湿。在一定温度和压力下，单位面积上沾湿过程的吉布斯函数变 ΔG_{a} 为

$$\Delta G_a = \gamma_{l\text{-}s} - \left(\gamma_{g\text{-}l} + \gamma_{g\text{-}s}\right) \tag{9-33}$$

式中$\gamma_{l\text{-}s}$、$\gamma_{g\text{-}l}$和$\gamma_{g\text{-}s}$分别为液-固、气-液和气-固界面的界面张力。当$\Delta G_a<0$时，沾湿可自动发生。

固体完全浸渍在液体之中，原有的气-固表面完全被液-固界面所代替的现象称为浸湿。将纸、布或其他物质浸入水中。在一定温度和压力下，单位面积上浸湿过程的吉布斯函数变ΔG_d为

$$\Delta G_d = \gamma_{l\text{-}s} - \gamma_{g\text{-}s} \tag{9-34}$$

当$\Delta G_d<0$时，浸湿可自动发生。

液体在固体表面上自动铺开成为一层薄膜的现象称为铺展。在润湿过程中，增大的气-液表面和新形成的液-固界面取代了原有的气-固表面。等温等压下，单位面积上这一过程的吉布斯函数变ΔG_{sp}为

$$\Delta G_{sp} = \gamma_{l\text{-}s} + \gamma_{g\text{-}l} - \gamma_{g\text{-}s} \tag{9-35}$$

当$\Delta G_{sp}<0$时，铺展可自动发生。

比较三种润湿形式的吉布斯函数变，$\Delta G_a < \Delta G_d < \Delta G_{sp}$，因此在一定的温度和压力下，对指定的液-固系统，若能铺展，必能浸湿，更可沾湿。

定义ΔG_{sp}为铺展系数S，即

$$S \overset{\text{def}}{=\!=} \gamma_{g\text{-}s} - \gamma_{g\text{-}l} - \gamma_{l\text{-}s} \tag{9-36}$$

显然，在一定温度和压力下，$S\geqslant0$时可以铺展，且S越大，铺展的趋势越大。

9.7.2　接触角

液体对固体的润湿程度也可用接触角来表示。当液体滴在固体表面上达到平衡时会出现气-液、气-固和液-固三个界面张力呈平衡的现象，如图 9-13 所示。在气、液和固三相交点处，液-固界面切线与气-液界面切线之间的夹角称为接触角或润湿角，以θ表示。图 9-13 上的线在空间中实际上为面。由于平衡时，三相交界处O点所受的各种界面张力之和为零，故

$$\gamma_{g\text{-}s} = \gamma_{l\text{-}s} + \gamma_{g\text{-}l}\cos\theta \tag{9-37}$$

或

$$\cos\theta = (\gamma_{g\text{-}s} - \gamma_{l\text{-}s}) / \gamma_{g\text{-}l} \tag{9-38}$$

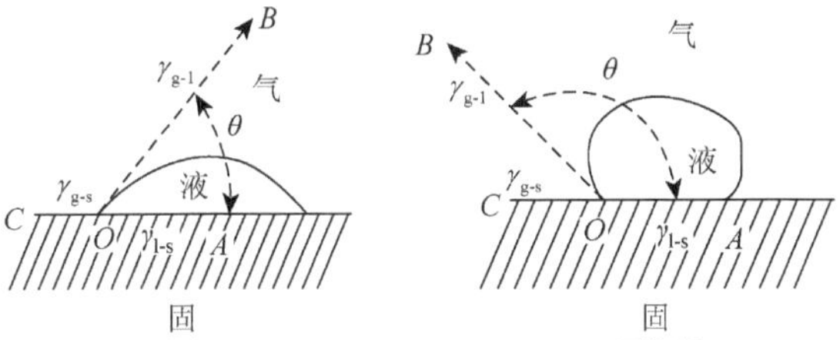

(a) 润湿　(b) 不润湿

图 9-13　接触角与界面张力的关系

1805 年，杨（T. Young）首先提出以上两公式，故称其为杨方程。由式（9-38）可见，在一定温度和压力下，接触角与润湿程度有如下的关系：

（1）若$\gamma_{g\text{-}s} - \gamma_{l\text{-}s} < 0$，即$\gamma_{l\text{-}s} > \gamma_{g\text{-}s}$，则$\cos\theta<0$，$\theta>90°$。在这种情况下，增大液-固界面会增加系统的吉布斯函数，这是不可能自动发生的。此时液体只能收缩得更圆些，以尽量缩小

液-固界面，这种情况称为不润湿，如汞滴在玻璃上。接触角越大，不润湿的程度越大，极限情况是$\theta = 180°$，称为完全不润湿。

（2）若$\gamma_{g\text{-}s} - \gamma_{l\text{-}s} > 0$，即$\gamma_{l\text{-}s} < \gamma_{g\text{-}s}$，则$\cos\theta > 0$，$\theta < 90°$。在这种情况下，增大液-固界面有利于降低系统的吉布斯函数，这是可以自动进行的过程。此时液体自动地散开，以增大液-固界面并减小气-固界面，这种情况称为润湿，如乙醇滴在玻璃上。接触角越小，润湿得越好。极限情况是$\theta = 0°$，称为完全润湿，即发生铺展。可见，θ趋于零是发生铺展的起码要求，也是杨方程适用的极限。杨方程的适用条件为$\theta \geqslant 0°$，相当于$S \leqslant 0$。在杨方程可适用的范围内，可用接触角的大小来衡量润湿的程度。

9.7.3　毛细现象

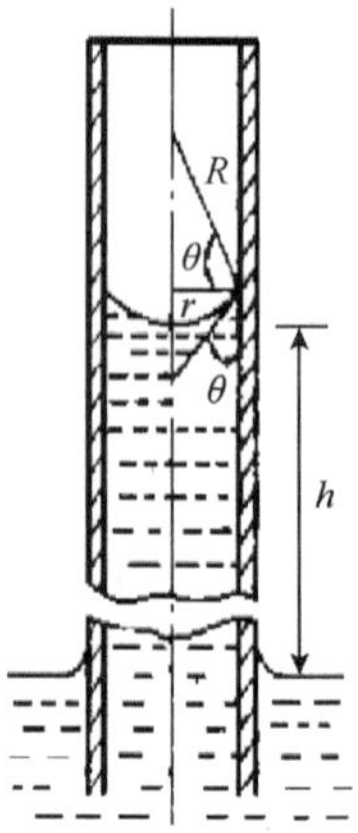

图 9-14　毛细现象

另一个重要的液-固界面现象是毛细现象。具有细微缝隙的固体与液体接触时，液体沿缝隙上升或下降的现象称为毛细现象。将一根玻璃毛细管插入水中，管内液面升得比管外液面高；将一根玻璃毛细管插入汞中，管内的液面降得比管外液面低。液体在固体缝隙中，液面是上升抑或下降与液体能否润湿固体有关。

将毛细管插入液体中时，若液体能润湿毛细管，即$\gamma_{g\text{-}s} > \gamma_{l\text{-}s}$，$\theta < 90°$，则管中液体表面呈凹面，管外液体为平液面。由于凹液面的附加压力$\Delta p < 0$，使管内液面所受的压力小于管外平液面所受的压力，因此管外的液体将自动地流入管内，导致管内液柱上升。管内液柱升至一定高度，此时管内比管外高出的一段液柱的静压力与管内凹液面的附加压力相等，系统达到平衡。如图 9-14 所示，若管内液柱上升的高度为 H，则有

$$\Delta p = \rho g h \tag{9-39}$$

式中，ρ为液体的密度；g为重力加速度。

若毛细管半径为 r，管内凹液面为球面的一部分，其曲率半径为 R，则 $r/R=\cos\theta$。将此关系和式（9-15）结合，则得

$$\frac{2r}{R} = \frac{2\gamma\cos\theta}{r} = \rho g h$$

因此液柱上升的高度为

$$h = \frac{2\gamma\cos\theta}{r\rho g} \tag{9-40}$$

式（9-40）表明：毛细管中液柱上升的高度与液体表面张力成正比，与毛细管半径及液体的密度成反比。此外，也与接触角有关，即与液体对固体的润湿程度有关。

若液体不润湿毛细管壁，即接触角$\theta > 90°$，此时如将毛细管插入液体中，管内液体呈凸液面。由于凸面产生的附加压力$\Delta p > 0$，所以管内液面受到的压力大于管外平液面受到的压力，液体将自动地往管外流，导致管内液面低于管外液面。管内液面下降的深度 h 仍可用式（9-40）计算，只是由于算出的结果为负值，表示管内液面比管外平液面低。

9.7.4　液-液界面现象

将苯倒在水中，由于苯不溶于水，所以浮在水上，苯与水分成两层。两种不能互溶的液体之间形成液-液界面。由于液-液界面两侧物质的分子间作用力不同，界面层中的分子也是处

于不对称力场之中，因而存在液-液界面张力。液-液界面张力的大小与构成界面的两种液体的性质、组成及温度等因素有关。表 9-5 为 20℃时不同液体与水的界面张力。

表 9-5　20℃时不同液体与水的界面张力

界面	$\gamma\times10^3/(\mathrm{N\cdot m^{-1}})$	界面	$\gamma\times10^3/(\mathrm{N\cdot m^{-1}})$
乙醚-水	10.7	正辛醇-水	8.5
四氯化碳-水	45	庚酸-水	7
正己烷-水	51.1	苯-水	35
正辛烷-水	50.8	硝基苯-水	25
正丁醇-水	1.8	汞-水	375

一种不溶性液体滴在另一种液体上能否铺展也可用铺展系数来判别。A 和 B 为两种不互溶的纯液体，如 A 的体积质量较小，称为轻液；B 的体积质量较大，称为重液。将 A 滴在 B 的液面上，液体 A 在液体 B 上的铺展系数以 $S_{A/B}$ 表示，定义为

$$S_{A/B} \overset{\text{def}}{=\!=} \gamma_B - \gamma_A - \gamma_{A\text{-}B} \tag{9-41}$$

式中，γ_A 和 γ_B 分别为纯液体 A 和纯液体 B 的表面张力，$\gamma_{A\text{-}B}$ 为液体 A 与液体 B 之间的界面张力。等温等压下，液体 A 可在液体 B 的液面上铺展的条件为

$$S_{A/B}>0$$

表 9-6 为 20℃时一些轻液 A 在重液 B 上的铺展系数。

表 9-6　20℃时轻液 A 在重液 B 上的铺展系数

轻液 A	重液 B	$S_{A/B}$	轻液 A	重液 B	$S_{A/B}$
己烷	水	3.4	二碘甲烷	水	–26.5
异戊醇	水	44	水	汞	–3
正辛醇	水	35.7	己烷	汞	79
庚醇	水	32.2	碘乙烷	汞	135
油醇	水	24.6	丙酮	汞	60
苯	水	8.8	正辛醇	汞	102
硝基苯	水	3.8	油酸	汞	122
邻溴甲苯	水	–3.3	苯	汞	99
二硫化碳	水	–8.2	二硫化碳	汞	108

实际上当两种液体接触后，彼此总有一些溶解。当两种不能完全互溶的液体接触并相互溶解达到饱和后，原有的两种纯液体的界面 A-B 变成了两种饱和溶液的界面。B 溶于 A 中的饱和溶液的表面张力以 γ'_A 表示；A 溶于 B 中的饱和溶液的表面张力以 γ'_B 表示。因此，液体 A 和 B 接触并相互溶解达到饱和后的铺展系数称为平衡铺展系数，以 $S'_{A/B}$ 表示，则

$$S'_{A/B} = \gamma'_B - \gamma'_A - \gamma'_{A\text{-}B}$$

式中，$\gamma'_{A\text{-}B}$ 为两种纯液体 A 和 B 接触并相互溶解达到平衡后两液层间的界面张力，它一般与 $\gamma_{A\text{-}B}$ 相差不大。但由于 γ'_A、γ'_B 分别与 γ_A、γ_B 有较大的差别，所以平衡铺展系数 $S'_{A/B}$ 与开始铺展系数 $S_{A/B}$ 可能有相当大的不同，甚至符号相反。以苯-水系统为例，20℃时 $S_{\text{苯-水}}=8.9\times10^{-3}\mathrm{N\cdot m^{-1}}$，而

$S'_{苯-水}=-1.6\times10^{-3}N\cdot m^{-1}$。将苯滴在水上，最初苯在水面上能铺展，但渐渐苯又缩回，其原因就在于此。

9.8 溶 液 表 面

9.8.1 溶液表面的吸附现象

溶质在溶液表面层（或表面相）中的浓度与在溶液本体（或体相）中浓度不同的现象，称为溶液表面的吸附。

纯液体无所谓吸附，恒温恒压下，表面张力是一定值。而对于溶液来说，由于溶质会在溶液表面发生吸附，进而改变溶液的表面张力，所以溶液的表面张力不仅是温度、压力的函数，还是溶液组成的函数。

例如，在一定温度的纯水中，分别加入不同种类的溶质时，溶质的浓度对溶液表面张力的影响大致可分为三种。如图 9-15 所示，曲线 I 表明，随着溶液浓度的增加，溶液的表面张力稍有升高。就水溶液而言，属于此种类型的溶质有无机盐类（如 NaCl）、不挥发性酸（如 H_2SO_4）、碱（如 KOH），以及含有多个—OH 基的有机化合物（如蔗糖、甘油等）。曲线Ⅱ表明，随着溶质浓度的增加，水溶液的表面张力缓慢地下降，大部分的低脂肪酸、醇、醛等有机物质的水溶液皆属此类。曲线Ⅲ表明，在水中加入少量的某溶质时，却能引起溶液的表面张力急剧下降，至某一浓度之后，溶液的表面张力几乎不再随溶液浓度的上升而变化，属于此类的化合物可以表示为 RX，其中 R 代表含有 10 个或 10 个以上碳原子的烷基；X 则代表极性基团，一般可以是—OH、—COOH、—CN、—$CONH_2$、—COOR′，也可以是离子基团，如—SO_3、—NH_3、—COO 等。这类曲线有时会出现如图所示的虚线部分，这可能是由于某种杂质的存在而引起的。

溶液表面的吸附现象，可用恒温恒压下溶液表面吉布斯函数自动减小的趋势来说明在一定 T、p 下，由一定量的溶质与溶剂所形成的溶液，因溶液的表面积不变，降低表面吉布斯函数的唯一途径，是尽可能使溶液的表面张力降低。而降低表面张力则是通过使溶液中相互作用力较弱的分子富集到表面而完成的。

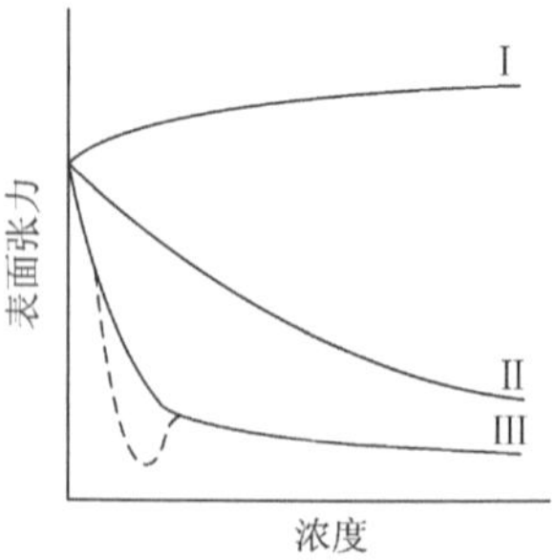

图 9-15　表面张力与浓度关系示意图

当溶剂中加入能形成图 9-15 中第Ⅱ、Ⅲ类曲线的物质后，由于它们都是有机类化合物，分子之间的相互作用较弱，当它们富集于表面时，表面层中分子间的相互作用减弱，使溶液的表面张力降低，进而降低表面吉布斯函数。所以这类物质会自动地富集到表面，使得它在表面的浓度高于本体浓度，这种现象称为正吸附。

与此相反，当溶剂中加入上述 I 类物质后，由于它们是无机的酸、碱、盐类物质，在水中可电离为正、负离子，使溶液中分子之间的相互作用增强，使溶液的表面张力升高，进而使表面吉布斯函数升高（多羟基类有机化合物作用类似）。为减低这类物质的影响，使溶液的表面张力升高得少一些，这类物质会自动地减小在表面的浓度，使得它在表面层的浓度低于本体浓度，这种现象称为负吸附。

一般说来，凡是能使溶液表面张力升高的物质，皆称为表面惰性物质；凡是能使溶液表面张力降低的物质，皆称为表面活性物质。但习惯上，只把那些溶入少量就能显著降低溶液表面张力的物质，称为表面活性物质或表面活性剂。表面活性的大小可用 $-(\partial\gamma/\partial c)_T$ 来表示，其值越大，则表示溶质的浓度对溶液表面张力的影响越大，可用吉布斯公式来计算。

9.8.2　表面过剩与吉布斯吸附等温式

在单位面积的表面层中，所含溶质的物质的量与同量溶剂在溶液本体中所含溶质物质的量的差值，称为溶质的表面过剩或表面吸附量。

设有一个二元溶液，与其蒸气成平衡，以α和β分别代表液相和气相，两相的体积分别为V^{α}、V^{β}。在气液交界处有一薄层（厚度约有几个分子厚），其中溶质的浓度和溶剂的浓度既不同于液相，也不同于气相，将这一层称为表面相σ，如图 9-16 所示。在表面相中画一个面ss′，设在此面下的α相（或在此面上的β相）的浓度是一致的，而且等于体相的浓度，分别以c^{α}、c^{β}表示溶质在α相和β相的浓度，由此算出的α和β相中溶质的物质的量n^{α}和n^{β}分别为

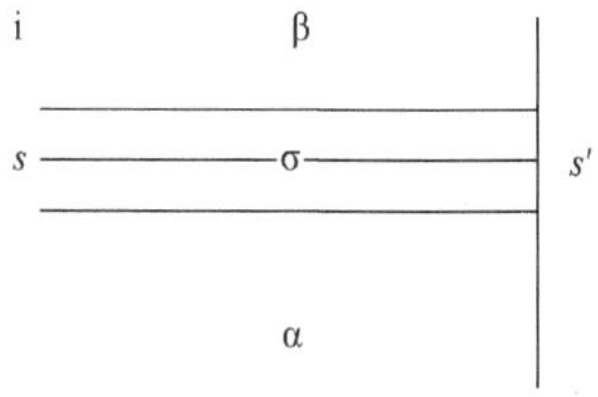

图 9-16　表面相示意图

$$n^{\alpha}=V^{\alpha}c^{\alpha},\quad n^{\beta}=V^{\beta}c^{\beta}$$

以n_0表示该物质总的物质的量，并且令

$$n^{\sigma}=n_0-\left(n^{\alpha}+n^{\beta}\right) \tag{9-42}$$

为表面相σ中溶质的过剩量，将其除以相界面面积A_S，得

$$\varGamma=\frac{n^{\sigma}}{A_S} \tag{9-43}$$

$\varGamma$即为表面过剩，单位为$mol\cdot m^{-2}$，通常也称为吸附量。$\varGamma$可以是正值，也可以是负值。

一般来说，气相的浓度远远小于液相浓度，即$n^{\alpha}\geqslant n^{\beta}$，所以

$$\varGamma=\frac{n_0-n^{\alpha}}{A_S} \tag{9-44}$$

由式（9-44）可知，物质表面过剩的计算是与n^{α}有关的，而n^{α}的值则取决于ss'面的位置。所以首先要按一定原则确定ss'面后，$\varGamma$才有明确的物理意义。为此，吉布斯提出将ss'面定在溶剂的表面过剩为 0 的地方。

设溶剂浓度$c_{溶剂}$和溶质浓度$c_{溶质}$与高度H的关系分别如图 9-17（a）、（b）中的曲线所示，当容器的截面积A_S为单位面积时，图中曲线下的面积分别代表溶剂和溶质的总物质的量$n_{0,1}$和$n_{0,2}$。吉布斯将ss'面正好定在使图 9-17（a）中两块阴影面积相等的地方，这使得溶剂的吸附量$\varGamma_1=n_{0,1}-c_1h_sA_S$。在分界面确定之后，溶质的吸附量$\varGamma_2$也就随之确定了，$\varGamma_2=n_{0,2}-c_2h_sA_S$，等于图 9-17（b）中阴影的面积。

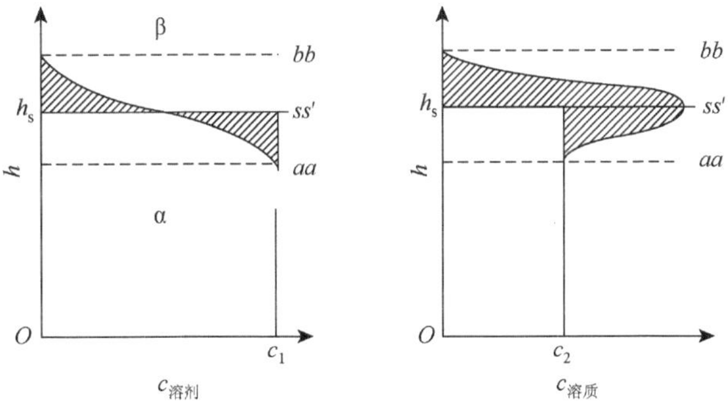

(a) 溶剂浓度与杯高的关系　　(b) 溶质浓度与杯高的关系

图 9-17　吉布斯吸附模型

用与式（9-43）同样的方法，可以确定表面相的其他热力学函数，如表面热力学能U^{σ}、表面熵S^{σ}、表面吉布斯函数G^{σ}等的定义分别为

$$\begin{aligned} U^{\sigma} &= U - U^{\alpha} - U^{\beta} \\ S^{\sigma} &= S - S^{\alpha} - S^{\beta} \\ G^{\sigma} &= G - G^{\alpha} - G^{\beta} \end{aligned} \tag{9-45}$$

因满足溶剂吸附量Γ_1为 0 的分界面只有一个，所以分界面确定之后，不仅溶质的吸附量Γ_2为确定值，U^{σ}、S^{σ}、G^{σ}也都具有确定值。

当表面相的吉布斯函数G^{σ}发生一个微小变化时，根据式（9-7）有

$$\mathrm{d}G^{\sigma} = -S^{\sigma}\mathrm{d}T + V^{\sigma}\mathrm{d}p + \sum_{\mathrm{B}} \mu_{\mathrm{B}}\mathrm{d}n_{\mathrm{B}}^{\sigma} + \gamma \mathrm{d}A_{\mathrm{S}} \tag{9-46}$$

对于恒温恒压下的二元系统，有

$$\mathrm{d}G^{\sigma} = \gamma \mathrm{d}A_{\mathrm{S}} + \mu_1 \mathrm{d}n_1^{\sigma} + \mu_2 \mathrm{d}n_2^{\sigma} \tag{9-47}$$

式中，μ_1和μ_2分别为表面相中溶剂和溶质的化学势，因吸附平衡时同一种物质在表面相及溶液本体的化学势相等，所以可省去μ的表示相的上标；n_1^{σ}及n_2^{σ}分别为溶剂及溶质在表面相中的过剩量。在各强度性质（即T、p、γ及μ）恒定的情况下，对式（9-47）进行积分，可得

$$G^{\sigma} = \gamma \mathrm{A}_{\mathrm{S}} + \mu_1 n_1^{\sigma} + \mu_2 n_2^{\sigma} \tag{9-48}$$

表面吉布斯函数是状态函数，它具有全微分的性质。所以

$$\mathrm{d}G^{\sigma} = \gamma \mathrm{d}A_{\mathrm{S}} + A_{\mathrm{S}}\mathrm{d}\gamma + \mu_1 \mathrm{d}n_1^{\sigma} + n_1^{\sigma}\mathrm{d}\mu_1 + \mu_2 \mathrm{d}n_2^{\sigma} + n_2^{\sigma}\mathrm{d}\mu_2 \tag{9-49}$$

将式（9-49）与式（9-47）相比较，可得适用于表面层的吉布斯-杜亥姆方程，即

$$A_{\mathrm{S}}\mathrm{d}\gamma = -(n_1^{\sigma}\mathrm{d}\mu_1 + n_2^{\sigma}\mathrm{d}\mu_2) \tag{9-50}$$

式（9-50）除以A_{S}，再结合表面过剩的定义式（9-43），得

$$\mathrm{d}\gamma = -(\Gamma_1 \mathrm{d}\mu_1 + \Gamma_2 \mathrm{d}\mu_2) \tag{9-51}$$

按吉布斯表面相模型，溶剂的$\Gamma_1 = 0$，上式变为

$$\mathrm{d}\gamma = -\Gamma_2 \mathrm{d}\mu_2 \tag{9-52}$$

将$\mathrm{d}\mu_2 = RT\mathrm{d}\ln a_2$代入式（9-52），整理后可得

$$\Gamma_2 = -\frac{\mathrm{d}\gamma}{RT\mathrm{d}\ln a_2} = -\frac{a_2}{RT}\cdot\frac{\mathrm{d}\gamma}{\mathrm{d}a_2} \tag{9-53}$$

对于理想稀溶液，可用溶质的浓度c_2代替其活度a_2，略去c_2及Γ_2的下标 2，式（9-53）变为

$$\Gamma_2 = -\frac{c}{RT}\cdot\frac{\mathrm{d}\gamma}{\mathrm{d}c} \tag{9-54}$$

此式即为吉布斯吸附等温式。由该式可知，在一定温度下，当溶液的表面张力随浓度的变化率$\mathrm{d}\gamma/\mathrm{d}c<0$，$\Gamma>0$，表明凡是增加浓度，能使溶液表面张力降低的溶质，在表面层必然发生正吸附；当$\mathrm{d}\gamma/\mathrm{d}c>0$，$\Gamma<0$，表明凡增加浓度，使溶液表面张力上升的溶质，在溶液的表面层必然发生负吸附；当$\mathrm{d}\gamma/\mathrm{d}c=0$，$\Gamma=0$时，说明此时无吸附作用。

用吉布斯吸附等温式计算某溶质的吸附量（即表面过剩）时，可由实验测定一组恒温下不同浓度c时的表面张力γ，以γ对c作图，得到γ-c曲线。将曲线上某指定浓度c下的斜率$\mathrm{d}\gamma/\mathrm{d}c$代入式（9-54），即可求得该浓度下溶质在溶液表面的吸附量。将不同浓度下求得的吸附量对溶液浓度作图，可得到γ-c曲线，即溶液表面的吸附等温线。

9.8.3　表面活性物质在吸附层的定向排列

在一般情况下，表面活性物质的 Γ-c 曲线的形式如图 9-18 所示。在一定温度下，系统在平衡状态时，吸附量 Γ 和浓度 c 之间的关系与固体对气体的吸附很相似，也可用和朗缪尔单分子层吸附等温式相似的经验公式来表示，即

$$\Gamma = \Gamma_{\infty} \frac{kc}{1+kc} \tag{9-55}$$

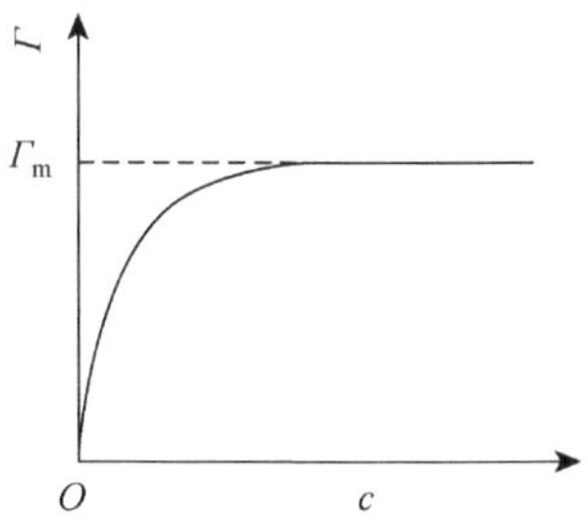

图 9-18　溶液吸附等温线

式中，k 为经验常数，与溶质的表面活性大小有关。由式（9-55）可知，当浓度很小时，Γ 与 c 呈直线关系；当浓度较大时，Γ 与 c 呈曲线关系；当浓度足够大时，则呈现一个吸附量的极限值，即 $\Gamma = \Gamma_{\infty}$。此时若再增加浓度，吸附量不再改变，说明溶液的表面吸附已达到饱和状态，溶液中的溶质不再能更多地吸附于表面，所以 Γ_{∞} 称为饱和吸附量。Γ_{∞} 可以近似看作是在单位表面上定向排列呈单分子层吸附时溶质的物质的量。由实验测出 Γ_{∞} 值，即可算出每个被吸附的表面活性物质分子的横截面积 a_m，即

$$a_m = \frac{1}{\Gamma_m L} \tag{9-56}$$

式中，L 为阿伏伽德罗常量。

由实验测定 Γ_{∞}，由 Γ_{∞} 计算出的 a。算出的 a 表明：直链脂肪酸、醇或胺，不论碳链长度如何，a 都是 $20.5\times10^{-20}m^2$。a 可看作是表面活性剂分子的横截面积，$a=20.5\times10^{-20}m^2$ 正是—CH_2 的横截面积。这个结果验证了饱和吸附时表面活性剂分子在溶液表面上定向竖直排列的观点。

各种表面活性剂已广泛应用于洗涤、乳化、发泡、润湿、增溶、浮选和催化等各个领域。随着新品种表面活性剂的出现，表面活性剂的应用领域不断拓宽，它在新技术发展中的作用显得越来越重要。

9.9　表面活性剂及应用

9.9.1　表面活性剂的分类

表面活性物质可以从用途、物理性质或化学结构等方面进行分类，最常用的是按化学结构来分类，大体上可分为离子型和非离子型两大类。当表面活性物质溶于水时，凡能电离生成离子的，称为离子型表面活性物质；凡在水中不能电离的，就称为非离子型表面活性物质。而离子型的按其在水溶液中具有表面活性作用的离子的电性，还可再分类。具体分类和举例如图 9-19 所示。

- 表面活性物质
  - 离子型表面活性物质
    - 阴离子表面活性物质，如肥皂
    - 两性表面活性物质，如氨基酸类
  - 非离子型表面活性物质，如聚乙二醇类

图 9-19　表面活性物质的分类

此种分类法便于正确选用表面活性物质。若某表面活性物质是阴离子型的，它就不能和阳离子型的物质混合使用，否则会产生沉淀等不良后果。如阴离子表面活性物质可作染色过程的匀染剂，与酸性染料或直接染料一起使用时不会产生不良后果，因酸性染料或直接染料在水溶液中也是阴离子型的。

9.9.2　表面活性物质的基本性质

前面已讲到表面活性物质的一些基本性质，如表面活性物质的分子都是由亲水性的极性基团和憎水（亲油）性的非极性基团构成。表面活性物质的分子能定向地排列于任意两相之间的界面层中，使界面的不饱和力场得到某种程度的补偿，从而使界面张力降低。如在 293.15K 的纯水中加入油酸钠，当油酸钠的浓度从零增加到 $1\text{mmol}\cdot\text{dm}^{-3}$ 时，表面张力则从 $72.75\text{mN}\cdot\text{m}^{-1}$ 降至 $30\text{mN}\cdot\text{m}^{-1}$，若再增加油酸钠的浓度，溶液的表面张力却变化不大，许多表面活性物质都具有类似图 9-15 曲线Ⅲ所示的特征。

为什么在表面活性物质的浓度极稀时，稍微增加其浓度就可使溶液的表面张力急剧降低？为什么当表面活性物质的浓度超过某一数值之后，溶液的表面张力又几乎不随浓度的增加而变化？这些问题可以借助图 9-20 进行解释。

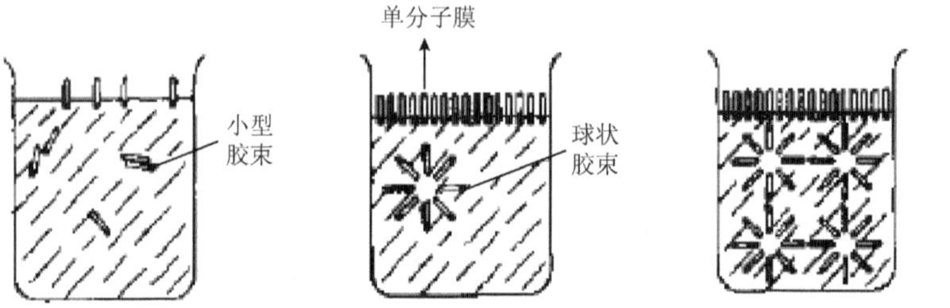

(a) 稀溶液　(b) 开始形成胶束的溶液　(c) 大于临界胶束浓度的溶液

图 9-20　表面活性物质的分子在溶液本体及表面层中的分布

图 9-20（a）表示当表面活性物质的浓度很稀时，表面活性物质的分子在溶液本体和表面层中分布的情况。在这种情况下，若稍微增加表面活性物质的浓度，一部分表面活性物质分子将自动地聚集于表面层，使水和空气的接触面减小，溶液的表面张力急剧降低。表面活性物质的分子在表面层中不一定都是直立的，也可能是东倒西歪而使非极性基团翘出水面。另一部分表面活性物质分子则分散在水中。有的以单分子的形式存在，有的则三三两两相互接触，把憎水基团靠拢在一起，形成简单的聚集体，这相当于图 9-15 中曲线Ⅲ急剧下降的部分。

图 9-20（b）表示表面活性物质的浓度足够大时，达到饱和状态，液面上刚刚挤满一层定向排列的表面活性物质的分子，形成单分子膜在溶液本体则形成具有一定形状的胶束，它是由几十个或几百个表面活性物质的分子，排列成憎水基团向内、亲水基团向外的多分子聚集体。胶束中许多表面活性物质分子的亲水基团与水分子相接触；而非极性基团则被包在胶束中，几乎完全脱离了与水分子的接触。因此，胶束在水溶液中可以比较稳定地存在。这相当于图 9-15 中曲线Ⅲ的转折处。胶束的形状可以是球状、棒状、层状或偏椭圆状，图 9-20 中胶束为球状。形成一定形状的胶束所需表面活性物质的最低浓度，称为临界胶束浓度，以 cmc 表示。实验表明，cmc 不是一个确定的数值，而常表现为一个窄的浓度范围。例如，离子型表面活性剂的 cmc 一般为 $1\sim10\text{mmol}\cdot\text{dm}^{-3}$。

图 9-20（c）是超过临界胶束浓度的情况。这时液面上早已形成紧密、定向排列的单分子膜，达到饱和状态。若再增加表面活性物质的浓度，只能增加胶束的个数（也有可能使每个

胶束所包含的分子数增多）。由于胶束是亲水性的，它不具有表面活性，不能使表面张力进一步降低，这相当于图 9-15 中曲线Ⅲ的平缓部分。

胶束的存在已被 X 射线衍射图谱及光散射实验所证实。临界胶束浓度和在液面上开始形成饱和吸附层所对应的浓度范围是一致的。在这个窄小的浓度范围前后，不仅溶液的表面张力发生明显的变化，其他物理性质如电导率、渗透压、蒸气压、光学性质、去污能力及增溶作用等均发生很大的差异，如图 9-21 所示。由图可知，表面活性剂的浓度略大于临界胶束浓度时，溶液的表面张力、渗透压及去污能力等几乎不随浓度的变化而改变，但增溶作用、电导率等却随着浓度的增加而急剧增加。某些有机化合物难溶于水，但可溶于表面活性剂浓度大于临界胶束浓度的水溶液中。

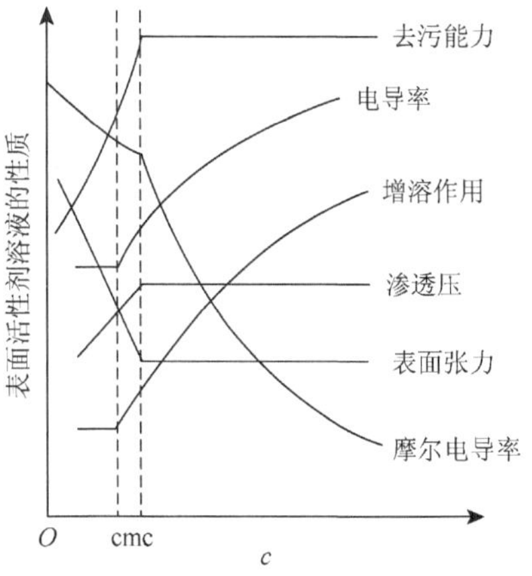

图 9-21　表面活性剂溶液的性质与浓度关系示意图

表面活性物质的种类繁多，应用广泛。对于一个指定的系统，如何选择最合适的表面活性物质才可达到预期的效果，目前还缺乏理论指导。为解决表面活性剂的选择问题，许多工作者曾提出不少方案。比较成功的是 1945 年格里芬（Griffin）所提出的 HLB 法。HLB 代表亲水亲油平衡。此法用数值的大小来表示每一种表面活性物质的亲水性，HLB 值越大，表示该表面活性物质的亲水性越强。根据表面活性物质的 HLB 值的大小，就可知道它适宜的用途。表 9-7 给出这种对应关系。例如，HLB 值在 2～6 的，可作油包水型的乳化剂，而 HLB 值在 12～18 的，可作水包油型的乳化剂等。

表 9-7　表面活性物质的 HLB 值与应用的对应关系

表面活性物质加水后的性质	HLB 值	应用	
	0		
不分散	2		
	4	W/O 乳化剂	
分散得不好	6		
不稳定乳状分散体系	8	润湿剂	
稳定乳状分散体系	10		
半透明至透明分散体系	12	洗涤剂	O/W 乳化剂
	14		
透明溶液	16	增溶剂	
	18		

9.9.3　表面活性剂的一些重要作用及应用

表面活性物质的种类很多。不同的表面活性物质常具有不同的作用。概括地说，表面活性物质具有润湿、助磨、乳化、去乳、分散、增溶、发泡和消泡，以及匀染、防锈、杀菌、消除静电等作用。因此在许多生产、科研和日常生活中被广泛地使用。有关这些具体应用，许多专门著作中皆有详细论述，这里仅概述如下。

（1）去污作用。许多油类对衣物、餐具等润湿良好，在其上能自动地铺展开来，但却很难溶于水中，只用水是洗不净衣物、餐具上的油污的。在洗涤时，必须用肥皂、洗涤剂等表面活性物质。这是因为这些表面活性物质可以降低水溶液与衣物等固体物质间的界面张力γ，当γ小于油污对衣物等的界面张力γ时，使得水对衣物的接触角$\theta<90°$，而油则不能润湿衣物，经机械摩擦和水流的带动，油污可以从固体表面上脱落。另外，表面活性剂还有乳化作用，使脱落的油污分散在水中，最终达到洗涤的目的。

（2）助磨作用。我国古代劳动人民早就有水磨比干磨效率高的经验，如米粉、豆粉之类，水磨的要比干磨的细得多。在固体物料的粉碎过程中，若加入表面活性物质（称为助磨剂），可增加粉碎程度，提高粉碎的效率。有表面活性物质存在，它能很快地定向排列在固体颗粒的表面上，使固体颗粒的表面（或界面）张力有明显的降低。可以想象，表面活性物质在颗粒表面上的覆盖率越大，表面张力降低得越多，则系统的表面吉布斯函数越小。因此，表面活性物质不仅可自动吸附在颗粒的表面上，还可自动地渗入微细裂缝中并能向深处扩展，如同在裂缝中打入一个“楔子”，起着一种劈裂作用。另外，表面活性物质定向排列在颗粒的表面上，而非极性的碳氢基朝外，使颗粒不易接触、表面光滑、易于滚动等，这些因素都有利于粉碎效率的提高。

（3）乳化和破乳作用。表面活性剂的乳化作用是表面活性剂应用最为广泛的性质之一。例如，在化妆品、食品、纺织、造纸、金属的切削液、油漆、农药、医药等方面，乳化剂都起着重要的作用。各种类型的表面活性剂都可以作为乳化剂来使用，但非离子表面活性剂和阴离子表面活性剂应用得比较多。乳化作用是指两种互不相溶的液体形成乳状液的过程。乳状液是指一种不溶解或溶解度很小的液体，以一定大小的液滴分散存在于第二种液体中，形成具有明显稳定的悬浊液。对两种互不相溶的液体，如果仅通过机械搅拌的方法总是不能形成稳定的乳状液的。要形成明显稳定的乳状液，必须加入第三组分，这第三组分就是表面活性剂，一般称其为乳化剂。

（4）增溶作用。表面活性剂在水溶液中形成胶束后具有使不溶于水的有机物的溶解度显著增大的能力，且此时溶液呈透明状，胶束的这种作用称为增溶。能产生增溶作用的表面活性剂称为增溶剂，被增溶的有机物称为被增溶物。如果在已增溶的液体中继续加入被增溶物，达到一定量后，溶液透明状变为乳浊状，这种乳液即为乳状液，在此乳状液中再加入表面活性剂，溶液又变得透明无色。虽然这种变化是连续的，但乳化和增溶本质上是不同的。增溶作用可使被增溶物的化学势显著降低，使体系变得更稳定，即增溶在热力学上是稳定的，只要外界条件不变，体系不随时间变化。而乳化在热力学上是不稳定的。

本章小结

（1）在胶体的诸多性质（光学性质、动力学性质和电学性质）中，电学性质最为重要，它在胶体的稳定和破坏中起着举足轻重的作用。

（2）处在溶液中的带电固体表面，由于静电吸引力的作用，必然要吸引等电量的、与固体表面上带有相反电荷的离子（这种离子可简称为反离子或异电离子）环绕在固体粒子的周围，这样便在固、液两相之间形成了双电层。

（3）能促使溶胶聚沉的措施有：外加电解质，变化温度，增大溶胶的浓度，加聚沉剂和混入不同电性的溶胶等。通常促使溶胶聚沉最有效的措施是外加电解质。往溶胶中添加与双电层中反离子相同电性的离子时，添加的离子可以压缩双电层的扩散层，使更多的反离子进入紧密层，导致 ζ 电势下降，从而减小胶粒间的电排斥作用。当电解质溶液的浓度足够大时，可使 ζ 电势降为零，此时的状态称为等电态。处于等电态的胶体质点不带电，因此不会发生电泳现象，电泳、电渗速度也必然为零，这时的溶胶非常容易聚沉。

使一定量溶胶在一定时间内发生明显的聚沉所需电解质的最小浓度，称为该电解质的聚沉值或凝结值。某电解质的聚沉值越小，表明其聚沉能力越大。将聚沉值的倒数定义为聚沉能力。

部分一价正离子的聚沉能力顺序为

$$H^+ > Cs^+ > Rb^+ > NH_4^+ > K^+ > Na^+ > Li^+$$

对于一价负离子，聚沉能力的次序为

$$F^- > IO_3^- > H_2PO_4^- > BrO_3^- > Cl^- > ClO_3^- > Br^- > NO_3^- > I^- > CNS^-$$

（4）$\delta W_r' = dG_{T,p} = \gamma dA_S$，表面张力、单位面积的表面功、单位面积的表面吉布斯函数三者虽为不同的物理量，但它们的数值和量纲却是等同的，三者的单位皆可化为 $N\cdot m^{-1}$。

$$\gamma = \left(\frac{\partial G}{\partial A_S}\right)_{T,p,n_B} = \left(\frac{\partial U}{\partial A_S}\right)_{S,V,n_B} = \left(\frac{\partial H}{\partial A_S}\right)_{S,p,n_B} = \left(\frac{\partial A}{\partial A_S}\right)_{T,V,n_B}$$

式中，下标 n_B 表示各相中各物质的物质的量均不变，即系统的组成恒定。

（5）拉普拉斯方程：一定温度下，弯曲液面的附加压力与液体的表面张力成正比，与曲率半径成反比，即

$$\Delta p = \gamma\left(\frac{1}{r_1} + \frac{1}{r_2}\right)$$

若弯曲液面为球面的一部分，球体的半径为 r。由于 $r_1=r_2=r$，则拉普拉斯方程成为

$$\Delta p = \frac{2\gamma}{r}$$

对于凸液面，r 为正值；凹液面，r 为负值；平液面，$r=\infty$。

（6）开尔文公式：$RT\ln\dfrac{p_r}{p} = \dfrac{2\gamma M}{\rho r} = \dfrac{2\gamma V_m}{r}$

（7）朗缪尔吸附等温式：

$$\theta = \frac{bp}{1+bp}$$

式中，$b=k_1/k_{-1}$，单位为 Pa^{-1}。b 值越大，则表示吸附能力越强。

在低压下或弱吸附时，$bp \ll 1$，$\theta = bp$，覆盖度与压力成正比。高压下或强吸附时，$bp \gg 1, \theta = 1$，固体表面完全被一层吸附质分子所覆盖，吸附达到饱和，吸附量不再随压力而改变。在中压或中等吸附强度时，θ 为 0～1。

朗缪尔吸附等温式还可以写成下列形式：

$$V^a = V_m^a \frac{bp}{1+bp}$$

（8）$\Delta_{ads}H$ 即吸附焓，在量值上等于吸附热：

$$\Delta_{ads}H = -\frac{RT_2T_1}{T_2 - T_1}\ln\frac{p_2}{p_1}$$

（9）比较三种润湿形式的吉布斯函数变，$\Delta G_a < \Delta G_d < \Delta G_{sp}$，因此在一定的温度和压力下，对指定的液-固系统，若能铺展，必能浸湿，更可沾湿。

（10）$\gamma_{g\text{-}s} = \gamma_{l\text{-}s} + \gamma_{g\text{-}l}\cos\theta$ 或 $\cos\theta = (\gamma_{g\text{-}s} - \gamma_{l\text{-}s})/\gamma_{g\text{-}l}$。

若 $\gamma_{g\text{-}s} - \gamma_{l\text{-}s} < 0$，即 $\gamma_{l\text{-}s} > \gamma_{g\text{-}s}$，则 $\cos\theta < 0$，$\theta > 90°$。当 $\theta = 180°$，称为完全不润湿。

若$\gamma_{g-s}-\gamma_{l-s}>0$，即$\gamma_{l-s}<\gamma_{g-s}$，则$\cos\theta>0$，$\theta<90°$。当$\theta=0°$，称为完全润湿。

（11）具有细微缝隙的固体与液体接触时，液体沿缝隙上升或下降的现象称为毛细现象。$\dfrac{2r}{R}=\dfrac{2\gamma\cos\theta}{r}=\rho gh$。该式表明：毛细管中液柱上升的高度与液体表面张力成正比，与毛细管半径及液体的密度成反比。此外，也与接触角有关，即与液体对固体的润湿程度有关。

（12）$\Gamma=\dfrac{n^{\sigma}}{A_S}$。$\Gamma$即为表面过剩，单位为$mol\cdot m^{-2}$，通常也称吸附量。$\Gamma$可以是正值，也可以是负值。

吉布斯吸附等温式：$\Gamma=-\dfrac{c}{RT}\cdot\dfrac{d\gamma}{dc}$。由该式可知，在一定温度下，当溶液的表面张力随浓度的变化率$d\gamma/dc<0$，$\Gamma>0$，表明凡是增加浓度，能使溶液表面张力降低的溶质，在表面层必然发生正吸附；当$d\gamma/dc>0$，$\Gamma<0$，表明凡增加浓度，使溶液表面张力上升的溶质，在溶液的表面层必然发生负吸附；当$d\gamma/dc=0$，$\Gamma=0$时，说明此时无吸附作用。

（13）$\Gamma=\Gamma_{\infty}\dfrac{kc}{1+kc}$。式中$k$为经验常数，与溶质的表面活性大小有关。由上式可知，当浓度很小时，Γ与c呈直线关系；当浓度较大时，Γ与c呈曲线关系；当浓度足够大时，则呈现一个吸附量的极限值，即$\Gamma=\Gamma_{\infty}$。此时若再增加浓度，吸附量不再改变，说明溶液的表面吸附已达到饱和状态，溶液中的溶质不再能更多地吸附于表面，所以Γ_{∞}称为饱和吸附量。Γ_{∞}可以近似看作是在单位表面上定向排列呈单分子层吸附时溶质的物质的量。由实验测出Γ_{∞}值，即可算出每个被吸附的表面活性物质分子的横截面积a_m，即$a_m=\dfrac{1}{\Gamma_{\infty}L}$。

（14）HLB代表亲水亲油平衡。此法用数值的大小来表示每一种表面活性物质的亲水性，HLB值越大，表示该表面活性物质的亲水性越强。根据表面活性物质的HLB值的大小，就可知道它适宜的用途。

习　题

1. 把过量的H_2S气体通入亚砷酸H_3AsO_3溶液中，制备得到硫化砷溶液，写出该胶团的结构式，注明紧密层和扩散层。

2. 写出由$FeCl_3$水解得到$Fe(OH)_3$胶团的结构，物质量浓度相同的NaCl、$MgCl_2$、$MgSO_4$、Na_2SO_4各溶液对$Fe(OH)_3$溶胶聚沉能力强弱的次序如何？

3. 试解释在新生成的$Fe(OH)_3$沉淀中加入少量$FeCl_3$溶液，沉淀会全溶解，如再加入一定量的硫酸盐溶液，又会析出沉淀。

4. 以等体积的$0.08mol\cdot dm^{-3}$ $AgNO_3$溶液和$0.1mol\cdot dm^{-3}$ KCl溶液制备AgCl溶胶。

（1）写出胶团结构式，指出电场中胶体粒子的移动方向；

（2）加入电解质$MgSO_4$、$AlCl_3$、Na_3PO_4使上述溶胶发生聚沉，则电解质聚沉能力大小顺序是什么？

5. 在298.15K可逆地使纯水增加$1.0m^2$吸热0.04J。求该过程的ΔS、ΔU、ΔG、ΔH和W。已知该温度水的表面张力为$0.07J\cdot m^{-1}$。

6. 298.15K时水在湿空气中的表面张力为$71.97\times10^{-3}N\cdot m^{-1}$，其表面张力温度系数为$-1.57\times10^{-6}N\cdot m^{-1}\cdot K^{-1}$。试求在恒温恒压下，系统体积不变时可逆增加$2cm^2$的表面积时，该过程的热、功、$\Delta G$及$\Delta S$。

7. 有一完全浮在空气中的肥皂泡，若其直径$2.0\times10^{-3}m$，已知肥皂溶液表面张力$0.7N\cdot m^{-1}$，则肥皂泡内所受的附加压力是多少？

8. 水蒸气迅速冷却至25℃时会发生过饱和现象，已知25℃时水的$71.5\times10^{-3}N\cdot m^{-1}$，密度为$997kg\cdot m^{-3}$，当过饱和水蒸气压为水的平衡蒸气压的4倍时，试计算：

（1）在此过饱和的情况下，开始形成水滴的半径；

（2）此种水滴所包含的分子数。

9. 373K 水的表面张力为 $58.9\times10^{-3}N\cdot m^{-1}$，密度为 $958.4kg\cdot m^{-3}$，若在水中有一半径为 $5\times10^{-8}m$ 的小气泡，则该温度下泡内水的饱和蒸气压为多少？

10. 在 293K 苯、水、空气和汞之间界面如表 9-8 所示。

表 9-8　在 293K 苯、水、空气与汞之间界面张力

界面	苯-水	苯-气	水-气	汞-气	汞-水	汞-苯
$\gamma\times10^3$/（$N\cdot m^{-1}$）	35	28.9	72.7	483	375	357

计算：（1）苯在水面的铺展系数；

（2）水在水银面的铺展系数；

（3）苯在汞面的铺展系数。

11. 有一完全浮在空气中的肥皂泡，若其直径 $2.0\times10^{-3}m$，已知肥皂溶液表面张力 $0.7N\cdot m^{-1}$，则肥皂泡内所受的附加压力是多少？

12. 20℃时水和汞的表面张力系数分别为 $7.28\times10^{-2}N\cdot m^{-1}$、$0.483N\cdot m^{-1}$，汞-水界面张力为 $0.375N\cdot m^{-1}$，试判断水能否在汞的表面上铺展开来。

13. 常温下汞的密度为 $13500kg\cdot m^{-3}$，表面张力为 $4.80\times10^{-1}N\cdot m^{-1}$。将内径为 $1\times10^{-3}m$ 的玻璃管插入汞时，管内液面将降低多少？（汞与玻璃的接触角 180°，重力加速度为 $9.8m\cdot s^{-2}$）

14. 19℃时丁酸水溶液的表面张力系数可以表示为

$$\sigma=\sigma_0+b\ln(1+c/K')$$

式中，σ_0 为水的表面张力系数，b、K' 为常数，c 为丁酸在水中的浓度。

（1）试求该溶液中丁酸的表面吸附量 Γ 与浓度 c 的关系。

（2）若已知 $b=1.31\times10^{-4}\ N\cdot m^{-1}$，$K'=5.097\times10^{-2}mol\cdot dm^{-3}$，试求当 $c=0.200mol\cdot dm^{-3}$ 时的 Γ。

（3）计算当 $c/K'\gg1$ 时的 Γ 为多少？若此时表面层丁酸成单分子层吸附，试计算丁酸分子的截面积。

15. 298.15K 时，从一稀肥皂水溶液上刮下极薄的一层液体，液膜表面积为 $3\times10^{-2}m^2$，得到 $2\times10^{-3}dm^3$ 溶液（水重 $2\times10^{-3}kg$），其中肥皂含量为 $4.013\times10^{-5}mol$，而溶液体相内同样体积的溶液中含肥皂 $4.000\times10^{-5}mol$。试根据吉布斯吸附公式和 $\sigma=\sigma_0-bc$ 计算溶液的表面张力。已知 298K 时纯水的表面张力 $\sigma_0=7.2\times10^{-2}N\cdot m^{-1}$。

16. 在 298.15K，乙醇水溶液的表面张力与溶液活度的关系为

$$\sigma=\sigma_0-Aa+Ba^2$$

式中，$A=5\times10^{-4}N\cdot m^{-1}$，$B=2\times10^{-4}N\cdot m^{-1}$。活度为 0.5 时表面过剩量 Γ 为多少？

17. 用一机械装置，可从一稀肥皂溶液上刮下极薄的一层液体，若是在 25℃刮去 $300cm^2$ 表面积，得到 $2cm^3$ 溶液，其中肥皂含量为 $4.013\times10^{-5}mol$，而溶液体相内 $2cm^3$ 中含量为 $4.00\times10^{-5}mol$。试根据吉布斯吸附公式和 $\sigma=\sigma_0-bc$，计算溶液的表面张力。已知 $\sigma_0=72\times10^{-3}N\cdot m^{-1}$。

18. 25℃时，乙醇水溶液的表面张力与浓度的关系为

σ/（$10^{-3}N\cdot m^{-1}$）=72−0.5c/（$mol\cdot dm^{-3}$）+0.2c^2/（$mol\cdot dm^{-3}$）^{2}

求 $0.5mol\cdot dm^{-3}$ 乙醇溶液的表面过剩量。

19. 298.15K 时，将少量的某表面活性物质溶解在水中，当溶液的表面吸附达到平衡后，实验测得该溶液的浓度为 $0.20mol\cdot m^{-3}$。用一很薄的刀片快速地刮去已知面积溶液的表面薄层，测得在表面薄层中活性物质的吸附量为 $3\times10^{-6}mol\cdot m^{-2}$。已知 298.15K 时纯水的表面张力为 $72\times10^{-3}N\cdot m^{-1}$。假设在很稀的浓度范围内，溶液的表面张力与溶液的浓度呈线性关系，试计算上述浓液的表面张力。

20. 已知在 273.15K 时，用活性炭吸附 $CHCl_3$，其饱和吸附量为 $93.8dm^3·kg^{-1}$，若 $CHCl_3$ 的分压力为 13.375kPa，其平衡吸附量为 $82.5dm^3·kg^{-1}$。

（1）求朗缪尔吸附等温式中的 b 值；

（2）$CHCl_3$ 的分压力 6.6682kPa 时，平衡吸附量为多少？

21. 用活性炭吸附 $CHCl_3$ 时，0℃时最大吸附量（盖满一层）为 $98.8dm^3·kg^{-1}$。已知该温度下 $CHCl_3$ 的分压为 1.34×10^3Pa 时的平衡吸附量为 $82.5dm^3·kg^{-1}$，试计算：

（1）朗缪尔吸附等温式中的常数 a；

（2）0℃，$CHCl_3$ 分压为 6.67×10^3Pa 下的吸附平衡时每千克吸附剂吸附气体的体积。

22. 水与油不相溶，为什么加入洗衣粉后即生成乳状液？

23. 为什么喷洒农药时要在农药中加表面活性剂？

24. 自然界中为什么气泡、小液滴都呈球形？

25. 人工降雨的原理是什么？

参考文献

邓景发，范康年. 1993. 物理化学. 北京：高等教育出版社

邓天龙，周桓，陈侠. 2013. 水盐体系相图及其应用. 北京：化学工业出版社

付玉普. 2000. 物理化学. 大连：大连理工大学出版社

傅献彩，沈文霞，姚天扬. 1990. 物理化学（上、下册）. 4 版. 北京：高等教育出版社

高盘良. 2002. 物理化学学习指导. 北京：高等教育出版社

韩德刚，高执棣，高盘良. 2002. 物理化学. 北京：高等教育出版社

侯文华，陈静. 2012. 精馏过程中的一些物理化学知识及其应用进展. 化学教育，11：1-4

胡英. 2001 .物理化学. 4 版. 北京：高等教育出版社

连锦花，孙果宋，雷福厚. 2010. 分子蒸馏技术及其应用. 化工技术与开发，39（7）：32-38

梁山，崔玉红，郭艳玲. 2013. 外压与凝聚态物质饱和蒸气压关系的讨论. 大学物理，28（4）：67-69

刘长俊. 1995. 相律及相图热力学. 北京：高等教育出版社

刘寿长. 2005. 高等物理化学. 郑州：郑州大学出版社

刘志明，吴也平，金丽梅. 2009. 应用物理化学. 北京：化学工业出版社

鲁新宇，刘建兰，冯鸣. 2008. 物理化学. 北京：化学工业出版社

牛自得，程芳琴. 2002. 水盐体系相图及其应用. 天津：天津大学出版社

钱庭宝. 1984. 离子交换剂应用技术. 天津：天津科学技术出版社

唐有祺. 1984. 相平衡、化学平衡和热力学. 北京：科学出版社

天津大学物理化学教研室. 2001. 物理化学. 4 版. 北京：高等教育出版社

王淑兰. 2013. 物理化学. 4 版. 北京：冶金工业出版社

王文清，高宏成，沈兴海. 2000. 物理化学习题精解（上册）. 北京：科学出版社

杨村，于宏奇，冯武文. 2003. 分子蒸馏技术. 北京：化学工业出版社

姚允武，朱志昂. 1991. 物理化学教程. 长沙：湖南教育出版社

尹芳华，钟璟. 2009. 现代分离技术. 北京：化学工业出版社

印永嘉，奚正楷，李大珍. 1992. 物理化学简明教程. 3 版. 北京：高等教育出版社

张玉军，陈松林，闫向阳，等. 2007. 物理化学. 郑州：郑州大学出版社

朱传征. 2001. 物理化学习题精解. 北京：科学出版社

朱文涛. 1995. 物理化学（上册）. 北京：清华大学出版社

Findlay A，Campbell A N，Smith N O. 1959. 相律及应用. 源浩，译. 北京：化学工业出版社

Moore W J. 1983. 基础物理化学. 范康年，谢璎，等译. 上海：复旦大学出版社

附　录

一、某些单质、化合物的摩尔热容、标准摩尔生成焓、标准摩尔生成吉布斯函数以及标准摩尔熵

$$C_{p,\mathrm{m}} = a + bT + cT^2 = a + bT + \frac{c'}{T^2}$$

$$a = \frac{a}{\mathrm{J \cdot mol^{-1} \cdot K^{-1}}}$$

$$b \times 10^3 = \frac{b}{10^{-3}\mathrm{J \cdot mol^{-1} \cdot K^{-2}}}$$

$$c' \times 10^{-5} = \frac{c'}{10^{5}\mathrm{J \cdot mol^{-1} \cdot K}}$$

$$c \times 10^{6} = \frac{c}{10^{-6}\mathrm{J \cdot mol^{-1} \cdot K^{-3}}}$$

表中所列函数值均指 298.15K 时的标准摩尔值。

物质	摩尔热容						$\Delta_f H_m^\ominus$ / (kJ·mol^{-1})	$\Delta_f G_m^\ominus$ / (kJ·mol^{-1})	$S_m^\ominus$ / (J·K^{-1}·mol^{-1})
	$C=f(T)$/（J·mol^{-1}·K^{-1}）				温度范围/K	$C_{p,\mathrm{m}}$			
	a	$b\times10^3$	$C\times10^{-5}$	$C\times10^{6}$					
Ag(s)	23.98	5.284	−0.251	—	273～1234	25.489	0	0	42.702
Al(s)	20.67	12.38	—	—	273～931.7	24.338	0	0	28.321
As(s)	21.88	9.29	—	—	298～1100	24.978	0	0	35.15
Au(s)	23.68	5.19	—	—	298～1336	25.23	0	0	47.36
B(s)	6.44	18.41	—	—	298～1200	11.97	0	0	6.53
Ba(s)	—	—	—	—	—	26.36	0	0	66.9
Bi(s)	18.79	22.59	—	—	298～544	25.5	0	0	56.9
Br_2(g)	35.241	4.0735	—	−1.4874	300～1500	35.98	30.71	3.142	245.346
Br_2(l)	—	—	—	—	—	35.56	0	0	152.38
C(金刚石)	9.12	13.22	−6.19	—	298～1200	6.063	1.8962	2.866	2.4388
C(石墨)	17.15	4.27	−8.79	—	298～2300	8.614	0	0	5.6940
α-Ca(s)	21.29	14.64	—	—	298～673	26.28	0	0	41.63
α-Cd(s)	22.84	10.318	—	—	273～594	25.90	0	0	51.46
Cl_2(g)	36.90	0.25	−2.845	—	298～3000	33.93	0	0	222.949
Co(s)	19.75	17.99	—	—	298～718	25.56	0	0	28.45

续表

物质	摩尔热容						$\Delta_f H_m^\ominus$ / (kJ·mol^{-1})	$\Delta_f G_m^\ominus$ / (kJ·mol^{-1})	$S_m^\ominus$ / (J·K^{-1}·mol^{-1})
	$C=f(T)$/（J·mol^{-1}·K^{-1}）				温度范围/K	$C_{p,m}$			
	a	$b\times10^3$	$C\times10^{-5}$	$C\times10^6$					
Cr(s)	24.43	9.87	−3.68	—	298～1823	23.35	0	0	23.77
Cu	22.64	6.28	—	—	298～1357	24.468	0	0	33.30
F_2(g)	34.69	1.84	−3.35	—	273～2000	31.46	0	0	203.3
α-Fe(s)	14.10	29.71	−1.80	—	273～1033	25.23	0	0	27.15
H_2(g)	29.0658	−0.8364	—	2.0117	300～1500	28.84	0	0	130.587
Hg(l)	27.66	—	—	—	273～634	27.82	0	0	77.40
I_2(s)	40.12	49.790	—	—	298～386.8	54.98	0	0	116.7
I_2(g)	37.196	—	—	—	456～1500	36.86	62.250	19.37	260.58
K(s)	25.27	13.05	—	—	298～336.6	29.16	0	0	63.60
Mg(s)	25.69	6.28	−3.26	—	298～923	23.89	0	0	32.51
α-Mn(s)	23.85	—	−1.59	—	298～1000	26.32	0	0	31.76
N_2(g)	27.87	4.27	—	—	298～2500	29.121	0	0	191.489
Na(s)	20.92	22.43	—	—	298～371	28.41	0	0	51.04
α-Ni(s)	16.99	29.46	—	—	298～633	25.77	0	0	29.79
O_2(g)	36.162	0.845	−4.310	—	298～1500	29.359	0	0	205.029
O_3(g)	41.254	10.29	5.52	—	298～2000	38.20	142.3	142.3	238.78
P(s，黄磷)	23.22	—	—	—	273～317	23.22	0	0	44.35
P(s，赤磷)	19.83	16.32	—	—	298～800	23.22	−18.41	8.37	63.18
Pb(s)	25.82	6.69	—	—	273～600.5	26.82	0	0	64.89
Pt(s)	24.02	5.16	4.60	—	298～1800	26.57	0	0	41.8
S(s，单斜晶)	14.90	29.12	—	—	368.6～392	23.64	0.297	0.096	32.55
S(s，斜方晶)	14.98	26.11	—	—	298～368.6	22.59	0	0	31.88
S(g)	35.73	1.17	−3.31	—	298～2000	23.68	222.80	182.30	167.72
Sb(s)	23.05	7.28	—	—	298～903	25.44	0	0	43.93
Si(s)	23.225	3.6756	−3.79644	—	298～1600	20.179	0	0	18.70
Sn(s，白锡)	18.46	28.45	—	—	298～505	26.36	0	0	51.46

续表

物质	摩尔热容						$\Delta_f H_m^{\ominus}$ / (k J· mol^{-1})	$\Delta_f G_m^{\ominus}$ / (k J· mol^{-1})	$S_m^{\ominus}$ / (J· K^{-1} · mol^{-1})
	$C=f(T)$/ (J·mol^{-1}·K^{-1})				温度范围 /K	$C_{p,m}$			
	a	$b\times10^3$	$C\times10^{-5}$	$C\times10^6$					
Zn(s)	22.38	10.01	—	—	298～692.7	25.06	0	0	41.63
AgBr(s)	33.18	64.43	—	—	298～703	52.38	−95.50	−95.94	107.11
AgCl(s)	62.26	4.18	−11.30	—	298～728	50.76	−127.03	−109.72	96.11
AgI(s)	24.35	100.83	—	—	298～423	54.43	−62.38	−66.32	114.2
$AgNO_3$(s)	78.78	66.94	—	—	273～433	93.05	−123.14	−32.17	140.92
Ag_2CO_3(s)	—	—	—	—	—	112.1	−506.14	−437.14	167.4
Ag_2O(s)	—	—	—	—	—	65.56	−30.568	−10.82	121.71
$AlCl_3$(s)	55.44	117.15	—	—	273～465.6	89.1	−695.38	−636.8	167.4
α-Al_2O_3(s，刚玉)	114.77	12.80	−35.44	—	298～1200	78.99	−1669.79	−1576.41	50.986
$Al_2(SO_4)_3$(s)	368.57	61.92	−113.47	—	—	359.41	−3434.98	−3091.93	239.3
As_2O_3(s)	35.02	203.34	—	—	—	95.65	−619	(−538.1)	107.11
Au_2O_3(s)	98.32	20.08	—	—	—		80.8	163.2	126
B_2O_3(s)	36.53	106.27	−5.48	—	298～723	62.97	−1263.6	−1184.1	53.85
$BaCl_2$(s)	71.1	13.97	—	—	273～1198	75.3	−860.06	−180.9	125.5
$BaCO_3$(s，毒重石)	110.00	8.79	—	−24.27	298～1083	85.35	−1218.8	−1138.9	112.1
$Ba(NO_3)_2$(s)	125.73	149.4	−16.78	—	298～850	151.0	−991.86	−796.6	213.8
BaO(s)	—	—	—	—	—	47.45	−558.1	−528.4	70.3
$BaSO_4$(s)	141.4	—	−35.27	—	298～1300	101.75	−1465.2	−1353.1	132.2
Bi_2O_3(s)	103.51	33.47	—	—	298～800	113.8	−577.0	−496.6	151.5
COI_4(s)	97.65	9.62	−15.06	—	298～1000	83.43	−106.7	−64	309.74
CO(g)	26.5636	7.6831	−0.46	—	290～2500	29.142	−110.52	−137.269	197.907
CO_2(g)	28.66	35.702	—	—	300～2000	37.129	−393.514	−394.384	213.639
$COCl_2$(g)	67.157	12.108	−9.033	—	298～1000	60.71	−223.01	−210.50	289.24
CS_2(g)	52.09	6.69	−7.53	—	298～1800	45.65	115.27	65.06	237.82
α-CaC_2(s)	68.62	11.88	−8.66	—	298～720	62.34	−62.76	−67.78	70.3
$CaCO_3$(s，方解石)	104.52	21.92	−25.94	—	298～1200	81.88	−1206.87	−1128.76	92.9
$CaCl_2$(s)	71.88	12.72	−2.51	—	298～1055	72.63	−795.0	−750.2	113.8
CaO(s)	48.83	4.52	6.53	—	298～1800	42.80	−635.5	−604.2	39.7

续表

物质	摩尔热容 $C=f(T)$/（J·mol^{-1}·K^{-1}） a	$b\times10^3$	$C\times10^{-5}$	$C\times10^6$	温度范围/K	$C_{p,m}$	$\Delta_f H_m^\ominus$/(kJ·mol^{-1})	$\Delta_f G_m^\ominus$/(kJ·mol^{-1})	$S_m^\ominus$/(J·K^{-1}·mol^{-1})
$Ca(OH)_2(s)$	89.5	—	—	—	276～373	84.52	−986.59	−896.76	76.1
$Ca(NO_3)_2(s)$	122.88	153.97	17.28	—	298～800	149.33	−937.22	−741.99	193.3
$CaSO_4(s)$	77.49	91.92	−6.561	—	273～1373	99.6	−1432.69	−1320.30	106.7
α-$Ca_3(PO_4)_2(s)$	201.84	166.02	−20.92	—	298～1373	231.58	−4126.3	−3889.9	241.0
$CdO(s)$	40.38	8.70	—	—	273～1800	43.43	−254.64	−225.06	54.8
$CdS(s)$	54.0	3.77	—	—	273～1273	54.89	−144.3	−140.6	71.1
$CoCl_2(S)$	60.29	61.09	—	—	298～1000	78.7	−325.5	−282.4	106.3
$Cr_2O_3(s)$	119.37	9.20	−15.65	—	298～1800	118.74	−1128.4	−1046.8	81.2
$CuCl(s)$	43.93	40.58	—	—	273～695	(−56.1)	−134.7	−118.8	83.7
$CuCl_2(s)$	70.29	35.56	—	—	273～773	−80.8	−223.4	−166.5	65.3
$CuO(s)$	38.79	20.08	—	—	298～1250	42.30	−155.2	−127.2	42.7
$CuSO_4(s)$	107.53	17.90	−9.00		273～873	100.8	−769.86	−661.9	113.4
$Cu_2O(s)$	62.34	23.85	—	—	298～1200	63.64	−166.69	−142.3	93.89
$FeCO_3$(s，菱铁矿)	48.66	112.1	—	—	298～885	82.13	−747.68	−673.88	92.9
$FeO(s)$	159.0	6.78	−3.088	—	298～1200	48.12	−266.5	(−256.9)	59.4
$FeO_2(s)$	44.77	55.90	—	—	273～773	61.92	−177.90	−166.69	53.1
$Fe_2O_3(s)$	97.74	72.13	−12.89	—	298～1100	104.6	−822.2	−740.99	90.0
$Fe_3O_4(s)$	167.03	78.91	−41.88	—	298～1100	143.43	−1117.1	−1014.2	146.4
$HBr(g)$	26.15	5.86	1.09	—	298～1600	29.12	−36.23	−53.22	198.24
$HCN(g)$	37.32	12.97	−4.69	—	298～2000	35.90	130.5	120.1	201.79
$HCl(g)$	26.53	4.60	1.09	—	298～2000	29.12	−92.132	−95.265	184.81
$HF(g)$	26.90	3.43		—	273～2000	29.08	−268.6	−270.70	173.51
$HI(g)$	26.32	5.94	0.92	—	298～2000	29.16	25.94	1.30	205.6
$HNO_3(l)$	—	—	—	—	—	109.87	−173.234	−79.91	155.6
$H_2O(g)$	30.00	10.71	0.33	—	298～2500	33.577	−241.818	−228.597	188.724
$H_2O(l)$	—	—	—	—	—	75.295	−285.83	−237.19	69.940
$H_2O_2(l)$	—	—	—	—	—	82.30	−189.12	−118.11	102.26

续表

物质	摩尔热容						$\Delta_f H_m^\ominus$ / (k J·mol^{-1})	$\Delta_f G_m^\ominus$ / (k J·mol^{-1})	$S_m^\ominus$ / (J·K^{-1}·mol^{-1})
	$C=f(T)$/（J·mol^{-1}·K^{-1}）				温度范围/K	$C_{p,m}$			
	a	$b\times10^3$	$C\times10^{-5}$	$C\times10^6$					
H_2S(g)	29.37	15.40	—	—	298～1800	33.97	−20.146	−33.020	205.64
H_2SO_4(l)	—	—	—	—	—	130.83	−800.8	（−687.0）	156.86
$HgCl_2$(s)	64.0	43.1	—	—	273～553	73.81	−223.4	−176.6	144.3
HgI_2(s)	72.8	16.74	—	—	273～403	78.28	−105.9	−98.7	170.7
HgO(s，红的)	—	—	—	—	—	45.73	−90.71	−58.53	70.3
HgS(s，红的)	—	—	—	—	—	50.2	−58.16	48.83	77.8
Hg_2Cl_2(s)	—	—	—	—	—	101.7	−264.93	−210.66	195.8
Hg_2SO_4(s)	—	—	—	—	—	132.00	−741.99	−623.92	200.75
$KAl(SO_4)_2$	234.14	82.34	−58.41	—	298～1000	192.97	−2465.38	−2235.47	204.6
KBr(s)	48.37	13.89	—	—	298～1000	53.64	−392.17	−379.20	96.4
KCl(s)	41.38	21.76	3.22	—	298～1043	51.51	−435.89	−408.325	82.68
$KClO_3$(s)	—	—	—	—	—	100.2	−391.20	−289.91	142.97
KI(s)	—	—	—	—	—	55.06	−327.65	−322.29	104.35
$KMnO_4$(s)	—	—	—	—	—	119.2	−813.4	−713.8	171.71
KNO_3(s)	60.88	118.8	—	—	298～401	96.27	−492.71	393.13	132.93
$K_2Cr_2O_7$(s)	453.39	229.3	—	—	298～671	230	−2043.9	—	—
K_2SO_4(s)	120.37	99.58	−17.82	—	298～856	130.1	−1433.69	−1316.37	175.7
$MgCO_3$(s)	77.91	57.74	−17.41	—	298～750	75.52	−1113	−1029	65.7
$MgCl_2$(s)	79.08	5.94	−8.62	—	298～927	71.30	−641.8	−529.33	89.5
$Mg(NO_3)_2$(s)	44.69	297.90	7.49	—	298～600	142.00	−789.60	−588.40	164.0
MgO(s)	42.59	7.28	−6.19	—	298～2100	37.40	−601.83	−569.57	26.8
$Mg(OH)_2$(s)	43.51	112.97	—	—	273～500	77.03	−924.7	−833.75	63.14
$MgSO_4$(s)	—	—	—	—	—	96.27	−1278.2	−1165.2	95.4
MnO(s)	46.48	8.12	−3.68	—	298～1800	44.10	−384.93	−362.8	59.7
MnO_2(s)	69.45	10.21	−16.23	—	298～800	54.02	−520.91	−466.1	53.1
NH_3(g)	25.895	32.999	—	−3.046	291～1000	35.660	−46.19	−16.64	192.5
NH_4Cl(s)	49.37	133.89	—	—	298～457.7	84.10	−315.39	−203.89	94.6
NH_4NO_3(s)	—	—	—	—	—	171.5	−364.55	—	—
$(NH_4)_2SO_4$(s)	103.64	281.16	—	—	298～600	187.6	−1191.85	−900.35	220.29
NO(g)	29.41	3.85	−0.59	—	298～2500	29.86	90.37	86.69	210.68
NO_2(g)	42.93	8.54	−6.74	—	298～2000	37.9	33.85	51.84	240.45

续表

物质	摩尔热容						$\Delta_f H_m^\ominus$ / (kJ·mol^{-1})	$\Delta_f G_m^\ominus$ / (kJ·mol^{-1})	$S_m^\ominus$ / (J·K^{-1}·mol^{-1})
	$C=f(T)$/（J·mol^{-1}·K^{-1}）				温度范围/K	$C_{p,m}$			
	a	$b\times10^3$	$C\times10^{-5}$	$C\times10^6$					
$NOCl_2$(g)	44.89	7.70	−6.95	—	298～2000	38.87	52.59	66.36	263.6
N_2O(g)	45.69	8.62	−8.54	—	298～2000	38.71	81.55	103.60	220.00
N_2O_4(g)	83.89	39.75	−14.90	—	298～1000	79.08	9.661	98.286	304.30
N_2O_5(g)	—	—	—	—	—	108.0	2.5	（109）	343
NaCl(s)	45.94	16.32	—	—	298～1073	49.71	−411.00	−384.028	72.38
$NaNO_3$(s)	25.69	225.94	—	—	298～583	93.05	−466.68	−365.89	116.3
NaOH(s)	80.33	—	—	—	—	59.45	−426.8	−380.7	64.18
Na_2CO_3(s)	—	—	—	—	—	110.50	−1133.95	−1050.64	136.0
$NaHCO_3$(s)	—	—	—	—	—	87.51	−947.7	−851.9	102.1
$Na_2SO_4\cdot10H_2O$(s)	—	—	—	—	—	587.4	−4324.08	−3644.0	287.9
Na_2SO_4(s)	—	—	—	—	—	127.6	−1384.49	−1266.8	149.4
$NiCl_2$(s)	54.81	54.39	—	—	298～800	71.67	−315.89	−269.9	97.6
NiO(s)	47.3	9.00	—	—	273～1273	44.4	−244.3	−216.3	38.58
PCl_3(g)	83.965	1.209	−11.322		298～1000	（71）	−306.4	−286.27	312.92
PCl_5(g)	19.83	449.06	—	−498.7	298～500	（109.6）	−398.9	−324.64	352.7
PH_3(g)	18.811	60.132	—	170.37	298～1500	36.11	9.25	18.24	210.0
$PbCl_2$(s)	66.78	33.47	—	—	298～771	77.0	359.20	−313.97	136.4
$PbCO_3$(s)	51.84	119.7	—	—	298～800	87.4	−700.0	−626.3	131.0
PbO(s)	44.35	16.74	—	—	298～900	（49.3）	−219.2	−189.3	67.8
PbO_2(s)	53.1	32.64	—	—	—	64.4	−276.65	−219.0	76.6
$PbSO_4$(s)	45.86	129.7	17.57	—	298～1000	104.2	−918.4	−811.24	147.3
SO_2(g)	43.43	10.63	−5.94	—	298～1800	39.79	−296.90	−300.37	248.5
SO_3(g)	57.32	26.86	−13.05	—	298～1200	50.63	−395.18	−370.37	256.2
α-SiO_2(s，石英)	46.94	34.31	−11.30	—	298～848	44.43	−859.4	−805.0	41.8
ZnO(s)	48.99	5.10	—	−9.12	298～1600	40.25	−347.98	−318.19	43.9
ZnS(s)	50.88	5.19	−5.69	—	298～1200	45.2	−202.9	−198.3	57.7
$ZnSO_4$(s)	71.42	87.03	—	—	298～1000	117	−978.55	−871.57	124.7
CH_4(g)甲烷	14.318	74.663	—	−17.426	291～1500	35.715	−74.848	−50.79	186.19

续表

物质	摩尔热容						$\Delta_f H_m^\ominus$ / (kJ·mol^{-1})	$\Delta_f G_m^\ominus$ / (kJ·mol^{-1})	$S_m^\ominus$ / (J·K^{-1}·mol^{-1})
	$C=f(T)$/（J·mol^{-1}·K^{-1}）				温度范围/K	$C_{p,m}$			
	a	$b\times10^3$	$C\times10^{-5}$	$C\times10^6$					
C_2H_2(g)乙炔	50.75	16.07	−10.29	—	298～2000	43.93	226.73	209.20	200.83
C_2H_4(g)乙烯	11.322	122.00	—	−37.903	291～1500	43.56	52.292	68.178	219.45
C_2H_6(g)乙烷	5.753	175.109	—	−37.852	291～1000	52.68	−84.67	−32.886	229.49
C_3H_6(g)丙烯	12.443	188.380	—	−47.597	270～510	63.89	20.42	62.72	266.9
C_3H_8(g)丙烷	1.715	270.75	—	−94.483	298～1500	73.51	−103.85	−23.47	269.91
C_4H_6(g)1，3-丁二烯	9.67	243.84	—	87.65	—	79.83	111.9	153.68	279.78
C_4H_{10}(g)正丁烷	18.230	303.558	—	−92.65	298～1500	98.78	−124.725	−15.69	310.03
C_6H_6(g)苯	−21.09	400.12	—	−169.9	—	81.76	82.93	129.08	269.69
C_6H_6(l)苯	—	—	—	—	—	135.1	49.04	124.140	173.264
C_6H_{12}(g)环己烷	−32.221	525.824	—	−173.987	298～1500	106.3	−123.14	31.76	298.24
C_6H_{12}(l)环己烷	—	—	—	—	—	156.5	−156.2	24.73	204.35
C_7H_8(g)甲苯	19.83	474.72	—	−195.4	—	103.8	50.00	122.30	319.74
C_7H_8(l)甲苯	—	—	—	—	—	156.1	12.00	114.27	219.2
C_8H_8(g)苯乙烯	13.10	545.6	—	−221.3	—	122.09	146.90	213.8	345.10
C_8H_{10}(l)乙苯	—	—	—	—	—	186.44	−12.47	119.75	255.01
$C_{10}H_8$(s)萘	—	—	—	—	—	165.3	75.44	198.7	166.9
CH_4O(l)甲醇	—	—	—	—	—	81.6	−238.57	−166.23	126.8
CH_4O(g)甲醇	20.42	103.7	—	−24.640	300～700	45.2	−201.17	−161.88	237.7
C_2H_6O(l)乙醇	—	—	—	—	—	111.46	−277.634	−174.77	160.7
C_2H_6O(g)乙醇	14.970	208.560	—	71.090	300～1000	73.60	−235.31	−168.6	282.0
C_3H_8O(g)丙醇	−2.59	312.419	—	105.52	—	146.0	−261.5	−171.1	192.9
C_3H_8O(l)异丙醇	—	—	—	—	—	163.2	−319.7	−184.1	179.9
C_3H_8O(g)异丙醇	—	—	—	—	—	—	−268.6	−175.4	306.3
$C_4H_{10}O$(l)乙醚	—	—	—	—	—	168.2	−272.5	−118.4	253.1
$C_4H_{10}O$(g)乙醚	—	—	—	—	—		−190.8	−117.6	
CH_2O(g)甲醛	18.820	58.379	—	−15.61	291～1500	35.35	−115.9	−110.0	220.1
C_2H_4O(g)乙醛	31.054	121.457	—	−36.577	298～1500	62.8	−166.36	−133.7	265.7
C_7H_6O(l)苯甲醛	—	—	—	—	—	169.5	−82.0		206.7
C_3H_6O(g)丙酮	22.472	201.782	—	−63.521	298～1500	76.9	−21.96	−152.7	304.2
CH_2O_2(l)甲酸	—	—	—	—	—	99.04	−409.2	−346.0	128.95

续表

物质	摩尔热容 $C=f(T)$/（$J\cdot mol^{-1}\cdot K^{-1}$） a	$b\times10^3$	$C\times10^{-5}$	$C\times10^6$	温度范围/K	$C_{p,m}$	$\Delta_f H_m^\ominus$/($kJ\cdot mol^{-1}$)	$\Delta_f G_m^\ominus$/($kJ\cdot mol^{-1}$)	$S_m^\ominus$/($J\cdot K^{-1}\cdot mol^{-1}$)
CH_2O_2(g)甲酸	30.67	89.20	—	−34.539	300～700	54.22	−362.63	−335.72	246.06
$C_2H_4O_2$(l)乙酸	—	—	—	—	—	123.4	−487.0	−392.5	159.8
$C_2H_4O_2$(g)乙酸	21.76	193.13	—	−76.78	300～700	72.4	−436.4	−381.6	93.3
$C_2H_2O_4$(s)草酸	—	—	—	—	—	108.8	−826.8	−697.9	120.1
$C_7H_6O_2$(s)苯甲酸	—	—	—	—	—	145.2	−384.55	−245.6	170.7
$CHCl_3$(g)三氯甲烷	29.506	148.942	—	−90.734	273～773	65.40	−100.4	−67	295.47
CH_3Cl(g)氯甲烷	14.903	96.224	—	−31.552	273～773	40.79	−82.0	−58.6	234.18
CH_4ON_2(s)尿素	—	—	—	—	—	93.14	−333.189	−197.15	104.60
C_2H_5Cl(g)氯乙烷	—	—	—	—	—	62.76	−105.0	−53.1	275.73
C_6H_5Cl(l)氯苯	—	—	—	—	—	145.6	116.3	203.8	197.5
C_6H_7N(l)苯胺	—	—	—	—	—	190.8	35.31	153.2	191.2
$C_6H_5NO_2$(l)硝基苯	—	—	—	—	—	185.8	22.2	146.2	224..3
C_6H_6O(s)苯酚	—	—	—	—	—	134.7	−155.90	−40.75	142.2
$C_6H_{12}O_6$(s)葡萄糖	—	—	—	—	—	—	—	—	212.1

二、某些有机化合物的标准摩尔燃烧焓（298.15K）

最终产物：C 生成 CO_2(g)；H 生成 H_2O(l)；S 生成 SO_2(g)；N 生成 N_2(g)。

化合物	$\Delta_c H^\ominus$/（$kJ\cdot mol^{-1}$）	化合物	$\Delta_c H^\ominus$/（$kJ\cdot mol^{-1}$）
C_4H_8(g)丁烯	−2718.58	$(C_2H_5)_2O$(l)乙醚	−2730.9
C_5H_{12}(g)戊烷	−3536.15	HCOOH(l)甲酸	−239.9
正-C_nH_{2n+2}(g)	−242.291～658.742n	CH_3COOH(l)乙酸	−871.5
正-C_nH_{2n+2}(l)	−240.287～653.804n	$(COOH)_2$(cr)草酸	−246.0
正-C_nH_{2n+2}(cr)	−91.63～656.89n	C_6H_5COOH(cr)苯甲酸	−3227.5
C_6H_6(l)苯	−3267.7	$C_{17}H_{35}COOH$(cr)硬脂酸	−11274.6
C_6H_{12}(l)环己烷	−3919.9	CCl_4(l)四氯化碳	−156.0
C_7H_8(l)甲苯	−3909.9	$CHCl_3$(l)三氯甲烷	−373.2
C_8H_{10}(l)对二甲苯	−4552.86	CH_3Cl(g)氯甲烷	−689.1
$C_{10}H_8$(cr)萘	−5153.9	C_6H_5Cl(l)氯苯	−3140.9
CH_3OH(l)甲醇	−726.64	COS(g)硫化碳	−553.1
C_2H_5OH(l)乙醇	−1366.75	CS_2(l)二硫化碳	−1075.3
$(CH_2OH)_2$(l)乙二醇	−1192.9	C_2N_2(g)氰	−1087.8

续表

化合物	$\Delta_c H^{\ominus}$ / (kJ·mol^{-1})	化合物	$\Delta_c H^{\ominus}$ / (kJ·mol^{-1})
$C_3H_8O_3$(l)甘油	−1664.4	$CO(NH_2)_2$(cr)尿素	−631.99
C_6H_5OH 苯酚	−3062.7	$C_6H_5NO_2$(l)硝基苯	−3097.8
HCHO(g)甲醛	−56.36	$C_6H_5NH_2$(l)苯胺	−3397.0
CH_3CHO(g)乙醛	−1192.4	$C_6H_{12}O_6$(cr)葡萄糖	−2815.8
CH_3COCH_3(l)丙酮	−1802.9	$C_{12}H_{22}O_{11}$(cr)蔗糖	−564.8
$CH_3COOC_2H_5$(l)(乙酸乙酯)	−2254.21	$C_{10}H_{16}O$(cr)樟脑	−5903.6

三、不同能量单位的换算关系

单位	J	erg	cal	atm·dm^3	kW·h
1J=	1	10^7	2.39006×10^{-1}	9.86894×10^{-3}	2.7778×10^{-7}
1erg=	10^{-7}	1	2.39006×10^{-8}	9.86894×10^{-10}	2.7778×10^{-14}
1cal=	4.18400	4.18400×10^7	1	4.12916×10^{-2}	1.16222×10^{-8}
1atm·L=	1.01328×10^2	1.01328×10^9	2.42180×10	1	2.81467×10^{-5}
1kW·h=	3.600×10^6	3.600×10^{13}	8.60421×10^5	3.55282×10^4	1
1eV=	1.602189×10^{-19}	1.602189×10^{-12}			

四、元素的相对原子质量表

原子序数	元素符号	元素名称	相对原子质量	原子序数	元素符号	元素名称	相对原子质量
1	H	氢	1.0079	19	K	钾	39.0983
2	He	氦	4.00260	20	Ca	钙	40.08
3	Li	锂	6.941	21	Sc	钪	44.9559
4	Be	铍	9.01218	22	Ti	钛	47.88
5	B	硼	10.81	23	V	钒	50.9415
6	C	碳	12.011	24	Cr	铬	51.996
7	N	氮	14.0067	25	Mn	锰	54.9380
8	O	氧	15.9994	26	Fe	铁	55.847
9	F	氟	18.998403	27	Co	钴	58.9332
10	Ne	氖	20.179	28	Ni	镍	58.69
11	Na	钠	22.98977	29	Cu	铜	63.546
12	Mg	镁	24.305	30	Zn	锌	65.38
13	Al	铝	26.98154	31	Ga	镓	69.72
14	Si	硅	28.0855	32	Ge	锗	72.59
15	P	磷	30.97376	33	As	砷	74.9216
16	S	硫	32.06	34	Se	硒	78.96
17	Cl	氯	35.453	35	Br	溴	79.904
18	Ar	氩	39.984	36	Kr	氪	83.80

续表

原子序数	元素符号	元素名称	相对原子质量	原子序数	元素符号	元素名称	相对原子质量
37	Rb	铷	85.4678	74	W	钨	183.85
38	Sr	锶	87.62	75	Re	铼	186.207
39	Y	钇	88.9059	76	Os	锇	190.2
40	Zr	锆	91.22	77	Ir	铱	192.22
41	Nb	铌	92.6064	78	Pt	铂	195.08
42	Mo	钼	95.94	79	Au	金	196.9665
43	Tc	锝	[98]	80	Hg	汞	200.59
44	Ru	钌	101.07	81	Tl	铊	204.383
45	Rh	铑	102.9055	82	Pb	铅	207.2
46	Pd	钯	106.42	83	Bi	铋	208.9804
47	Ag	银	107.868	84	Po	钋	[209]
48	Cd	镉	112.41	85	At	砹	[210]
49	In	铟	114.82	86	Rn	氡	[222]
50	Sn	锡	118.69	87	Fr	钫	[223]
51	Sb	锑	121.75	88	Ra	镭	226.0254
52	Te	碲	127.6	89	Ac	锕	227.0278
53	I	碘	126.9045	90	Th	钍	232.0381
54	Xe	氙	131.29	91	Pa	镤	231.0359
55	Cs	铯	132.9045	92	U	铀	238.0289
56	Ba	钡	137.33	93	Np	镎	237.0482
57	La	镧	138.9055	94	Pu	钚	[244]
58	Ce	铈	140.12	95	Am	镅	[243]
59	Pr	镨	140.9077	96	Cm	锔	[247]
60	Nd	钕	144.24	97	Bk	锫	[247]
61	Pm	钷	[145]	98	Cf	锎	[251]
62	Sm	钐	150.36	99	Es	锿	[252]
63	Eu	铕	151.96	100	Fm	镄	[257]
64	Gd	钆	157.25	101	Md	钔	[258]
65	Tb	铽	158.9254	102	No	锘	[259]
66	Dy	镝	162.50	103	Lr	铹	[260]
67	Ho	钬	164.9304	104	Rf		[261]
68	Er	铒	167.26	105	Db		[262]
69	Tm	铥	168.9342	106	Sg		[263]
70	Yb	镱	173.04	107	Bh		[264]
71	Lu	镥	174.967	108	Hs		[265]
72	Hf	铪	178.49	109	Mt		[268]
73	Ta	钽	180.9479				

五、常用数学公式

微分

u 和 v 是 x 的函数，a 为常数。

$$\frac{\mathrm{d}a}{\mathrm{d}x}=0$$

$$\frac{\mathrm{d}(u/v)}{\mathrm{d}x}=\frac{v\frac{\mathrm{d}u}{\mathrm{d}x}-u\frac{\mathrm{d}v}{\mathrm{d}x}}{v^2}$$

$$\frac{\mathrm{d}x^n}{\mathrm{d}x}=nx^{n-1}$$

$$\frac{\mathrm{d}(au)}{\mathrm{d}x}=a\frac{\mathrm{d}u}{\mathrm{d}x}$$

$$\frac{\mathrm{d}ax}{\mathrm{d}x}=a^x\ln a$$

$$\frac{\mathrm{d}(u^n)}{\mathrm{d}x}=nu^{n-1}\cdot\frac{\mathrm{d}u}{\mathrm{d}x}$$

$$\frac{\mathrm{d}e^x}{\mathrm{d}x}=e^x$$

$$\frac{\mathrm{d}a^u}{\mathrm{d}x}=a^u\cdot\ln a\cdot\frac{\mathrm{d}u}{\mathrm{d}x}$$

$$\frac{\mathrm{d}\ln x}{\mathrm{d}x}=\frac{1}{x}$$

$$\frac{\mathrm{d}e^u}{\mathrm{d}x}=e^u\frac{\mathrm{d}u}{\mathrm{d}x}$$

$$\frac{\mathrm{d}\ln u}{\mathrm{d}x}=\frac{1}{u}\cdot\frac{\mathrm{d}u}{\mathrm{d}x}$$

$$\frac{\mathrm{d}\lg x}{\mathrm{d}x}=\frac{1}{2.303x}$$

$$\frac{\mathrm{d}(u+v)}{\mathrm{d}x}=\frac{\mathrm{d}u}{\mathrm{d}x}+\frac{\mathrm{d}v}{\mathrm{d}x}$$

$$\frac{\mathrm{d}\lg u}{\mathrm{d}x}=\frac{1}{2.303u}\cdot\frac{\mathrm{d}u}{\mathrm{d}x}$$

$$\frac{\mathrm{d}(uv)}{\mathrm{d}x}=u\frac{\mathrm{d}v}{\mathrm{d}x}+v\frac{\mathrm{d}u}{\mathrm{d}x}$$

积分

u 和 v 是 x 的函数，a、b 是常数，C 是积分常数。

$$\int \mathrm{d}x=x+C$$

$$\int x^n\mathrm{d}x=\frac{i}{n+1}x^{n+1}+C$$

$$\int\frac{\mathrm{d}x}{x}=\ln x+C$$

$$\int e^x\mathrm{d}x=e^x+C$$

$$\int a^x\mathrm{d}x=\frac{a^x}{\ln a}+C$$

$$\int \ln x\mathrm{d}x=x\ln x-x+C$$

$$\int au\mathrm{d}x=a\int u\mathrm{d}x$$

$$\int(u+v)\mathrm{d}x=\int u\mathrm{d}x+\int v\mathrm{d}x$$

$$\int u\mathrm{d}v=uv-\int v\mathrm{d}u$$

$$\int(ax+b)^n\mathrm{d}x=\frac{(ax+b)^{n+1}}{a(n+1)}+C(n\neq 1)$$

$$\int\frac{\mathrm{d}x}{a+b}=\frac{\ln(ax+b)}{a}+C$$

$$\int\frac{x\mathrm{d}x}{ax+b}=\frac{x}{a}-\frac{b}{a^2}\ln(ax+b)+C$$

$$\int\frac{x^2\mathrm{d}x}{ax+b}=\frac{1}{a}\left[\frac{(ax+b)^2}{2}-2b(ax+b)+b^2\ln(ax+b)\right]+C$$

$$\int e^{ax}\cdot x^n\mathrm{d}x=\frac{n!e^{ax}}{a^{n+1}}\left[\frac{(ax)^n}{n!}-\frac{(ax)^{n-1}}{(n-1)!}+\frac{(ax)^{n-2}}{(n-2)!}+\cdots+(-1)\frac{r(ax)^{n-r}}{(n-r)!}+\cdots+(-1)^n\right]+C$$

$$\int_0^{\infty} e^{-ax^2}dx = \frac{1}{2}\sqrt{\frac{\pi}{a}}$$

函数展成级数

二项式

$$(1+x)^n = 1 + nx + \frac{n(n-1)}{2!}x^2 + \frac{n(n-1)(n-2)}{3!}x^3 + \cdots$$

$$(1-x)^n = 1 - nx + \frac{n(n-1)}{2!}x^2 - \frac{n(n-1)(n-2)}{3!}x^3 + \cdots$$

$$(1+x)^{-n} = 1 - nx + \frac{n(n+1)}{2!}x^2 - \frac{n(n+1)(n+2)}{3!}x^3 + \cdots$$

$$(1-x)^{-n} = 1 + nx + \frac{n(n+1)}{2!}x^2 - \frac{n(n+1)(n+2)}{3!}x^3 + \cdots$$

$$(1+x)^{-1} = 1 - x + x^2 - x^3 + \cdots$$

$$(1-x)^{-1} = 1 + x + x^2 + x^3 + \cdots$$

对数

$$\ln(1+x) = x - \frac{1}{2}x^2 + \frac{1}{3}x^3 - \frac{1}{4}x^4 + \cdots$$

$$\ln(1-x) = -\left(x + \frac{1}{2}x^2 + \frac{1}{3}x^3 + \frac{1}{4}x^4 + \cdots\right)$$

六、常见物理和化学常数

阿伏伽德罗常量	L=6.0221×10^{23}mol^{-1}
光速（真空）	c=2.997925×10^{8} m·s^{-1}

$$e^x = 1 + x + \frac{x^2}{2!} + \frac{x^3}{3!} + \cdots$$

$$e^{-x} = 1 - x + \frac{x^2}{2!} - \frac{x^3}{3!} + \cdots$$

电子质量	m_e=9.1094×10^{-31}kg
单位电荷	e=1.6022×10^{-19}C
法拉第常量	F=96485C·mol^{-1}
普朗克常量	h=6.626×10^{-34}J·s
玻尔兹曼常量	k=1.3806×10^{-23}J·K^{-1}
标准状况下	
理想气体的摩尔体积	22.415dm^3·mol^{-1}
摩尔气体常量	R=8.314J·mol^{-1}·K^{-1}
标准压力	$p^{\ominus}$=100kPa
热力学零度	−273.15℃